Arithmétique maya

PETER LANG
Bruxelles · Bern · Berlin · New York · Oxford · Wien

Du même auteur

Cauty, A., 2013, *Multiversalité du temps, du calendrier et du zéro maya,* Chantiers Amerindia, 36–1 (avec le concours du CNRS), Paris, Association d'ethnolinguistique amérindienne, 223 p.

Cauty, A., 2017, *Mayas. Une forêt de chiffres pour [ra]compter,* Paris, L'Harmattan, collection Recherches Amériques Latines, 330 p.

André Cauty

Arithmétique maya

À la recherche des nombres perdus

Préface de Jean-Claude Martzloff
Postface d'Igor Xoyón

PETER LANG
Bruxelles · Bern · Berlin · New York · Oxford · Wien

Couverture: Une page 'éclipse' du codex conservé à Dresde, redessinée par Myriem Cauty sous le contôle de Jean-Michel Hoppan.

Éditions scientifiques internationales
Bruxelles, 2020
1 avenue Maurice, B-1050 Bruxelles, Belgique
www.peterlang.com ; brussels@peterlang.com

ISBN 978-2-8076-1559-5
ePDF 978-2-8076-1560-1
ePUB 978-2-8076-1561-8
MOBI 978-2-8076-1562-5
DOI 10.3726/b17135
D/2020/5678/29

Information bibliographique publiée par « Die Deutsche Bibliothek »

« Die Deutsche Bibliothek » répertorie cette publication dans la « Deutsche Nationalbibliografie » ; les données bibliographiques détaillées sont disponibles sur le site <http://dnb.ddb.de>.

À Hama
Inspiration et soutien de mon travail
de terrain à Chimaltenango et Iximché (Guatemala)

Merci

Ce livre ne serait pas sans les décryptages et les traductions de Jean-Michel Hoppan, Jean-Claude Martzloff et Marc Thouvenot. C'est une synthèse de cinquante années de questionnements, de doutes et de recherches, passées à fouiller, au cœur des hommes, des peuples et de leurs sociétés, les interfaces « pensée//langage ». Au sein des arcanes du soi, des cultures et des civilisations, dans des zones tampons traversées des voies qu'empruntent les voix de billions de faits de langues et d'écritures. Hautement instables, parfois subversifs, écartelés qu'ils sont entre les vouloir-dire des JE et les faire-dire des TU, les mots se brisent, se perdent et se recombinent sur les routes pavées de quiproquos. Les lieux où l'on échange, parfois sans s'entendre, débordent des sens et contre-sens des DIRE. Depuis leur survenue, les DIRE humains nourrissent les truchements, ces infatigables accoucheurs de pensées, démineurs de cryptomorphismes, ou travailleurs de traductions et de preuves.

Personne n'échappe au mirage des éléphants de Waldeck. Promue par l'internationale des disciplines, l'épigraphie au service de l'éducation contre les ethnocides ouvre le regard sur les trésors perdus de l'intelligence arithmétique maya. Sans cesse traversé, le désert des zones tampons s'éclaire dans l'après coup des retours réflexifs du croire et du savoir, les deux modes du « co-naître ». L'un, au dedans de soi, se joue dans la fulgurance des théophanies du saint ou du prêtre devant ce qui le transcende : poésie et spiritualité ouvrent sur l'indicible sacré. L'autre, au dedans de l'agir, se joue dans le corps à corps de la nature et de l'animal (ou de l'arbre) démuni de langues à double articulation et métalangue incluse. Les traversées des zones tampons finissent par livrer des pans entiers de l'intelligence du vivant et de ses modes de communication.

L'intelligence animale, et donc la nôtre, est en prise directe sur la nature : sa vérité est de l'ordre de l'adéquation des actes aux conditions, ici-maintenant, de la survie. Celle du croyant le projette dans la transcendance, ou le plonge, selon sa religion, dans l'immanence : sa vérité ou sa certitude est de l'ordre de l'accord des actes aux conditions de la permanence dans la fusion à l'immortel. Ni bête ni ange, l'homme, par et au sein de ses mille groupes d'appartenance, construit langues, koinès et jargons qui bâtissent et donnent à déchiffrer les trésors de la foi et des arts, comme ceux du savoir et des sciences.

L'arithmétique maya ne fait pas exception. Elle aussi est un fruit métis sorti des zones tampons coincées entre les besoins de survivre et les désirs de rester, jusque dans l'après de la mort, dans la permanence de l'être divinisé. Isolés de l'Ancien monde, les creusets de centaines de peuples mésoaméricains ont produit de grandes figures de lettrés. Des scribes qui firent, comme leurs homologues chinois, surgir un « rationalisme divinatoire » impensé en édifiant les prolégomènes « astronologiques » de la pensée scienti*fique* : en l'occurrence une arithmétique modulaire au service du comput et des calendriers, de l'astronomie et de la gestion des réseaux de cités des rois.

Qui devrais-je remercier pour être parvenu à saisir quelques joyaux de l'intelligence arithmétique maya ? En vérité, c'est la Terre entière et la multitude de ses habitants qui m'ont nourri et guidé. Mission impossible.

Néanmoins, merci à ma famille – mes parents, mes enfants – qui a supporté mes indisponibilités, et qui a fait preuve d'une grande patience pour que je puisse travailler à mon rythme et à celui des missions de terrain : Edouard, Marcelle, Marie, Bernadette, Jacques, Thérèse, Danièle, Marie-Josèphe, Pierre, Claudette, Myriem, Bruno et Emmanuelle.

Bien trop nombreux pour que je les nomme sans oublier personne, je remercie les membres des familles intellectuelles de ceux et celles qui ont cru en moi, m'ont conseillé, accompagné ou guidé dans la réalisation de mon projet interdisciplinaire et interethnique. Marier les disciplines. Partager des dizaines de terrain. C'était un grand écart entre les sciences de l'homme et celles de la nature. Mais il me fit passer de la France à l'Amérique, parfois par le Maghreb, et passer surtout des lieux du savoir – notamment : le Centre d'Étude des Langues Indigènes d'Amérique (de Villejuif), les laboratoires *ÉPISTÉMÉ* (de Bordeaux 1) et *KWIBI URRAGA* (de Rio Hacha), et le Centro Colombiano de Estudios en Lenguas Aborígenes (de Bogotá) – aux lieux de vie et de culture des peuples amérindiens : e'ñepa (panaré), kogui, guambiano, nasa, wayuu, embera, kaqchikel…

Qu'on me permette de ne nommer qu'une poignée de ces Indiens. Sans eux, je ne serai jamais sorti des cadres de la pensée occidentale. Sortir de cette prison de verre était la condition pour que la lumière et la sagesse des « vaincus de la conquête européenne » éclaire ma lanterne et ouvre mon cœur. Elles m'ont permis d'écrire, parfois dans la douleur, souvent dans la passion, cet hommage à l'Intelligence Arithmétique Indigène de quelques sages amis : Abelardo Ramos Pacho, Igor Xoyón, Marta Matzir Miculax, Prajedes Salas, Rubiel Zalabata Torres… et tous ceux qui habitent les jardins de ma mémoire de chercheur.

André Cauty, janvier 2020

Avertissement

Malgré le titre, *Arithmétique maya*, le lecteur ne trouvera pas ici un équivalent américain du traité parvenu, dans l'Europe du Moyen Âge, en traduction latine de traduction arabe d'un original grec attribué à Euclide et intitulé *Στοιχεία*, *Les Éléments*. Contrairement aux *Éléments*, aucune copie, aucune citation, aucune traduction de codex maya traitant d'arithmétique, d'algèbre ou de géométrie n'est parvenue jusqu'à nous.

Le sous-titre, *À la recherche des nombres perdus*, suggère qu'il m'a fallu, avec l'aide indispensable de Jean-Michel Hoppan, rechercher, déchiffrer et traduire des fragments de textes venus du « temps perdu » des glyphes. Certains étaient inscrits sur des restes de mobilier ou des ruines de monuments des cités déjà reprises par la forêt. D'autres, trois codex conservés dans les villes de Dresde, Paris et Madrid, attendaient dans les pages de ces œuvres qui échappèrent aux injures du temps et au zèle des Inquisiteurs. Le sous-titre suggère également que le lecteur trouvera une synthèse actualisée des conjectures issues de ce que l'on sait aujourd'hui sur la forme donnée au Classique à la partie des savoirs mayas que nous considérons relever de l'arithmétique.

Étant donné que les scribes ne les articulaient pas en « définitions, postulats, théorèmes, démonstrations, exemples, et commentaires », les savoirs arithmétiques mayas ne se présentent pas en habit de traité euclidien. En effet, les traumas de la colonisation n'ont pas laissé, à l'arithmétique maya au service du comput calendaire et astronomique, le temps de perdre leurs « surcharges » symboliques prises au cours des exercices de divination et d'écriture d'épopées royales ou de propagande d'État.

Le premier objet de ce livre est de faire parler et revivre l'intelligence arithmétique maya encryptée dans les abysses des textes redécouverts. Pour cela, l'esprit d'une épistémologie expérimentale les a soumis, dans une interdisciplinarité la plus large possible, à mille et une expériences de traduction et de dé-re-construction interprétative.

Pour avoir traduit nos conclusions, nos conjectures et nos doutes au tribunal de la *disputatio* interethnique et interdisciplinaire, je pense avoir atteint un second objectif : montrer qu'il est possible, bien que difficile, d'éviter le défaut de l'autoconfirmation de nos préjugés sur la culture maya, lesquels mènent aux anachronismes, aux européocentrismes ou aux croyances *New Age*. Des biais qui font voir des éléphants là où il n'y a que des puzzles d'écritures à reconstituer, déchiffrer, traduire et faire interpréter par des chaînes incorruptibles de chercheurs des vérités perdues. Des biais qui font le lit des fauteurs d'ethnocides, d'esclavages, ou de génocides, et qui sont, peut-être depuis l'effacement du Néandertal (?), les pires *a priori* que le cœur passionnel d'une civilisation transforme, quand il reste arc-bouté sur ses credo, en peurs ou terreurs et en identités meurtrières, les deux plus courts chemins menant aux guerres de religion ou de conquête, en l'occurrence les guerres des Rois catholiques d'Espagne.

Préface

Jean-Claude Martzloff (décédé le 10 janvier 2018)

Spécialement bien mise en lumière par ce livre, l'arithmétique maya concentre ses préoccupations sur toutes sortes de cycles, fictifs et non fictifs, simultanés ou non, synchronisés ou non. En l'état actuel des recherches, la connaissance des avancées de l'arithmétique maya classique permet de rétroéclairer les formes les plus anciennes de l'arithmétique en Mésoamérique. Partout, les premières formes prennent appui sur deux cycles fictifs, – de 13 et de 20 éléments –, dont l'énumération simultanée produit un cycle de 13 × 20 = 260 binômes distincts. Affectés à la fuite du temps, ces binômes ont servi à distinguer et définir les jours, et à attribuer à chacun une date et une identité.

Avec sans doute d'autres emplois encore à découvrir, les 260 dates de ce cycle simultané (Dershowitz et Reingold 1997 : 19f) servirent, au moins dès 650 av. J.-C., à identifier des personnes ; et, quelques siècles plus tard, à individualiser les éléments d'une période appelée, selon les auteurs, Siècle Aztèque, Calendrier Rituel, ou Roue Calendaire, (*Calendar Round,* pour les anglophones). Les items de cette période sont distingués, définis et ordonnés par les 52 binômes d'un sous-cycle simultané de 13 × 4 dates (en calendrier divinatoire de 260 jours). Ces 52 dates sont celles que peut prendre, au fil du temps, un jour convenu représenter, porter ou régenter les éléments de ce siècle, c'est-à-dire ses années. Chez les Mayas, et sans doute dès les peintures de San Bartolo (Petén, Guatemala) du Ier siècle av. J.-C., la nature et la durée en nombre de jours des années du Calendrier Rituel sont parfaitement établies. Cela permet de démontrer, d'une part, que le porteur est le premier jour, – le « zéroième », marqué par le logogramme CHUM, 'assise' –, du premier « mois » de 20 jours. Le mois ***Pop*** d'une année vague de 365 jours, appelée *haab,* et répondant à la formule [(18 × $\underline{20}$) + (1 × $\underline{5}$)]. En équivalent yucatèque, ce jour est daté ***0 Pop***. Et cela permet d'établir, d'autre part, que le Calendrier Rituel de 52 *haab* comptait exactement 18 980 jours vus comme les binômes du cycle simultané du *tzolkin* et du *haab*, c'est-à-dire du produit intriqué que l'auteur propose de noter 260 ⊗ 365 (Cauty 2017 : ch. 8). Une notation introduite pour ne pas confondre le simple produit *tzolkin* × *haab*, – un cycle de 260 × 365 = 94 900 jours –, avec le cycle généré par leur énumération simultanée, lequel n'est autre que le Calendrier Rituel, le calendrier en usage durant le Classique maya, et qui repasse tous les 18 980 jours par le binôme (**4 Ahau**, ***8 Cumku***) du jour zéro du Choltun ou Compte Long.

Jusqu'au début de notre ère, l'arithmétique calendaire des peuples mésoaméricains s'appuie sur les entiers 13 et 20 (et ses diviseurs), et sur les cycles simultanés qu'ils génèrent, notamment ceux de 260 et 52 binômes. Ces nombres n'ont remarquablement rien à voir avec les habituels cycles solaires et lunaires ou leurs divisions qui semblent si souvent inhérents à toute étude de quelque calendrier que ce soit[1]. De manière tout aussi inhabituelle, l'agriculture et l'année des saisons sont absentes de la treizaine, de la vingtaine et du cycle de 260 jours. Mayas ou mésoaméricains, les cycles simultanés témoignent d'une perception du temps qui s'inscrit, comme en Chine ancienne, dans une vision divinatoire, rituelle et liturgique du calendrier. D'ailleurs, à l'inverse du 60 assez familier du cycle sexagésimal des Chinois, la valeur assez insolite du cycle américain, 260, a fait couler beaucoup d'encre sans parvenir à une explication commune : les deux principales idées proposées – durée de la grossesse humaine, ou durée séparant les passages au Zénith du Soleil à la latitude 14° 54' N de la cité antique d'Izapa (Chiapas, Mexique) – sont des remotivations, en tout cas des conjectures que ni l'histoire ni l'archéologie ne cautionnent pleinement.

Comment ne pas remarquer, en effet, que l'énumération simultanée de deux listes immuablement ordonnées, (possiblement figées en tableaux dans les cultures connaissant l'écriture), a produit partout, dès les plus anciennes traces d'usages calendaires, la structure du cycle simultané ? Cette structure permet de faire parler les dates qu'elle affecte aux jours. Elle est attestée aussi bien chez les Mésoaméricains, avec le cycle des

---

1 Abstraction faite ici de l'articulation du cycle divinatoire et du cycle solaire qui se mettait en place à l'ouest de la zone métropolitaine olmèque, à la fin du premier millénaire av. J.-C., tandis que, dans le même temps, mais à l'est de l'isthme de Tehuantepec, l'accent était mis sur le décompte des jours à partir d'un jour zéro, et sur le contrôle au jour près du synchronisme des cycles.

13 × 20 = 260 binômes, que chez les Chinois, avec le cycle sexagésimal des 10 ⊗ 12 = 60 binômes[2]. Notons, d'un point de vue cognitif, que le succès de cette structure est lié au besoin de distinguer et définir ou ordonner de manière unique et univoque les éléments d'un ensemble, (par exemple les enfants d'une famille[3], ou les années d'une dynastie), et au fait que la solution la plus simple, – la liste immuablement ordonnée d'items, par ex. les 7 notes de musique ou les jours de la semaine –, devient inextricable lorsque le cardinal de l'ensemble augmente et atteint plusieurs dizaines ou centaines d'éléments. L'énumération simultanée de deux listes permet de dépasser cet obstacle, et de nommer, par exemple, les 52 éléments d'un jeu de cartes par des binômes de la forme « as de cœur » (Cauty 2017 : ch. 1) ; ce qui montre en passant que l'idée d'utiliser des suites de nombres entiers est rarement la toute première solution adoptée, sans doute parce que des expressions comme « Noël de l'année de la tempête » sont plus parlantes que les dates comme « 25/12/1999 ».

Comment ne pas observer que, dans des civilisations aussi éloignées, les cycles de binômes remplissaient la même fonction rituelle ? Comment ne pas voir que leurs histoires eurent un semblable début, et prirent, sinon le même chemin, du moins des voies parallèles ? Un chemin remarquablement bien analysé, dans le cas chinois, par le sinologue Léon Vandermeersch (1980 : 317–353). Comment ne pas se demander également si l'écriture des dates ne serait pas, en Mésoamérique comme en Chine, à l'origine de l'écriture au sens premier de ce terme ? Des recherches récentes sur les origines de l'écriture chinoise considèrent de manière plausible les signes cycliques chinois comme les premières manifestations d'une écriture chinoise, avant même que quoi que ce soit d'autre ait été noté par écrit.

L'analogie est loin de s'arrêter là. Comme la chinoise, l'arithmétique maya a en effet pareillement recours à une arithmétique modulaire, et, (au contraire de tous les autres calendriers connus), elle s'intéresse

---

2 L'énumération simultanée est encore attestée par le calendrier Akan (Ghana), lequel utilise un cycle de 42 = 6 × 7 jours (Bartle 1978, cité par Smith (2010 : 28 et 34)), et par le cycle chinois des 180 = 9 ⊗ 60 jours, le produit du cycle des 9 palais-couleurs avec le cycle sexagésimal (Martzloff 2009 : 91).

3 Brunschvicg (1981 : 9) cite Tylor (1871) qui rapporte qu'en Australie, Malaisie et Madagascar, on donne aux enfants des noms qui indiquent leur rang de naissance, cette comptine équivaut à une liste ordinale des premiers entiers, en fait ce sont des binômes venant de deux comptines simultanées, (une pour les garçons, une pour les filles).

également au nombre de jours écoulés à partir d'un jour zéro, que la littérature coloniale mésoaméricaine décrivait comme celui de la création d'une énième humanité.

Rattaché à aucun événement ni astronomique ni historique et situé dans un passé ancien de milliers d'années, le jour en question constitue le point de départ idéalisé d'un compte immensément long. Un compte qui, malgré son caractère cyclique, dure ou se répète suffisamment longtemps pour aboutir en pratique, et contre toute attente, à une énumération linéaire et ordonnée de tous les phénomènes historiques et sociaux. Impensable pour un colon espagnol, l'usage du Choltun ou Compte long maya, partant du 12 août –3113 (± *n*) renvoie aujourd'hui aux systèmes des astronomes modernes, tous dérivés de la numérotation des Jours Juliens, que Scaliger fit partir du 1er janvier –4712.

On sait que le système des Jours Juliens fut déterminé par diverses considérations, scientifiques (astronomiques) et non scientifiques. Il fut obtenu en faisant le produit de trois cycles de 15, 28 et 19 ans, sous la contrainte de faire coïncider l'année (0, 0, 0) du système avec le 1er janvier de l'année supposée être celle de la naissance de Jésus Christ. Que le premier cycle choisi (indiction romaine de 15 ans) soit celui de la perception des taxes dans l'Empire Romain, montre qu'il ne faut pas chercher à tout prix une explication scientifique au choix des cycles d'un système calendaire. C'est sans doute le cas pour les cycles qui définissent le Kauil maya, de 4 × (7 × 9 × 13) = 3 276 jours, ou pour comprendre le fait que le plus ancien cycle calendaire en usage chez les Mésoaméricains compte 260 jours répartis en 13 vingtaines (ou en 20 treizaines) de jours, ou le fait que les Mayas convinrent de le faire courir sur leur Compte long en partant du jour zéro daté **4 Ahau** dans leur *tzolkin*.

Ainsi, malgré le très long isolement des terres mésoaméricaines avant la conquête des Espagnols, ce dont s'occupe l'arithmétique maya se rattache à sa façon à l'idée de la Grande Année platonicienne, à la Grande Origine des Chinois, aux époques fictives des canons astronomiques de l'Inde, et à bien d'autres enchaînements de cycles utilisés dans d'autres computs calendaires. Cependant, loin de se recouvrir, les procédés arithmétiques mis en œuvre à chaque fois sont très différents les uns des autres, non seulement parce que les langues et les écritures grâce auxquelles ils s'expriment sont variées, mais aussi parce que les idées qui les organisent prennent, dans chaque culture, des formes souvent originales, et qui évoluent diversement au fil des années et au gré des changements d'opinions ou des révolutions que connaissent tous les peuples.

L'arrêt en deux temps, – fin du Classique, et arrivée des Espagnols –, de l'arithmétique maya ne permet pas de filer l'analogie. Car, contrairement au cas de la Chine, il n'est plus possible de retrouver les avancées perdues, ni de suivre les progrès possibles de la pensée mathématique maya du Classique vers, par exemple, la recherche des PGCD et PPCM, la résolution des systèmes d'équations entières, ou le développement de thèmes relevant pour nous de l'algèbre, ou de l'arithmétique modulaire.

Par contre, l'attention apportée ici pour la première fois au zéro maya et à ses multiples avatars ordinaux et cardinaux constitue un apport de première grandeur à une meilleure connaissance de l'histoire des mathématiques. Malgré les progrès continus des disciplines historiques et épistémologiques, les travaux sur les notions mathématiques de base incluent parfois encore des anecdotes et des propos non fondés, ou admis au nom d'un supposé bon sens. Par exemple, le poncif toujours répété qui attribue la diffusion du zéro aux pays de l'islam à partir d'une découverte indienne initiale, sortie *ex nihilo* ou plutôt de l'idée de vide. On sait en effet qu'un autre zéro, attesté dans des manuscrits grecs parmi les plus anciens connus, composés entre le premier et le Ve siècle de l'ère commune (un zéro rond lui aussi, et pour autant moins exotique que ceux des Mayas), existait bel et bien depuis l'Antiquité. Loin d'être un météore, ce zéro apparaît comme une sorte de réplique du double chevron cunéiforme utilisé comme signe de ponctuation dans un texte ordinaire, et comme marque d'absence d'unités dans les écritures sexagésimales des astrologues et astronomes du Croissant fertile ; ce qui en fait un prédécesseur, (plus crédible que **शून्य** *sunya*), du zéro des manuscrits astronomiques arabes. Diverses variantes du zéro grec se trouvent dans toutes sortes de tables astronomiques et astrologiques (Jones 1999 : 61–62) fondées sur les mille traditions de cette partie du monde spécialement propice aux échanges interculturels, et singulièrement riche en cosmogonies et en découvertes astronomiques et mathématiques.

En même temps, la méthodologie pluridisciplinaire mise en œuvre par l'auteur pour déchiffrer et interpréter le sens d'inscriptions ayant résisté jusqu'ici à la sagacité des chercheurs présente elle aussi son intérêt propre. Nous l'avions déjà constaté dans nos travaux au cours des années 80, au sein du groupe multidisciplinaire[4] que nous avions alors constitué

---

[4] André Cauty, Pierre-Sylvain Filliozat, Michel Guillemot (qui se joignit tardivement à notre groupe), Tony Lévy, Jean-Claude Martzloff (auteur de la présente préface), et Jim Ritter. Le travail collectif a donné lieu à une synthèse publiée dans les numéros

pour étudier, d'un point de vue comparatif, les numérations de quatre cultures reconnues pour avoir inventé et utilisé au moins sporadiquement un chiffre « zéro » au sens précis des numérations écrites de position ou de disposition.

Au-delà du cas particulier des créations de l'Intelligence arithmétique maya, cette méthodologie interdisciplinaire pourra inspirer beaucoup d'autres études d'histoire ou d'épistémologie des mathématiques mues par la même nécessité de combiner le plus largement possible des connaissances venues de divers horizons : archéologie, ethnologie, épi- et paléographie, linguistique, traductologie, mathématique, histoire, épistémologie, cognition, etc. Ce n'est pas là le moindre des intérêts de ce beau livre.

Jean-Claude Martzloff

Directeur de recherche honoraire au CNRS
Centre de Recherche sur les Civilisations de l'Asie Orientale
Programme Chine (UMR 8155)
Prix Ikuo Hirayama de l'Académie des Inscriptions et Belles Lettres, 2010

398 (avril-mai 1995 : 531–550) et 399 (juin 1995 : 675–685) du *Bulletin de l'Association des Professeurs de Mathématiques de l'Enseignement Public.*

Avant-propos

> *L'astronomie est souvent présentée comme un savoir primordial qui transcende les cultures [...]. Son histoire montre à l'inverse comment elle émerge de manière souvent inattendue, comme le fruit des interrogations et des nécessités les plus diverses* (Lequèvre 2016 : 67).

Mais comment les Mayas du Classique (IIIe–Xe siècle) s'y prenaient-ils pour poser et résoudre leurs équations calendaires ? Pour prévoir le retour des éclipses ou de l'année ? Quels concepts et outils ont-ils inventés pour cela ? Ce livre apporte des éléments de réponse grâce à une approche interdisciplinaire rendue possible par les progrès des connaissances sur la nature et les fonctions du fait « écriture » (sémiographie, écriture linéaire), du déchiffrement et traduction des textes (trois codex rescapés, et des milliers d'inscriptions) que les normes du Classique maya exigeaient de ponctuer par des suites d'égalités calendaires (Goody 1979, Thouvenot & Hoppan 2006, Gaillemin 2011).

Si l'Élysée communiquait en style Classique maya, on lirait au fronton des mairies un texte qui dirait, par exemple : *Comptons les siècles : 50 siècles et 32 966 jours après la création, c'était le mercredi 21 décembre 1977, à Amiens, que naquit le seigneur Emmanuel Macron ; 14 389 jours plus tard, le dimanche 14 mai 2017, il était élu président ; c'est arrivé 3 494 jours après son mariage du samedi 20 octobre 2007 ; et 552 jours plus tard, le samedi 17 novembre 2018, débutait le grand mouvement des Gilets Jaunes.* De tels textes supposent : savoir dater, savoir se déplacer dans le calendrier, et pouvoir compter ou calculer la distance entre deux dates.

Comment, sans nos outils arithmétiques, un scribe pouvait-il calculer le nombre de jours séparant deux dates, parfois distantes de plus d'un million de jours. En 1941, Éric Thompson montrait comment trouver la durée entre les dates **13 Ahau *18 Kankin*** et **8 Oc *13 Yax***. S'inspirant des parcours divinatoires dans les almanachs, il « bricola » des translations t qui donnèrent le nombre de distance **3.7;12.10.** (24 370 jours) faisant passer de la première à la seconde :

Pas *t* des translations	**9.10.10;0.0.**	13	**Ahau**$_{20/0}$	***18***	***Kankin***$_{14}$
+0;10.0.	**9.10.10;10.0.**	**5**	**Ahau**$_{20/0}$	***13***	***Xul***$_{6}$
–0;0.10.	**9.10.10;9.10.**	**8**	**Oc**$_{10}$	***3***	***Xul***$_{6}$
–5.1;2.0.	**9.5.9;7.10.**	**8**	**Oc**$_{10}$	***3***	***Zac***$_{11}$
+10;2.0	**9.5.19;9.10.**	**8**	**Oc**$_{10}$	***13***	***Yax***$_{10}$
+7.18;3.0.	**9.13.17;12.10.**	**8**	**Oc**$_{10}$	***13***	***Yax***$_{10}$

Thompson n'a pas trouvé par hasard une procédure effective qui n'utilise que la capacité de dire la translatée d'une date. Sa recherche se serait inspirée de la page 32a du codex gardé à Dresde. Plus exactement du tableau de vingt dates associées aux tables des multiples de 91 et de 364 qu'elle contient. C'est donc la familiarité avec les produits de l'intelligence arithmétique maya qui a guidé Thompson dans sa quête d'un « c'est ainsi qu'un scribe aurait pu démontrer sa capacité de calculer le ND qui sépare deux dates CR données ».

D'où l'hypothèse que la cause fut instruite devant le tribunal des tables de multiples liées à des tableaux de dates[5]. Attesté par la page 32a ce procès révèle que les méthodes de résolution des équations calendaires se sont construites dans le suivi du pas à pas d'un parcours dans les calendriers réalisé à des fins divinatoires, ou d'organisation des rituels associés à la célébration du changement du Porteur de l'année, ou à l'érection/onction d'un mégalithe aux retours des **katun**. L'outil table×tableau fait voir, d'un coup d'œil, comment chaque pas transforme les constituants d'une date, et, par retour réflexif, qu'il y a des parties de dates qui restent invariantes, ou qui varient selon une loi simple. La familiarité avec l'outil et surtout l'habitus d'en fabriquer beaucoup révèlent des propriétés des déplacements de pas donné : les translations de pas 91 et 364 conservent le rang $\boldsymbol{\alpha}$ des dates *tzolkin* et modifient leur nom $\mathbf{X}_x$ du reste (*modulo* 20) du pas de la translation. L'existence des outils table×tableau permet d'affirmer que les scribes mayas fabriquaient des artefacts non seulement pour lire l'image (/l'antécédent) d'une date par une translation, mais aussi pour trouver celles qui font passer d'une date à une autre.

---

5 Les tables d'entiers sont dressées par addition combinant les résultats déjà inscrits dans la table (Cauty 2017 : 183–190). Cette conjecture est née de recherches pour : a) expliquer la variante systématique d'un entier, b) interpréter certains *lapsus calami*, ou c) justifier la présence de quatre intrus dans la table des multiples de 2 920. Les tableaux de dates associées aux tables de multiples permettent de tester la force de la conjecture.

Trouver la distance $\mathbf{\Sigma c_i \underline{P}_i}$ des dates CR de la forme $\boldsymbol{\alpha X \beta Y}$ et $\boldsymbol{\alpha' X' \beta' Y'}$ est plus difficile que trouver l'image d'une date par une translation dans le *tzolkin*. Le gap est lié à trois faits : a) l'inconnue n'est pas de type élément (date, position), mais de type fonction (translation), b) le nombre des éléments de l'ensemble (par ex. 18 980 dates CR) dépasse la capacité de les compter directement, et c) le fait que rien ne permet de supposer qu'un scribe disposait de la division euclidienne, une opération qui dit combien de fois un entier est contenu dans un autre. Un Maya aurait-il pu, comme Thompson le fit en 1941, relever le défi de ce triple gap ? Oui, assurément, nous le dirons au chapitre 5 (figure 54). Mais comment ? Pour nous, en brisant les atomes sémantiques.

Les traductions (intralinguistiques, interlinguistiques et intersémiotiques), l'éducation contre l'ethnocide, l'épistémologie et la didactique, toutes ces disciplines préconisent de briser les modes rigides de conceptualisation, de sémiotisation, et d'interprétation. Sortir du cadre, prendre du recul. Comme les accélérateurs de particules, la traduction défait les « atomes » sémantiques des langues source et but (Cauty 2017 : 287–293). La traduction exige de dé-re-conceptualiser mille et une fois chaque constituant du moindre signe. Et la didactique des maths établit qu'un obstacle peut être levé par « changement de cadres » (Douady 1992 : 135–139), lequel impose, comme toute traduction, de reformuler les conceptualisations au cœur desquelles l'obstacle était né. Les traductions et les changements de cadres sont des moyens – lourds, mais agissants – de fabriquer des concepts métis, et d'inventer des méthodes inédites (ce qui confirme le fait que savoirs et connaissances sont, comme les langues qui les disent, des produits collectifs).

Ce livre invite le lecteur à adopter un regard pluridisciplinaire pour parvenir à regarder avec les « lunettes » des scribes du Classique mésoaméricain, et, plus largement, avec celles des savants des autres parties du monde, pour comprendre différentiellement comment les Mayas faisaient pour discrétiser le continu du temps en jours (nycthémères) et en cycles parfois mythologiques, parfois astronomiques, écologiques, festifs, politiques, religieux…

L'arithmétique maya a systématisé l'opposition ordinal/cardinal et l'art calendaire maya a surexploité le trésor computationnel du Compte long, pour contrôler, par ses nombres entiers et au jour près, le cours des dates dans les calendriers, ou celui des positions dans une forêt de cycles définis par les besoins, les saisons, les astres, la religion. Ce livre invite à l'interdisciplinarité et à l'interethnicité pour montrer qu'un Maya résolvait les équations calendaires grâce à son écriture linéaire[6] et à ses propres outils de comput : numération, calendrier, table×tableau, système des périodes en progression géométrique, et surtout l'exceptionnel Compte long.

En résumé, vers 150 ap. J.-C., les plus « scientifiques » des Mésoaméricains avaient élaboré une façon sophistiquée, et particulièrement redondante, de dater les événements : donner en même temps, d'une part, le numéro du jour dans le Compte long[7], et, donner d'autre part, au moins les deux dates (*tzolkin*, et *haab*) dont le couple (**αX**, ***βY***) constitue la date CR bien écrite, au sens de la règle d'orthodoxie de la chronologie maya du Classique (Cauty 2013 : 9).

L'organisation du système des périodes mayas ne relève pas de la « naturalité » des cycles que le temps ou la société impose à l'homme (jour, lunaison, année, siècle/ère/règne). Elle ne relève pas non plus de l'observation des régularités que tout « esprit de finesse » finit par découvrir, par exemple : l'alternance des lunes de 29 et 30 jours pour métrer la lunaison ou prévoir le retour de la Nouvelle Lune. Fondé sur l'année de compte de 360 jours, le système maya des périodes, relève de l'« esprit de géométrie » (Pascal, Pensées B1), une forme de rationalité qui donne une touche de réfutabilité (Popper) aux conceptions naturelles ou religieuses du temps maya, cyclique et linéaire, pratique et symbolique. Par ce biais, le temps maya n'est plus seulement un diktat ou un tempo imposé par les prêtres-rois à la vie économique, sociale, cultuelle et politique. Il devient réfutable.

---

6 Contrairement à la pictographie narrative, l'écriture maya est linéaire, parce qu'elle impose, à la sémiographie, de prendre en compte la linéarité de la parole. Définitoire de l'écriture au sens strict, l'articulation « graphie ∩ parole » se traduit par deux traits. Un trait pertinent : les glyphes (simples, complexes ou figuratifs) sont placés à la queue leu leu, en principe dans les cases d'un tableau organisé en (paires de) colonnes. Et un trait redondant : les signes sont de deux sortes : logogramme (plusieurs centaines) et syllabogramme (une centaine). Les logogrammes relèvent de la « première articulation (André Martinet) », et les syllabogrammes de la « seconde ». Estimé avoir 3000 ans d'ancienneté, le possiblement plus ancien témoin d'une pictographie qui se linéarise est le « texte » de 62 signes gravés sur le bloc de El Cascajal (trouvé en 1999 près de San Lorenzo).

7 La position chiffrée dans une suite ouverte de cycles de plus en plus grands, par ex. les « roues » des **13-<u>katun</u>**, **13-<u>baktun</u>**, **13-<u>pictun</u>**, etc., devient comme le dit Martzloff dans la préface : « Un compte qui, malgré son caractère cyclique, dure ou se répète suffisamment longtemps pour aboutir en pratique, et contre toute attente, à une énumération linéaire et ordonnée de tous les phénomènes historiques et sociaux ».

Réfutable par la numérologie et ses arguments d'autorité. Mais réfutable aussi par l'arithmétique et ses preuves. Dorénavant mathématisable, le temps maya se calcule en jours et durées entières. Son nombre se dit et s'écrit en Compte long. À l'unité près, même quand il était gigantesque comme celui de la série initiale de la stèle 1 de Cobá qui dépasse 206 quintillions de jours (en échelle longue de Chuquet).

Un autre apport de ce livre, c'est de montrer que le tsunami de la colonisation a laissé suffisamment de restes du trésor des sciences produites par les scribes mayas de toutes les époques pour en reconstruire l'essentiel. Les trésors reconstitués sont destinés à être partagés. Partagés, en priorité, avec les Mayas d'aujourd'hui, héritiers les plus légitimes et les plus aptes à reprendre l'écriture glyphique, à redonner vie aux corpus des égalités calendaires, et à saisir la spécificité de ces équations. Partagés, d'autre part, avec les lecteurs qui voudraient les admirer ou simplement en connaître l'existence.

Table des matières

Conventions et abréviations

Les signes/noms mayas (jour, mois, etc.) sont énoncés de préférence en yucatèque et transcrits en orthographe coloniale. Les logogrammes sont en lettres capitales, CHUM, et les syllabogrammes en gras, **mi**. Les noms **X** de jour sont transcrits en **gras** avec Majuscule : **Ahau**, **Imix**... L'entier « n » placé en indice d'un signe de jour, $\mathbf{X}_n$, marque le numéro de ce jour dans la liste yucatèque canonique allant de $\mathbf{Imix}_1$ à $\mathbf{Ahau}_{20/0}$. Les noms ***Y*** de mois sont en **gras**, *italique* et Majuscule : ***Pop***, etc., ***Uayeb***, ou en **gras** et sans italique : **Pop**, etc., **Uayeb** quand leur signe est inséré dans un GISI.

Les nœuds de la numération et les unités de temps (périodes) sont écrits en **gras**, sans majuscule et <u>soulignés</u> : **<u>pic/pictun</u>**, **<u>bak/baktun</u>**, **<u>kal/katun</u>**, **<u>tun</u>**, **<u>uinal</u>**, **<u>kin</u>**...Les chiffres vigésimaux $\mathbf{c}_i$ sont transcrits en numération décimale et chiffres arabes ; quand ils représentent un entier en numération vigésimale de position, ils sont transcrits en **gras** et suivis d'un point ou d'un point-virgule : **13.0.0;0.0.** Le point-virgule sépare les chiffres $\mathbf{c}_1$ (position des **<u>uinal</u>**) et $\mathbf{c}_2$ (position des **<u>tun</u>**). Quand ils représentent un entier en numération de disposition, les chiffres ne sont pas suivis par un point, mais liés par un trait d'union à la période qu'ils déterminent : **13-<u>baktun</u> 0-<u>katun</u> 0-<u>tun</u> ; 0-<u>uinal</u> 0-<u>kin</u>**...

α	entier variant de **1** à **13** (inclus) ou de **2** à **14** (Tlapanèque)
$\boldsymbol{\beta}$	entier variant de ***0*** à ***19*** (inclus) ou de ***0*** à ***4*** (jours ***Uayeb***)
αX	date de la semaine divinatoire (CDM, *tzolkin, tonalpohualli, etc.*)
βY	date de l'année vague solaire (*haab*)
(αX, *βY*)	date CR, Calendrier Rituel (*Calendar Round*)
(αX **βY*)	date étoilée (ne suit pas la ROCm de l'époque classique)
$\alpha\underline{\mathbf{X}}_p$	date *tzolkin* du jour porteur/éponyme de l'année
$(\alpha\mathbf{X}, \alpha\underline{\mathbf{X}}_p)$	date SA, Siècle Aztèque (jour/éponyme d'année)
$\Sigma(\mathbf{c}_i \times \underline{\mathbf{P}}_i)$	entier en numération de disposition (avec glyphes de période)
Δ(a, b)	PGCD (a, b)

µ(a, b)	PPCM (a, b)
a/aa	année
AFM	Année Festive Mésoaméricaine de **360** + ***x*** jours
AM	Année vague de Mars de 780 jours
AT	Année Tropique
av./ap.	avant/après (J.-C.)
AV	Année vague Vénusienne de 584 jours
AVS_{365} /AS_{365}	Année Vague Solaire de 365 jours
b	***β + 1*** : entier variant de ***1*** à ***20*** ou de ***1*** à ***5*** (*Tonalpohualli*)
c_i	entier variant de **0** à **19**, coefficient des unités, chiffre…
CDM	Cycle Divinatoire Mésoaméricain (13 × 20 éléments)
CL	Choltun ou Compte long
Cl	Classificateur
Cl_{MES}	Classificateur mesure (par ex. nœud, période)
Cl_{UNIT}	Classificateur unitaire (parfois classificateur numérique)
CR	Calendrier Rituel de 52 *haab* et 18 980 jours (datés **αX*βY***)
EC/ÉC	Équation Calendaire
eD	« empan de Dehouve » de 0,20835 m
ex.	exemple
fam.	famille (linguistique)
FAMSI	Foundation for the Advancement of Mesoamerican Studies, Inc
GI/GISI	Glyphe Introducteur/Glyphe Introducteur de Série Initiale
GL	Glyphe lunaire (de valeur numérique vingt)
GP	Calendrier Grégorien Proleptique
GVC	Grand Cycle de Vénus (2 CR, ou 65 AV)
h	heure
id.	*idem*
IAM	Intelligence Arithmétique Maya
j/jj	jour (24 h)
JJ	Jour Julien
L	Lune, lunaison (29 ½ jours)
LÉI	Langue Écrite Internationale
M	mètre
m/mm	mois

min	minute
ND	Nombre de distance
$\underline{\mathbf{N}}_i$	nœud (numération)
Pe	Petit entier naturel
$\underline{\mathbf{P}}_i$	Période (unité de mesure de temps)
PGCD/pgcd	Plus grand commun diviseur
PPCM/ppcm	Plus petit commun multiple
QED	Quod Erat Demonstrandum (CQFD)
ROCm	Règle d'Orthodoxie de la Chronologie maya
s/s.	Seconde/siècle
SA	Siècle aztèque/mexicain de 52 années/éponymes
$\mathbf{SD}_{260}$	Semaine divinatoire de 260 jours datés **αX**
SI	Série Initiale
SL	Semestre Lunaire (figure 87 pour les types A, C, D, M)
ssi	si et seulement si
TLF	Trésor de la Langue Française (http://atilf.atilf.fr/)
X	nom/signe de jour (cycle divinatoire : *tzolkin*, *tonalpohualli*)
Y	nom/signe des mois de 20 jours, ou de la période ***Uayeb*** de 5 jours.
Y	nom/signe du patron du mois dans le glyphe introducteur
y	rang du mois/période dans le *haab* (**1** = ***Pop, 19*** = ***Uayeb***)

Chapitre 0

Tragédie et sauvetage du nombre maya

L'homme est une création du désir, non pas une création du besoin (Bachelard, 1985)

L'Intelligence Arithmétique Maya, IAM, se révèle indirectement dans l'organisation des sites et des moyens mis en œuvre par les pouvoirs mayas pour observer le ciel, urbaniser l'espace, ou dicter le temps des activités aux individus et aux groupes qui constituaient alors les royautés sacrées. Le propre mésoaméricain de cette forme de gouvernement, parfois dit de l'« État-théâtre » (Demarest 2011 : Ch. 8), est de fonder et d'organiser la prospérité collective sur un credo disant qu'elle résulte de rituels exécutés, aux dates convenues, autour de la figure d'un roi-soleil qui cumulait les fonctions d'un système de charges, dont certaines pouvaient être déléguées aux ministres voire aux simples sujets.

L'articulation rituelle de l'espace et du temps social est couramment décrite en termes de cosmogramme[8], et exemplifiée par des images du temps, du calendrier ou de l'espace (Becquelin 1992). Ces images montraient un centre, un axe Haut/Bas (Zénith/Nadir) permettant d'installer les 13 cieux, les 7 terres ou mers et les 9 enfers, et un axe Est/Ouest duquel dérivaient la séparation droite/gauche et les directions cardinales, parfois avec leurs attributs : couleurs (figure 112), arbres, oiseaux. Les cosmogrammes rappelaient les rituels à effectuer aux lieux et moments de l'espace/temps qu'ils prescrivaient.

---

8 « Dessin schématique reproduisant une figuration symbolique de l'univers, vu soit en élévation, soit en plan horizontal. Dans le premier cas, on montre les différents étages de l'univers ; dans l'autre, on décrit, les quatre directions et le centre » (Baudez 2002 : 455).

L'un des cosmogrammes les plus achevés (figure 1) décrit un chemin sur une fleur à quatre pétales, signe du soleil, du jour, et du temps (Hoppan 2014 : 302), ou du zéro maya (*id.* : 94). Tout en activant des symboles et des mythes religieux ou cosmologiques, ce schéma déroulait le cycle divinatoire en répartissant ses 260 jours en [4 × (3 + 2)] treizaines, et faisait passer devant les quatre porteurs d'années mis aux places cardinales.

Les pages 75/76 du codex maya de Madrid (ou la page 1 du Fejérváry-Mayer) ont fait parvenir jusqu'à nous ce singulier cosmogramme :

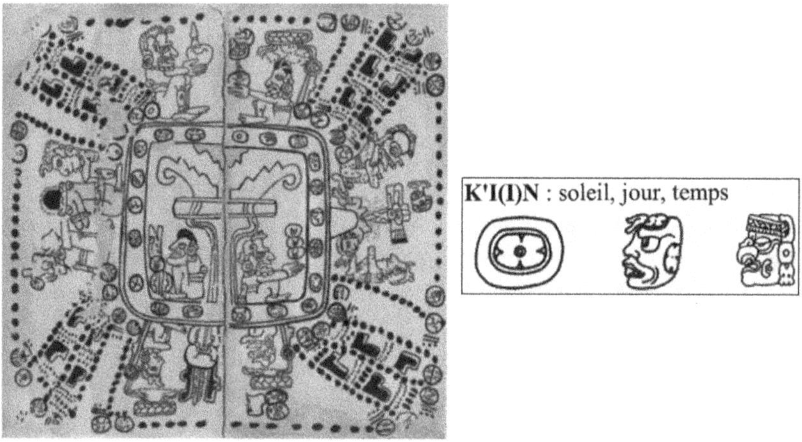

Figure 1 : *Cosmogramme des pages 75/76 du Madrid et logogramme KIN*

L'IAM se manifeste plus directement dans les méthodes de résolution de problèmes que l'on reconstruit aujourd'hui à partir des égalités calendaires qui ponctuent et structurent la plupart des inscriptions et des écrits mayas parvenus jusqu'à nous. On la voit clairement dans les tables de multiples associées à des tableaux de dates. Les scribes utilisaient cet outil pour calculer les parcours symboliques dans les almanachs divinatoires, ou pour concevoir, sémiotiser et structurer en phrases et paragraphes les contenus hagiographiques de la propagande d'État, ou encore pour organiser les contenus astronomiques des pages savantes des codex, comme les pages « éclipses » et « vénusiennes » du codex conservé à Dresde, ou la suite, dans le même codex (p. 43–44), des multiples de **3.18.** (3 × 13 = 78) et donc de **2;3.0.** (= 780), qui va de **3.18.** à **1.1;6.0.** (= 194 × 780), ce qui conduit parfois à lire ces données comme un outil permettant de synchroniser les déplacements par treizaine ou par cycle de mars (780 j) et à les appeler les pages « martiennes ». En voici l'histoire.

Aperçus historiques

Le Préclassique récent, (du IVe av. J.-C. au IIIe ap. J.-C.), suit le Préclassique moyen, et débute quand décline la culture olmèque souvent vue comme la civilisation mère de la Mésoamérique et le berceau des premières cités à architecture monumentale. Selon Hoppan (2014 : 29) « De nombreux États régionaux sont mis en place, autour de capitales dont les centres monumentaux demeurent parmi les vestiges les plus imposants de l'Amérique précolombienne [...] cette émergence s'est [...] effectuée dans le cadre [...] d'un système de monarchies héréditaires de droit divin, préfigurant celui qui marquera le paysage politique du Classique ». C'est aussi l'époque où éclosent, (notamment chez les Olmèques, les Zapotèques et les Mayas), les écritures et les notations calendaires. Le Compte long commence à fournir les premières dates-numéros d'une chronologie absolue.

Dominé par l'hégémonie de Teotihuacán (México, Mexique), la cité où les hommes se transforment en dieux, le Classique ancien (IIIe–VIe siècles) commence conventionnellement en 292 de notre ère, par l'érection de la stèle 29 de Tikal (Petén, Guatemala) sur laquelle figure la première série initiale en numération de disposition[9]. D'où la conjecture que les scribes mayas avaient déjà acquis l'habitus d'exprimer les durées à l'aide du système vigésimal d'unités de temps, les multiples de l'année **tun**. Le Classique ancien prend fin entre le milieu et la fin du VIe siècle, quand de violents conflits éclatent entre Tikal (Petén, Guatemala) et Calakmul (Campeche, Mexique), qui se solderont par la déroute de Tikal. Au cours du Classique ancien, l'écriture proprement dite gagne de nouveaux espaces en s'alliant à l'imagerie sur les décors exubérants, ou en remplissant les pages des codex en papier d'écorce.

Le Classique récent (VIe–Xe siècles) commence à la chute de la puissante Teotihuacán. Les Mayas entrent alors dans une période considérée à plus d'un titre comme l'apogée de leur culture. Les scribes continuent de produire des codex, des textes monumentaux, et des notices.

---

9 http://www.latinamericanstudies.org/tikal-stela-29.htm

La fin du Classique récent, dite « période de l'effondrement maya classique » (Hoppan 2014 : 32), est marqué par de grands bouleversements, dont la chute du système dynastique, la périclitation de l'ensemble des régions du Sud des Basses Terres, l'influence nahua grandissante, et un essor spectaculaire du nord des Basses Terres « en particulier dans la région du Puuc, mais aussi plus à l'est autour de Chichén Itzá » (*id.*). Par convention, le Classique récent s'achève en 909, avec la dernière série initiale, gravée sur le monument 101 de Toniná (Chiapas, Mexique).

À partir de l'effondrement maya classique, après le début du IXe s., les écritures sont influencées par le système graphique des Toltèques. L'écriture monumentale devient plus rare puis disparaît, emportant avec elle les séries initiales, les comptes longs et les équations calendaires de la propagande des monarchies sacrées. Tout indique que l'arithmétique maya ne se manifeste plus que sur les pages des codex, ou sur les murs de certains lieux, comme San Bartolo ou Xultún (Petén, Guatemala), et que sa disparition des monuments serait liée à la chute du système dynastique notamment dans le nord unifié pour la première fois en un « État qui englobait tout l'ancien pays du Yucatán […] Uxmal, Chichén Itzá et Mayapán […] dont le gouvernement était assuré par une assemblée de chefs militaires » (*ibid.*).

Le Postclassique maya est divisé en ancien (X^e^–XIIe siècles) et récent (XIIe–XVIe siècles), il voit grandir l'influence de peuples venus du Mexique central ou de « populations de Mayas « mexicanisés », telles que les Itza (ou Putun) » (*ibid.*). Malgré la résistance des Itza des Basses Terres dont la capitale Tayasal, (Noj Petén), tombe seulement en 1697, il est convenu de fermer le Postclassique au XVIe siècle, quand les Espagnols s'emparent des terres, et se mettent à en administrer les richesses et à en évangéliser les habitants.

S'ouvre alors l'époque coloniale, et son cortège d'ethnocides, s'il est vrai que « l'ethnocide appartient à l'essence unificatrice de l'État » (Clastres 1974 : 107). Grandes ou petites, les communautés ont l'habitude de scinder l'humanité en « gens du soi » et « gens de l'autre » (Jaulin & Pinton 1973). Se considérant habituellement comme les seuls vrais hommes, les « gens du soi » stigmatisent les « gens de l'autre » « par ce signe que les correcteurs d'imprimerie appellent *deleatur* » (Duhamel 1945 : 198). Empathie et entraide sont en priorité réservées aux proches. Sûre de son droit, la puissance conquérante et colonisatrice ne traite pas l'autre comme le prochain de la parabole, mais comme un barbare, un sauvage, un irrationnel, et, dans le domaine religieux, comme un païen, un hérétique, voire une créature du démon… Ainsi dévalué, rien n'interdit de le soumettre à la « paix blanche » (Jaulin 1970), et tout pousse à le bannir, l'exploiter, le vendre, le torturer, le mettre à mort, le livrer aux inquisiteurs, le sacrifier aux idéologies, en faire un bouc émissaire…

Boostés par les tendances grégaires qui animent tout groupe humain, la légitime estime de soi et le partage des valeurs d'une tradition vénérable prennent facilement mille et une nuances de chauvinisme. Les premières violences sont vite instrumentalisées, et vont *crescendo ad infinitum* alimenter le cercle vicieux des violences et contre-violences. Très vite, les chefs des gens du soi cherchent à convertir ou assujettir les gens de l'autre, et à imposer des identités de masse grâce à l'usage d'un arsenal régalien de techniques de gestion efficaces, tatillonnes, aliénantes, et difficiles à subvertir[10].

À partir des exemples inca et français, Pierre Clastres a montré que « toute formation étatique est ethnocidaire […] et parvient à exercer un contrôle presque total et permanent sur les habitants de l'Empire [et plus encore sur] les populations nouvellement conquises […] les obligeant à payer tribut aux nouveaux maîtres, mais surtout les contraignant à célébrer en priorité le culte des conquérants […] » (*id.*). Clastres souligne l'extrême « violence du zèle maniaque avec lequel les Espagnols anéantirent […] l'idolâtrie indigène » (*ibid.*), provoquant les plus grands ethnocides commis par les États européens contre les peuples d'un continent de plus de 42 millions de km^2. Provoquant une chute démographique présentant tous les attributs d'une hécatombe. Décimés par les maladies exogènes[11] et les travaux forcés, les Amérindiens ne sont plus, au XXe siècle, qu'un ε des habitants du Nouveau Monde. Une hécatombe amplifiée par les ethnocides à répétition que les autorités coloniales, (civiles et religieuses), firent subir aux langues, aux arts, et aux productions culturelles des Indiens. Autant de biens immatériels que les scribes mayas produisaient depuis le Préclassique, et continuaient, au risque de leur vie, d'enrichir sous le joug colonial.

---

10 L'Amérique colonisée allait financer le rayonnement de l'Espagne dans une Europe traversée de courants de réforme et empêtrée dans trois types de guerre (religions, reconquêtes et conquêtes). Grâce aux Lumières et au développement de l'industrie, l'Occident allait prendre « les rênes de l'attelage planétaire » (Maalouf 1998 : 82), et créer, en quelques siècles, une civilisation encore inédite.

11 Ou encore une salmonelle : http://biorxiv.org/content/early/2017/02/08/106740.1

Passant en 2015 devant une statue de Bartolomé de Las Casas, la dizaine de Kaqchikels qui m'accompagnaient m'expliquèrent que Las Casas ne méritait pas le titre de « Protecteur des Indiens » que lui donna le cardinal Cisneros en 1516. Loin de le considérer comme un protecteur des Indiens[12], ces Kaqchikels m'expliquaient qu'il ne valait pas mieux que les *encomenderos*[13], car il pratiquait l'ethnocide des valeurs immatérielles autochtones. En œuvrant à la conversion des Indiens aux valeurs de l'Évangile et de l'Espagne, Las Casas aurait commis une erreur conduisant de fait à faire disparaître des usages et des valeurs propres des Autochtones. Bien qu'il se soit battu pour dénoncer l'esclavage et réclamer la fin des brutalités, et bien qu'il ait renoncé à sa propre *encomienda*[14], Las Casas, nourri de foi chrétienne, n'a pas réussi à changer le régime colonial. Malgré de bonnes intentions, une croyance peut devenir l'huile jetée sur le feu des débats de conscience et les pervertir en guerres de religion et en chocs de civilisation.

Emprunté à l'histoire des Mexicas, voici un exemple qui ne relève pas d'un fait de colonisation. Il s'agit d'expliquer pourquoi le Soleil et la Lune continuent de tourner après le sacrifice de deux divinités, Tecuciztecatl, un dieu fort (comme le géant Goliath) et « un peu trop propre pour être malhonnête » (Dehouve 2005 : 52) qui deviendra la Lune, et Nanahuatzin, un dieu modeste (comme David[15]) et « purulent » (*id.*) qui deviendra le Soleil. Le mythe ne se contente pas de raconter les aventures des deux entités. Il déplie le mythe pour y trouver l'explication de la nécessité des sacrifices humains : seul le sang des rois et des hommes est assez noble pour que les dieux agréent ce sacrifice et continuent de faire se lever le Soleil et la Lune. D'où le besoin de se fournir en *chalchiuatl*

---

12 Le *Courrier de l'UNESCO* de juin 1975 consacre deux articles à Las Casas, le premier développe l'idée qu'il fut « défenseur des Indiens d'Amérique hispanique au 16e siècle », et le second qu'il fut un précurseur des lumières en énonçant « deux principes inaliénables : la liberté et le droit d'être un homme » ; en ligne à l'adresse : http://unesdoc.unesco.org/images/0007/000748/074840fo.pdf

13 L'*encomienda* est un régime esclavagiste favorable aux colons. Le gouverneur colonial « confiait » un contingent d'Indiens aux *encomenderos*, qui devaient percevoir les impôts au nom de la Couronne. Le paiement pouvait être en or, en nature ou en travail. Le colon *encomendero* se servait au passage, et, loin de Madrid, il pouvait oublier la contrepartie consistant à protéger, convertir et éduquer les Indiens.

14 Las Casas renonce à son *encomienda* en 1514, dénonce en 1539 les crimes et les abus des colons, et participe en 1550/1551 à la controverse de Valladolid où il défend la thèse que les Indiens ne sont pas esclaves par nature et qu'ils ne doivent pas être convertis par la contrainte : http://croire.la-croix.com/Definitions/Figuresspirituelles/Figures-de-justice-et-de-paix/Bartolome-de-Las-Casas-l-ami-des-Indiens.

15 Combat Goliath/David : Coran 2, 244–252, ou Premier livre de Samuel 17, 1–58.

« eau de jade, sang humain », et l'hypertrophie de la « guerre fleurie », une institution largement étudiée par Graulich (2005), dont le but était moins de tuer, que de ramener des prisonniers destinés à être sacrifiés afin que là-haut ça continue de tourner. Dès lors que le besoin est identifié, tous les moyens sont bons pour le satisfaire.

Le nombre et le calendrier sont deux instruments que les États et les religions définissent et imposent. Car il leur est difficile, sans ces outils, de faire marcher tous les sujets d'un même pas, de leur imposer des diktats, de leur faire construire des pyramides, de les aveugler quand on les conduit aux tueries des guerres, aux lieux des sacrifices ou aux bûchers des inquisitions. Le bilan ethnocidaire colonial est sans appel pour l'histoire des mathématiques : dès le XVIIe siècle, les créations de l'Intelligence arithmétique maya – calendriers, nombres, numérations vigésimales de position, parcours divinatoires, équations calendaires, éphémérides des cycles de la Lune, de Vénus et des planètes…– n'existent quasiment plus autrement que comme des survivances de pratiques interdites, combattues et submergées par l'imposition forcée de l'espagnol, de la numération décimale, des calendriers chrétiens…

Après l'effondrement maya et le tsunami colonial, il reste des bouts d'inscriptions, éparpillés comme les pièces d'un puzzle, ou enfouis sous des ruines envahies par la végétation d'une nature tropicale prompte à reprendre le terrain laissé libre depuis l'abandon des grandes cités au Postclassique marqué par la fin des monarchies de droit divin et l'influence grandissante de peuples comme les Toltèques de Tula, puis l'arrivée des Espagnols. Dès lors et jusqu'à la fin du XXe siècle, plus personne ne saura lire ces textes. On connaît les pertes que cela a représenté parce que les épigraphistes nous apprennent que les monuments servaient, au Classique, de support aux textes de la propagande d'État, et que le mobilier traduisait le goût pour des « inscriptions à caractère dédicatoire » (Hoppan 2014 : 48), ou que la céramique présentait de nombreuses légendes iconographiques dont la fonction « était de commenter les représentations mythologiques peintes ou gravées sur ces objets de valeur » (*id.*). Quant aux codex, que les Mayas fabriquaient dès le Classique ancien, ils ne pouvaient résister ni au climat tropical humide, ni au zèle des Inquisiteurs, et encore moins à la conjonction de ces deux facteurs. Au point qu'il n'en reste plus que trois[16], arrivés comme des prises de guerre

16 Quatre selon Coe et alt. (2015) qui rejettent la thèse que le codex Grolier soit un faux.

dans les villes européennes de Dresde, Paris et Madrid. Les paléographes nous disent que « les trois codex subsistants sont des recueils d'almanachs divinatoires, à contenu astrologique et/ou prophétique, laissant à penser que ces manuscrits étaient des sortes de manuels pour devins » (*ibid.*).

La Colonisation est une violence qui force, celui qui ne veut pas vivre à genoux, à entrer en résilience ou en résistance. La résistance maya incorpora des Indiens convertis, des moines réformateurs, puis des aventuriers amateurs ou pilleurs d'antiquités, des peintres, des photographes, des archéologues, des géographes, des archéoastronomes, des architectes, des ethnologues, des historiens, des épigraphistes, des linguistes, etc. qui changèrent peu à peu l'image négative des Mésoaméricains. Ils firent admettre l'idée de civilisation américaine, et se mirent à diffuser de plus en plus d'œuvres créées par les Olmèques, les Mayas, les Aztèques, etc.

Au dernier quart du XXe siècle, une majorité d'États latino-américains ont réécrit leurs constitutions pour se dire républicaines et multiethniques, et pour reconnaître à tous les mêmes droits. Il n'est plus question de justifier les génocides ou de tolérer les ethnocides que les jeunes Républiques avaient perpétués, en contredisant ainsi leur accueil des idées libérales[17] qui avaient inspiré les guerres indépendantistes. Parfois partiellement traduites en langues indigènes (Landaburu 1997 : 109–118), les nouvelles constitutions invitent à la quadrature d'une inclusion à la nation, supposée se faire par acculturation des Autochtones et des descendants des esclaves importés de l'Afrique[18] et leur ouvrir, au moins sur le papier de la Loi, une porte pour sortir de l'éternel dilemme « disparaître *versus* se faire semblable au Blanc ».

Le changement des mentalités dans les pays où l'on parle des langues mayas[19] furent favorisés par les nouvelles politiques, mais parfois aussi par la globalisation et l'arrivée d'acteurs passionnés ou de chercheurs de

---

17 Venues en partie des Lumières et de la Révolution française de 1789, et adoptées par la partie la plus progressiste des élites politiques américaines.

18 Du XVIe au XIXe siècle, des millions d'Africains furent livrés en Amérique par les agents de la « Traite atlantique », une transnationale anonyme spécialisée pour traquer, capturer, stocker, transporter, acheter, vendre, revendre, en gros et au détail, des esclaves parfois fournis par la « Traite orientale » (Chebel 2007, ou N'Diaye 2008).

19 Faute d'estimations sûres et concordantes, Hoppan (2014 : 11–18) écrit que le maya est parlé au Yucatán par près d'un million de locuteurs, et que la famille linguistique maya comprend une bonne vingtaine de langues principales, parlées sur un continuum géographique occupant des parties des actuels Mexique, Guatemala, Belize, Honduras.

trésors culturels. Certains sont partis *à la recherche*, non pas *du temps perdu*, mais *des nombres perdus* que l'apogée culturel maya avait produits et perfectionnés durant tout le Classique au service des équations calendaires. Ce livre, *Arithmétique maya. À la recherche des nombres perdus*, existe parce que les Mayas de la période de résilience et les étrangers de la période de reconnaissance se sont organisés en chaînes de truchements, jusqu'à briser le code de l'écriture et pouvoir ainsi déchiffrer, lire et traduire les textes mayas retrouvés.

Une chaîne immense qui inclut tous les auteurs mayas de la littérature coloniale en langue indigène couchée dans la prison de l'alphabet latin, mais aussi le moine ethnologue Diego de Landa, le dominicain Bartolomé de Las Casas, Constantin Rafinesque qui comprit le code des chiffres points/barres, ou l'infatigable abbé Brasseur de Bourbourg découvreur de nombreux documents inestimables, et des armées de savants comme Ernst Förstemann qui découvrit des clefs du Compte long et des parcours dans les almanachs. Une chaîne qui comprend encore les linguistes, parmi lesquels Yuri Knorozov qui jeta les bases d'une science du décodage, de la lecture, et de la traduction des textes mayas, une science qui ne devait plus s'arrêter. Sans oublier le rôle des érudites comme Linda Schele ou Tatiana Proskouriakoff.

En redécouvrant et en saluant le génie des scribes mayas du Classique, nous espérons que l'histoire leur accordera une plus juste place au chapitre des mathématiques universelles. Et que le public en déduira qu'en réparation des ethnocides sortis de l'éternel fonds commun de « barbarie » (Todorov 2006 : 45), il serait juste de reconnaître « le pluralisme comme un fait non seulement ancien, durable et permanent, mais aussi positif, fécond et souhaitable [afin de tourner] résolument le dos aux projets totalitaires d'uniformisation [et ne plus voir] dans l'individu différent ni un déviant à punir, ni un malade à guérir, ni un anormal à aider, mais un autre soi-même doté simplement d'un ensemble de traits physiques ou d'habitudes culturelles, générateurs d'une sensibilité, de goûts et d'aspirations propres » (Breton 1981 : 114).

Aperçus méthodologiques

Condamnés dès la découverte de l'Amérique au XVe siècle, les restes des trésors de l'IAM furent peu à peu dégagés des ruines inventées par les archéologues et leurs contenus déchiffrés et lus par les épigraphistes, ou tirés des codex et décryptés par les paléographes, ou des sources et témoignages de l'époque coloniale. Sortes d'équivalents des pièces inventées en archéologie expérimentale, les séries initiales, les dates et les égalités calendaires, les progressions géométriques, les tables de multiples, les tableaux de dates, les exceptions, les intrus, les *lapsus calami*..., bref tous ces vestiges retrouvés et traduits, furent soumis à expérience de pensée visant à reconstituer les chaînes opératoires susceptibles de produire ces vestiges et d'en déduire les modes d'emploi et de fabrication, et parfois les raisons de leur rejet. Les vestiges dûment traduits furent soumis aux analyses d'un maximum de points de vue scientifiques, à commencer par les collègues du CELIA (Centre d'Études des Langues Indigène d'Amérique), ceux de l'AEA (Association d'Ethnolinguistique Amérindienne), ceux du CCELA (Centro Colombiano de Estudios de Lenguas Aborígenes, Bogotá, Colombie), ou encore les membres, (enseignants, doctorants), du Laboratoire *ÉPISTÉMÉ* (EA 2971) de l'université Bordeaux 1, un laboratoire qui devait essaimer en créant à Rio Hacha (Colombie) un centre de recherche/formation de traducteurs indiens de textes mathématiques du niveau exigé par la formation d'un professeur des écoles indigènes, appelé le *Laboratoire Kwibi Urraga* (maison de la sagesse) de l'université de la Guajira.

Sur ce fonds de regards croisés et d'analyses interdisciplinaires, de nombreuses hypothèses spécifiques s'élaborèrent peu à peu, par exemple la thèse que les scribes mayas distinguaient les faces ordinale et cardinale des entiers, notamment du zéro pour lequel ils développèrent deux signes. C'est aussi de cette manière que s'est élaborée la thèse, plus novatrice, selon laquelle le propre de l'arithmétique maya est d'avoir établi des égalités calendaires qui associent, au jour près, le temps linéaire qui court à l'infini, et le temps circulaire d'une forêt de cycles qui passent et repassent, par les mêmes positions, comme l'origine connue de tous, le **4 Ahau *8 Cumku*** $\mathbf{G}_{0/9}$. Les peuples de la Sierra Nevada de Santa Marta (Colombie) m'ont enseigné une synthèse amérindienne de ces deux faces du temps. Elle revient à le représenter par une surface (Cauty 1996a : 213–222 ou 2013 : 82), une nappe de cône que matérialise le toit de la *kunkurwa* (temple cérémoniel).

Pour l'épistémologue, ce sont des étapes d'abduction ou d'inférence, lesquelles consistent, (après constitution et analyse de corpus de faits de langue ou d'écriture, d'astronologie, et d'arithmétique), à déduire des causes possibles ou les meilleures explications de la présence de tels faisceaux ou de telles constellations de faits, c'est-à-dire l'explication acceptée, souvent au titre de conjecture, sur la base de leurs propres théories et théorèmes, par les disciplines consultées. Des explications appelées à devenir les prolégomènes d'une science interdisciplinaire des cogenèses minimalement à l'œuvre pour qu'un collectif finisse par exister (ethnogenèse) et s'organiser (sociogenèse), se doter d'une langue naturelle (glottogenèse), former ses membres (épigenèse), produire ses connaissances (gnossogenèse) et ses savoir-faire (technogenèse), les « disputer » (naissance des disciplines et des laboratoires) et les coucher sur un support (émergence des écritures, des arts, des métiers, des sciences et de leurs jargons) pour ainsi pouvoir trancher entre devoir de mémoire et droit à l'oubli (genèse du droit, des cosmovisions, des religions…).

L'étape suivante construit les conséquences des hypothèses retenues et les confronte aux corpus qui ont permis de les formuler, ce qui peut conduire à découvrir des contre-exemples qui réfutent définitivement certaines idées ou hypothèses. Comme celle de Landa, par exemple, qui soutenait que les Mayas avaient développé un calendrier annuel ajoutant un jour tous les quatre ans à leur année vague solaire (*haab* de 365 jours), parce qu'elle était supposée retarder de « six heures » par an sur l'année tropique.

L'étape des confrontations conduit parfois à des rencontres inopinées, comme si le hasard charriait des variantes étranges, faisait tomber sur un intrus dans une liste où il n'a pas sa place, voire sur une erreur de calcul ou un *lapsus calami* de copiste. Dans tous ces cas, un minimum de sérendipité[20] conduit à rectifier les hypothèses, à en proposer de nouvelles, ou à changer de cadres ou de logiques interprétatives.

La nécessité et la difficulté du travail de rectification font bien voir la différence entre les actes de langage ou d'écriture selon : a) qu'ils sont produits par une intuition plus ou moins impulsive et se présentent comme les gloses épilinguistiques que font spontanément tous les locuteurs quand ils veulent s'entendre ou sortir d'un quiproquo, ou selon : b) qu'ils résultent de la recherche ordonnée de toutes (et rien que) les paraphrases métalinguistiques qu'une théorie permet de décliner, comme l'exige le travail quotidien du linguiste ou du traducteur professionnel. C'est de cette manière que nous avons proposé : a) d'interpréter les *lapsus calami*

---

[20] Capacité de trouver une idée vraiment neuve suite à la rencontre inopinée d'un fait qui étonne ou contredit ; mais une idée qui se met en place après de nouvelles observations, et se construit dans la mise en œuvre de plans d'expériences plus rigoureux.

de la page 36 d'un passage du codex de Madrid qui présente les 52 dates $\boldsymbol{\alpha}\underline{\mathbf{X}}_p$ des jours de l'an d'un CR maya de l'époque coloniale (Cauty 2017 : 165–167), b) d'expliquer, en page 51/72 du codex de Dresde, la variante systématique **19.10.** du sixième multiple de 65 habituellement écrit **1;1.10.** (Cauty 2013 : 57–58), ou c) de rendre compte de la présence de quatre intrus dans la table des multiples de 2 920 en page 24 du codex conservé à Dresde (Cauty 2017 : 169–175).

Généralement, la confrontation tend à renforcer les conjectures et les hypothèses, et elle fournit des éléments que l'on considère comme de possibles productions arithmétiques mayas. Seulement possibles. Parce que leur réalité se résume à l'évidence matérielle des constituants des signes[21] qui forment les textes qui en parlaient, et dont les auteurs disparus sont, de fait et par définition, incapables de préciser, gloser, paraphraser, et expliquer le contenu de leur dire. Des signes dont on sait aussi que les scribes pouvaient modifier les constituants à leur guise[22], et qu'ils les combinaient pour former les mots et les phrases de récits découpés en parties[23], et servant à dire les augures, à diffuser la propagande, ou à étudier les faits astronomiques[24]. Mais, dans la mesure où aucun traité de cette nature n'a jamais été trouvé ou mentionné, on suppose que les scribes mayas n'ont décidément pas écrit de livres d'arithmétique pour nous faciliter la compréhension de leurs pratiques.

Parmi les éléments susceptibles d'avoir été des créations arithmétiques mayas, figurent à coup sûr les entiers naturels dans leur dualité ordinale et cardinale, mais aussi les nombres congrus selon un module, les systèmes de numération, les dates et durées qui distinguent et définissent les éléments discrétisés du continu temporel, les opérations (addition et soustraction), les tables de multiples (associées à des tableaux de dates), et surtout les « équations calendaires » qui permettaient à tout Mésoaméricain

---

21 Les constituants du signe linguistique, **Si**, (ou mathématique, **Σ**), sont : a) le signifiant, **Sa**, et b) le signifié que Bernard Pottier analyse en : b_1) forme du signifié, **Sy**, et b_2) substance du signifié, **Sé**, soit **Si = Sa/(Sy + Sé)**. C'est la forme **Sy** qui oppose les signes « livre » et « lit » dans « il livre un lit » *versus* « il lit un livre ».

22 La diversité des formes de l'entier 13 (figure 24) montre le goût de varier la graphie.

23 Par une chaîne de dates/durées fixant les faits dans le temps, linéaire et cyclique.

24 Jean-Michel Hoppan (2014 : 232–276) présente, analyse, décrit et traduit deux textes complets, de 144 et 39 glyphes. Le premier, (fin du VIIe siècle), est inscrit sur le panneau 1 de la Corona (Petén, Guatemala) ; le second, (de quelques décennies plus ancien), est inscrit sur le « vase de la danse macabre ».

d'effectuer des parcours divinatoires définis par des translations dans les almanachs de 13 × 20 jours, et, aux élites mayas, de produire des milliers d'énoncés ponctués ou séparés par une série initiale et un cortège de nombres de distance, c'est-à-dire par des équations susceptibles, (comme la phrase « la veille du 14 juillet 1789 était un lundi »), d'être déclarées vraies ou fausses, et qui font que le système de datation très redondant des Mayas a toutes les caractéristiques d'un optimal code détecteur et correcteur d'erreurs.

Aperçus d'histoire des mathématiques

Depuis le XIXe siècle, les mathématiciens savent que la discrétisation du continu butait sur le paradoxe de la flèche ou de la course d'Achille contre la tortue. Ils se mirent à penser les infiniment petits que la raison découpe dans les continus, et à démontrer que certaines séries infinies convergent vers une valeur finie. En tout cas, il a fallu des siècles d'efforts pour construire le corps des nombres réels, et comprendre que chaque nombre, le réel π par ex., peut être atteint et défini comme la limite de suites adjacentes de rationnels qui l'enferment dans un intervalle arbitrairement petit. Chez les Pythagoriciens, formés à l'école de l'Égypte, surgit un jour le scandale de l'irrationalité de la diagonale du carré de côté un, un objet étrange, aujourd'hui noté $\sqrt{2}$. D'autres irrationnels furent découverts, et on se mit à les additionner et à les multiplier, ce qui contribua à les rendre familiers, jusqu'à les apprivoiser en dotant leur ensemble d'une structure (groupe, corps).

Très tôt aussi, bien des peuples ont cherché à mesurer les surfaces et les volumes. Essoufflée dès le IXe siècle, la lourde méthode d'exhaustion des mathématiciens grecs (Antiphon, Eudoxe, Archimède) fut perfectionnée par les mathématiciens arabes (Thābit ibn Qurra, Ibn al-Haytham).

Apparemment inconnus en Amérique précolombienne, les calculs géométriques se renouvelaient dans l'Europe du XVIIe siècle, où des géomètres comme Cavalieri imaginaient la méthode des indivisibles à partir de l'idée philosophique que la matière ou les continus sont faits d'insécables (atomes). Une ligne est constituée de points, une surface de droites et un solide de plans. Pour calculer aires et volumes, Cavalieri (1598–1647) les décompose en éléments de dimension inférieure. Cette inédite conception des objets géométriques postule qu'une figure de dimension *n*, une surface par exemple, est assimilable à une juxtaposition de parties de dimension *n-1*, des lignes par exemple. Quelle qu'en soit la forme, chaque ligne est un indivisible de la surface dont on cherche à faire la quadrature, (c'est-à-dire à l'égaler à une aire connue, idéalement celle d'un carré). La méthode repose sur l'axiome que l'égalité de longueur des indivisibles de deux figures prouve l'égalité de leurs aires. Par exemple, en regardant un disque de rayon R comme constitué des cercles concentriques qu'il contient, chacun de longueur $2 \times \pi \times r$ (où r prend toutes les valeurs de 0 à R), on admet avoir égalé ce disque d'indivisibles concentriques à un triangle rectangle ayant pour indivisibles les segments de droite parallèles à son grand côté de l'angle droit et de longueur $2 \times \pi \times r$, d'où la « quadrature » du cercle égalé au triangle de hauteur R et de base $2 \times \pi \times R$.

Ces problèmes ont « contribué à la découverte du calcul infinitésimal, puis de la théorie moderne de l'intégration (Borel et Lebesgue), il a finalement débouché sur la géométrie fractale et le traitement de l'image » (Meyer 2016 : 23). Plus intuitive que la méthode d'exhaustion, celle des indivisibles fut rapidement adoptée et développée par Roberval (1602–1675), Torricelli (1608–1647) ou Pascal (1623–1662). Les historiens la considèrent aujourd'hui comme un ancêtre du calcul intégral de Leibniz (1646–1716) ou Newton (1643–1727).

Les sources précolombiennes ne contiennent guère de traces de cet « esprit de géométrie ». Pourtant, selon une thèse d'Harvey et Williams (1981), Dehouve (2011 : 52–53) estime, à tort selon moi (Cauty 2010), que les listes de tributs et les répertoires de familles et de champs laissés par les Mexicains de Tepetlaoztoc prouveraient l'usage d'une numération aztèque de position avec zéro, et une première approche du calcul des surfaces. C'est surtout chez les Mayas que l'on voit pointer l'esprit de géométrie dans la quête de discrétisation du continu temporel, et ses habitus de [ra]compter toute vie en la décomposant en chaînes ponctuées de dates et de durées. La graphie « [ra]compter » transcrit le logogramme TSIK (Hoppan 2014 : 309) du verbe qui se traduit 'conter/raconter' ou 'compter/dénombrer' (Cauty 2017 : 103).

La discrétisation du continu a conduit les mathématiciens à établir des approximations. L'une des plus anciennes est celle du rapport du périmètre au diamètre d'un cercle, (le nombre réel $\pi = 3,14159265....$). Jugé dérisoire par certains, le calcul du maximum de décimales de π est, pour d'autres, une partie vivante des mathématiques, un nécessaire chapitre d'une histoire planétaire inaugurée un ou deux millénaires avant notre ère. On connaît l'approximation $\pi = 3$ du 1er livre des Rois (7,23), l'approximation $\pi = 3 + 1/8$ des Babyloniens, ou celle du scribe égyptien Ahmès, $\pi = (16/9)^2$. Une partie vivante que l'essor des ordinateurs a revivifiée comme le montrent les publications qui ne cessent de donner de nouvelles formules, de nouvelles méthodes, de nouveaux algorithmes, de nouveaux concepts et de nouvelles applications[25].

En Mésoamérique, on ne trouve pas de traces de recherches d'une valeur approchée de π. Ni de calcul des longueurs, des surfaces ou des volumes. Les observateurs du ciel américain ont par contre cherché à définir les jours en leur donnant une couleur divinatoire, et à mesurer les durées comme celle de l'année, celle de la révolution de Vénus ou du retour des éclipses.

Discrétisé par les calendriers, le temps devient un champ de problèmes de dates et de durées, que l'on peut décrire en termes de translation temporelle. Une translation T de t jours (vers le futur par ex.) faisant passer d'un jour x à un jour y donné dans n'importe quel calendrier ou cycle en usage chez les Mayas ou ailleurs. Soient trois informations de la forme $y = T(x)$, exprimant le fait que la date y est l'image par T de la date x, que y suit x de t jours, ou que t est la distance séparant les dates x et y. Selon que l'inconnue est x, y ou T, l'équation $y = T(x)$ représente trois problèmes d'arithmétique calendaire : 1) trouver l'image y d'une date x donnée par une translation T donnée, 2) trouver l'antécédent x de l'image y d'une date donnée par une translation T donnée, et 3) trouver la distance T qui sépare deux dates données (ou trouver toutes les translations qui font passer en arithmétique modulaire d'une date à une autre, ou qui laissent une date totalement ou partiellement invariante).

Lorsque x et y sont des dates de calendrier ou des positions de cycle, les calculs relèvent de l'arithmétique modulaire[26]. C'est l'arithmétique apprise pour lire l'heure des pendules (figure 10), ou pour se déplacer dans le temps cyclique. En Mésoamérique, dès le VIIe s. av. J.-C., elle

---

[25] En octobre 2011, les japonais Yee et Kondo ont calculé plus de dix billions de décimales de π, avec un programme y-cruncher conçu par Alexander J. Yee, un record dépassé le 14 mars par l'ingénieure Emma Haruka Iwao qui dépasse 31 billions de décimales.

[26] En Mésoamérique, l'arithmétique modulaire paraît visible dès le VIIe s. av. J.-C., dans les 260 expressions **αX** du cycle divinatoire, support des déplacements dans l'almanach. Ailleurs, les plus anciennes traces d'arithmétique modulaire remontent au début de l'Antiquité grecque (Diophante) ou chinoise (Sun Zi).

se serait enracinée dans le terrain des 260 expressions **αX** générées par énumération simultanée d'une treizaine et d'une vingtaine.

Les règles de cette arithmétique consistent à identifier les **α** et **ω** de tout cycle. Identifier par exemple le 0 et le 12 (/ou le 0 et le 24) des pendules, puis à calculer *modulo* douze, (/ou *modulo* vingt-quatre), les sommes et les différences. Depuis le travail fondateur de Gauss, au début du XVIIIe siècle, on sait que les méthodes de calcul de l'arithmétique modulaire se déduisent des propriétés de la division euclidienne (ou division entière), et surtout de l'étude des restes dans ces divisions. Cette arithmétique ne travaille pas directement sur les entiers naturels *a*, mais sur les restes *r* de leur division euclidienne ($a = bq + r$) par un entier *q* (*quotient* ou *modulo*). En arithmétique *modulo sept*, par exemple, nous savons que « mardi en huit (ou mardi en quinze) » sera encore un jour mardi de la semaine de sept jours ; de même, selon le *modulo douze* de la pendule, nous savons que vingt-trois heures et demie après six heures du matin, il sera cinq heures et demie du matin du jour suivant ($6 + 23\frac{1}{2} = 5\frac{1}{2}$).

L'eurêka de l'arithmétique modulaire c'est de ranger l'infinité des entiers dans un nombre fini de classes. Grâce à une relation d'équivalence qui réalise ce rangement, sans trop de sacrifices, pour profiter d'une simplification des données numériques qui les rend plus facilement saisissables par l'esprit. Intuitivement, deux entiers *a* et *b* sont équivalents (ou congrus selon un module *m*), ssi ils ont le même reste quand on les divise par le module. En langue spécialisée, *a* est congru à *b modulo m* si et seulement si *m* divise ($a - b$), soit, en écriture spécialisée :

$$a \equiv b \pmod{m} \iff m \mid a - b \iff \exists k \in \mathbb{Z} \text{ avec } a - b = km$$

Cette définition implique par exemple qu'être congru à zéro *modulo n*, c'est être multiple de *n*, soit, toujours en écriture mathématique :

$$a \equiv 0 \pmod{n} \iff a = nk \text{ avec } k \text{ entier.} \iff a \text{ est un multiple de } n$$

Il est facile d'établir que la relation de congruence est à la fois réflexive, symétrique et transitive, ce qui revient à démontrer qu'il s'agit d'une relation d'équivalence sur l'ensemble des entiers, et donc qu'elle le partitionne en *m* classes qu'il est habituel de noter de $\underline{0}$ à ($\underline{m-1}$) ou de $\underline{1}$ à $\underline{m}$ (car $0 = m$ en arithmétique *modulo m*). On démontre aussi que les propriétés des opérations d'addition (soustraction) et de multiplication (mais pas de division) sont conservées quand on passe de l'anneau Z des entiers à l'anneau Z/*m*Z (un corps ssi *m* est un nombre premier) des classes *modulo m*.

Cette propriété, et l'existence d'un critère simple de divisibilité par neuf, ont permis aux instituteurs de populariser la technique de la preuve par neuf. Elle repose sur le fait que le reste *r* de la division d'un entier *n* par neuf peut se calculer en faisant la somme (*modulo* neuf) des chiffres de l'écriture décimale de l'entier *n*. La démonstration repose notamment sur le fait que dix (la base de la numération) est congru à un (*modulo* neuf : 10 = 1).

Les scribes mayas n'avaient pas de montre. Ils n'ont pas non plus développé une théorie des équations diophantiennes. Mais ils ont découvert que les dates **αX** deviennent **(α + 1) X** quand on se déplace par pas de 40 jours : **1 Imix**, **2 Imix**, etc., **13 Imix**. C'est une conséquence du fait que le *tzolkin* est le produit de deux cycles ordonnés premiers entre eux (13 rangs **α** et 20 noms **X** de jour). Leur couplage entraîne un décalage d'un jour chaque fois que le cycle des 20 noms fait deux tours, ou que celui des 13 rangs en fait trois. Cela revient à résoudre une équation de la forme $ax - by = 1$, (ici $20\,x - 13\,y = 1$), qui a une solution entière lorsque *a* et *b* sont premiers entre eux (Bézout).

L'observation d'un *tzolkin* et l'habitus d'effectuer des parcours dans les almanachs ont dû conduire les scribes à découvrir la solution $x = 2$ et $y = 3$, et poussé les Kaqchikels à la symboliser par le zigzag du *kumatzin* (figure 2, droite). En se déplaçant par multiples de 20 sur le calendrier de 260 jours (figure 2, gauche), on passe par : **1 Imix**, (**8 Imix**), **2 Imix**, (**9 Imix**), **3 Imix**, (**10 Imix**), etc. Les rangs **α** se suivent en deux sous-suites intercalées qui reviennent en boucle : **1**, **2**, **3**, **4**, **5**, **6**, **7**, et **8**, **9**, **10**, **11**, **12**, **13**.

↓1	8	2	9	3	10	4	11	5	12	6	13	7	**Imix**$_{1}$
2	9	3	10	4	11	5	12	6	13	7	1	8	**Ik**$_{2}$
3	10	4	11	5	12	6	13	7	1	8	2	9	**Akbal**$_{3}$
4	11	5	12	6	13	7	1	8	2	9	3	10	**Kan**$_{4}$
5	12	6	13	7	1	8	2	9	3	10	4	11	**Chicchan**$_{5}$
6	13	7	1	8	2	9	3	10	4	11	5	12	**Cimi**$_{6}$
7	1	8	2	9	3	10	4	11	5	12	6	13	**Manik**$_{7}$
8	2	9	3	10	4	11	5	12	6	13	7	1	**Lamat**$_{8}$
9	3	10	4	11	5	12	6	13	7	1	8	2	**Muluc**$_{9}$
10	4	11	5	12	6	13	7	1	8	2	9	3	**Oc**$_{10}$
11	5	12	6	13	7	1	8	2	9	3	10	4	**Chuen**$_{11}$
12	6	13	7	1	8	2	9	3	10	4	11	5	**Eb**$_{12}$
13	7	1	8	2	9	3	10	4	11	5	12	6	**Ben**$_{13}$
1	8	2	9	3	10	4	11	5	12	6	13	7	**Hix**$_{14}$
2	9	3	10	4	11	5	12	6	13	7	1	8	**Men**$_{15}$
3	10	4	11	5	12	6	13	7	1	8	2	9	**Cib**$_{16}$
4	11	5	12	6	13	7	1	8	2	9	3	10	**Caban**$_{17}$
5	12	6	13	7	1	8	2	9	3	10	4	11	**Edznab**$_{18}$
6	13	7	1	8	2	9	3	10	4	11	5	12	**Cauac**$_{19}$
7	1	8	2	9	3	10	4	11	5	12	6	13	**Ahau**$_{20}$ (0)

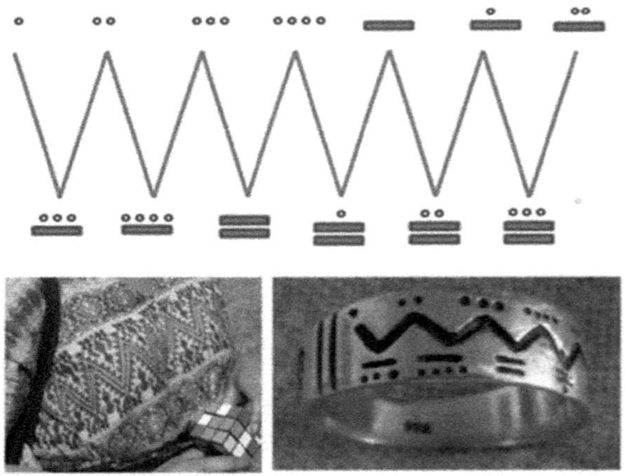

Figure 2 : *Tzolkin yucatèque et kumatzin kaqchikel*

Pour avoir dressé une table des multiples de 91, (et donc celle de 364), les lecteurs du codex aujourd'hui conservé à Dresde (p. 61a/32a) pouvaient voir que 364 × 5 est le 7e multiple du *tzolkin*. L'égalité triviale, 365 – 364 = 1, leur fournissait une clef de contrôle du synchronisme des deux calendriers les plus utilisés, à savoir le *tzolkin* et le *haab*, générateurs du CR.

En effet, sous la forme (73 × 5) – (52 × 7) = 1, l'égalité triviale met en évidence la solution particulière $x = 5$ et $y = 7$ des équations $73\,x - 52\,y = 1$ ou $365\,x - 260\,y = 5$. Les solutions de ce genre permettent de suivre les cours des dates *tzolkin* et *haab*, et de rendre commensurables, (dans leur PPCM), le *tzolkin* et le *haab* ; ce qui revient à établir les égalités 18 980 = 73 × 260 et 18 980 = 52 × 365, et voir que leur double apporte de nouvelles égalités comme 37 960 = 65 × 584. Laissons les réflexions arithmétiques modernes et le risque des projections européocentristes, et revenons aux pratiques mayas les mieux attestées.

Des points d'arithmétique mésoaméricaine et maya

Il est habituel de penser l'origine du nombre (entier) en partant des « nombres-de » (Baruk), par ex. des mesures de terrain, des recensements de population, des échanges marchands, des totaux comptables, des impôts, etc. L'étude des grands nombres (au moins cinq chiffres significatifs en numération vigésimale) est biaisée par le fait que les Mésoaméricains n'en n'ont guère laissé d'exemples[27] (la numération aztèque bloque à 19.19.19.19. = 160 000 – 1), et par le fait que les Mayas n'en ont laissé que dans le domaine des durées, souvent à cinq chiffres significatifs (Cauty 2017 : 121–125), écrites en nombres « vigésimaux » (ex. : **13.0.0.-tun** ; **0.0.-kin**), c'est-à-dire dans un système adapté au calcul dans les calendriers.

À partir de 650 avant notre ère, l'Antiquité mésoaméricaine délivre sporadiquement des expressions calendaires à deux signes que l'on interprète comme les éléments **α** et **X** des 260 dates que compte ce que je nomme le Cycle Divinatoire Mésoaméricain, CDM. C'est le cas du **3 Ahau** du sceau cylindrique de San Andrés (figure 4). Ces expressions

---

27 Pour obtenir des témoignages sûrs de « nombre-de », il faut attendre les institutions supra-ethniques du Postclassique comme la Triple Alliance, ou se rendre dans l'empire inca et y étudier les quipus d'une administration comptable méticuleuse.

distinguaient les jours du cycle divinatoire, mais elles servaient aussi de noms de personne ou d'éponymes de période. Comme le ferait un dossard ou une étiquette portant un numéro de 1 à 260, les anthroponymes et les éponymes **αX** permettent de distinguer et de définir une personne ou une période parmi 260. On retrouve ici une trace des premières approches de l'aspect ordinal des entiers porté en particulier par le rang **α** des expressions **αX**. Ce fait invite à regarder les usages de l'aspect cardinal des entiers.

On les trouve en abondance dans les almanachs parvenus jusqu'à nous par les codex. Un almanach est la trace d'un parcours divinatoire faisant passer, par sauts d'un nombre entier de jours, d'une date à une autre. Ces nombres de jours étaient notés en numération répétitive à trois « chiffres », le point de valeur numérique 1 concaténable jusqu'à 4 occurrences, la barre de valeur 5 jusqu'à 3 occurrences, et le « Chuen » de valeur 20 sans limite de répétition (Cauty 2013 : fig. 114). L'opposition ordinal/cardinal est marquée par un trait pertinent de couleur : les rangs sont en rouge et les « chiffres » en noir (figure 27). Ce qui démontre que les entiers mayas sont aptes à saisir deux aspects d'une réalité (temporelle en ce cas) que l'on cherche à définir, tantôt par son étendue (ou sa définition), tantôt par sa position (ou ses attributs). C'est ce que font tous les entiers à la fois ordinal (/ou quantième) et cardinal. Cela permet de distinguer dans le concept SEPT[28], le « septième » qui est la position (dans) ou la portion de l'étendue « sept ».

Les corpus de textes mayas montrent que pour discrétiser le continu du temps, les scribes avaient développé une forêt de cycles de différentes longueurs. Très vite les dates mayas furent des n-uples complétés, ou non, par des données astronomiques (lunaires par ex.) ou astrologiques (Kauil par ex.). Multiplier les cycles crée des listes de plus en plus longues : par ex. les couples (**αX, *βY***) définissent cinq clones possibles du CR, chacun de 18 980 dates dans un produit total de 94 900 éléments. Le n-uple (**8 Chicchan**$_5$ **G**$_2$ ***18 Zac***$_{11}$) du monument 69 de Toniná (Chiapas, Mexique, Hors-texte 2) est en calendrier maya de 170 820 dates dans un produit de 854 100 éléments jours.

---

28 Quel que soit son habillage, (7, *sept*, VII, *septem*, ζ', ἑπτά, 七, *qī*, etc.), SEPT reste SEPT, car on ne confond pas, surtout en maths, un concept et sa représentation. Sous la diversité des écritures et connotations, le bernard l'hermite changeant de coquillard reste égal à lui-même : SEPT est le dénoté de 4 + 3, 14 : 2, UN celui de $-e^{i\pi}$, $\cos^2\alpha + \sin^2\alpha$)…

De façon plus systématique que les Olmèques ou les Zapotèques, les Mayas ont utilisé, pour dater, un autre outil que la forêt des cycles. Un moyen isomorphe au système des Jours Juliens[29], bien plus abstrait et original que les n-uples dont il dérive peut-être. En effet, comme le dit Martzloff dans la préface, l'énumération simultanée de plusieurs cycles fait surgir des comptes de plus en plus longs, puis l'idée d'un « compte immensément long qui, malgré son caractère cyclique, dure suffisamment longtemps pour aboutir en pratique, et contre toute attente, à une énumération linéaire et ordonnée de tous les phénomènes historiques ou non », et enfin le besoin d'en dire l'origine[30].

Ce moyen plus abstrait qui arrive contre toute attente, c'est le Compte long. Il s'agit d'un système de datation absolue inédit avant l'invention des Jours Juliens. Il convient d'une origine O, et il attribue, à chaque jour D, une date-numéro qui est, par définition, la durée ou la longueur (comptée en nombre entier de jours) de l'intervalle OD. L'expression maya de cette durée repose sur un système d'unités de temps en progression géométrique de raison vingt, à partir de l'« année » **tun**, complété par un sous-système à deux unités, le « jour » **kin**, et son multiple, le « mois » **uinal** de 20 jours (Hors-texte 9). Le mot « mois » et sa valeur 20 ne renvoient pas à la lunaison de 29/30 jours, mais au caractère vigésimal des numérations mésoaméricaines, ou au comptage sur les doigts et les orteils. Le Compte long discrétise le temps en suite de périodes, et il en date les jours en attribuant à chacun son numéro personnel.

Le plus ancien Compte long (figure 3a) a été trouvé en terre olmèque sur un fragment de la stèle 2 de Chiapa de Corzo (Chiapas, Mexique). Écrit sans signes de périodes, le CL est suivi d'une date **αX** dont la partie visible laisse deviner un chiffre 6 suivi d'un bout de glyphe **X**.

En dehors du Classique maya, la rareté et le caractère elliptique des documents calendaires anciens contraignent les épigraphistes à les compléter (figure 3b), et à émettre des conjectures sur le mode de

---

29 Imaginé pour résoudre le casse-tête de la traduction des dates d'un calendrier dans un autre, le système des Jours Juliens (Scaliger 1583) dénombre les jours à partir d'une origine convenue. Scaliger voulait une origine suffisamment ancienne pour couvrir toute l'histoire humaine connue. Elle devait être le lundi 1er janvier d'une année bissextile, et être le départ du cycle métonique et du cycle de l'indiction romaine.

30 12/08/–3113 pour le Choltun. Le système JJ part du 01/01/–4712, ou, par changement d'origine, du 1er janvier 1950 0 h pour le CNES, et du 24 mai 1968 0 h pour la NASA.

conceptualisation qui a présidé à leur mise en signes. Précisons ce point de méthode.

Après les rares séries initiales du IIe siècle, par exemple la stèle 1 de la Mojarra (Vera Cruz, Mexique) déchiffrée par Winfield Capitaine (Cauty 2017 : 237), les Mayas firent un usage immodéré des égalités calendaires. L'une des plus anciennes (16±1/09/320), fut gravée sur la pendeloque de Leyde (figure 3c). Elle contient le tout premier zéro maya connu, le zéro ordinal des dates, ou zéro *CHUM* de l'installation. En truffant tous leurs textes de séries initiales et de nombres de distance, les Mayas ont laissé de nombreux comptes longs. La richesse des corpus, ainsi que l'exubérance et la redondance de l'art maya de l'écriture monumentale ont facilité la découverte des clés, parfaitement visibles et lisibles en numération de disposition, de leur décodage.

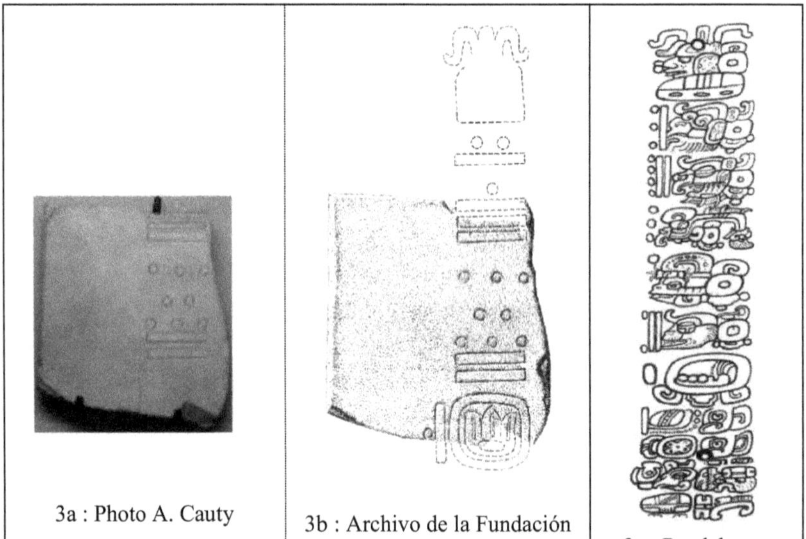

3a : Photo A. Cauty

3b : Archivo de la Fundación Arqueológica Nuevo Mundo

3c : Pendeloque

Figure 3 : *Stèle 2 de Chiapa (à gauche et au centre) et pendeloque de Leyde (à droite)*

La plupart des séries initiales sont des entiers à cinq « chiffres » significatifs, renvoyant aux cinq premières périodes. En prolongeant le système des périodes au-delà de cinq unités, par ex. sur les stèles 1 et 5 de Cobá (Quintana Roo, Mexique) ou sur la marche 7, escalier 2, de Yaxchilán,

(Chiapas, Mexique, figure 107) –, les Mayas ont adapté le Choltun à l'écriture des très grandes durées (supérieures à 200 quintillions de jours, figure 111). On en déduit que le choltun tend à être isomorphe à la suite des entiers. Le néologisme « Choltun » a été créé en juin 2016 par un groupe de Kaqchikels. En collaboration avec Jean-Michel Hoppan, je présentais en séminaire à Chimaltenango, notre interprétation des comptes longs en termes de système et sous-système d'unités de temps servant à numéroter les jours et à dénombrer les durées de l'axe du temps. Ainsi que notre convention de les transcrire en décimal et en séparant par un point-virgule la partie principale en **tun** et la partie vigésimale en **kin** : **13.0.0;0.0.** Après avoir accueilli favorablement ces idées, les Kaqchikels demandèrent d'abandonner les expressions étrangères *Long Count*, *Cuenta larga*, et *Compte long*, au profit du néologisme Choltun (compte/conte des années) qu'ils venaient de créer sur le modèle du kaqchikel *cholq'ij* ou du yucatèque *tzolkin*. Les Kaqchikels retrouvaient ainsi l'esprit des plus anciennes séries initiales : elles ne [ra]comptaient pas les **katun** mais les **tun**.

Reste à déchiffrer les plus anciens comptes longs. Faute de données suffisantes, les épigraphistes sont convenus d'interpréter les séries initiales anciennes, isolées ou parcellaires, en faisant l'hypothèse qu'elles relèvent de la même logique que les données nombreuses et complètes du Classique maya. C'est une vision rétroactive et un pari sur la continuité de l'évolution historique des notions en usage dans une aire culturelle donnée. Un pari qui revient à juger un arbre à ses fruits. Il permet en tout cas de compléter les données disparues (figure 3b) puis de les lire et les traduire.

De même que la série initiale de la pendeloque de Leyde est lue « on [ra]compte les **tun** pour **Yaxkin 8-baktun 14-katun 3-tun** ; **1-uinal 12-kin** soit **1 Eb G_5** ***0 Yaxkin*** », celle de Chiapa de Corzo est [complétée] et lue comme une série maya classique « **7**[-**baktun**] **16**[-**katun**] **3**[-**tun**] **;** **2**[-**uinal**] **13**[-**kin**] soit **6** [**Ben** ***16 Xul*** **G_8**] ». La série peut alors être traduite en grégorien proleptique. En adoptant la corrélation la plus utilisée, la corrélation GMT, et la constante 584 284 ± 1, on obtient la date 07±1/12/–35.

Pour clore cette partie, remarquons que le Choltun maya s'interprète facilement comme l'axe du temps, ouvert à droite et à gauche, et qu'il se distingue des doxas faisant du *Long Count* ou de la *Cuenta larga* un cycle de 1 782 000 **kin** organisé en 5 périodes de rapports (13, 20, 20 ; 18, 20) qui ne sont pas en progression géométrique de raison vingt. Il se distingue aussi d'une inhabituelle définition de la *Cuenta larga* qui en fait un cycle de 5 200 années vagues de 365 jours (**13.0.0.-*haab)***, et non un cycle de 5 200 années de compte de 360 jours (**13.0.0.-tun**) ; cette *Cuenta larga* inhabituelle conduit ses adeptes à reculer de 65 ans la date de la fin de l'humanité créée le 12/08/–3113 : « la Cuenta Larga se terminaría el 22 de diciembre de 2077 y no el 22 de diciembre de 2012 como se acepta generalmente » (Lebeuf 2017).

Inflexion, ou non, vers une raison scienti*fique* maya

En matière de religion et de politique, l'intelligence humaine fait en principe confiance aux credo et aux jugements de ses guides ; ce faisant, elle admet ce qu'elle rejette en matière de sciences, à savoir l'imaginé et le cru soutenus par l'argument d'autorité. Les peuples passent-ils, (et si oui, quand ou comment), d'un régime de croyances à un régime de savoirs et connaissances ? Pourquoi un groupe humain confie-t-il sa vie à tel ou tel type de calendrier ?

En matière de temps et de calendrier, l'histoire montre que les petites communautés humaines utilisent, chacune à sa guise, les signes de leur environnement naturel (à chacune son calendrier écologique), tandis que les cités et les empires utilisent des temps et des durées imposés par les pouvoirs (religieux ou politiques), qui parfois les réforment sous la pression du progrès des sciences, de leurs langages et de leurs preuves réfutables au tribunal des vérités d'adéquation, d'accord et de non-contradiction.

De nos jours, le temps se dit et se mesure en nombres réels ou décimaux, lesquels permettent d'approcher les instants et les durées à une toujours plus petite fraction de seconde près. Dantzig disait que « le nombre est le langage de la science » ; pastichons que les nombres du mathématicien sont la représentation réfutable du temps dit par la métaphore des trajectoires dans l'espace. D'où la question que nous reprendrons au chapitre 10 de savoir si les Mayas ont approché ou dépassé le point d'inflexion au-delà duquel le temps et les calendriers deviennent objets de sciences et cessent d'être objets de foi ou de soumission.

On sait à coup sûr qu'ils n'ont pas inventé les nombres réels ni les irrationnels, mais qu'ils ont sans doute découvert que l'on pouvait approcher de plus en plus près la valeur (réelle) de l'année ou d'un cycle astronomique, en l'encadrant par les multiples des solutions d'une équation diophantienne : « Les scribes effectuaient une correction globale de 24 jours toutes les 301 révolutions synodiques de Vénus, chacune de 584 jours [...] le couple (24, 301) dit [...] une correction de 0,08 jour chaque année vénusienne; en d'autres termes que la révolution synodique moyenne de Vénus était pour les Mayas de 583,92 jours » (Cauty 1998 : 139).

L'homme se déplace dans l'espace, mais il ne peut pas changer de place dans le temps qui l'emporte, car le temps ne revient jamais en arrière ou à un instant déjà vécu. Pourtant, comme dans l'espace, l'homme a besoin de repères dans le temps. Des repères dans le temps physique qui s'impose à tout ce qui existe, mais aussi, et peut-être surtout, dans le temps social convenu ou prescrit par les garants des règles du vivre ensemble.

Surajouté aux horloges biologiques de chacun et aux calendriers « écologiques » de chaque société ou section, le temps social des calendriers est imposé par les autorités (rois mayas du Classique puis vice-rois nommés par la couronne d'Espagne) qui fixent parfois arbitrairement les rendez-vous autour d'évènements convenus (nouvel an, sacre, récolte, semis, etc.), et qui fixent la durée des périodes (avent, carême, pénitence, abstinence) que l'on consacre pour les préparer et les réaliser, avant de les dire accomplies[31] et de célébrer leur complétude : en Mésoamérique, par ex., fêter tous les 52 ans la congruence du cycle divinatoire et de l'année vague solaire, ou fêter tous les 104 ans celle de ces deux cycles avec l'année vague vénusienne (584 jours).

Pour imposer leur calendrier à tous, les rois/prêtres s'appuient sur leur statut régalien et sur des administrations qui les aident à discrétiser le continu du temps et à donner du sens à toute existence. Le moyen le plus répandu est de [ra]compter l'origine ou la fin des « temps » de toute chose, et d'en tirer une justification des règles du vivre ensemble. L'angoisse de l'après de la mort, par ex., alimente le désir de croire des individus, ou stimule, – à l'autre bout du gradient « imaginer (tout et n'importe quoi), croire (telle ou telle doxa), savoir (ce qui fut rendu réfutable) » –, la raison critique qui conduit à la méthode, voire à la méthode scienti*fique* qui fabrique de la science, comme un frigori*fique* fait du froid (Benveniste

[31] En France, les fêtes civiles et religieuses, (Armistice, jour de l'an, 14 Juillet, Noël, Pâques, Ascension, Pentecôte, etc.), balisent le temps et disent leurs écarts (40 jours de carême avant de célébrer Pâque, 50 jours entre Pâques et Pentecôte, calendriers des vacances scolaires, etc.).

1974 : 247–253). Ce qui incite, comme le dit le titre d'un travail de Georges Devereux, à passer *De l'angoisse à la méthode*.

Tout calendrier utilise des cycles dont la nature et la longueur sont conditionnées par les besoins économiques, politiques, naturels, culturels, religieux, symboliques… des sociétés où ils sont en usage. Très tôt dans leur histoire, en tout cas bien avant l'apparition du Choltun puis du tsunami de la conquête espagnole, les autorités mésoaméricaines se dotèrent de calendriers faits pour annoncer la couleur divinatoire des jours, des êtres, des actions et des entreprises. Le besoin de définir les destins ou la couleur des jours était satisfait par le cycle de 13 × 20 jours, le cycle divinatoire mésoaméricain parfois dit « semaine ou année religieuse ». Ses 260 dates sont des couples **αX**, formés d'un « numéro » et d'un « nom de jour ». Ce moyen de nommer à l'aide d'expressions composées (Cauty 1987 : 253–265) est attesté par de nombreux calendriers. Les Chinois l'ont utilisée pour définir le cycle sexagésimal, lequel croise la liste des « dix troncs célestes » et celle des « douze branches terrestres » (Martzloff 2009 : 86–87). Dans un autre domaine, les joueurs de cartes ne donnent pas, au contraire des liseuses du tarot, un nom propre à chacune des cartes, mais ils conviennent, selon la même méthode, de désigner les 52 cartes par des couples de la forme « as (de) cœur » en énumérant simultanément la liste des treize valeurs (as, deux, etc., treize) et celle des quatre enseignes (pique, cœur, carreau, trèfle), et en définissant, pour chaque de jeu de cartes, un ordre sur l'ensemble des 52 noms composés de cette manière (Cauty 2018 : 21–26).

Outre divers marqueurs objectifs (solstice, équinoxe, lever héliaque, saison sèche, etc.), et comme la plupart des peuples admettant un pouvoir centralisé, les Mésoaméricains divisaient le temps en 'temps' définis par des actions rituelles dont les plus répandues étaient les autosacrifices, la pénitence, le jeûne, l'abstinence sexuelle, la veille, la danse, les processions, les sacrifices, l'encensement, l'intoxication rituelle, etc. La volonté de synchroniser les marqueurs objectifs et les 'temps' a conduit les Mayas à multiplier les cycles et les calendriers au point d'avoir une véritable forêt. Observations, discussions, exégèses ou calculs ont conduit les peuples, et en particulier les Mésoaméricains, à créer des calendriers de deux types : **réel** (/ou véritable) et **imaginaire** (/ou officiel). Ils renvoient respectivement : a) au repérage de signes qui se répètent, plus ou moins régulièrement, dans le milieu naturel ou l'espace/temps céleste, générant des cycles comme le rut, la floraison, la moisson, la lunaison, l'année, etc. Et, b) à l'invention des calendriers, c'est-à-dire des listes ordonnées de dates à référents réels ou imaginaires imposés par les autorités qui cherchent à les fonder sur des faits politiques, religieux, astronomiques ou arbitraires.

La durée des cycles réels n'est jamais un nombre entier de jours ; et deux cycles ont toujours des durées incommensurables en nombre entier. La durée d'un calendrier peut être **fixe** (*haab* de 365 jours, année vénusienne de 584 jours, cycle du Kauil de 4 X 819 jours), ou **variable** (les mois et les années du calendrier hégirien, les années normales et bissextiles des calendriers julien et grégorien, l'année liturgique des fêtes de l'Église catholique, le *xihuitl* des Aztèques, selon Dehouve (2011 : 75)).

Dans le domaine du comput calendaire, les Mayas se montrèrent plus inventifs et constants que les autres Mésoaméricains. Reprenant peut-être le flambeau des Épi-olmèques, les Mayas firent un usage immodéré du Compte long et de ses dates-numéros, c'est-à-dire de la datation par les entiers du Choltun qu'ils unirent, étroitement durant tout le Classique, à la datation par les n-uples de la forêt des cycles. Ce faisant, ils développèrent l'habitus des équations, laissant dans leurs textes des milliers d'égalités de la forme « $\Sigma c_i \underline{P}_i = (\boldsymbol{\alpha X}, \boldsymbol{\beta Y}, G_n, \ldots)$ » lesquelles montrent que les scribes formaient des prédicats réfutables (Popper), marqués par la juxtaposition des équivalents des deux membres du verbe « égaler » des mathématiciens. Ces égalités permettaient de donner la couleur divinatoire et de situer les uns par rapport aux autres tous les événements de la chronologie d'un récit, par ex. le règne d'un roi [ra]compté de sa naissance ou de son intronisation jusqu'à sa mort et ses funérailles.

Les égalités font la synthèse des visions amérindiennes du temps, conçu à la fois linéaire (daté par les numéros $\Sigma c_i \underline{P}_i$) et circulaire (marqué par les n-uples ($\boldsymbol{\alpha X}, \boldsymbol{\beta Y}, G_n, \ldots$), que les Koguis de la Sierra Nevada représentent par la surface d'une nappe de cône (Cauty 1996a : 213–222). Nombreuses et exactes, les égalités calendaires prouvent la capacité de résoudre les équations $y = T(x)$ c'est-à-dire trois problèmes (décrits en note 132). L'équation $y = T(x)$ s'écrit aussi $y = x + t$, dans une forme qui calque les séries de dates et de nombres de distance (figures 12, 37 et 38) qui ponctuent tous les textes classiques, et que font revivre les auteurs de néostèle.

Lorsque les dates x et y et le pas t de la translation T sont exprimés en Choltun, les problèmes d'arithmétique calendaire sont résolus par une addition ou une soustraction, selon que la translation se fait vers le futur ou vers le passé. Lorsque x et y sont des dates de calendrier ou des positions de cycle, les calculs relèvent de l'arithmétique modulaire, une arithmétique pour lire l'heure (figure 10) et se déplacer dans le temps cyclique.

Les premières traces mésoaméricaines d'arithmétique modulaire sont du VIIe siècle avant notre ère (Cauty 2013 : 150–151). On l'aperçoit dans l'usage d'un cycle simultané des 260 expressions **αX** à vocation divinatoire qui se suivent modulo cet entier dans l'énumération de la treizaine et de la vingtaine[32]. Ces premières expressions sont contemporaines des balbutiements de l'écriture, et servaient à désigner des jours, à nommer des personnes et sans doute aussi d'autres réalités. Encore liée à la divination et à l'astrologie, la façon de dater se complexifie à mesure que les scribes prirent en compte de plus en plus de cycles : l'année festive, les phases de la Lune ou de Vénus, etc.

La synthèse maya de deux formes de datation servit aux scribes d'outil pour truffer de dates et de durées chaque texte de la propagande d'État étalée sur les monuments. Beaucoup de ces textes [ra]comptaient[33] l'histoire des cités et de leurs rois, considérés comme représentants des dieux, voire comme des dieux eux-mêmes, en tout cas comme les premiers devins de la société et les lieutenants des forces sacrées de l'univers. Comme l'écrit J.-M. Hoppan[34] : « [chez les Mayas], une multitude de dynasties locales rivalisèrent [...] pour promouvoir leurs rois divins via une propagande articulant les récits de leurs hauts faits dans une forêt de cycles temporels parfois gigantesques, et toujours à la mesure du sacré des forces cosmiques : en dépit de la perte et de la destruction de la plus grande partie de la production écrite avant le XVIe siècle, les Mayas nous ont ainsi légué des milliers de textes ou inscriptions plus ou moins longs, dont certains ont plus de 2 400 ans » (2013 : v).

Autrement dit, l'arithmétique maya nous est parvenue encapsulée dans des textes de propagande, d'histoire, de divination ou d'astronologie[35].

---

32 Ailleurs, les plus anciens témoins d'une arithmétique modulaire remontent aux IIIe et IVe siècles de l'Antiquité grecque (Diophante) ou chinoise (Sun Zi). Les premiers théorèmes sont indiens (Aryabhata, Brahmagupta, Bhaskara) ou chinois (Qin Jiushao).

33 TSIK, premier signe d'une série initiale, est le logogramme du verbe qui signifie à la fois « conter, raconter » et « compter, dénombrer ». Un verbe dont nous convenons de transcrire la bivalence par la forme *[ra]compter*.

34 Préface au Chantier 36–1 de la revue *Amerindia,* Paris, 2013.

35 « Néologisme formé par condensation des mots « astronomie » et « astrologie » pour désigner des usages qui juxtaposent des observations astronomiques réfutables

On devine, et on le constate, que les égalités calendaires portaient des surcharges symboliques dues à leurs engagements dans des pratiques diverses, allant et venant de la divination à l'observation de la nature et à l'étude des objets du ciel. Le Bachelard de la *Philosophie du non*[36] pourrait dire pourquoi, dans le temps court des quelques siècles de l'apogée de la civilisation maya, les concepts arithmétiques ne furent ni complètement « dialectisés », ni mis en textes formés d'énoncés rigoureux de la forme donnée par Euclide « définition, figure, postulat, théorème, preuve, exemple, commentaire », ni d'énoncés « rectifiés » comme les postulats d'Euclide après la surprise de la découverte des géométries de Bolyai, de Lobatchevski et de Riemann qui forment aujourd'hui un corpus de géométries non euclidiennes. Il serait cependant très imprudent de déclarer l'arithmétique maya déraisonnable ou délirante, ou d'affirmer que ces pratiques interdisent l'émergence d'une pensée scientifique, apte à produire des sciences comme l'arithmétique ou l'astronomie.

Hoppan poursuit en montrant que la maîtrise du Choltun a permis aux scribes mayas de repousser les limites de l'art de nombrer « Parfois, un haut fait fut daté par un CL dont le jour zéro était une création mythique tellement éloignée que son écriture vigésimale exigeait plusieurs dizaines de chiffres […]. Dans d'autres cas, le CL était compté à partir d'une origine repoussée dans le futur de plusieurs siècles voire de plusieurs millénaires, telle la fameuse fin du 13e baktun de la chronologie, le 21 décembre 2012 […] » (*id.*).

Ce n'était pas le cas des autres Mésoaméricains : « Le groupe Mexica, est le dernier à se fixer et fonder sa cité Tenochtitlan (Mexico). […]. Malgré son expansion et peut-être en raison de sa brièveté, les élites de

---

comme […] des mesures précises au jour près, et des constructions astrologiques irréfutables comme des contes/comptes fondés sur des principes cosmogoniques et numérologiques relevant d'une croyance (non réfutable) » (Cauty 2017 : 17).

36 Selon Bachelard (1940), « on devrait donc toujours se méfier d'un concept qu'on n'a pas encore pu dialectiser. Ce qui empêche sa dialectisation c'est une surcharge de son contenu. Cette surcharge empêche le concept d'être délicatement sensible à toutes les variations des conditions où il prend ses justes fonctions. À ce concept, on donne sûrement trop de sens puisque jamais on ne le pense formellement. Mais si on lui donne trop de sens, il est à craindre que deux esprits différents ne lui donnent pas le même sens. D'où les troubles sémantiques profonds qui empêchent la compréhension réciproque des hommes de notre temps. […]. Deux hommes, s'ils veulent s'entendre vraiment, ont dû d'abord se contredire. La vérité est fille de la discussion, non pas fille de la sympathie ». En ligne à l'adresse : http://classiques.uqac.ca/classiques/bachelard_gas ton/philosophie_du_non/philosophie_du_non.pdf.

cet empire ont souvent compté le temps mais à petites échéances, et ils n'ont jamais fait mention de la durée écoulée depuis le début de leur « 5e Soleil » ou de la durée à venir avant la fin de ce monde ; [...], les quatre « Soleils » antérieurs ont duré 13, 13, 7 et 6 cycles de 52 ans, dont le total [39 siècles aztèques] ne fait même pas un grand cycle de 13 baktun du calendrier maya » (*ibid.*).

Le génie maya se dota d'un système d'unités de temps en progression géométrique de raison vingt, qui permit, à partir du Ier siècle, d'égaler des dates-numéros en CL à des dates en CR. En terre maya et durant tout le Classique, on ne dit pas simplement que la reine est née le **5 Cib *14 Yaxkin***, mais on proclame qu'elle est née *3 842 ans et 16 jours après l'origine*, quand l'humanité était alors âgée de *1 383 136 jours*. Et on continue le récit en précisant, à chaque nouvelle étape, le nombre exact de jours qui séparent les deux événements racontés : *10 vingtaines de jours et 12 ans plus tard, le* **1 Cib *14 Kankin***, elle est promise en mariage, etc. Le fait le plus remarquable observé durant tout le Classique maya c'est que le compte long permet de contrôler, (au jour près), aussi bien le compte absolu des jours, que celui des révolutions de tous les cycles et calendriers engagés dans la discrétisation du temps. Des cycles mayas convenus vagues, – à nombre entier et invariable de jours –, constamment maintenus en phase comme par ex. le *tzolkin* et le *haab* qui génèrent le CR et repassent toujours par la date origine, **4 Ahau *8 Cumku***, considérée comme le début d'une humanité et d'un cycle de **13.0.0.-tun**.

Comme le révèlent les égalités calendaires qui truffent les textes mayas, le compte long est un moyen de mesurer, (en années **tun** et jours **kin**), le temps écoulé depuis un « jour zéro » fixé très loin dans le passé des hommes. En adoptant la constante 584 284 ± 1, la corrélation la plus couramment admise, (Goodman Martinez et Thompson, GMT), fait correspondre le « jour zéro » au 11/12/13 août 3114 av. J.-C., ou au 12±1/08/–3113, soit plus de trois millénaires avant le Classique. Le Choltun permet de compter, sans oubli ni répétition, les jours du monde créé que l'on regarde défiler dans les calendriers, comme sur la scène de l'histoire profane ou sacrée et sous la voûte des étoiles, de la Lune et des planètes, brillamment traversée par le Soleil.

On est conduit à penser que les exploits computationnels mayas se sont nourris en partie de la supériorité de leur écriture, que Knorozov a démontrée être logosyllabique. Une écriture qui a permis de transcrire les langues mayas parlées sur un continuum de plusieurs centaines de milliers de kilomètres carrés. Les créateurs de l'écriture la plus performante de l'Amérique précolombienne sont aussi les inventeurs, et, en tout cas, les utilisateurs les plus assidus du zéro de position, des numérations de position et de disposition, et du Compte long, sans oublier qu'ils furent les seuls Mésoaméricains à avoir développé et utilisé le zéro ordinal des dates *haab*. Un zéro polysémique qui renvoie au zéro du mathématicien (cardinal Ø, solution de $a - a = x$), mais aussi à une notion de coupure séparant par exemple les entiers en positifs et négatifs (nombres anneaux du Dresde), et permettant de munir n'importe quel axe d'une origine et n'importe quel cycle d'un α/ω. (*CHUM/ TI'HA'B*) dont le retour fut souvent objet d'un culte.

Comment est-on passé de la divination au calcul

Si aujourd'hui l'horoscope et le tarot sont encore consultés pour des questions que la science laisse sans réponses, on peut comprendre que les peuples d'un passé ascientifique aient eu recours à la divination. La divination est une pratique quasi universelle qui vise à répondre aux défis que posent la vie et la survie en milieux naturels et environnements sociaux. Comment ne pas traiter le désespoir du paysan qui voit la sécheresse ou les sauterelles détruire ses récoltes. La divination répond aussi aux questions du sens de l'existence et de l'après de la mort. Elle dit quand décider d'une guerre, des semailles, des récoltes, de l'essaimage des ruches, elle juge de l'intérêt d'un sacrifice, d'un culte, d'un voyage, des chances de succès d'une chasse, d'un mariage, de l'avenir d'un bébé, etc.

Le devin apporte des réponses. Il les construit en effectuant ce qu'il convient de faire là où il pressent avoir le plus de chances de les trouver. Dans le champ toujours à renouveler des pratiques rituelles, un champ éclairé par les cosmogonies. Même quand elle s'attache à répondre à des questions sans réponses réfutables, la « divination » ne se situe pas dans le monde du « délire », quelque part entre « devinette » et « divagation ». Un devin ne devine pas, un devin ne divague pas. Il utilise, consulte, et perpétue la collection des dits que conserve la tradition des diseurs de sorts, lesquels lui évitent interprétations impulsives et généralisations hâtives, et lui apportent éclaircissements ou explications. Un devin exécute les rituels du vivre ensemble, parfois avec effets placebo/nocebo[37]

---

[37] L'effet placebo est la conséquence biochimique (par ex. production d'endorphines) d'une (auto-)suggestion symbolique associée, ou non, à un déclencheur matériel (stimulation d'un point d'acupuncture, médicament, hypnose, etc.). Ces effets

et Coué (1922, 1926) avérés, et ses augures sont sensés et calculés selon une « comptabilité rituelle » (Dehouve 2011 : 179).

C'est la thèse de Léon Vandermeersch qui, vu son rôle considérable dans la Chine ancienne, n'hésite pas à qualifier la divination de « rationalisme divinatoire ». Par cet oxymore, l'auteur du wangdao (la voie royale) renvoie aux recherches sur les institutions rituelles fondées sur une pratique dialectisée des cultes, opérée sans recourir pratiquement à la théologie, mais en s'investissant dans les normes d'une société dont l'économie reposait sur la mise en commun du travail agricole de la masse paysanne distribuée entre les maisons seigneuriales. Un travail réflexif des devins défini comme « l'étude rationnelle de l'ordre des choses par les moyens conjugués de la divination et de la spéculation cosmologique » (Billeter 1990). Ce qui rappelle l'usage pragmatique de la divination qu'en faisaient les auteurs, ou les lecteurs comme Igor Xoyón, des pages « abeilles » du codex conservé à Madrid (figure 98).

La preuve repose sur le fait que le statut épistémologique du devin, (en l'occurrence le devin chinois, mais cela n'enlève rien à la généralité du propos, et s'applique à l'auteur des pages « abeilles »), change lorsqu'il ne se contente plus d'observer « religieusement » les signes, et se met à les modifier, en mettant par ex. un pyropoinçon sur l'omoplate de bœuf. Dès lors, le devin peut sortir de l'illusion de transparence (Bachelard 1985), commencer à douter, et à deviner qu'une notion ou un fait (pré-) scientifique n'est jamais un donné, mais un objet de conquête prédicative, à bâtir sur trois plans d'épreuve : l'expérimentation (pour tester sa vérité d'adéquation), la critique logico-axiomatique (pour fonder sa vérité de non-contradiction), et le débat (/ou *disputatio*) des pairs et du corps social (pour obtenir sa vérité d'accord).

Savoirs et connaissances sont des produits collectifs. Même si leur identité repose sur des savoirs et croyances partagés, les sociétés sont faites de sections dont les membres visent des buts différents qu'ils atteignent par des voies et des logiques différentes. Ces logiques interagissent fortement quand les circonstances (conquête et colonisation, par

---

peuvent être diffusés par les langues et toucher tout un peuple, ils sont alors les conséquences socioculturelles des représentations symboliques d'un groupe. Selon Cyrulnik : « la spiritualité n'est pas tombée du ciel, elle a émergé de la rencontre entre un cerveau capable de se représenter un monde totalement absent et un contexte culturel qui donnait forme à cette dimension de l'esprit […] Désormais [au néolithique], c'est l'homme qui cherche à contrôler la nature » (2017 : 167).

exemple) l'obligent, ou quand une rencontre inopinée déclenche la sérendipité. Dans ces situations moins ordinaires, surgissent toutes sortes de truchements et de traducteurs qui se mettent à produire des savoirs métis. Les études de Crozet (2008) sur les *transferts et l'appropriation des sciences modernes en Égypte sous le règne de Muhammad Ali* montrent que peuvent, ou non, coexister et dialoguer des extrêmes. Dans les termes de Moulin (2012 : §4), ces interactions métissent « une astronomie inféodée aux considérations religieuses [qui diktent le calendrier des fêtes et l'heure des prières] et une astronomie descriptive, curieuse et savante comme celle de Mahmūd al-Falakī (1815–1885) fondée sur l'observation et la critique des documents disponibles ». Ces situations de fortes interactions ont souvent fait le lit d'une pensée scientifique en train de naître ou de se développer. En tout cas le Compte long apparaît quand les Olmèques, les Épi-olmèques et les Mayas avaient le plus de chances d'interagir.

En Mésoamérique, le passage éventuel à la rationalité scientifique n'a pas pu venir d'une confrontation avec les sciences venues de l'Ancien monde, car ces interactions auraient imposé le détour par la traduction pour forger « les outils linguistiques de base qui permettront la construction de la science à venir » (Crozet et Horiuchi 2004 : XXX). Au contraire de l'Ancien monde qui vit fleurir les langues et les écritures « internationales », (diverses koinès[38] selon les lieux et les époques : le sumérien, le sanskrit, le chinois, le grec, le latin, l'arabe, le français, l'anglais, etc.), la Mésoamérique précolombienne, isolée du monde, n'a pas pu développer avec lui des koinès, mais a dû adopter de force la langue et les concepts du colonisateur espagnol.

L'« unité-diversité » (Rasse) mésoaméricaine s'est construite dans un creuset, isolé du reste du monde, mais où se mélangeaient des centaines de langues, de peuples et de cultures amérindiennes. À partir du milieu du premier millénaire avant notre ère, les échanges sont boostés par la croissance, dans une poignée de régions, des prémices des pictographies

[38] En tant que koinès, les langues et les écritures « internationales » de l'Ancien monde étaient connues des membres des sociétés savantes de la plupart des centres « nationaux » en quête de rationalité scientifique et de légitimité sociopolitique. On sait par exemple que bien des textes de la Grèce antique sont arrivés au Moyen Âge européen grâce aux savants et aux traducteurs des pays de l'Islam qui avaient transformé une langue dialectale de la péninsule arabique en une langue de culture, l'arabe littéraire devenu, d'une part, norme imposée par le texte sacré du Coran, et, d'autre part, koinè utilisée par les intellectuels de toutes disciplines, indépendamment du fait qu'ils soient musulmans, juifs, orthodoxes, catholiques, ou issus d'autres pays.

et des écritures. Vu son exceptionnel essor, il est probable que l'écriture logosyllabique[39] et linéaire (note 6) des Mayas devînt la langue écrite « internationale » de nombreux Mésoaméricains. Elle a amplement contribué à diffuser l'habitus des égalités et des équations calendaires. Un savoir-faire peu ou pas exploité en dehors du monde maya, notamment chez les utilisateurs des plus anciens comptes longs apparus sur les stèles de Chiapa de Corzo, de La Mojarra et de Tres Zapotes, ou sur la statuette de Tuxtla…

Si ce fut le cas, le passage éventuel vers une rationalité scientifique maya pourrait avoir eu lieu à l'époque où les membres de la famille royale se mirent à lire la fumée des bandelettes imbibées du sang de leur autosacrifice que montrent, au VIIe siècle, les linteaux des structures 21 et 23 de Yaxchilán (Chiapas, Mexique). Plus tôt, au Ier siècle av. J.-C., les fresques de San Bartolo (Petén, Guatemala) représentent l'autosacrifice du sang royal versé en l'honneur du Porteur de l'année, en un jour dont la couleur divinatoire était possiblement déjà définie par la date *tzolkin* du jour de l'an de l'année solaire *haab*. Roi ou reine, le devin qui accomplit le culte fait surgir les signes sur lesquels, et à partir desquels, il lui appartient de lire les augures et de dire les sorts. Il ne subit plus le dynamisme des forces de l'univers, parce qu'il s'y inscrit lui-même, qu'il y exerce sa propre action[40], et qu'il commencera, après-coup, à en commenter les aspects, et à en évaluer les conséquences. En Chine protodynastique, plus de 100 000 pièces de divination ont été retrouvées, portant des craquelures faites par le feu dès le IVe millénaire avant notre ère ; elles furent accompagnées de commentaires écrits entre les XIIIe et XIe siècles.

Le fait que le devin, chinois, mésoaméricain ou autre, conserve dans des bibliothèques, de livres ou de codex, les données accumulées au cours de mille et une séances de divination, et le fait qu'il relise méthodiquement

---

[39] Comme toutes les écritures premières, l'écriture logosyllabique maya faisait, une large place aux notations numériques (durées et dates) indispensables au développement d'une astronomie plus rigoureuse que l'astronologie des devins.

[40] La consultation divinatoire impliquait une invocation des entités censées favoriser l'interprétation des signes laquelle se faisait selon des codes traditionnels, comme ceux que l'on connaît par les almanachs ou la littérature coloniale. L'importance attribuée à l'écriture apparaît dès l'organisation des 260 noms calendaires en système déchiffrable parce que la cohérence des choses répond à celle des signes, et vice-versa. Invisibles ou visibles, les choses et leurs signes émanent du divin. Pour le devin initié, ils forment des constellations d'analogies que découvre l'expérience collective des scribes chargés de recevoir, et surtout conserver, la parole sinon des dieux du moins des ancêtres.

les signes à travers le filtre des cosmogonies et des rituels à la recherche d'un ordre, contribuent à prendre le recul nécessaire aux lectures réflexives. Ce qui nourrit les critiques collectives (figure 9) de l'art de la divination et de ses effets constatés (échecs ou succès).

Pratiquée dès le début des plus anciennes civilisations, la divination serait un art premier apparu avec la « Naissance de l'inégalité » (Hayden) dans les sociétés du Néolithique qui changeaient le régime des relations intra- et interethniques en passant de l'état de prédateurs à celui de producteurs : « Dans les régions où l'environnement et le niveau technique favorisent la production de surplus abondants, les chefferies tendent à émerger rapidement en même temps que la stratification sociale, économique et politique et que l'hérédité des statuts » (Hayden 2008 : 70)[41].

L'art de la divination est premier pour être lié au pouvoir de médiation entre les détenteurs de connaissances ordinaires, (visibles et partagés par tous les membres d'une société), et les dépositaires de savoir-faire singuliers, les initiés qu'une société reconnaît capables de voir l'invisible et donc d'agir avec ou sur lui. Il est premier aussi parce que son exercice est une prérogative des maîtres des traditions rituelles ou sacerdotales, et qu'à ce titre, il exige des langues et métalangues, souvent ésotériques, propres à dire le sacré, l'inopiné, l'inexpliqué (par ex. l'alternance des jours et des saisons), ou l'inexplicable de l'existence (toute vie est vouée à la mort). Le devin apporte des raisons qui conjurent les peurs nées de l'idée de la mort et du constat des catastrophes naturelles et des désordres climatiques. Autrement dit, l'art de la divination s'enracinerait dans les réactions altruistes de compassion, puis dans les faits de culture, avant d'être instrumentalisé par les pouvoirs. Selon Patou-Mathis, « De nombreuses recherches en neurobiologie, en primatologie ou en archéologie [des exemples en p. 124–126] ont montré que l'espèce humaine est naturellement faite pour la coopération, l'entraide ou la solidarité, actes résultant d'émotions telles que l'empathie, la compassion, voire le remords » (Patou-Mathis 2013 : 124)[42]. « Présents dans la plupart des rites des

---

[41] En pages 57–68, l'auteur relève treize « stratégies de développement qui fonctionnent », parmi lesquelles : l'accès au surnaturel, la manipulation des valeurs culturelles, la mise à distance des autres, et les pots de vin.

[42] *Current Anthropology* (vol. 54, n°4) présente une étude discutant, en 2014, la thèse que l'espèce humaine aurait connu une évolution majeure il y a 50 000 ans, quand la concentration de testostérone a commencé à baisser et, par là, à faire baisser la

peuples traditionnels, les sacrifices puisent leur raison d'être dans le chaos des phénomènes naturels [que l'on explique et conjure] au moyen de rites spécifiques. [...] La question se pose alors de savoir si les premiers rites sacrificiels, en particulier ceux liés au cannibalisme, dès 800 000 ans, loin de perpétuer une violence originelle, n'avaient pas comme fin de conjurer ces peurs. Auquel cas, les premiers actes de violence n'auraient été que le produit d'une société confrontée à l'inexplicable et seraient l'expression d'un questionnement, typiquement humain, de nature existentielle. Puis, à un moment de notre histoire, qui reste à déterminer précisément, le sacrifice symbolique, seule solution pour en extraire la violence, supplanta le sacrifice sanglant » (*id.* : 154).

Dans les monarchies sacrées qui ne séparent pas ce qui est à César de ce qui est à Dieu, le pouvoir religieux repose en partie sur l'idée que certains individus ne sont ni possédés ni « possédables » par les forces invisibles dites sur/naturelles, méta/physiques, extra/ordinaires, et que, par suite, ils peuvent en devenir, sans trop de risques, les lieutenants ou les représentants, voire être eux-mêmes « divinisés/divinisables ».

Ces individus décident du bien et du mal, édictent ce qui est interdit et ce qui est permis. Ainsi, ils sécurisent les croyants en leur donnant des repères de vie supposés attirer les faveurs ou rejeter les courroux des entités invisibles. Des proscriptions et prescriptions qui font les surmois[43] et fondent, en extrapolant peut-être les divisions de sexes et d'âges, les règles du vivre ensemble. De nature politique, ces règles commencent par le principe fondateur de toute forme d'état, l'acceptation de la division de la société en classes ou sections. Que la cité et l'état puissent être définis comme des machines qui lèvent des impôts pour faire produire des œuvres irréalisables par des individus (monuments, infrastructures, sciences, etc.), suggère qu'il est de leur ADN que la société soit divisée et que leurs dirigeants s'octroient le monopole régalien du pouvoir et de la violence (police, armée, justice) pour maintenir l'ordre des divisions.

Proche de la religion, en ce qu'elle déclare le favorable, le défavorable et l'indifférent et, par là, en ce qu'elle guide les conduites, la divination

---

violence, augmenter l'entraide et l'habileté manuelle, et favoriser l'apparition de l'art. L'article ne dit pas si la baisse de la testostérone des mâles humains est cause ou conséquence du changement de comportement.

43 « Notre capacité à penser l'absence agit sur le réel comme le font la parole, l'imprimerie et Internet. Ainsi se crée un monde virtuel qui modifie le réel » (Cyrulnik 2017 : 169). Une suggestion symbolique peut provoquer un effet biochimique (note 37).

s'écarte de la magie qui, elle, transgresse, selon Laplantine (1974 : 118) l'ordre naturel. Le mage[44] n'agit pas pour braver l'autorité, ni pour se singulariser, mais pour se couler dans le sacré, dans le principe performatif à la source de l'efficience sociale, rituelle ou magique. En s'éloignant de la magie, le devin (*soothsayer*) développe de concert avec les autres sa propre puissance, laquelle se mesure au pragmatisme de ses fruits. Sa force apparaît liée, d'une part, au statut social du devin qui confère à ses dires et à ses rituels une force performative (Austin), et, d'autre part, à sa capacité d'interroger les formes du sacré et du profane, et à son pouvoir d'agir sur les messages de l'invisible, son pouvoir de les rendre déchiffrables, reproductibles et efficients. Cette capacité à booster l'impact de la parole pourrait être le fruit de la révolution néolithique et de l'expansion des *Homo sapiens :* « Dans ce contexte technologique et mental, nous [*sapiens*] fabriquions du social avec des règles impératives [...]. Puisqu'on pouvait agir sur le réel des corps, des végétaux et des astres grâce aux outils et aux sacrifices, on en a logiquement déduit que l'on pouvait aussi agir sur les forces invisibles qui gouvernent le soleil, la pluie et la fertilité grâce à l'outil des prières » (Cyrulnik 2017 : 168).

Deux découvertes récentes[45] conduisent à placer un tout premier point d'inflexion quelque part entre l'apogée culturel de Néandertal, (aujourd'hui réhabilité et débarrassé de son image de brute), et l'expansion d'*Homo sapiens*. La première, dans la grotte de Bruniquel (Tarn et Garonne), date de mai 2016. Il s'agit de la plus ancienne preuve d'occupation des grottes par l'Homme, en l'occurrence des Néandertaliens (porteurs du gène FOXP2 impliqué dans la capacité à produire un langage articulé), sous forme de constructions, faites de stalagmites brisées et rassemblées il y a près de 178 000 ans. Bien que l'on ne sache pas grand-chose des motivations et des fonctions de ces constructions, leur existence prouve qu'un Néandertal pouvait rejoindre, s'approprier et organiser le monde souterrain. La seconde découverte est celle des peintures rupestres des

---

44 Pour Wagner (1939 : 18), le vocabulaire peut varier : « Swedenborg [...] était un Voyant, un Mage, un Messager, un Élu, un Prophète [...]. Ayant cultivé le don de seconde vue qui lui avait été imparti, devenu le Visionnaire qui parcourait les « sphères » et les « Terres astrales », il s'apparente, pour Balzac, aux grands mystiques chrétiens ».

45 http://science.sciencemag.org/content/359/6378/912, https://lejournal.cnrs.fr/articles/neandertal-le-cousin-rehabilite, www.letemps.ch/ sciences/neandertal-plus-ancienpeintre-europeen ou encore www.franceculture.fr/emis sions/le-journal-des-sciences/le-journal-des-sciences-du-vendredi-23-fevrier-2018.

grottes espagnoles de La Pasiega, Matravieso, et les Ardales (*Science*, 23 février 2018, vol. 359 : 912–915). Elles prouvent que le Néandertal savait peindre 30 000 ans avant les plus anciennes œuvres du *sapiens*. Appliquée, non pas directement aux peintures rupestres, mais à la calcite des dépôts carbonés qui les recouvrent ou se trouvent en dessous d'elles, la datation uranium-thorium a permis d'établir les âges minimum et maximum possibles des peintures. Selon l'âge minimum obtenu, les plus anciennes auraient été peintes il y a plus de 64 800 ans. Elles représentent des points, des cercles, des motifs géométriques, une sorte d'échelle, des empreintes de mains, et des animaux. Devin, ou non, le Néandertal serait l'inventeur des arts animaliers et figuratifs, voire des arts abstraits. Un pas sur la route vers l'art, la raison et la science.

De même, mais bien plus tard et en Mésoamérique, il a dû arriver un moment, entre le Préclassique et le Classique, où les détenteurs des charges de devins ou de prêtres adoptèrent une posture métasituationnelle, passant de la multiplication des pratiques empiriques au débat collectif et à la réflexion sur la divination. Le vase Kerr 1196 (figure 9) suggère une séance de *disputatio*, à la fois arithmétique et rhétorique, sur les messages qu'un diseur de fortune interprète et/ou explique aux autres. Ce qui pourrait confirmer la thèse que la portée (pré-)scientifique du ritualisme réside dans sa forme, laquelle, sans immuniser contre les déviations fantasmagoriques, en fait un processus de rationalisation : « le ritualisme chinois s'est développé comme un processus de rationalisation d'une vision du monde qui s'est débarrassée des phantasmes de ses premières croyances […] sa spécificité vient de ce qu'elle est passée de la théorie […] du système des formes sacramentelles à la découverte du système des formes naturelles » (Vandermeersch 1980 : 318).

Par ce renversement d'attitude, la divination s'éloigne des croyances infondées, et des rituels arbitraires de la magie, trompeurs de la mystification. Pour s'engager, tout en ayant encore besoin de légitimité, sur la voie d'une raison (pré-)scientifique, dont les premiers kilomètres consistent à douter (Descartes) et à se défaire des arguments d'autorité. C'est sans doute l'instant où le devin découvre qu'il peut marcher, malgré les angoisses, d'un pas assuré. Comme l'écrivait en 1871 Ismā'il Mustaphā cité par Crozet (2008 : 383), les explications reposant sur l'autorité ou la croyance devraient être écartées et mises à l'épreuve de la critique : « il ne suffit pas à l'homme de penser par le seul biais de l'approbation et de l'obéissance ; il lui faut encore user de compréhension et de conviction. Or cela implique que lui soit donnée la capacité de réfléchir et de raisonner, afin qu'il puisse se soustraire par la force de sa compréhension aux illusions qui altèrent les jugements intellectuels et vont à l'encontre de la vérité ; car la bonne éducation n'a aucune vertu si elle repose sur l'ignorance et l'erreur ».

En remplaçant « favorable/défavorable/indifférent » par « bien/mal », « pur/impur » ou « permis/interdit », les serviteurs de dieu exacerbent la dichotomie du vivre ensemble : en paix et acceptation de l'autre, ou (exclusif) en guerre et rejet de l'autre (étranger, fidèle d'une autre religion, etc.). Comme le prouvent les maux (famines, épidémies, guerres, invasions…) qui, malgré moult prières, liturgies et sacrifices, ne cessent de s'abattre sur le monde, les peuples (les Mayas après l'effondrement ?) se disent que les dieux n'ont pas tenu les promesses faites aux ancêtres. Les plus anciens écrits de l'humanité[46] se sont efforcés de décrire, comprendre, dénoncer, ou justifier le mal. Ils disent que l'homme qui se civilise conçoit son humanité comme résultat d'une culture que les textes situent entre deux pôles. D'un côté l'harmonie de l'amour (sexualité/amitié) qui, selon l'épopée de Gilgameš, roi d'Uruk, fait sortir de l'état de sauvagerie ; de l'autre la discordance des péchés (Bible) et des délits (code d'Hamourabi) qui, en introduisant un principe de fracture, détruisent l'état d'innocence dont Adam et Ève jouissaient dans le jardin d'Éden[47].

Le cours de la civilisation maya fut rebrisé par la conquête espagnole. Il en résulte que nous ne pourrons peut-être jamais démontrer que les scribes mayas passèrent par ce point d'inflexion, et qu'ils le dépassèrent en

---

46 Selon Bottéro (1992 : 12), c'est entre 2330 et 2000 av. J.-C., que l'on commence à mettre par écrit les légendes sumériennes réunies dans *L'épopée de Gilgameš,* le plus ancien texte de la littérature mondiale écrit un peu plus d'un millénaire après l'invention de l'écriture (entre 3400 et 3300 av. J.-C.). Ajoutons le code Hammourabi (285 lois) rédigé vers 2000 av. J.-C., soit environ 500 ans avant les premiers textes bibliques.

47 Ayant partagé la vie des Panarés de l'Orénoque, j'ai constaté que l'existence d'un chasseur-cueilleur vivant en et de la forêt était peut-être moins anxiogène et aliénée que celle d'un homme des cités soumis à la compétition du dodo/métro/boulot. D'où l'idée que le mythe du jardin pourrait renvoyer à la nostalgie d'un état perdu de bonheur. Un bien-être au sein d'une mère nature nourricière, protégé par le clan égalitaire contraint à l'entraide, mais rarement sujet corvéable et exposé aux aléas des violences sociales. La néolithisation a accru la prospérité et permis l'essor des civilisations, mais elle a aussi creusé les inégalités, et sans doute conduit à inventer les guerres (Hayden 2008 ; 2013).

inaugurant[48] une ère philosophique qui aurait placé l'intelligence maya sous l'autorité d'une raison scientifique, régulée par des principes de rigueur, à l'œuvre dans les domaines de l'arithmétique et de l'astronomie, et peut-être aussi de l'urbanisme, de l'économie, de l'hydraulique, de la métrologie, de la philosophie, voire de la démocratie…

Quelle que soit leur culture, en passant le point d'inflexion et en adoptant une méthode (pré-)scientifique, les scribes mettent au monde ce qu'on appelle pompeusement un « nouvel homme », et ils se découvrent eux-mêmes armés d'un bâton que leur confère leur nature d'hommes de parole se nourrissant de leur diversité multiverselle propice à tous les métissages (débats, *disputatio*…). Cette arme n'est autre que la raison éclairée par les sciences et l'expérience, le « bâton des aveugles » comme le nommera Voltaire de l'Europe des Lumières. Mais une raison sans le R majuscule dont l'affublèrent, – dans les années quatre-vingt-dix du XVIIIe siècle –, les zélotes de son culte. Un bâton décrit sous les traits des mathématiques et de leur alliance avec l'expérience et la physique : « Il faut que les mathématiques domptent les écarts de notre raison ; c'est le bâton des aveugles, on ne marche point sans elles, et ce qu'il y a de certain en physique est dû à elles et à l'expérience[49] ». Un bâton qui permet, dans la complexité des domaines de l'éthique et du politique, de comprendre, comme Candide[50], à quel prix payé par les esclaves, l'Europe importait du sucre de canne, avec la coupable inconscience de l'autruche qui refusait de condamner l'esclavage, de dénoncer conquêtes et colonisations, et qui peinait sur le chemin des droits de l'homme et du citoyen.

Les almanachs du Classique maya montrent que l'acte divinatoire consiste à énoncer une sentence. Non pas la sentence singulière d'un devin particulier interprétant seul les données calendaires. Mais une sentence tirée des bibliothèques de codex conservés par les lignées de scribes. Une sentence traditionnelle et collective, parce que le travail du devin consiste à l'inventer en la trouvant parmi d'autres, par exemple dans l'almanach

---

48 Comme la saga occidentale chauvine l'affirme, les Grecs seraient les premiers (les seuls) à être passés, au VIe siècle, de l'amour de la sagesse à la recherche des savoirs vrais. Tout reposerait sur les présocratiques « physiciens » qui se mirent à expliquer les faits de nature (*physis*) par des théories impliquant preuve, calcul et observation (Thalès, Anaximandre, Anaximène, Xénophane, Parménide, Héraclite, etc.).

49 Voltaire, *Œuvres complètes de Voltaire, vol. 5*, Paris, Furne, 1836, p. 765.

50 Voltaire, 1759, *Candide ou l'optimisme, traduit de l'allemand de Mr. le Dr. Ralph*, Genève, Gabriel Cramer (chapitre 19).

du codex de Dresde : **k'ama[l] u-pik ix-uh (u)y -al**. « c'est la réception de la jupe de Ix Uh c'est son enfant » ; **u-pik u-k'a[ma]l (u-)kisin kimil** « c'est la réception de la jupe de Kisin c'est la mort » (figures 27 et 29).

À considérer la divination comme un art ou un métier, et à la définir comme recherche de liens invisibles par des spécialistes disposant d'un statut pour le faire légitimement (selon les règles et les rites d'une tradition vivante et disputée), alors, la divination peut être conçue comme le geste des pionniers d'une pensée scientifique émergente, car produite – chez « l'homme de paroles » (Hagège 1985) – par les interactions au cœur de la complexité de la cité. Une pensée scientifique née des débats et de l'expérience d'où sortent les vérités d'adéquation, d'accord et de non-contradiction.

On devine ici que le devin maya s'inscrivait dans une tradition de débats autour des expériences accumulées par de longues lignées de devins. Ce qui implique, comme ailleurs, un long apprentissage initiatique, non seulement de la lecture/écriture, mais aussi de l'interprétation du texte des almanachs, et de l'étude critique des effets des rituels divinatoires. Sumériens, babyloniens, chinois ou mayas, les devins inventeurs de mythes ouverts à la critique rationnelle[51] peuvent donc être placés dans la lignée des maïeutiques qui mirent au monde une humanité de penseurs aux prises avec des pensées et des credo dont ils ne savaient pas s'ils sont le fruit du travail de la preuve, ou le fruit de l'imagination, d'un changement d'état de conscience, d'un rêve, ou d'une hallucination. Après des millénaires, ils ont fini par découvrir qu'il est avantageux de ne plus penser l'« infini » comme une qualité divine, et qu'il est plus fécond d'en faire la propriété définitoire des ensembles en bijection avec l'une de leurs parties strictes. Les devins mayas, quant à eux, ont fini par découvrir que l'agenda bricolé par l'apiculteur qui sème aux dates augurées favorables est plein des vérités dégagées après de longues séries d'erreurs et d'échecs de cohortes d'apiculteurs et de devins.

[51] Le devin (apiculteur...) cherche un lien d'adéquation (à l'aune des expériences partagées) ; le religieux (roi, avocat...) cherche à accréditer son récit (au risque de l'hagiographie) et faire s'accorder les sujets d'une communauté de croyance. La divination se réalise plutôt dans l'intime, à l'état de veille ou à l'état de transe (voir par ex. le vase Kerr K1550 montrant une scène de recherche de vision sous l'effet d'une drogue prise par clystère) ; le culte religieux, notamment de la parole, suppose plutôt un espace sacré, séparé de l'espace profane, et divisé en lieu des prêtres/places des fidèles.

Bruno Latour (2015) propose le concept de « Gaïa » pour dépasser la dichotomie nature/culture et poser le postulat que la Terre est un morceau d'un tout qui fit (ou vit) jaillir la vie. Un tout fragile, à l'âge de l'anthropocène[52], parce que les vivants, et surtout les humains, la modifient en retour. Latour propose de sortir des paradigmes déterministes du « cause/effet ou action/reaction », et entrer dans la complexité[53] des processus « action/interaction ». Ni stable ni rassurante, Gaïa est un ensemble d'interactions. Ce que font les Terrestres « émeut » Gaïa. Latour reprend ce verbe à Michel Serres qui avait détourné l'énoncé de Galilée « Et pourtant, la Terre se meut » pour planter un « Et pourtant, la Terre s'émeut » au cœur des mouvements écologiques. « Il faut trouver des manières d'interagir avec Gaïa, afin qu'elle ne se fâche pas trop […] car nous n'avons nul autre lieu où aller » (De Meyer 2016 : §13). Une histoire humaine qui s'apparente de plus en plus au chaos déterministe des systèmes dynamiques dont les lois sont, comme les dieux des religions, des entités dont on peut dire qu'elles sont à la fois partout et nulle part[54].

En redécouvrant et en saluant le génie des scribes mayas du Classique, nous espérons faire œuvre de mémoire en partageant, comme Nathan Wachtel le fit pour les Incas, « la vision des vaincus » qui subirent la destruction de leur monde, la condamnation de leurs créations et la mise à mort de leurs dieux. Il semble venu le temps d'arracher l'histoire aux visions européo-centrées écrites par les seuls vainqueurs de la conquête des Amériques.

Espérons qu'en passant de l'autre côté, l'Histoire accorde aux Mayas une juste place, ne serait-ce qu'au chapitre « arithmétique modulaire » des mathématiques universelles. Un chapitre très profondément enraciné dans les pratiques quasi universelles du « rationalisme divinatoire », lesquelles jetèrent les premiers ponts bien attestés entre les rythmes de la vie ordinaire, les cycles des astres et les caprices des Porteurs d'époques.

---

52 Le terme est sujet à controverse http://www.lemonde.fr/sciences/article/2016/09/12/anthropocene-sujet-geologique-ou-societal_4996574_1650684.html

53 Prigogine et Stengers (1978) réconcilient le complexe, prennent en compte le chaos, disent la fin des certitudes, et parlent de la Nouvelle Alliance qui fait interagir les sciences et les cultures. Le vivant et la nature ne sont plus des automates que l'homme regarderait du dehors en prédisant leurs mouvements.

54 Voir par exemple Bois (2002) : 'De quelques enjeux philosophiques du phénomène du chaos, suivi de remarques de Jean-Michel Alimi', *Académie des sciences morales et politiques*, en ligne https://www.asmp.fr/travaux/gpw/philosc/rapport1/bois.pdf

Hors-texte 1 : *Madrid p. 103c, Vie et mort d'une abeille* (cf. *Postface*)

Chapitre 1

Créations mathématiques de l'Antiquité mésoaméricaine

D'importantes inventions ou innovations en matière de numération, de comput, et de calendrier sont à mettre au crédit des peuples de l'Antiquité mésoaméricaine. Laissant de côté le compte des tributs qui n'a pas conduit à écrire des quantités très élevées, la maîtrise du nombre mésoaméricain s'est pleinement révélée dans le comput du temps, et l'écriture de durées dépassant le million de jours et demandant des nombres à au moins cinq chiffres significatifs, comme le **13.0.0;0.0.** de la stèle C de Quiriguá. Les plus anciens témoins de l'intérêt porté aux questions numérico-calendaires qui menèrent à de telles inventions relèvent de l'usage du cycle de 260 jours.

Contrairement à l'année des saisons, à la lunaison et au nycthémère qui imposent leur rythme à toute vie et toute pratique (chasse, pêche, cueillette, agriculture, politique, religion, astronomie, etc.), le cycle divinatoire mésoaméricain est un cycle simultané de 260 jours[55] d'origine obscure[56], dont la finalité semble être l'apaisement des angoisses

---

[55] $260 = (2^2 \times 5) \times 13$. Souvent décrit en 13 vingtaines ou en 20 treizaines, le CDM renvoie, par ces deux facteurs, au nombre des cieux et à la base des numérations mayas.

[56] Parfois dit 'semaine divinatoire' ou 'année religieuse', le CDM est appelé *tzolkin, cholq'ij* ou *tonalpohualli* en yucatèque, kaqchikel ou nahuatl, ce qui signifie 'compte (des jours)/conte (des destinées)'. Certains y ont vu la durée de l'aménorrhée liée à la grossesse (≈ 280 jours, 40 semaines, ou 9 ½ lunaisons, à partir du premier jour des dernières règles), ou celle de la gestation (≈ 266 j, 38 sem., ou 9 lunaisons, à partir du jour incertain de la fécondation). Pour Malmström (1973), c'est la durée qui sépare les deux passages annuels du Soleil au zénith, et à la latitude 14° 54' N de l'ancienne cité maya d'Izapa (Chiapas, Mexique). Pour Stross (1994) cité par Rice (2007 : 58), l'entier 260 pourrait renvoyer à un cycle agricole (croissance du maïs). La ligne des nœuds de l'orbite lunaire passe par le Soleil tous les 173,3 jours : 3 retours font 2

existentielles. Les Mésoaméricains s'en servaient pour définir la couleur divinatoire des jours, afin d'engager les entreprises sous un jour favorable, ou pour se préparer à subir le sort des jours défavorables.

Le cycle divinatoire mésoaméricain se compose de 260 « binômes » formés à partir de deux listes ordonnées de treize[57] numéros $\boldsymbol{\alpha}_i$ et de vingt noms ou signes $\mathbf{X}_j$ de jour. Les deux listes sont énumérées simultanément dans leur ordre naturel, en énonçant les numéros en premier et les noms en second[58]. Lorsqu'une liste est épuisée, on reprend l'énumération de ses termes, toujours dans leur ordre. Le cycle des binômes se présente comme la suite : $(\alpha_1, \mathbf{X}_1)$, $(\alpha_2, \mathbf{X}_2)$, etc., $(\alpha_{13}, \mathbf{X}_{13})$. À 13, la série des numéros est totalement parcourue, on reprend à α_1 et en continuant la série des X_j. On obtient $(\alpha_1, \mathbf{X}_{14})$, $(\alpha_2, \mathbf{X}_{15})$, etc., $(\alpha_7, \mathbf{X}_{20})$, d'où l'on passe à $(\alpha_8, \mathbf{X}_1)$, et ainsi de suite, jusqu'au deux cent soixantième, $(\alpha_{13}, \mathbf{X}_{20})$. Au final on a 260 binômes différents, formant un cycle de 260 binômes. Comme la ronde des **lundi 1**, **mardi 2**, etc. de notre calendrier, les binômes suivent l'ordre défini par la règle « successeur de $\boldsymbol{\alpha}\mathbf{X}$ = (successeur de $\boldsymbol{\alpha}$, successeur de **X**) » : **1 Imix**$_1$, **2 Ik**$_2$, etc. jusqu'à **13 Ahau**$_{20}$ (Cf. figures 2, 101, 102 et 103).

Les plus anciens témoins de l'usage du cycle divinatoire mésoaméricain sont des noms calendaires, comme celui que révèle le déroulé d'un sceau cylindrique, trouvé en terre olmèque (San Andrés, Tabasco, Mexique) : un entier trois (marqué par trois points) devant un signe dans un cartouche (de

tzolkin (3 × 173,3 ≈ 520 = 2 × 260). Ce qui a conduit Ludendorff (1930) ou Lebeuf (2017) à postuler que le *tzolkin* fut créé pour calculer le retour des éclipses.

57 Sauf exception, $\boldsymbol{\alpha}$ parcourt la suite des treize premiers entiers, de **1** à **13**. Par contre, chez les Tlapanèques du Guerrero, il parcourt l'intervalle de **2** à **14** (codex Azoyú).

58 Il s'agit d'une méthode pour énumérer des éléments dont le nombre dépasse notre capacité d'utiliser une simple liste ordonnée. Je l'appelle « méthode du joueur de cartes » (Cauty 2017 : 22). Les noms des cartes à jouer, **as (de) cœur** par exemple, sont des couples (valeur, enseigne). Il y a 13 valeurs et 4 enseignes. Chaque type de jeu (bridge, poker, etc.) convient de trois ordres : a) celui des valeurs, b) celui des enseignes, et c) celui des cartes, c'est-à-dire des couples (valeur, enseigne). Ce faisant, les joueurs sont convenus d'un cycle ordonné de 52 cartes. Deux conventions se disputent la vedette pour fixer l'ordre des cartes : l'énumération *en diagonale* et l'énumération *en tableau*. Le suivant *en diagonale* du couple (*a*, x) est le couple des suivants (s(*a*), s(x)), c'est l'ordre du cycle sexagésimal chinois (Bäcker 2007 : 51–85), celui des jours $\boldsymbol{\alpha}\mathbf{X}$ du *tzolkin* ou celui de nos **lundi 1**, **mardi 2**. Pour avoir le suivant *en tableau* de (*a*, x) on prend le suivant du premier élément sans changer le second (s(*a*), x) tant que le cycle des *a* n'est pas épuisé ; c'est l'ordre **1 janvier**, **2 janvier**, etc.

nom de jour ?), dont les inventeurs (Pohl & alt. 2002) disent qu'ils sont les constituants du nom calendaire **3 Ahau**, (en équivalent yucatèque), du propriétaire du sceau. Le sceau de San Andrés est estimé remonter aux années 650 avant J.-C.

Figure 4 : *Déroulé du sceau*

Ces expressions anciennes sont des signes calendaires composés, de la forme **αX** ou de la forme **αX**, selon qu'elles servaient de noms propres de personnes (anthroponymes) ou de cycles temporels (porteurs ou éponymes de période). Elles proviennent du triangle Takalik Abaj (Retalhuleu, Guatemala), La Venta (Tabasco, Mexique), Monte Albán (Oaxaca, Mexique) qui réunit les plus anciens témoins des écritures mésoaméricaines (zapotèque, isthmienne/épi-olmèque, et maya), et dont les sommets sont incontestablement liés aux interactions des cultures mayas, olmèques et zapotèques. L'un des plus anciens éponymes **αX** daterait de 250 avant J.-C (–500, selon Marcus, 2000), attesté par les stèles 12–13 de Monte Albán, la capitale zapotèque (Cauty 2013 : 98. Harris & Stearns 1997 : 121).

De son côté, l'archéologue Caso (1967) a proposé le Ve av. J.-C. en interprétant un autre monument de la cité de Monte Albán, le monolithe 11 (figure 5). On y remarque, au-dessus du signe **αX** (lu **6 Ik**, en équivalent yucatèque), un fragment de signe à l'allure de couronne (/ou de bandeau) supposé désigner ce jour comme étant l'éponyme **αX** d'une année. Selon Urcid (2001), non loin de là, le Monument 3 de San José Mogote, (600 av. J.-C.) porterait la date **αX** = **1 Eye** (**1 Cib** en équivalent yucatèque). Cette date est inscrite entre les pieds du corps d'un homme étendu sur le sol (figure 6), et elle se lit, toujours selon Urcid, comme l'anthroponyme calendaire du sacrifié qui est représenté sur le monument.

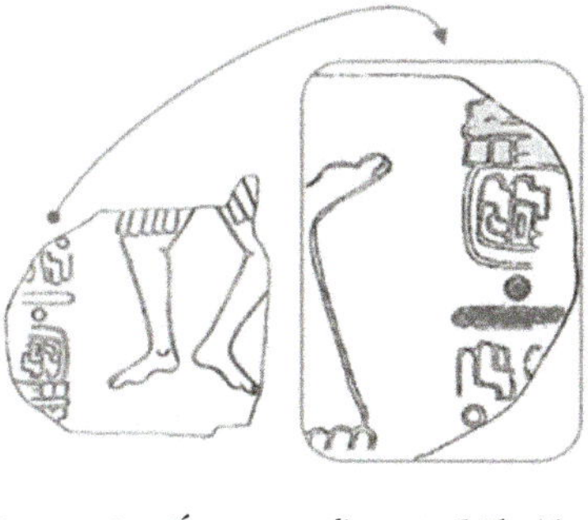

Figure 5 : *Éponyme d'année* **6 Ik** (?)

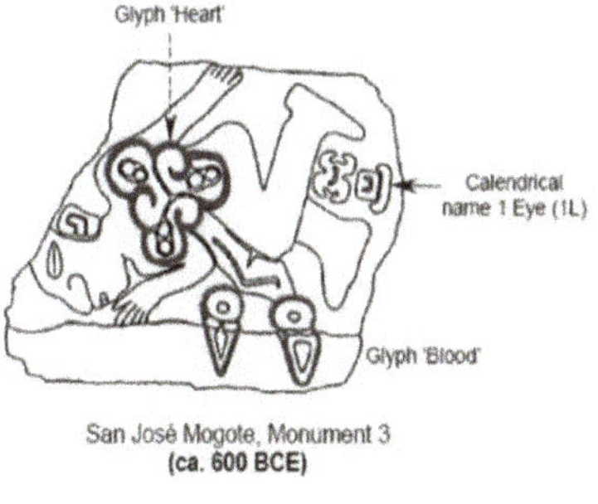

Figure 6 : *Anthroponyme* **1 Cib** (?)

En s'efforcant d'éviter les pièges de la rétroprojection, les spécialistes interprètent les trop rares exemples anciens à la lumière des règles dégagées à partir des usages divinatoires ou calendaires les mieux connus, à savoir ceux des Mayas en vigueur du Classique jusqu'à l'époque coloniale.

La plupart des américanistes estiment que l'habitus du nom calendaire s'enracine dans une conviction socioreligieuse selon laquelle les jours sont bénéfiques, maléfiques ou indifférents en fonction du « patron » (*nahual*, *way*) qui les régit. Il appartenait, en effet, au roi-prêtre-devin et à ses ministres de faire en sorte que les destins s'accomplissent, et que le Soleil reprenne sa course tous les matins. Image ou lieutenant du Soleil, le roi était habilité pour exercer cette charge, et, il disposait pour cela d'une véritable panoplie d'outils : autosacrifice de la saignée[59], célébration des cultes, usage de psychotropes, retraite, lecture des almanachs, etc. C'est aussi par des déplacements dans les tableaux de dates ou des manipulations de leur format[60], que les éléments **α** et **X** d'une date prenaient, au cours de parcours dans les almanachs ou les cosmogrammes, des valeurs symboliques que le devin interprétait et traduisait en consignes d'actions[61].

Quel que soit le crédit que les Mésoaméricains leur accordaient, les usages enregistrés dans les almanachs parvenus jusqu'à nous par les codex prouvent tout à la fois la forte résilience[62], et la grande ancienneté du cycle de 260 expressions de la forme **αX**. Le constituant **X** de ces expressions renvoie à un patron (/ou régent), dont le nom et le signe sont propres à chaque langue et chaque écriture. Partout, cependant, les signes **X** de jour parcourent un cycle immuablement ordonné de vingt éléments. Sauf exception, le point de départ/ arrivée du cycle divinatoire, (**α/ω= 0/20**), est le même pour tous les peuples, un jour $\mathbf{X}_{\alpha/\omega}$ qui installe le cycle et renvoie

59 Attestée dès le Ier siècle av. J.-C. par les peintures de San Bartolo qui renvoient aux célébrations du jour de l'an et au changement du porteur d'année.

60 Thouvenot et Hoppan en donnent un aperçu érudit (2012 : 98–109).

61 Certaines recettes et sentences se sont transmises jusqu'à nos jours, et les valeurs divinatoires des éléments **α** et **X** sont encore revisitées par de modernes diseurs de destinées qui proposent des horoscopes à la manière des anciens Mayas ou pour répondre à toutes sortes de consultation. Malgré les hauts et les bas que connurent les cultures mésoaméricaines, l'almanach et le *tzolkin* de 260 jours ont résisté (mieux que le *haab*) aux pressions coloniales pour leur éradication. Les volontaires de l'éducation contre l'ethnocide recherchent et tentent de diffuser les traditions calendaires mayas.

62 Autrefois commun à tous les Mésoaméricains, le cycle divinatoire reste présent, malgré la colonisation, dans les hautes terres du Guatemala et diverses communautés du Veracruz, de l'Oaxaca et du Chiapas (Tedlock 1982).

à l'idée de seigneur (**Ahau**$_{0/20}$, des Mayas) ou de fleur (**Xochitl**$_{0/20}$, des Aztèques). Néanmoins, comme le montre le tableau ci-dessous, le *cholq'ij* utilisé aujourd'hui par certains Kaqchikels du Guatemala est décalé de dix rangs, (sans que la raison ou les circonstances en soient connues), par rapport au *tzolkin* maya de l'époque classique ; mais, selon Igor Xoyón (communication personnelle, 2016), une majorité de *Ajq'ija'* (/ou guides spirituels) sont maintenant convenus de commencer le cycle à **Imox**$_1$, et la *Universidad Maya Kaqchikel* a adopté cette recommandation :

Figure 7 : *Cholq'ij kaqchikel et tzolkin yucatèque*

B'atz'$_{1}$/Chuen$_{11}$	**E$_{2}$/Eb$_{12}$**	**Aj$_{3}$/Ben$_{13}$**	**I'x$_{4}$/Hix$_{14}$**	**Tz'ikin$_{5}$/Men$_{15}$**
Ajmaq$_{6}$/Cib$_{16}$	**No'j$_{7}$/Caban$_{17}$**	**Tijax$_{8}$/Edznab$_{18}$**	**Kawoq$_{9}$/Cauac$_{19}$**	**Ajpu$_{10}$/Ahau$_{20(/0)}$**
Imox$_{11}$/Imix$_{1}$	**Iq'$_{12}$/Ik$_{2}$**	**Aq'ab'al$_{13}$/Akbal$_{3}$**	**K'at$_{14}$/Kan$_{4}$**	**Kan$_{15}$/Chicchan$_{5}$**
Kame$_{16}$/Cimi$_{6}$	**Kej$_{17}$/Manik$_{7}$**	**Q'anil$_{18}$/Lamat$_{8}$**	**Toj$_{19}$/Muluc$_{9}$**	**Tz'i'$_{20}$/Oc$_{10}$**

La Figure 8 (Cauty 2013 : 152) présente le premier signe de jour, **X**$_1$, du CDM dans trois cultures qui le lisent respectivement : **Imix, Chilla** et **Cipactli.**

Imix$_{1}$ (maya)	**Chilla** (zapotèque)	**Cipactli** (aztèque)

Figure 8 : *Le 1er élément dans trois cultures*

Identifier le signe **X**$_1$ du premier jour, le lire et le traduire dans nos langues exigent l'aide des spécialistes. Ils disent que le signe maya renvoie au bouton de nénuphar, que le signe aztèque renvoie au crocodile, et le signe zapotèque à la pastenague ou à quelque autre monstre aquatique. Sans trop tirer sur la corde des interprétations, on peut admettre, suite à cette expertise, que le signe du premier jour renvoie partout au domaine d'expérience de l'eau, et y voir un symbole quasi universel du couple vie/mort. Ce qui n'interdit ni de rappeler que chaque société mésoaméricaine expérimentait la réalité de l'eau sous des formes différentes, selon qu'elles habitaient les montagnes ou les plaines, les forêts luxuriantes ou les régions arides, ni de dire que chaque peuple, voire chaque individu, utilisait quotidiennement la ressource de l'eau selon ses valeurs, ses besoins et ses façons particulières de les satisfaire.

Nous avons noté que les noms calendaires servaient aussi à distinguer les années[63]. Pour ce faire, les Mayas prenaient la date (en calendrier

---

[63] Mais aussi d'autres périodes, comme les **katun**. Les Mayas célébraient la complétion d'un **katun** voire de ses quarts (**hotun**). Le départ/arrivée d'un **katun** est toujours un jour **Ahau**$_{20}$. Les quarts de **katun** sont des jours **Ahau**$_{20}$.

tzolkin) du premier jour du premier mois de leur année vague solaire, le *haab* de 365 jours. Ce « nouvel an » (de date *haab* ***0 Pop***) tombait forcément[64] un jour **αX** ; et, d'année en année, la date **αX** parcourait un cycle de 13 × 4 (= 52) éléments (Figure 104) : **1 Ik**$_{2}$, **2 Manik**$_{7}$, **3 Eb**$_{12}$, **4 Caban**$_{17}$, etc., jusqu'à **13 Caban**$_{17}$.

On en déduit que les plus anciens et les plus importants cycles utilisés par les Mésoaméricains étaient : les quarterons de Porteurs **X** d'année, la treizaine de numéros **α** (ou des éponymes **α Ahau** des diverses roues), la vingtaine de signes **X** de jour, les 52 éponymes **αX**, les 260 jours **αX** (*tzolkin*, ou *tonalpohualli*), et le cycle de 18 980 jours obtenu par les Mayas en faisant le produit d'intrication du *tzolkin* et du *haab*. Soit, les cycles de 4, 13, 20, 260, 365 et 18 980 jours, et celui de 52 éponymes (d'année).

L'invention et l'usage du cycle de 260 jours demandent à être interprétés, ou à être dégagés de toute « surcharge » afin de les « dialectiser » (Bachelard 1940) et les rendre opérationnels. Selon les points de vue et les présupposés du lecteur, ils seront placés entre des pôles diversement opposés. Pour moi, le comput rituel des parcours dans l'almanach est une entrée possible dans l'histoire « multiverselle » (Sayegh 2000) des maths, une histoire à repenser en vue d'une éducation contre les ethnocides, et qui se développe dans l'interdisciplinarité et l'interethnicité par la pratique de tous les types de traduction intra- et intersémiotique.

Pour d'autres, le comput rituel fait partie des pratiques sociales que Danièle Dehouve (2011)[65] a rassemblées sous l'item « comptabilité rituelle » pour souligner que les chiffres mexicains ne renvoyaient pas à des nombres ou à des opérateurs mathématiques, mais qu'ils servaient à tisser des liens entre les hommes et les dieux, l'espace et le temps, les êtres et les entités, bref des correspondances entre le visible et l'invisible[66]. L'étude

---

[64] Cela résulte de la façon maya de faire le produit d'intrication du cycle divinatoire de 260 jours avec le cycle de l'année vague solaire de 365 jours. Un *modus operandi* qui conduit au théorème du devin et à son corollaire des porteurs (Cauty 2013 : 9–10).

[65] Dehouve réalise une approche sociologique des modes de calcul, des mathématiques et des représentations des nombres dans l'espace aztèque (et, moins convaincante, pour l'espace maya). Elle recueille et décrypte des codes qui contribuent à expliquer les représentations du temps et de l'espace, et les pratiques numérologiques des Mexicains liés aux gestes, aux rituels et à la vie quotidienne.

[66] On pourrait dire que les *entités* révérées dans le soleil, la lune, le vent, la pluie, la montagne, la mer, les arbres, les pierres, les animaux, les plantes, les humains hors-norme… sont tout ce qui éveille des émotions profondes chez l'homme. Réel ou non,

des almanachs montre non seulement l'art du comptable numérologue en train de définir la couleur divinatoire des choses, des êtres, des cycles et des temps, mais aussi l'art plus scienti*fique* de la *disputatio*[67]. Un art du débat des hommes en passe de se défaire de l'argument d'autorité et d'instaurer l'indépendance, (toujours remise en question), des domaines de la foi et de la raison naturelle[68], sur le continu « imaginer, croire, savoir, pouvoir, faire » qui boucle sur lui-même.

Le débat des scribes qui s'efforçaient d'établir des égalités calendaires en dressant des tables de multiples invariablement croisées avec des tableaux de dates. Jusqu'à établir des propositions susceptibles d'être jugées « vraies » du point de vue des axiomes d'une science arithmétique en train de se faire. Une science pas encore universelle, mais déjà collectivement mise au monde, pas encore dialectisée, mais s'extrayant déjà des pratiques de résolution des mille problèmes que pose le fait de vivre dans un milieu naturel et un environnement social spécifiques. Des pratiques parfois dites ethnomathématiques.

---

tout référent pensé est associé à un *way* (*nahual* pour un Mexica), un double spirituel de l'entité. D'après Hoppan (2014 : 110), « Le concept de nagual exprime la croyance en l'existence, dans l'âme humaine, d'une composante que l'on pourrait également définir comme un « autre esprit », souvent de forme animale et en lequel certain(e)s initié(e)s auraient le pouvoir de se convertir occasionnellement. Pour la plupart, cette composante se manifesterait plus généralement pendant le sommeil, dans les rêves. Chez de nombreux Mexicains, cette croyance est aujourd'hui encore profondément ancrée ».

67 Cf. Périgot (2007, https://memini.revues.org/74), pour une approche de cette forme de recherche qui semble mettre entre parenthèses les enjeux idéologiques du discours.

68 Comme on le sait par l'analyse des pratiques de la renaissance européenne, les mêmes principes numérologiques permettaient, tant l'art du calcul est généreux, d'affirmer une chose ou son contraire. Manipuler, par exemple, les chiffres du pape pour déclarer qu'il est un suppôt de Satan, ou pour affirmer qu'il est le meilleur guide des croyants. La comptabilité rituelle conduit à des affirmations dont la crédibilité dépend de leur accord avec l'expérience, la tradition, le credo et la force de persuasion des arguments d'autorité. Européenne ou amérindienne, toute tradition numérologique relève, plus de l'imaginaire ou du croire que du savoir, mais alimente le trésor immatériel des cultures.

Figure 9 : *« Disputatio » maya : rhétorique et mathématique*

Jusqu'à preuve du contraire, les scribes mayas du Classique sont les seuls Mésoaméricains à avoir laissé des preuves écrites, à la fois nombreuses et incontestables, de l'usage systématique de plusieurs créations mathématiques essentielles. En voici les principales : les numérations de position (avec/sans zéro, et avec/sans signes d'unité), l'écriture de très grands nombres (jusqu'à 24 chiffres), le système vigésimal des unités de temps, la numérotation des jours des dix-huit mois et de la période ***Uayeb***[69], la distinction des faces ordinale et cardinale des entiers, la distinction d'un point α/ω de départ/arrivée des cycles en usage, la notation du sens (direct ou rétrograde) des translations par un équivalent du signe plus (marqués par le morphème Ø) et du signe moins[70] de l'arithmétique, les équations qui égalent le temps linéaire (CL) et le temps circulaire[71], etc. Sans oublier les milliers d'équations calendaires qui révèlent en particulier l'intrication du produit du *tzolkin* et du *haab*[72].

Les autres Mésoaméricains n'ont guère laissé d'équations calendaires. D'où la conjecture que les Mayas sont, sinon les inventeurs, du moins les usagers les plus assidus des inventions mathématiques précédentes. Elles relèvent d'une arithmétique modulaire confrontée, d'une part, au problème de la discrétisation du continu temporel, et enrôlée, d'autre

69 Une numérotation qui commence à zéro, le glyphe *CHUM/KUM* « s'asseoir », et qui accepte un vingt ordinal, le signe *TI'HA'B* et son idée de complétude.

70 Cas des « nombres anneaux » et des flexions du verbe **uut** qui forment les « indicateurs de date antérieure ou postérieure » (Hoppan 2014 : 141–142).

71 Distingué, défini et compté par une forêt de cycles d'espèces différentes.

72 Comme les égalités **4 Ahau *8 Cumku* + 13.0.0;0.0. = 4 Ahau *3 Kankin***, et **FIN du 13e baktun** = **4 Ahau *3 Kankin*** qui marque la dernière date du cycle de 5 125 ans que la ville de Chimaltenango (Guatemala) a commémoré par un monument-calendrier.

part, par les autorités pour faire du calendrier un puissant levier pour que tout un peuple marche du même pas, et réalise de grands travaux, comme déplacer des millions de mètres cubes pour construire : routes, jeux de balle, temples, pyramides, etc.

À ceci près que les scribes mayas utilisaient une forêt de cycles, leur arithmétique modulaire suit les mêmes règles que les pendules, c'est-à-dire une arithmétique qui identifie les **α** et **ω** de tout cycle, et qui calcule les sommes et les différences selon un *modulo*, (en l'occurrence le *modulo* 12 ou 24 de la ronde des heures, qui donne, selon les habitudes d'affichage et les modèles de cadran : 0 = 12, ou 0 = 24) :

modulo 12 : 6 + 6 = 12 ≡ 0 5 + 30≡11 11+ 8 ½≡7 ½			*modulo* 24 : 18 + 6 = 24≡0 17 + 30≡23 11+ 8 ½≡19 ½	

Figure 10 : *Arithmétique des pendules*

Croisant tables de multiples et tableaux de dates, cette arithmétique permettait au scribe maya d'égaler un entier à ses décompositions en facteurs (premiers, ou non), de composer les translations (directes ou rétrogrades), de repérer les pas qui laissent invariante telle ou telle partie d'une date (*tzolkin*, en général). Ou encore de rendre commensurables des cycles définis en nombre entier, en les plongeant dans leur PPCM. Par ex. le cycle de durée **2.12. tun** ; **13.0. kin**[73], ou celui de **1.3.14. tun ; 9.0. kin**[74].

On retrouve deux systèmes mayas de datation[75]. Le premier est le CR de 18 980 dates **αX*βY***, de durée **2.12.-tun** ; **13.0.-kin** (73 *tzolkin* ou 52 *haab*). Le second, de durée 9 CR, est un calendrier de 170 820 dates **αX** $\mathbf{G}_n$ ***βY***, c'est le produit **9 × *tzolkin* ⊗ *haab***. Par le biais de leurs constituants, ces deux calendriers donnaient les positions d'un jour dans les cycles les plus utilisés au Classique – la *neuvaine*, le *tzolkin* (d'où

[73] C'est le calendrier rituel, CR, obtenu comme produit intriqué *tzolkin* ⊗ *haab*.

[74] C'est le produit de la neuvaine et du CR, (9 × *tzolkin* ⊗ *haab*), et c'est aussi la moitié du 2e nombre de Xultún. Ce cycle, 9 CR, dure 474 ½ **tun**, ou 170 820 **kin**.

[75] Le premier dure presque 52 années grégoriennes, le second (plus rare) presque 468.

la *treizaine* et la *vingtaine*) et le *haab* (d'où le CR) – et par suite leurs multiples. Voici deux dates en calendrier 9 CR empruntées à Hoppan (figure ci-dessous et Hors-texte 2) : la date **8 Ahau** $\mathbf{G}_{0/9}$ ***13 Ceh*** de la pendeloque conservée au musée Miho de Kyoto (Hoppan 2018), et la date **8 Chicchan**$_5$ $\mathbf{G}_2$ ***18 Zac***$_{11}$ – présentée en juin 2016 à l'atelier d'épigraphie et d'ethnoarithmétique de Chimaltenango) – gravée sur le monument 69 de Toniná, une cité maya où le calendrier 9 CR est attesté sur les stèles et les panneaux ronds (monuments 95, 104, 110, 111, 113, 135, 136, 137, 139) :

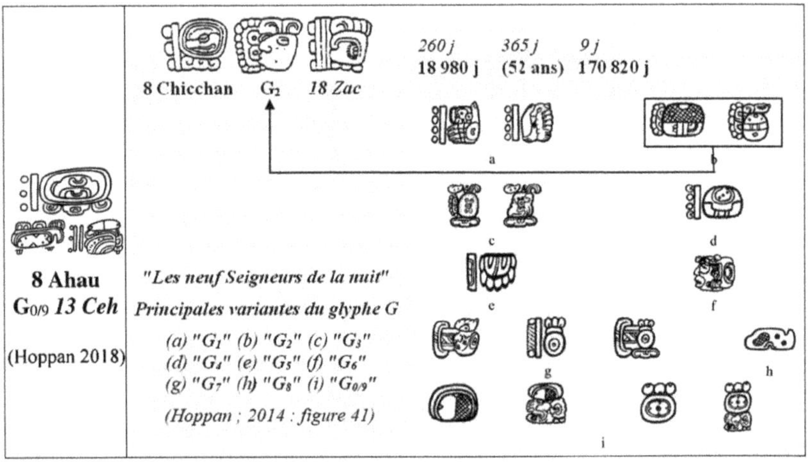

Figure 11 : *Deux dates en calendrier 9 CR de la forme* $\boldsymbol{\alpha}\mathbf{X}\ \mathbf{G}_n\ \boldsymbol{\beta} Y$

Cet exemple, et, plus généralement, les séries initiales mayas suivies de leur cortège de dates et de nombres de distance[76], font éclater la richesse de l'IAM. Un art que nous allons découvrir dans le type le plus simple d'égalités, les petits parcours divinatoires à travers le *tzolkin* des almanachs qui nous sont parvenus par les codex. Nous montrerons ensuite qu'elles furent généralisées et permirent d'écrire des égalités calendaires bien plus complexes[77], comme celles qui se trouvent sur la plupart des stèles

[76] Transcrits et traduits par Hoppan (2014 : 233–270) le panneau 1 de la Corona (Petén, Guatemala) présente une SI suivie de 12 nombres de distance. Voir aussi les ND de la stèle 3 de Piedras Negras (figure 40), ou de la néostèle *Kaji' Ajpu* (figure 44).

[77] Dans les almanachs, des égalités « $\alpha_i X_i + T_{i,j} = \alpha_j [X_j]$ » qui restent confinées dans l'espace/temps d'un *tzolkin*, et, dans les pages éclipses ou vénusiennes du codex de

et des monuments du Classique. On dispose, en tout cas, de milliers d'équations calendaires qui font correspondre, au jour près, n'importe quel Choltun (SI ou ND) et les positions atteintes dans les calendriers ou dans les cycles en usage. Par exemple, la série initiale de la stèle 3 de Piedras Negras (Petén, Guatemala, 06±1/07/674) dit que les **katun** sont comptés à partir de l'origine sous les auspices du patron **Yaxkin** du mois ***Yaxkin*** : « (ra)compter pour **Yaxkin** les **katun** : [**α/ω 4 Ahau** $\mathbf{G_{0/9}}$ ***8 Cumku*** +] **9-baktun 12-katun 2-tun ; 0-uinal 16-kin** = **5 Cib** $\mathbf{G_7}$ ***14 Yaxkin*** » :

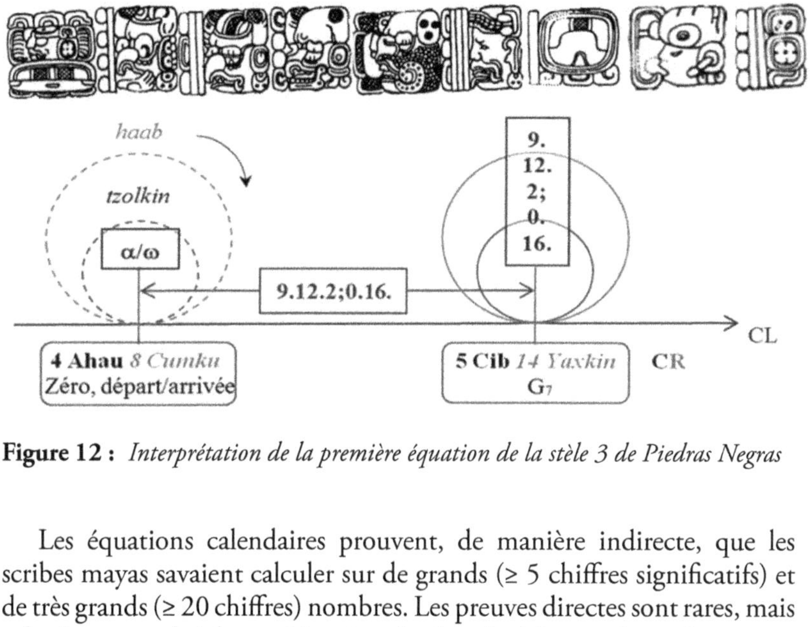

Figure 12 : *Interprétation de la première équation de la stèle 3 de Piedras Negras*

Les équations calendaires prouvent, de manière indirecte, que les scribes mayas savaient calculer sur de grands (≥ 5 chiffres significatifs) et de très grands (≥ 20 chiffres) nombres. Les preuves directes sont rares, mais cela n'a pas conduit les américanistes à rejeter la thèse que les scribes mayas étaient de bons calculateurs. La présence, (dans les codex du Postclassique ou sur les murs de la maison de Xultún), de totalisateurs et de tables de multiples associés à des tableaux de dates suffit à démontrer que les

---

Dresde ou sur les monuments, des égalités de la forme « $\alpha_i X_i \beta_i Y_i G_i + T_{i,j} = \alpha_j X_j \beta_j Y_j G_j$ » qui embrassent l'infini potentiel du Compte long, et la riche complexité de la forêt des cycles mayas de toutes espèces.

scribes savaient au moins additionner (et donc soustraire[78]). Dresser une table des multiples d'un entier suppose au moins la capacité de combiner des additions répétées : n, $2n$, $3n$,…, $(2n + 3n)$, $(3n + 3n)$ etc.

Nous verrons que les tables de multiples présentent parfois des accidents (intrus, *lapsus calami*, variantes systématiques, erreurs…). Bien que relativement rares, ces incidents sont d'autant plus précieux qu'ils permettent de réaliser des expériences de pensée conduisant à des conjectures sur les méthodes de calcul que les scribes pourraient avoir mises en œuvre, et à distinguer de la sorte les méthodes qui reproduisent effectivement tel ou tel accident. Bien qu'admiratrice de leurs réalisations en matière de numération, Geneviève Guitel n'a pas accordé pleinement aux Mayas l'honneur d'avoir inventé une numération de position (/et de disposition) avec zéro. Car, malgré leur connaissance du zéro médial et du zéro terminal, l'anomalie de l'année de compte (1 **tun** = 18 **uinal**) aurait empêché, selon Guitel (1975 : 657–677), les scribes mayas de découvrir la propriété dite « zéro multiplicateur » : « Si la numération de position [des Mayas] comporte une irrégularité [liée à la convention : 1 **tun** = 18 **uinal**], le zéro terminal n'est pas un zéro opérateur » (Guitel 1975 : 675).

Pour Guitel, le zéro d'une numération de position est multiplicateur si, et seulement si, il suffit d'ajouter un chiffre zéro à l'écriture positionnelle d'un nombre **N** pour obtenir l'écriture de son produit par la base. Le zéro de la numération décimale est multiplicateur parce qu'il suffit d'ajouter *1*, *2*, ou n zéros à la suite d'un nombre pour obtenir l'écriture de son produit par 10^1, 10^2, ou 10^n. Cette propriété n'est pas attestée par les sources mayas, les égalités calendaires. Le produit, par ex, de la base vingt par elle-même, **1.0.** × **1.0.** ne s'écrit pas **1;0.0.**, mais **1;2.0.** (soit : un **tun** deux **uinal** aucun **kin**).

L'égalité **1.0.** × **1.0.** = **1;2.0.** valide la thèse de Guitel. Mais cette preuve par contre-exemple (Lakatos 1976) néglige le fait que les nombres écrits par les Mayas et parvenus jusqu'à nous relèvent tous du même domaine d'expérience. Ce sont des durées, exprimées à l'aide d'un système à deux unités, l'année **tun** et le jour **kin**. Toute durée supérieure

---

[78] Dès le Classique, les scribes utilisaient une sorte d'équivalent des signes + et – de l'arithmétique (glyphes indicateurs de date antérieure ou postérieure), et, plus tard, dans les codex, ils entouraient d'un anneau l'un des chiffres d'un nombre, indiquant par là qu'il devait être soustrait et non pas additionné. Mais on n'a pas de documents prouvant que les Mayas disposaient d'algorithmes pour multiplier, élever à une puissance, diviser, ou extraire une racine.

à 360 s'interprète comme étant formée d'une partie principale (comptée en **tun**) et d'une partie complémentaire (comptée en **kin**) : **13.0.0. tun ; 0.0. kin** (5 200 ans et 0 jours).

J'exprime ce fait en disant que les écritures numériques mayas des durées sont des nombres « vigésimaux », sorte de lointains parents d'Amérique des décimaux du flamand Simon Stevin. L'expression d'une durée comprend une partie principale en **tun**, et une partie vigésimale en **kin**, que l'on convient de séparer par un point-virgule. Cette interprétation détruit l'objection de Guitel : pour multiplier par vingt, on ajoute un zéro à la partie entière et un zéro à la partie vigésimale. C'est l'interprétation que je soutiens, mais ce n'est pas la doxa. Une majorité d'américanistes estiment, en effet, que les durées étaient écrites en **kin**, ce qui implique que le zéro maya n'est pas multiplicateur.

J'ai montré, (Cauty 2013 : 46–48), que l'écriture maya du produit d'un entier **N** par la base vingt s'obtient par une règle simple, à trois temps. Soit **N** un entier représentant une durée et son écriture en numération de disposition, par exemple selon la convention des nombres de distance (écrire les monômes dans l'ordre croissant des périodes) : $\mathbf{N} = \mathbf{c}_0$-**kin** + $\mathbf{c}_1$-**uinal** + $\mathbf{c}_2$-**tun** + $\mathbf{c}_3$-**katun** + etc. En numération de position, **N** s'écrit : $\mathbf{c}_0\ \mathbf{c}_1 ; \mathbf{c}_2\ \mathbf{c}_3$, etc. Voici les trois temps R_i de la règle pour obtenir l'écriture du produit d'un entier **N** par la base vingt[79] :

R_1) ajouter un zéro à l'écriture de **N**, on obtient $\mathbf{20\ N} = \mathbf{0}\ \mathbf{c}_0 ; \mathbf{c}_1\ \mathbf{c}_2\ \mathbf{c}_3 \ldots$,

R_2) remplacer $\mathbf{c}_0$ par la combinaison $(\mathbf{c}_0 + 2\mathbf{c}_1)$, et

R_3) effectuer la transformation des chiffres de **20 N** obtenus ssi ils sont supérieurs ou égaux à vingt (à dix-huit, pour le chiffre C_0 au deuxième rang). D'où la formule du « zéro quasi-opérateur », ZQO, une formule quasi aussi simple que celle du « zéro opérateur » de Guitel :

(ZQO) : $\mathbf{1.0.\ N} = \mathbf{0.}\ (\mathbf{c}_0 + 2\mathbf{c}_1)\mathbf{;}\ \mathbf{c}_2\ \mathbf{c}_3$, etc.

[79] L'expression du produit par vingt de l'entier $(c_i)_{i \geq 0}$ est de la forme $[0, (C_i)_{i \geq 0}]$, dans laquelle $C_0 = [c_0 + (2 \times c_1)]$, et quel que soit i, $i > 0$, $C_i = c_{i+1}$. Si $C_0 > 19$, des conversions du type « retenue » sont obligatoires ; si $C_0 = 18$ ou 19, ces conversions sont habituelles mais pas obligatoires. Exemples : a) 0;**1.0.** × 0;**1.0.** = **1;2.0.** (20 × 20 = 400), b) 0;**1.0.** × **1;2.0.** = **1.2;4.0.** (20 × 400 = 8 000), c) 0;**1.0.** × **1.2;4.0.** = **1.2.4;8.0.** (20 × 8 000 = 160 000), d) 0;**1.0.** × **1.2.4;8.0.** = **1.2.4.8;16.0.** (20 × 160 000 = 3 200 000), e) 0;**1.0.** × **1.2.4.8;16.0.** = **1.2.4.8.17;14.0.** (20 × 3 200 000 = 64 000 000).

Cette formule montre d'abord que l'écriture de **20 N** a un chiffre de plus que celle de **N**, et que ce dernier chiffre est un zéro. Elle montre aussi que la principale différence entre la propriété du zéro « opérateur » et celle du zéro « quasi-opérateur » tient au fait que le chiffre qui apparaît en deuxième position dans l'écriture de **1.0. N** n'est plus le premier chiffre $\mathbf{c}_0$ de **N**, mais la combinaison ($\mathbf{c}_0 + 2\mathbf{c}_1$). Ce fait conduit à distinguer deux cas selon que $\mathbf{c}_1$ est nul ou non nul. Dans le premier cas, ($\mathbf{c}_0 + 2\mathbf{c}_1$) est égal à $\mathbf{c}_0$, et le zéro maya est opérateur au sens le plus strict de Guitel : multiplier un nombre par 20, 400, etc., c'est ajouter 1, 2, etc. zéro(s) à l'écriture de ce nombre.

Dans le second cas, le zéro est un zéro « quasi-opérateur » et le scribe devait effectuer des transformations correspondant au report de la retenue en numération décimale. Ce n'est pas toujours obligatoire, puisque les Mayas ont parfois écrit les chiffres **18.** et **19.** en position de **uinal** (figures 14 et 15). D'où les exemples suivants construits pour illustrer les différentes situations. Dans le tableau, les chiffres sont placés dans l'ordre, plus familier pour nous, des unités décroissantes. La couleur différencie les chiffres $\mathbf{C}_i$ du produit **20 N** obtenus en appliquant la règle ZQO. Le zéro ajouté ***0.*** est en italique souligné, en gras souligné les chiffres **18.** ou **19.** avant **uinal** facultativement transformé, au contraire de **53.** et **57.** obligatoirement transformés car supérieurs à vingt[80] : l'italique de ***17.53.***, ***1.19.57.*** et ***1.22.*** indique la « propagation » de la retenue :

1.0. × N	Règle ZQO	Transformation	Résultat
1.0. × 2;0.4.	2.0;4.***0.***	Sans objet	**2.0;4.*0.***
1.0. × 2;7.4.	2.7;**18.*0.***	18-uinal = 1-tun **0**-uinal	**2.8;0.*0.***
1.0. × 2;7.5.	2.7;**19.*0.***	19-uinal = 1-tun **1**-uinal	**2.8;1.*0.***
1.0. × 1;17.19.	1.***17*;53.*0.***	53 = (*2* × 18) + **17**	**1.19;17.*0.***
1.0. × 1;19.19.	***1.19*;57.*0.***	57 = (*3* × 18) + **3**	***1.22*;3.0. = 2.2;3.*0.***

Figure 13 : *Règle du zéro quasi-opérateur*

D'où notre conclusion : l'irrégularité d'une année de dix-huit mois ne prive la numération vigésimale maya de la propriété du « zéro opérateur » que si l'on néglige quatre faits :

80 Pour transformer, utiliser les égalités : 18-**uinal** = 1-**tun** 0-**uinal** 0-**kin**, 19-**uinal** = 1-**tun** 1-**uinal** 0-**kin**, 53-**uinal** = 2-**tun** 17-**uinal** 0-**kin**, et 57-**uinal** = 3-**tun** 3-**uinal** 0-**kin**.

1) les quantités autres que les durées étaient très certainement lues, et probablement écrites, en numération vigésimale régulière (aucune exception d'un nœud[81] comptant, comme le **tun**, seulement 18 unités inférieures),
2) les durées s'exprimaient en **tun** et **uinal**,
3) elles s'écrivaient en nombres *vigésimaux* c'est-à-dire composés d'une partie *entière* (en **tun**) et d'une partie *vigésimale* (en **kin**), enfin
4) les scribes utilisaient la formule ZQO du « Zéro Quasi Opérateur ».

La formule ZQO dit en particulier que le coefficient C_0 des **uinal** de l'entier **20 N** est donné par l'égalité[82] : $C_0 = \mathbf{c}_0 + 2\mathbf{c}_1$. Faute de preuves, le premier point reste une conjecture disant qu'il est quasi certain que les Mayas utilisaient la numération vigésimale, sans irrégularité, dans tous les domaines d'expérience, (urbanisme, architecture, recensement, tribut, etc.), autres que la mesure du temps. Pour les grandes durées, (comptées au jour près), il est démontré, au contraire, que les scribes les donnaient en numération adaptée à cet usage. D'où la conjecture que le passage du nœud 400 au nœud 360 est une innovation, (probablement liée à l'invention du CL), dans l'art de dénombrer les jours dans une société théocratique qui inscrivait ses activités sur l'agenda de l'année festive mésoaméricaine (18 × 20 jours non *aciagos*), et/ou sur celui des almanachs divinatoires de 13 vingtaines (/ou 20 treizaines) de jours.

---

81 Guitel (1975 : 34) reprend le terme « nœud » à la tradition arabe. Les numérations « bien organisées » relèvent d'une conception polynomiale du nombre qui voit chaque entier comme une somme de monômes, $\Sigma(n_i \times N^i)$ comprenant : a) une position *i*, b) un coefficient multiplicateur n_i, et c) une indéterminée N^i. Selon Crozet (2002 : 498–506), les mathématiciens arabes comme al-Karağī ou al-Fārisī ont théorisé l'ensemble des numérations décimales de l'Antiquité, (un travail dit de « calcul aérien »), en introduisant, à partir du Xe ou XIe siècle, des notions (méta-) mathématiques chariées par la langue arabe ou les habitus de calcul digital, à l'époque où l'écriture des nombres en toutes lettres était le support des exposés de/en calcul aérien. Al-Karağī définit trois notions : a) les quatre (ou plus) **rangs** (*marātib*) qui fondent le type « bien organisé » et renvoient à la pratique des tables à poussière (organisées en *unités, dizaines, centaines, etc.*), b) les neuf **nœuds** (*'uqûd*), ou dix quand il y a zéro explicite, correspondant aux coefficients des N^i, spécifient les valeurs à attribuer aux rangs, et c) les douze **noms** (*asmā'*) de la numération parlée (de *un* à *neuf*, et les termes *dix*, *cent*, et *mille*). Selon Saidan (1997 : 11–29), on trouve dans l'arithmétique d'al 'Uqlidisi (Xe siècle) une description du calcul digital sur les articulations appelé « calcul selon les nœuds » (*hisâb al-'uqûd*).

82 La même formule donne, (*modulo* 9), la valeur *n* du signe G_n.

Pour clore le chapitre, voici un exemple de variante systématique dans l'écriture des durées d'une table de soixante-cinq du codex de Dresde. La variation repose sur le fait que le **tun** est une année de dix-huit **uinal**. De même que nous savons qu'un jour dure 24 heures, un Maya savait qu'un **tun** dure 18 **uinal**. Il était donc naturel, pour un scribe, d'écrire, à la manière des nombres de distance : [**0.-18.**]-**uinal** = [**0.-0.**]-**uinal** ; **1-tun**, ou, à la manière des séries : **1-tun** = **18.0.-kin** = **1-tun ; 0-uinal 0-kin** = **1;0.0.-kin**. De même, il était naturel d'écrire la durée du *haab* sous deux formes : **18.5.** et **1;0.5.**, c'est-à-dire « 18 mois et 5 jours » ou « 1 an (pas de mois) et 5 jours ». En d'autres termes, l'irrégularité d'une année de compte, (l'année de 18 mois de 20 jours), génère des variantes systématiques : tout nombre de la forme « c_0-kin + **18-uinal** + c_2-tun + c_3-katun + … » ou « c_0-kin + **19-uinal** + c_2-tun + c_3-katun + … » s'écrit aussi « c_0-kin + **0-uinal** + (**1** + c_2)-**tun** + c_3-katun + … », ou « c_0-kin + **1-uinal** + (**1** + c_2)-**tun** + c_3-katun + … ».

Figure 14 : *Entier* **4-kin 19-uinal**

Les variantes systématiques en 18/19 en position **uinal** sont rares, mais pourtant bien attestées, tant par les codex que sur les monuments. Par exemple, la durée **4-kin 19-uinal**[83] inscrite sur l'autel zoomorphe O de Quiriguá (Izabal, Guatemala), ou encore l'extrait ci-dessous du codex de Dresde montrant une partie de la table de 65 (figure 47), dans laquelle, entre **1;4.15.** (7 × 65) et **16.5.** (5 × 65), la colonne du milieu contient (6 × 65) écrit **19.10.**[84], et non pas **1;1.10.**

				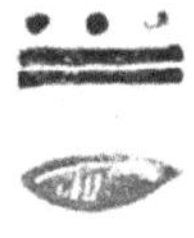
1;8.0. 8 × 65 = 520	1;4.15. 7 × 65 = 455	[0;] 19.10. 6 × 65 = 390	[0;] 16.5. 5 × 65 = 325	[0;] 13.0. 4 × 65 = 260

Figure 15 : *Extrait de la table des multiples de 65 du codex de Dresde*

[83] Selon Hoppan (2014 : 122–123), l'unité **kin** est ici marquée par les syllabogrammes HE et WA, possiblement une abréviation de **he-wa-li**, un lexème *hewaal* disparu des langues modernes et qui aurait été synonyme de *k'i(i)n*.

[84] L'écriture **19.10.** est une variante systématique (Cauty 2013 : 56–58) de **1;1.10.**

Comment interpréter la présence de la variante systématique, **19.10.**, plutôt que l'écriture standard **1;1.10.** ? Partons d'un fait. Faute de documents historiques ou archéologiques, nous ne savons toujours pas comment les scribes mayas calculaient effectivement les multiples d'un entier comme 65.

Comme annoncé plus haut, livrons-nous à des expériences de pensée. Pour obtenir, par exemple, le sixième multiple de soixante-cinq, on pourrait prendre deux fois **9.15.** (3e multiple), ou trois fois **6.10.** (2e multiple) ; on pourrait aussi ajouter **3.5.** (1er multiple) et **16.5.** (5e multiple), ou doubler la somme de **3.5.** (1er multiple) et **6.10.** (2e multiple), etc.

On observe alors que l'augmentation du nombre des expériences fait apparaître des différences entre les méthodes testées. Dès lors, il devient possible de distinguer, dans le corpus ouvert des méthodes testées, entre les méthodes qui reproduisent l'écriture rare qui nous intéresse, **19.10.**, (390, le 6e multiple de $n = 65$), et les méthodes qui reproduisent l'écriture habituelle la plus fréquente, **1;1.10.** La recherche des méthodes possiblement utilisées par les scribes peut donc se faire sur un corpus moins ouvert, (voire fermé), que l'on réduit à l'opposition des formes **19.10.** et **1;1.10.** Une première façon de réduire le corpus des possibles consiste à tester principalement les méthodes qui utilisent des opérations dont on sait qu'elles se trouvaient dans la boîte à outils d'un scribe maya de l'époque des codex ; autrement dit, on s'interdit de tester toute méthode qui utiliserait des outils arithmétiques dont on ne peut pas supposer logiquement qu'il était en usage chez les Mayas, comme ce serait le cas, par exemple, de l'algorithme de la division, de la multiplication par jalousie, de l'extraction de racine, etc.

L'existence de complexes table×tableau de dates *tzolkin* prouve que les scribes savaient calculer les déplacements dans le cycle divinatoire ou dans le Calendrier rituel. Des déplacements d'amplitude x, de la forme kn des multiples d'un entier n, par exemple 65. Sans supposer qu'il maîtrisait la multiplication, demandons-nous comment un scribe parvenait au sixième multiple de soixante-cinq ? Notre postulat est qu'il faisait des additions répétées sur les multiples déjà tabulés de $n = 65$, à commencer par le double de cet entier : $2n$ = **3.5.** + **3.5.** = **6.10.**, et son triple : $3n$ = **3.5.** + **6.10.** = **9.15.**

Prenons diverses façons de parvenir au sixième multiple, $6n$, un scribe aurait pu, par ex., « faire la somme $n + 5n$, (**3.5.** + **16.5.** = **19.10.**), ou la somme $2n + 4n$, (**6.10.** + **13.0.** = **19.10.**) », « doubler le multiple $3n$, (**2** × **9.15.** = **18.30** = **19.10.**) », ou encore « tripler le multiple $2n$, (**3** × **6.10.** = **18.30.** = **19.10.**) ». On ne fait appel qu'à l'addition puisque doubler, c'est ajouter une fois, et tripler c'est encore ajouter une fois.

On constate que l'on parvient au sixième multiple de deux manières différentes : certaines méthodes donnent directement, et d'autres indirectement, la valeur rare **19.10.** L'existence attestée des variantes systématiques permet de ne pas exiger la transformation de **19-uinal**. On peut donc définir les méthodes selon qu'elles donnent directement ou indirectement la valeur rare **19.10.** Les secondes peuvent être distinguées et définies par le fait qu'elles font passer par l'intermédiaire **18.30.**, un entier dont le constituant **30.**, coefficient des **kin**, doit obligatoirement être transformé en **1.10.**, (**1-uinal 10-kin**).

À supposer qu'il en maîtrise la technique, on peut encore tester l'hypothèse que le scribe effectuait directement la multiplication de soixante-cinq par six, en utilisant par ex. une technique très répandue de calcul mental qui consiste à opérer chiffre par chiffre sur n = **3.5.** c'est-à-dire faire *six fois* **3.** et *six fois* **5.** puis ajouter les produits obtenus. Cette nouvelle expérience de pensée fait également passer par **18.30.**, et exige de transformer le coefficient **30.** de **kin** parce que sa valeur dépasse la durée d'un **uinal**, le mois de vingt jours. Sachant que (**20** + **10**)-**kin** = **1-uinal 10-kin**, on obtient le résultat **19.10.**

Contrairement à la méthode « faire la somme $n + 5n$, (**3.5.** + **16.5.** = **19.10.**) » qui donne directement la forme rare (la variante systématique), les méthodes qui font passer par l'intermédiaire **18.30.** conduisent à ne pas laisser en l'état la valeur **19.10.** obtenue après la transformation de **30-kin**. Pour une raison simple. Forcément déclenchée pour transformer **30-kin**, la règle de transformation est devenue prégnante, elle s'impose au scribe et déclenche la transformation à l'étape suivante, celle de **19-uinal.** qui devient **1-tun 1-uinal**. Le processus aboutit à l'écriture **1;1.10.**, non attestée par la table (figure 15), bien qu'elle soit la forme standard ou non marquée, la plus habituelle.

Les expériences de pensée conduisent à l'hypothèse que les méthodes les plus utilisées devaient être celles qui font passer par l'intermédiaire qui exige d'être transformé, et appellent, dans la foulée, à transformer les variantes systématiques en **18.** ou **19. uinal** et conduisent ainsi aux formes attestées les plus fréquentes. Toute règle peut avoir ses exceptions : ne pas convertir les coefficients **18.** ou **19.** conduit aux formes rares, comme l'écriture **19.10.** du sixième multiple de la table de **3.5.** du codex conservé à Dresde.

Finalement, les expériences de pensée mènent à la conjecture que l'Intelligence arithmétique maya a utilisé la technique des additions répétées pour construire ses tables de multiples. Il est vraisemblable qu'elle développa aussi quelque technique, (algorithme, artefact, etc.), permettant d'obtenir plus ou moins directement le produit de deux entiers. Découvrir des traces de ce type d'algorithme ou d'artefact serait un indice suggérant que les scribes mayas avaient reconnu et sans doute défini l'opération de multiplication (voire ensuite de son inverse, la division), et qu'ils auraient alors pu développer des procédés opératoires pour effectuer les multiplications (voire des divisions).

Pour l'étudier, nous disposons, aujourd'hui, de plusieurs corpus de glyphes mayas spécialisés à la mise en signes des éléments du système des périodes, ainsi que de nombreux exemples d'utilisation de ces glyphes pour écrire des nombres de distance et des séries initiales, parfois très longues comme celles des stèles 1 et 5 de Cobá. L'analyse de ces écritures montre que les scribes mayas travaillaient à la mise en signes de ce qui nous apparaît relever de la détermination linguistique renvoyant, en langue spécialisée du comput, à la notion d'opérateur multiplicatif. En français, par exemple, le suffixe **–on** fait passer de **mille** à **million**. Comme dans **aigle/aiglon**, '(le) petit (de) l'aigle', il apporte une qualification qui conduit, en langue arithmétique, à l'idée de « grand mille », ou d'opérateur multiplicatif (un million, c'est mille × milliers d'unités). Unaire, l'opérateur ×1 000 (/ou ×½ cent, soit cinquante en garifuna) se distingue des opérations binaires qui portent sur deux arguments (ou opérandes), comme dans **quatre-vingts** (une détermination à valeur multiplicative 4 × 20) ou dans **vingt-quatre** (une composition à valeur additive).

Des indices d'opérateurs unaires mayas sont les signes au-dessus de certains glyphes de période, et qui semblent bien avoir pour fonction de faire passer par ex. de 1-**tun** à **1-baktun** ou à **1-pictun**, comme on le voit par exemple sur la figure 106 ou le Hors-texte 9 dont voici un extrait :

 20^0 tun  20^1 tun  20^2 tun

Quelques détails sur les opérateurs ×20 et ×400 faisant passer de **tun** à **katun** et **baktun**, ou de **baktun** à **pictun** et **calabtun** dans Cauty & Hoppan (2007 : §1) ou Cauty (2013 : 147).

 Monument 69 de Toniná 8 Chicchan$_5$ G$_2$ *18 Zac*$_{11}$	  Pendeloque en jade Musée Miho de Kyoto **8 Ahau G**$_{0/9}$ ***13 Ceh*** (Hoppan ; 2018)

Hors-texte 2 : *Calendrier 9 CR de 170 820 dates* (**αX**, **G**$_n$, ***βY***)

Chapitre 2

Premiers déchiffrements et premières lectures

Avant de comprendre que les Mayas écrivaient de véritables équations calendaires, comme par exemple celles de la stèle 3 de Piedras Negras (figures 38 à 41), il a fallu briser les codes d'écriture des chiffres et des nombres. Un premier pas a été accompli dès 1832 par un « philologue d'origine turque Constantine S. Rafinesque » lequel comprit « qu'un petit cercle – ou « point » – marquait une unité, tandis qu'un rectangle allongé ou « barre » équivalait à 5 « points » [ainsi, le] plus grand chiffre intervenant dans cette numération [dix-neuf] était marqué par trois « barres » et quatre « points » » (Hoppan 2014 : 53).

Autrement dit, le point de valeur 1 (/ou la barre de valeur 5) se répète jusqu'à quatre (/trois) occurrences, pour former les signes répétitifs, (notés &). D'où le moyen de nommer quatre entiers, (1, 2, 3, 4), et trois appuis additifs[85], ($\underline{5}$, $\underline{10}$ et $\underline{15}$), soit deux types de constituants permettant de former les composés additifs (+) des entiers de 6 à 9, de 11 à 14, et de 16 à 19. D'où aussi le tableau des vingt chiffres de style normal les plus utilisés en numérations mayas. Des numérations écrites de type additif, positionnel ou dispositionnel :

 *0*	 0	• 1	•• 1&1	••• 1&1&1	•••• 1&1&1&1
—	5	1 + $\underline{5}$	2 + $\underline{5}$	3 + $\underline{5}$	4 + $\underline{5}$
—	5&5	1 + $\underline{10}$	2 + $\underline{10}$	3 + $\underline{10}$	4 + $\underline{10}$
—	5&5&5	1 + $\underline{15}$	2 + $\underline{15}$	3 + $\underline{15}$	4 + $\underline{15}$

Figure 16 : *Les deux zéros et les chiffres répétitivo-additifs mayas*

85 Pour la définition de ces termes, voir ma thèse (Cauty 1987 : 243).

Abstraction faite des deux zéros mayas que Rafinesque ne connaissait pas, il s'agit d'une mini numération répétitivo-additive à deux « chiffres (un et cinq) », parfois complétée par un « chiffre vingt » (figures 116 et 117). Comme chez les Égyptiens ou les Romains, elle permet de construire une numération additive. Avec ses « chiffres » 1, 20, 400, et 8 000, répétables jusqu'à 19 occurrences, celle des Aztèques permet d'atteindre 159 999 (Cauty 2013 : 140), tandis que celle des Mayas servait surtout à former, en style points/barres, les 19 chiffres non nuls de leurs numérations vigésimales écrites (figure 23).

Les Mayas avaient développé plusieurs variantes du « chiffre » vingt (Cauty 2013 : 148), lequel permet d'étendre la mini numération à la saisie de petits entiers jusqu'à plusieurs vingtaines (Cauty 2017 : 65, figure 10). Par ex. le pas 28 et 24 d'une translation (figure 27), une quantité d'offrandes (Madrid : 2–4,7,77, etc.), ou encore la durée (ci-contre) des lunes de 29/30 j **[hun]-KAL [catac] BOLON/LAHUN** lue **winikbolon/lahun** par González et Hoppan (2018 : 84).

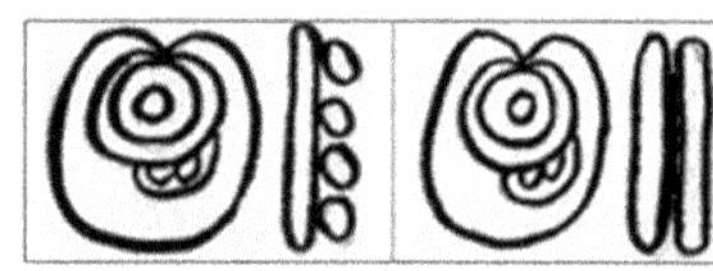

Figure 17 : *Composés additifs 29 et 30*

Bien que l'interprétant ultime de tout système sémiotique soit une langue naturelle[86], la mini numération répétitivo-additive écrite n'est pas un calque des numérations parlées des langues mayas du Classique. Rétablir les expressions numériques parlées permettrait de comprendre, de l'intérieur, les numérations que l'intelligence arithmétique des scribes avait développées.

Outre les thèses sur le nombre et son émergence (Cauty 1987 : 225–279) qui sont établies par les psychologues, les ethnologues, les sciences de la cognition, les matheux, les historiens, les linguistes…, on dispose de diverses sources pour rétablir les numéraux parlés du Classique : lecture des inscriptions, des sources coloniales, ou analyse des numérations encore parlées. Par ce biais interdisciplinaire et interethnique, on découvre l'une des originalités des numérations mayas précolombiennes, l'usage d'une opération de type ordinal, la protraction, pratiquement disparue dans le reste du monde. Déchiffrés 29, 35 et 36, trois entiers du codex conservé à Dresde (p. 26–28) suggèrent que le signe marquant cette opération se lisait **tu**- devant consonne (/ou **tuy**- devant voyelle).

86 Car les langues sont les seuls systèmes sémiotiques incluant leur propre métalangue.

C'est une contraction du locatif **ti** 'dans, en, à, vers' suivi de l'indice de troisième personne **u**- servant, (comme le suffixe *–ième* du français), à dériver l'ordinal du cardinal (5 > 5e). Plus de détails dans Cauty & Hoppan, 2007, http://culturemath.ens.fr/nodeimages/images/Cauty-Hoppan-2.pdf. En orthographe de Beltrán[87], les exemples du Dresde s'écrivent : **bolon tu** [**ca**]-**kal**, **ho.lhu tu** [**ca**]-**kal**, et **uac.lahun tu** [**ca**]-**kal**, et, en convenant que la flèche « → » représente la protraction, ils peuvent être glosés : « 9 en [deux]ième vingtaine », ou « 9 du $[2]^{e}$ vingt », « 15 du $[2]^{e}$ vingt » et « 16 du $[2]^{e}$ vingt ». Soit : **29** = 9 → $[2]^{e}$ 20 = 9 → 40, **35** = 15 → $[2]^{e}$ 20 = 15 → 40, **36** = 16 → $[2]^{e}$ 20 = 16 → 40, ou 36 = WAKLAJUUN-tu(-KA')-K'AAL (Hoppan 2014 : 151).

Figure 18 : *Forme protractive de l'entier 36 en page 27 du codex de Dresde*

À l'époque classique, les composés protractifs sont bien attestés par les séries qui donnaient les « âges de la Lune » supérieurs à vingt (« âge » = nombre de jours depuis la nouvelle Lune). Le tactème d'ordre permet de distinguer les composés additifs (par ex. les lunaisons de 29 ou 30 jours de la figure 17), et les composés protractifs de la figure 19 (donnant les âges de la Lune de 21 à 29 jours). D'où les transcriptions sur le modèle de 21 = JUN[-tu[-KA']-K'AAL, « un du $[2]^{e}$ vingt ».

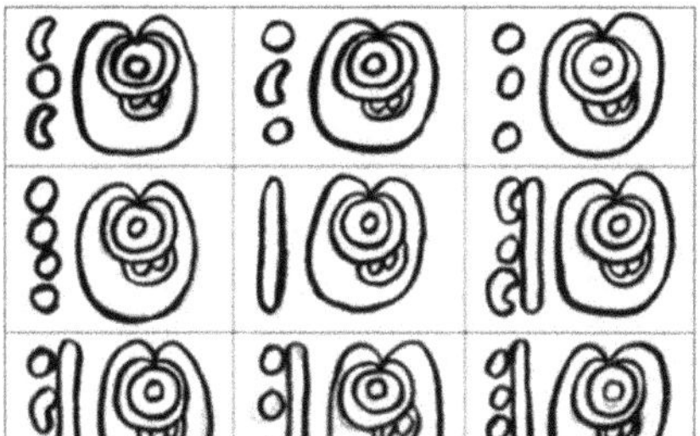

Figure 19 : *Les âges de 21 à 29*

Le mot « protraction » est un néologisme proposé par Claude Hagège (1988 : 93) pour distinguer et définir : « l'opération qui désigne un nombre par son orientation vers une borne : en vogoul (Sibérie centr.), à base 20, 23 se dit "3 vers 30" ; dans certaines langues maya (Amér. centr.), on a, par ex., pour 41, "1–3–20", c'est-à-dire le 1er de la 3^{e}

[87] Orthographe actualisée *in* González et Hoppan (2018, tableaux 7–15), ou figure 26.

vingtaine[88] ». Invoquée pour rendre compte de formes « irrégulières » au regard du système de la numération étudiée, la protraction est rarement entrée dans l'inventaire des opérations utilisées par les numérations parlées. Hagège, par exemple, le fait et retient quatre opérations, à savoir l'addition et son inverse la soustraction, la multiplication (mais pas son inverse, la division, retenue par d'autres auteurs), et la protraction. De tels inventaires montrent le linguiste dans son désir d'interpréter les compositions numérales des langues à la lumière d'une arithmétique supposée universelle. À leur tour, les inventaires servent à construire des taxinomies de numérations parlées – par exemple, les universaux (Greenberg 1978), ou les classifications hiérarchisées (Guitel 1975) –. On peut toutefois regretter que la protraction soit encore considérée comme une opération exotique, que l'on n'inclue pas dans les typologies, sans doute parce qu'on ignore que la protraction permet de construire des numérations aussi performantes que les numérations de position de l'écrit. Regardons les faits de numération en langues mayas[89].

Une trentaine de langues mayas sont encore parlées aujourd'hui, mais leurs locuteurs ont en majorité fini par adopter la numération décimale imposée par la couronne espagnole, et seules quelques traces encore observables rappellent que les numérations précolombiennes étaient vigésimales. En tout cas les locuteurs ont perdu la capacité de décomposer les entiers en base vingt, et, *a fortiori*, celle de dire les durées en **tun** et **kin**. Pour le constater, il suffit de demander aux locuteurs des langues mayas encore parlées aujourd'hui de traduire, chacun dans sa langue, par exemple l'entier 1789 (base dix).

Un peu comme le français avec ses expressions **vingt-quatre**, **quatre vingts**, ou **quinze vingts**, les langues mayas ont gardé des traces de l'ancienne organisation additivo-protractive, et présentent trois schémas de composition : a) *additif*, b) *protractif*, et c) *mixte* :

---

[88] Effectivement, selon Beltrán, 41 se disait **Huntuyoxkal**, présentant le relateur **tuy** = **ti+uy**, d'où la glose « dans le troisième vingt » et l'analyse « 41 = 1 → 3e.20 = 1 → 60 ».

[89] Les exemples sont empruntés à divers auteurs dont les transcriptions n'ont pas été normalisées. Pour plus de détails : Cauty (1987) et Cauty & Hoppan (2002).

a) En tojolabal, 30 est formé selon le modèle **additif** et se dit :

Ex. 1)	hun-tahab'	sok	lahun
	un NUMÉRAL-vingt CLASS.	et COORDONNANT	dix NUMÉRAL

'un vingt et dix'

30 = [1 20 + 10]

b) En tzeltal, 30 est formé selon le modèle **protractif** et se dit :

Ex. 2a)	lajune'	s-	cha'-	winic
	dix NUMÉRAL	son INDICE 3è P.	deux NUMÉRAL	vingt CLASS.

'dix du deuxième vingt'

30 = [10 → 2°.20]

c) En chol, la numération est de type mixte
quelques entiers comme 30 et 25 sont des composés **protractifs** :

Ex. 2b)	luhum	i-	cha'-	k'al
	dix NUMÉRAL	son INDICE 3è P.	deux NUMÉRAL	vingt CLASS.

'dix du deuxième vingt'

30 = [10 → 2°.20]

EX. 2C)	ho'	i-	cha'-	k'al
	cinq NUMÉRAL	son INDICE 3è P. –	deux NUMÉRAL –	vingt CLASS.

'cinq du deuxième vingt'

25 = [5 → 2°.20]

et la plupart des entiers non divisibles par 5 sont des composés **additifs :**

Ex. 3)	hun	-k'al	yik'ot	hun
	un NUMÉRAL	vingt CLASS.	et COORDONNANT	un NUMÉRAL

'un vingt et un'

21 = [1.20 + 1]

Outre la *détermination* à valeur multiplicative, on observe donc :

a) l'usage fréquent de l'*addition* (Ex. 1 et Ex. 3) marquée par la présence facultative d'un coordonnant (selon les langues et les transcriptions : **sok**, **yik'ot**, **catac**, etc.), ou par l'ordre *décroissant* des arguments numériques qui instancient les places dans l'addition (cf. figure 17),

b) des traces d'usage de la *protraction* (Ex. 2a-b-c) marquée, d'une part, par la présence d'une marque grammaticale obligatoire, à savoir l'indice de 3e personne (selon les langues, les grammèmes : -**i**-, -**s**-, -**u**- ou –**uy**-, etc.), ou, d'autre part, par l'ordre *croissant* des numéraux qui instancient les places d'argument de cette opération (cf. figure 19 ou figure 18),

c) des variantes additives et protractives, et en particulier au-delà de **1;0.0.** (= 400), les Mayas liaient les constituants $c_i \times \underline{N}^i$ du nombre $\Sigma_i\ (c_i \times \underline{N}^i)$, en style additif ou protractif, ce qui permet de former des nombres de trois chiffres (ou plus). En chol, par ex., 425 se dit : **hum-bahk' yik'ot ho' i-cha'-k'al**, $[1 \times \underline{400} + (5 \rightarrow 2^\circ\ \underline{20})]$. En tant qu'entier, il s'écrirait **1;1.5.**, alors que, comme durée, il s'écrit **1;3.5.** ou **1-tun; 3.5.-kin**, voire [**3–5**]-**uinal** ;**1-tun**.

Selon J.-M. Hoppan, c'est pour une langue du groupe «"tzeltal-chol" [...] que l'écriture maya (glyphique) aurait été élaborée, [... au] (IVe s. av. J.-C.) » (González et Hoppan 2018 : 88). La langue chol présente encore des variantes protractives. Relevés par Merrifield (1968 : 91–102) et repris dans Cauty (1987 : 249–250), voici, compris entre 505 et 142 510, huit entiers qui présentent une variante protractive et une variante additive :

505 **hó? k'ál ɨcá? báhk' yik'ót hó?-** soit [(5.20) → (2.400)] + 5

505 **húm báhk' yik'ót hó?- ɨwík k'ál** soit (1.400) + (5 → 6.20)

645 **láhcín k'ál ɨcá? báhk' yik'ót hó?-** soit (12.20 → 2.400) + 5

645 **húm báhk' yik'ót hó?- ɨyús luhún k'ál** soit (1.400) + (5 → 13.20)

905 **hó? k'ál ɨyús báhk' yik'ót hó?-** (5.20 → 3.400) + 5

905 **cá? báhk' yik'ót hó?- ɨwík k'ál** (2.400) + (5 → 6.20)

17311 **cá? pík yik'ót hó? k'ál ɨcím báhk' yik'ót hún luhúm-** soit
2.8000 + (5.20 → 4.400) + 11

17311 **cá? pík yik'ót ?ús báhk' yik'ót hún luhúm- ɨwík k'ál** soit
2.8000 + (3.400) + (11 → 6.20)

50222 **hó? báhk' ɨwúk pík yik'ót hún luhún k'ál yik'ót cá?-** soit
(5.400 → 7.8000) + (11.20) + 2

50222 **wík pík yik'ót hún luhún k'ál ɨwík báhk' yik'ót cá?-** soit
6.8000 + (11.20 → 6.400) + 2

116500 **hún luhúm báhk' ɨhó? luhúm pík yik'ót hó? kál** soit
(11.400 → 15.8000) + 5.20

116500 **cín luhúm pík yik'ót hó? k'ál ɨláh cím báhk'** soit
14.8000 + (5.20 → 12.400)

141809 **cín luhúm báhk' ɨwásik luhúm pík yik'ót luhún k'ál yik'ót bolóm-**
(14.400 → 18.8000) + (10.20) + 9

141809 **wúk luhúm pík yik'ót luhún k'ál ɨhó? luhúm báhk' yik'ót bolóm-**
(17.8000) + (10.20 → 15.400) + 9

142510 **wík luhúm báhk' ɨwásik luhúm pík yik'ót luhúm- ɨwík k'ál**
(16.400 → 18.8000) + (10. → 6.20)

142510 **wúk luhúm pík yik'ót hó? k'ál ɨwúk luhúm báhk' yik'ót luhúm-**
17.8000 + (5.20 → 17.400) + 10.

Figure 20 : *Huit paires de variantes addition/protraction*

En résumé, les langues mayas ont conservé des traces établissant trois thèses d'histoire des numérations mayas : a) les expressions composées les plus fréquentes[90] utilisaient la protraction, b) l'usage imposé des numérations espagnoles a abondamment réduit celui des formes protractives autochtones, c) les rares formes protractives contemporaines sont des vestiges d'une espèce en voie de disparition dans un espace de diglossie dominé par la langue espagnole qui ne connaît que les formes additivo-multiplicatives, les seules permises depuis la Conquête (Cauty 1987 : 245–251, Cauty 2000 : 44).

La variance des formes, (additives Ex. 1 et 3, protractives Ex. 2a-b-c, et mixtes Ex. 3 et figure 20), conduit à l'équivalence $[15 \rightarrow (2^{e}\underline{20})] = [(1 \times \underline{20}) + 15]$, plus généralement $[n\text{-}\varnothing \rightarrow (a \times \underline{\mathrm{N}})] = \{[(a - 1) \times \underline{\mathrm{N}}] + n\text{-}\varnothing\}$. Outre le rôle du tactème d'ordre, ces variantes suggèrent que la protraction joue sur les multiples successifs des nœuds de la numération, le plus petit étant marqué par un classificateur ou par le morphème zéro des linguistes.

Peu connu, le type *ordinal en vision d'antériorité rétrograde* est caractéristique de l'IAM de l'époque précolombienne. Comme le montre Beltrán (1742), il était encore possible, au XVIIIe siècle, de donner la liste complète (figure 21) des noms des entiers yucatèques jusqu'à 131, ceux des principaux composés jusqu'à 400, et même **ca pic**, 2 × 8000, hispanisé[91] en *Dos mil*, 2000. L'analyse de cette liste dans Cauty (1987 : 473–477 et 2013 : 132–136) ou dans González & Hoppan (2018 : tableaux 7 à 15) confirme la thèse que les Mayas utilisaient trois opérations, – multiplication, addition et protraction[92] –, et permet de mieux saisir la syntaxe des numérations mayas, et le mode opératoire de la protraction, une opération arithmétique disparue.

---

[90] Centaines ≥ 500, et entiers non multiples des nœuds entre 20 et 400. La protraction demande de distinguer les entités individuées avec ou sans étendue. Par ex., un 25-ième est une entité sans étendue définie par une énumération (âge de la Lune), et un 30-qqch, une entité avec étendue définie par une mesure ou un comptage (durée d'une lunaison).

[91] À cette époque, le nom **pic** de 8 000 est devenu le nom maya de l'entier espagnol **mil** (1 000) : « También advierto, que aunque los indios desde su origen han usado esta palabra *pic*, para significar 8,000, pero como el uso ha dado ya en que *pic* signifique mil, así por esto, [...] usarémos de *pic* para mil v. g. : para contar el siglo en que estamos que es de 1743, diremos : *hunpic holhutubak*, *catac oxtuyoxkal*, de modo que catac se antepone a la última diccion » (note 312 de Beltrán, *in* Cauty 1987 : 477).

[92] Du point de vue du linguiste, la multiplication se présente comme une détermination, l'addition et la protraction comme des compositions.

1	Hun.	51	Buluctuyoxkal.	101	Huntu uackal.
2	Ca.	52	Lahcatuyoxkal.	102	Catu uackal.
3	Ox.	53	Oxlahutuyoxkal.	103	Oxtu uackal.
4	Can.	54	Canlahutuyoxkal.	104	Cantu uackal.
5	Ho.	55	Holhuyoxkal.	105	Hotu uackal.
6	Uac.	56	Uaclahutuyoxkal.	106	Uactu uackal.
7	Uuc.	57	Uuclahutuyoxkal.	107	Uuctu uackal.
8	Uaxac.	58	Uaxaclahutuyoxkal.	108	Uaxactu uackal.
9	Bolon.	59	Bolonlahtuyoxkal.	109	Bolontu uackal.
10	Lahun.	60	Oxkal.	110	Lahu uackal.
11	Buluc.	61	Huntucankal.	111	Buluctu uackal.
12	Lahcá.	62	Catucankal.	112	Lahcatu uackal.
13	Oxlahun.	63	Oxtucankal.	113	Oxlahutu uackal.
14	Canlahun.	64	Cantucankal.	114	Canlahutu uackal.
15	Holhun.	65	Hotucankal.	115	Holhu uackal.
16	Uaclahun.	66	Uactucankal.	116	Uaclahutu uackal.
17	Uuclahun.	67	Uuctucankal.	117	Uuclahuntu uackal.
18	Uaxaclahun.	68	Uaxactucankal.	118	Uaxaclahutu uackal.
19	Bolonlahun.	69	Bolontucankal.	119	Bolonlahutu uackal.
20	Hunkal.	70	Lahucankal.	120	Uackal.
21	Huntukal.	71	Buluctucankal.	121	Huntu uuckal.
22	Catukal.	72	Lahcatucankal.	122	Catu uuckal.
23	Oxtukal.	73	Oxlahutucankal.	123	Oxtu uuckal.
24	Cantukal.	74	Canlahutucankal.	124	Cantu uuckal.
25	Hotukal.	75	Holhucankal.	125	Hotu uuckal.
26	Uactukal.	76	Uaclahutucankal.	126	Uactu uuckal.
27	Uuctukal.	77	Uuclahutucankal.	127	Uuctu uuckal.
28	Uaxactukal.	78	Uaxaclahutucankal.	128	Uaxactu uuckal.
29	Bolontukal.	79	Bolonlahutucankal.	129	Bolontu uuckal.
30	Lahu cakal.	80	Cankal.	130	Lahu uuckal.
31	Buluctukal.	81	Hutuyokal.	131	Buluc tu uuckal.
32	Lahcatukal.	82	Catuyokal.	135	Holhu uuckal.
33	Oxlahutukal.	83	Oxtuyokal.	140	Uuckal.
34	Canlahutukal.	84	Cantuyokal.	141	Huntu uaxackal.
35	Holhucakal.	85	Hotuyokal.	145	Hotu uaxackal.
36	Uaclahutukal.	86	Uactuyokal.	150	Lahu uaxackal.
37	Uuclahutukal.	87	Uuctuyokal.	151	Buluc tu uaxackal.
38	Uaxaclahtukal.	88	Uaxactuyokal.	155	Holhu uaxackal.
39	Bolonlahutukal.	89	Bolontuyokal.	160	Uaxackal.
40	Cakal.	90	Lahuyokal.	161	Huntu bolonkal.
41	Huntuyoxkal.	91	Buluctuyokal.	165	Hotu bolonkal.
42	Catuyoxkal.	92	Lahcatuyokal.	170	Lahu bolokal.
43	Oxtuyoxkal.	93	Oxlahutuyokal.	171	Buluc bolonkal.
44	Cantuyoxkal.	94	Canlahutuyokal.	175	Holhu bolonkal.
45	Hotuyoxkal.	95	Holhuyokal.	180	Bolonkal.
46	Uactuyoxkal.	96	Uaclahutuyokal.	181	Huntu lahunkal.
47	Uuctuyoxkal.	97	Uuclahutuyokal.	185	Hotu lahunkal.
48	Uaxactuyoxkal.	98	Uaxaclahutuyokal.	190	Lahu tu lahunkal.
49	Bolontuyoxkal.	99	Bolonlahutuyokal.	191	Buluc tu lahunkal.
50	Lahuyoxkal.	100	Hokal.	195	Holhu tu lahunkal.

200	Lahunkal.	311	Buluc tu uaclahukal.
201	Huntu buluckal.	315	Holhu tu uaclahukal.
205	Hotu buluckal.	320	Uaclahukal.
210	Lahu tu buluckal.	321	Huntu uuclahukal.
211	Buluc tu buluckal.	325	Hotu uuclahukal.
215	Holhu tu buluckal.	330	Lahu tu uuclahukal.
220	Buluckal.	331	Buluc tu uuclahukal.
221	Huntu lahcakal.	335	Holhu tu uuclahukal.
225	Hotu lahcakal.	340	Uuclahukal.
230	Lahu tu lahcakal.	341	Huntu uaxaclahukal.
231	Buluc tu lahcakal.	345	Hotu uaxaclahukal.
235	Holhu tu lahcakal.	350	Lahu tu uaxaclahukal.
240	Lahcakal.	351	Buluc tu uaxaclahukal.
241	Huntu yoxlahunkal.	355	Holhu tu uaxaclahukal.
245	Hotu yoxlahunkal.	360	Uaxaclahukal.
250	Lahu tu yoxlahunkal.	361	Huntu bolonlahukal.
251	Holhu tu yoxlahunkal.	365	Hotu bolonlahukal.
255	Holhu tu yoxlahunkal.	370	Lahu bolonlahukal.
260	Oxlahukal.	371	Buluc tu bolonlahukal.
261	Huntu canlahukal.	375	Holhu tu bolonlahukal.
265	Hotu canlahukal.	380	Bolonlahukal.
270	Lahu tu canlahukal.	381	Huntu hunbak.
271	Buluc tu canlahukal.	385	Hotu hunbak.
275	Holhu tu canlahukal.	390	Lahu hunbak.
280	Canlahukal.	391	Buluc tu hunbak.
281	Huntu holhukal.	395	Holhu tu hunbak.
285	Hotu holhunkal.	400	Hunbak.[93]
290	Lahu tu holhukal.	500	Hotubak.
291	Buluc tu holhukal.	600	Lahutubak.
295	Holhu tu holhukal.	700	Holhutubak.
300	Holhukal.	800	Cabak.
301	Huntu uaclahukal.	900	Hotu yoxbak.
305	Hotu uaclahukal.	1 000	Lahuyoxbak, *ou* hunpic.
310	Lahu tu uaclahukal.	2 000	Capic.

Figure 21 : *La liste de Beltrán*

93 Comme nous l'avons vu en note 88, Beltrán donne d'utiles informations : « Advierto, que en llegando a *hunbak*, que son 400 prosiguen contando los indios de 400 en 400, diciendo : *hunbak*, *cabak*, *oxbak*, *&c.* un 400, dos 400, tres 400 *&c.* » Il précise que l'addition peut être marquée par un coordonnant : « esta partícula *catac*, que significa *y* » et donne un exemple « para 450 se dirá *hunbak catac lahuyoxkal* » *in* Cauty (1987 : 477).

Remarque. Beltrán transcrit ce qu'il entend sans se soucier de segmenter en constituants numériques. Parfois, la protraction est marquée par le tactème d'ordre (sans signe explicite). Parfois il abrège le signe en sous-entendant le locatif **ti**- ou le pronom **u**(**y**)-. Pour faciliter la lecture, le signe de protraction est souligné, et la trame isole les nœuds $c_i \times \underline{N}^i$ ou distingue les types de composés. L'entier 500, **Hotubak**, est conceptualisé « cinq [vingtaines] en [2e] quatrecentaine », (100 → 800). Il ouvre une suite de centaines construites sur les multiples des nœuds **kal** (sous-entendu) et **bak** (coefficienté à partir du 3e). La suite s'arrête à **lahuyoxbak** « 10 [vingtaines] en 3e quatrecentaine », (200 → 1200), une expression déjà remplacée à l'époque de Beltrán par **hunpic** « un millier ». Hoppan, *in* Gonzalez et Hoppan (2018), a adapté aux normes de transcription du XXe siècle l'orthographe de Beltrán, et il a complété la liste par quelques noms de centaines entre 500 et 7 500 et par les dix-neuf premiers multiples de **pic** 8 000 (cf. figure 26).

L'analyse de l'entier « **700** », « 15 [vingts] du [2e] 400 = (300 → 800) », est confirmée par le millésime 1743, **hunpic** « **holhutubak** », **catac** « **oxtuyoxkal** », que Beltrán a donné en note, et qui s'interprète : {(1 × 1000) ~~et~~ [(5+10) × ~~20~~] → (~~2~~^{e} 400) + (3 → 3e 20)}. Sont barrés le coordonnant ~~et~~, et les entiers ~~20~~ et ~~2~~, parce qu'il n'y a pas, dans 1743, de signe **catac** entre **hunpic** et « **holhutubak** », et que le vingt, **kal** et son coefficient **ca** sont sous-entendus dans cette expression de 700, transcrite **jo'lajun**[**k'al**]**tu**(**ka'**)**bak'** par Hoppan (2018 : 86).

L'analyse en constituants immédiats des expressions réunies par Beltrán montre, au niveau conceptuel, que l'expression des entiers est de la forme $n = \mathbf{\Sigma}(\mathbf{c}_i \times \underline{\mathbf{N}}^i)$ des numérations vigésimales bien organisées, une forme dans laquelle chaque $\mathbf{c}_i$ est un déterminant du nœud $\underline{\mathbf{N}}^i$ qui lui correspond[94]. Pour la mise en signe des monômes $\mathbf{c}_i \times \underline{\mathbf{N}}^i$, le scribe combinait trois opérations, une détermination (×) et deux compositions (+, →) :

[94] En « syntaxe » des monômes $\mathbf{c}_i \times \underline{\mathbf{N}}^i$, les nœuds $\underline{\mathbf{N}}^i$ fonctionnent comme des classificateurs unitaires $Class_{UNIT}$, en position suffixe du coefficient $\mathbf{c}_i$. Ils peuvent commuter avec les $Class_{MES}$, lesquels désignent les unités du système vigésimal des périodes.

a) des signes d'opérations : un coordonnant **catac** « et, avec » en yucatèque par ex., un morphème Ø (signe sous-entendu) qui se développe en tactème d'ordre[95] et une marque de protraction, (**tu**, **tuy**, **y**) rarement sous-entendue (une quinzaine de fois dans toute la liste et pour les entiers les plus familiers, ceux qui sont à 5, 10 ou 15 du nœud visé, par ex. 30 et 35),

b) des compositions protractives pour les entiers entre les multiples des nœuds par ex. **Huntu(ca)kal** [1 → (~~2~~ × 20)] = 21, **Holhu.Ø cakal** [(5 ~~et~~ 10) → (2 × 20)] = 35, ou **Holhu.Ø can.kal** [15 → (4 × 20)] = 75,

c) des compositions additives, par ex. les sommes **ox.lahun** 'trois dix' et **lah.ca** 'dix deux', ou les formes avec le coordonnant **catac**,

d) des déterminations (multiplicatives) pour former les multiples, par ex. **ox.kal** 'trois vingtaines' ou **ox.bak** 'trois quatrecentaines',

e) à partir de 400, les opérations (+ et →) se combinent avec des règles de priorité : **lahu**(**n**)-Ø (**tu**)**y-ox.bak** = 10 [**kal**] → 3e **bak**, soit [(10 × 20) → (3 × 400)], soit l'entier 1 000. Voir aussi les exemples chol (figure 20).

Les séries lunaires, les trois exemples du Dresde (p. 26–28) et une liste comme celle de Beltrán prouvent que les Mayas utilisaient, (notamment du Classique au XVIIIe siècle), des composés protractifs. La liste de Beltrán délivre le vocabulaire terminal de la numération yucatèque. Il contient les signes des trois opérations, la suite *a priori* ouverte[96] de ses nœuds (les puissances 20^n et leurs dix-neuf premiers multiples), enfin la suite des entiers de 1 à 19. Selon leur « profondeur ou complexité syntaxique » (Cauty 1987 : 260, Blache 2010), les petits entiers se rangent en trois groupes c_i :

[95] La non-commutativité de l'ordre permet de distinguer deux formes, par ex. une détermination à valeur multitplicative et une composition à valeur additive, comme **quatre-vingts** et **vingt-quatre** en français. En maya il permet d'opposer les opérations d'addition (figure 17) et de protraction (figures 18 et 19).

[96] Les très longues SI du Classique démontrent que la suite des unités vigésimales n'était pas limitée à cinq, mais ouverte. Bien que l'on ignore leur forme parlée, on sait, par les stèles de Cobá, que cette liste dépassait au moins la vingtaine de termes.

c_0) les atomes[97] (de un à dix et les puissances de 20),

c_1) deux probables (?) composés figés, **buluc** 'neuf-deux'[98], et **lahca** 'dix-deux'[99], dont les constituants sont dans l'ordre décroissant, et

c_2) sept composés additifs transparents, (**ox-lahun**, **can-lahun**, **ho-lahun**, **uac-lahun**, **uuc-lahun**, **uaxac-lahun**, **bolon-lahun**), concaténant, dans l'ordre croissant, les entiers de [3, 9] à l'appui additif **lahun** '10' :

hun	ca	ox	can	ho	uac	uuc	uaxac	bolon	lahun	buluc	lahca
1	2	3	4	5	6	7	8	9	10	9+2	10+2
		oxlahun	canlahun	holahun	uaclahun	uuclahun	uaxaclahun	bolonlahun	hunkal	hunbak	hunpic
		3+10	4+10	5+10	6+10	7+10	8+10	9+10	1x20	1x400	1x8000

Figure 22 : *Forme parlée des chiffres et des premières puissances de 20*

L'observation des groupes c_1) et c_2) conduit à la conjecture que la conquête mésoaméricaine du nombre est passée par des paliers ou des obstacles à surmonter pour continuer à créer les expressions numérales à mesure que l'on montait dans l'échelle des nombres.

Attestés dans les numérations à très petite capacité générative, les premiers obstacles peuvent se présenter dès les entiers 2, 3, 4, 5. En dehors des numérations du type « un, deux, beaucoup », les tout premiers

97 Sorte de nom propre ; de **hun** à **lahun**, et la suite **kal**, **bak**, **pic**, etc.

98 Selon Hoppan (2014 : 88), leurs céphalomorphes renforcent la thèse d'une composition additive figée. La valeur logographique BULUCH du onze résulte « manifestement de la contraction de BOLON et de CHA'/KA'. Autrement dit, le nombre 11 se dit en maya « 9 + 2 ». Aussi pourrait-on avancer l'hypothèse [...] que le céphalomorphe subsidiaire du chiffre 11 reflète cette composition, en admettant que la tête soit ici une forme simplifiée de celle de Yax Balam (qui, [...], représente l'archétype idéalisé de l'homme) et que la duplication de la « marque de brillance » exprime le nombre 2 ».

99 Selon Hoppan (2014 : 89) : « l'allographe céphalomorphe du chiffre 12 apparaît comme une variante de celui du chiffre 2, dans laquelle l'élément représentant un poing est remplacé par le signe du ciel. De valeur logographique CHAN « ciel » en maya classique, ce dernier aurait joué là un rôle de complément phonétique, en faveur de la valeur logographique LAJCHAN « douze » [...] du céphalomorphe [...] dans le sud des Basses Terres. En yucatèque, la valeur équivalente est LAJKA' (10 + 2) ».

obstacles n'ont pas laissé de traces dans les langues mayas, en particulier en yucatèque. Dans cette langue, le premier obstacle ayant laissé des traces se présenta à 9, et fut dépassé quand les Yucatèques en firent un nombre d'appui additif pour produire 10 et 11, sous la forme (9 + 1) et (9 + 2). La forme (**bolon hun** ?) de 10 a disparu au profit de **lahun**, et, si elle a existé, la forme (**bolon ca** ?) de onze s'est figée en **buluc** (9 + 2); un autre obstacle fut dépassé quand les locuteurs délaissèrent l'appui neuf **bolon** au profit de l'appui dix **lahun**. Si elle a existé, la forme **lahun hun** a disparu sans laisser de traces, et le changement d'appui a fourni **lahun ca**, qui s'est figé en **lahca** (10 + 2).

Les figures 22 et 23 montrent qu'un obstacle s'est présenté à treize. Il est dépassé en généralisant la composition sur l'appui dix que trahit le passage de l'ordre décroissant 10 + 2 à l'ordre croissant 3 + 10. Cette innovation permet de former l'expression des entiers de 13 à 19. Prenons les figures céphalomorphes et leurs traductions par Hoppan (2007) :

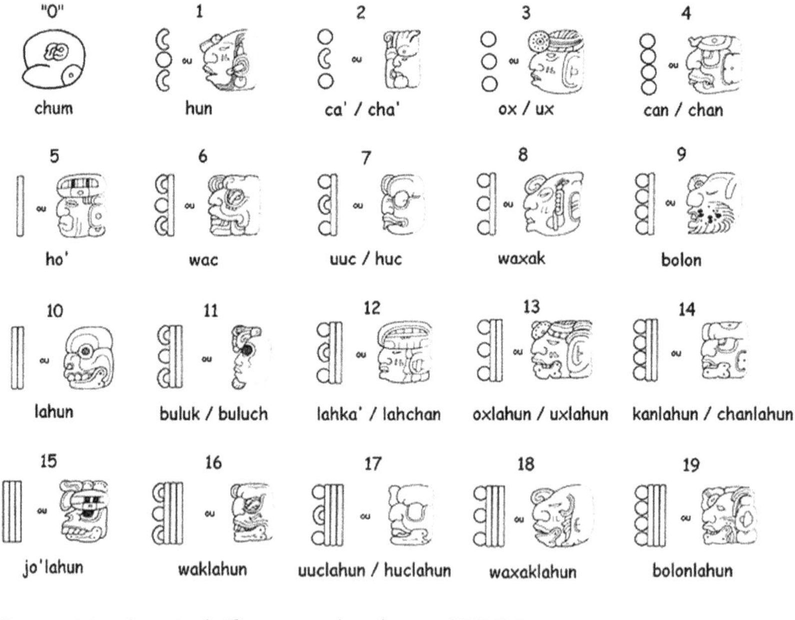

Figure 23 : *Les 19 chiffres non nuls et le zéro CHUM*

Dans le processus de création des chiffres céphalomorphes, les Mayas avaient besoin d'inventer la tête de chacun des vingt chiffres nécessaires à toute numération vigésimale. À l'exception du zéro ordinal, CHUM, figuré par un buste sans tête[100], chaque chiffre est figuré par le dessin d'une tête (parfois sur un corps entier). La lecture de ces signes apporte de nombreuses informations notamment sur les motivations relatives aux traits pertinents de chaque figure ; Hoppan (2014) en fait le point et montre par exemple que le chiffre trois (figure 24h) renvoie à la divinité du vent, **Ik**, et le chiffre 5 à **Itzamná**, l'une des principales divinités du panthéon maya.

Autrement dit, les premiers céphalomorphes, (de 1 à 12), furent mis en signe de manière iconique, en associant un signe à chaque valeur numérique : à la valeur 9, par exemple, la figure du jaguar de l'inframonde, c'est comme le nom propre de cet entier. Qu'en était-il pour les céphalomorphes suivants ?

Les chiffres suivants furent conceptualisés comme des sommes sur l'appui dix. On sait que cet entier était associé à l'idée de mort/renaissance, qu'il était figuré par un crâne humain (figure 24e) et désigné par le mot **lahun** dont la racine *laj/lah* signifie « achèvement » : « L'allographe céphalomorphe du chiffre 10 figurait – au moyen de la figuration d'un crâne humain, signe principal de son glyphe onomastique – la tête de la divinité de la mort. La valeur de ce chiffre était LAJUUN – ou LAJU'UN (si on admet la conjecture de Lacadena et Wichmann 2004) – c'est-à-dire "dix", avec une nouvelle voyelle longue (ou réarticulée) [...]. L'emploi d'un signe évoquant en image l'aboutissement de la vie fut ici manifestement motivé par la racine *laj* (ou *lah*) "achèvement" du nombre 10, afin d'exprimer l'accomplissement de la première moitié du nœud de la numération [...]. Du reste, cet accomplissement pouvait également être exprimé à travers la description du décompte sur les doigts des deux mains [figure 24f] » (Hoppan 2014 : 87–88).

Les formes additives des ensembles c_1) et c_2) de la figure 22, les céphalomorphes de la figure 23, et les variantes de la figure 24 aident à comprendre que les Mayas eurent un eurêka dans leur recherche pour dépasser la limite treize apparue au cours de la construction des céphalomorphes. Cet eurêka revient à prendre la tête des chiffres de 3 à 9, et à décharner leur mâchoire pour faire entrer, par le biais d'une synecdoque de l'achèvement de la vie (la mort, évoquée par la mâchoire décharnée ou arrachée ?), le constituant **lahun** '10' en place de second

100 Le zéro cardinal, MI, est souvent représenté par une fleur, ou par une tête avec une main couvrant (ou arrachant) la mâchoire inférieure.

argument dans les figures ainsi redessinées pour symboliser les chiffres de **13.** (figure 24c) jusqu'à **19.** (figure 23).

Étendu jusqu'à dix-neuf, ce mode opératoire fournit les figures céphalomorphes des entiers de 13 à 19. Le fait que la nouvelle façon de figurer l'addition commence à treize pourrait s'expliquer par l'usage important de cet entier. Comme le nœud vingt très fréquent dans l'écriture des durées, l'entier 13 est très fréquent dans l'écriture des dates *tzolkin*. Cet usage intensif de treize conduit à souhaiter lui donner une sorte de nom propre, un atome numérique.

En tout cas, l'une des figures du treize (figure 24b) est « la tête d'une divinité du genre dragon, [...], le grand serpent "nymphéacée" qui symbolisait les étendues d'eau terrestres » (Hoppan 2014 : 89). C'est aussi une limite entre les numéraux simples ou figés (de 1 à 12) et les composés additifs (à partir de 13). Révélé par l'analyse des sept entiers du groupe c_2) et confirmé par celle de leurs formes céphalomorphes, l'obstacle du palier treize fut clairement dépassé en modifiant une stratégie additive déjà acquise et en la rendant systématique[101] : passer, en inversant les places des constituants, de l'addition figée et opaque des entiers onze et douze, à la composition additive des entiers de treize à dix-neuf, un peu comme le passage en français de **seize** 6 + 10 à **dix-sept** 10 + 7 par adoption d'une règle qui se répète jusqu'à **dix-neuf** 10 + 9.

L'analyse des variantes graphiques des entiers 13, 10 et 3 de la figure ci-dessous permet d'éclairer l'obstacle de la sémiotisation du 13, apparu une première fois au cours de la formation de la numération parlée et une seconde fois au cours du processus de création des céphalomorphes.

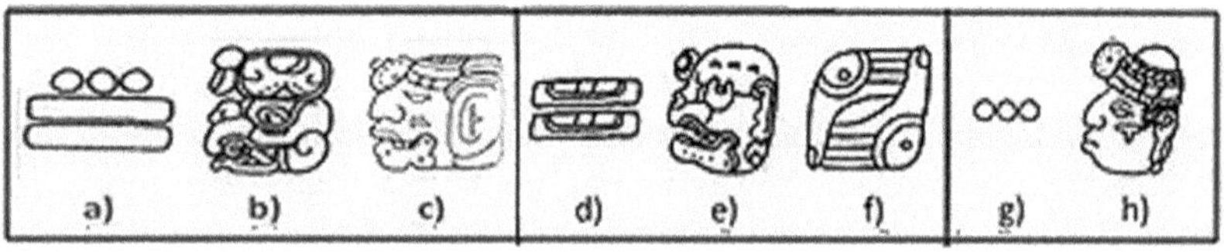

Figure 24 : *Des variantes pour les entiers 13, 10 et 3*

[101] Un fait de langue similaire s'observe dans les langues romanes avec le passage des composés figés comme **onze**, **douze**, ..., **seize**, (analysables en remontant à leur origine latine), aux composés additifs transparents **dix-sept**, **dix-huit** et **dix-neuf**.

Comme l'entier 9, le nombre 13 est omniprésent dans les calendriers et la mythologie des scribes mayas. Le dépassement de ces deux piliers semble avoir stimulé, en situation de réflexion métasituationelle, l'IAM jusqu'à faire balbutier une première composition additive (9+1, 9+2, 10+1, 10+2), et faire basculer des formes figées aux formes productives (*n*+10). Particulièrement prégnant dans la culture et la religion des Mayas de l'époque classique, l'entier treize (la treizaine) avait tout pour mériter un nom propre, de multiples attributs dont celui d'être gros de l'idée de faire des compositions additives. Cette prégnance pourrait expliquer le fait que treize se présente dans différentes tenues : serpent-nymphéacée (figure 24b) pour les croyants, entier point/barre au quotidien (figure 24a), et entier céphalomorphe (figure 24c) pour les grandes occasions, où il arbore la tête de la divinité du vent (qui vaut pour l'entier trois, figure 24g) tout en gagnant, en se laissant décharner ou arracher la mâchoire, la marque du dieu de la mort (figure 24e), laquelle vaut dix (figure 24d) ou résume la fin d'un comptage sur les mains (figure 24f).

Motivée par la grammaire des sept formes additives du paradigme c_2), la formation des céphalomorphes calque celle de la numération parlée. Une copie différente de l'addition sur l'appui dix de l'oral, différente aussi des composés répétitivo-additifs en points/barres des codex. En effet, la figuration céphalomorphe des entiers de [13, 19] est plus riche en connotations.

Cette figuration transporte le lecteur au cœur des mythes. Treize, par exemple, quand il est écrit en chiffres de style points/barres renvoie clairement à la somme : « (1&1&1) + (5&5) ».

Quand on dit/lit **ox lahun**, quelle que soit sa forme parlée, écrite ou figurée, treize renvoie à la somme « 3 + 10 », et à son nombre d'appui additif dix. Quand il est figuré par un céphalomorphe, l'entier 13 renvoie toujours à « 3 + 10 », mais aussi à la divinité du vent qui régente le constituant trois, et à celle de la mort (donc à la capacité de renaître) qui régente l'entier dix.

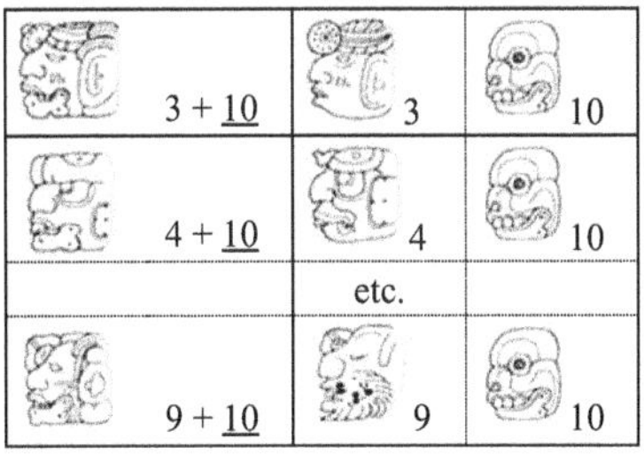

Figure 25 : *Céphalomorphes additifs*

Ci-dessous, en orthographe actualisée (González et Hoppan 2018 : tableaux 7 à 9), les items numériques du vocabulaire terminal de la numération parlée yucatèque ; les noms des puissances de la base sont déchiffrés jusqu'à **alaw** et leur liste est arbitrairement limitée à 20^{23} (stèles de Cobá) :

Noms	**des**	**nœuds**
20^0	1	**jun**
20^1	20	(jun) **k'al**
20^2	400	(jun) **bak'**
20^3	8 000	(jun) **pik**
20^4	160 000	(jun) **kalab**
20^5	3 200 000	(jun) **k'inchil**
20^6	64 000 000	(jun) **alaw**
etc.	*etc.*	(jun)?
etc.	*etc.*	(jun)?
20^{23}	*etc.*	(jun)?

	Noms	**des**	**chiffres**
1	**jun**	11	**buluk**
2	**ka'**	12	**lajka'**
3	**oox**	13	**oxlajun**
4	**kan**	14	**kanlajun**
5	**jo'**	15	**jo'lajun**
6	**wak**	16	**waklajun**
7	**uuk**	17	**uuklajun**
8	**waxak**	18	**waxaklajun**
9	**bolon**	19	**bolonlajun**
10	**lajun**	0	**mi**

Figure 26 : *Orthographe revisitée des nœuds et des chiffres*

Chapitre 3

Équations calendaires dans les almanachs des codex

Vers 1860, une trentaine d'années après le déchiffrement des chiffres de style points/barres par Rafinesque, l'abbé français Charles-Étienne Brasseur de Bourbourg découvrit au Mexique une copie datant du début du XVIIe siècle d'un rapport de Diego de Landa écrit quelques décennies plus tôt. Malgré des diatribes contre l'idolâtrie et un épilogue vantant la colonisation, la *Relación de las Cosas de Yucatán* du religieux espagnol est une importante première étude ethnographique. Le rapport présente la géographie et l'histoire du Yucatán, décrit les cités de Chichen Itzá et Izamal, parle des croyances, des mœurs, des fêtes, des calendriers et des Porteurs d'année, de la flore et des animaux…

Le rapport de Landa contient en particulier : 1) un « alphabet maya » (qui se révélera être un syllabaire), 2) la liste des 20 signes **X** du *tzolkin*, 3) un calendrier montrant comment les signes **X** se combinent à 13 numéros α pour former la date des jours du *tzolkin*, 4) la liste des glyphes des 18 périodes de 20 jours de l'année et son complément ***Uayeb*** de 5 jours, soit le *haab* de 365 jours, et 5) une mise en bijection d'une année *haab* avec le calendrier espagnol. Avec les outils apportés par Landa, les américanistes s'attaquèrent, d'une part, au décryptage des textes glyphiques, et, d'autre part, au décodage des dates en calendrier maya, à leur traduction en calendrier européen, et à l'intelligence de l'arithmétique et du comput mayas, voire mésoaméricains.

Le second programme s'est avéré bien plus productif que les essais de lecture du texte ordinaire à partir de l'alphabet maya de Landa. D'une part, parce que Landa donnait des précisions sur la complexité des calendriers tels qu'ils existaient au XVIe siècle, et que, d'autre part, la compréhension du système de comput pouvait *a priori* se passer de la connaissance des états anciens des langues mayas. Les sciences comme l'arithmétique et l'astronomie suffisaient pour approcher le sens des glyphes, même sans savoir les lire, car leur glose en disait déjà l'essentiel numérico-calendaire. Comme le rappelle Hoppan (2014 : 54), le défi était néanmoins de taille : « La complexité de l'ancien calendrier maya [...] ne rendit cependant pas cet aspect du décryptage [...] plus facile, mais au moins plus efficace. Cela monopolisa les efforts de plusieurs générations de déchiffreurs, jusqu'au début du XXe siècle ». Un défi lié au fait que le complexe système calendaire du Classique avait été en partie délaissé à l'époque coloniale, et ne pouvait donc pas être complétement révélé à l'auteur de la *Relación de las Cosas de Yucatán*.

Les premiers dénouements eurent lieu à la fin du XIXe quand Ernst Förstemann, conservateur de la bibliothèque de Dresde, parvint, en confrontant les listes de Diego de Landa aux données des codex et des inscriptions sur les monuments, à restituer la marche du calendrier maya de l'époque coloniale.

Une question plus simple avait été résolue par l'étude de ce que nous appelons les almanachs divinatoires. Elle permit de découvrir que les suites d'entiers, alternativement en rouge et en noir, représentaient des parcours dans l'espace d'un *tzolkin.* Dans cet espace de 260 jours, le diseur de fortune se déplaçait de date *tzolkin* en date *tzolkin* par de petites translations T_x. Le rang α des dates était en rouge[102], et la durée $\boldsymbol{x}$ en noir. À chaque station, une formule donnait le sens divinatoire du jour atteint, lequel découlait de la connaissance de l'entité qui régentait ce jour et ceux dont il était la tête. Selon la complexité du parcours, chaque station pouvait être soumise à l'influence de plusieurs entités. La synthèse des influences donnait la couleur divinatoire des jours ainsi traversés, d'où les pronostications plus ou moins favorables ou défavorables à la réalisation de quelque action pour laquelle on consultait les almanachs.

Le *tzolkin* était lui-même considéré comme un ensemble de périodes de durées convenues, généralement prises dans l'ensemble de ses diviseurs (1, 2, 4, 5, 10, 13, 20, 26, 52, 65, 130 et 260). Ainsi un scribe pouvait concevoir le *tzolkin* de différentes façons : un cycle de 260 jours, de 20 treizaines ou 13 vingtaines, de 4 périodes de 65 jours ou 65 périodes de 4 jours, de 5 périodes de 52 jours ou 52 périodes de 5 jours, de 10 périodes de 26 jours... Ces habitus de partition renvoient à un traitement des données numériques visant, (comme le fait tout bon algorithme), à libérer

---

102 Tozzer écrivait, dès 1907, que c'est Förstemann (1894) qui découvrit la signification des chaînes de nombres alternativement rouges et noirs qui structurent les almanachs http://online library.wiley.com/doi/10.1525/aa.1907.9.1.02a00100/pdf.

l'attention en simplifiant les données, (en prenant les représentants de classes d'entiers selon un *modulo*), et en les rendant plus faciles ou aptes à être mémorisées et traitées.

Pour les Mayas, chaque période pouvait encore être pensée comme une combinaison de périodes plus courtes, par exemple en divisant les périodes de 52 jours en deux sous-périodes de 28 et 24 jours. Ce qui multiplie les têtes de section, et donc le nombre des régents de période, car chaque jour appartenait à toutes les périodes et sous-périodes que le devin prenait en compte. On imagine la complexité du calcul de la couleur divinatoire d'un jour, c'est-à-dire la difficulté de déterminer s'il était favorable à l'entreprise pour laquelle on consultait le devin. Comme rappelé plus haut (note 60) Thouvenot et Hoppan ont montré que les Aztèques (et avant eux les Mayas) modifiaient le format ligne/colonne des tables et tableaux en jouant sur les diviseurs de leur cardinal. Ainsi, les scribes faisaient apparaître les entités régentes, et voyaient jusqu'où portait leur influence. De fait, les almanachs, les tables de multiples, et les tableaux de dates prouvent que les Mayas pouvaient relier à leurs invisibles régents des enchevêtrements de cycles symboliques, mais aussi, pratiques pour être liés, (comme le rappelle Igor Xoyón dans la postface), à la planification des tâches agricoles dans une société vivant de la culture du maïs.

Prenons pour le voir l'un des almanachs les plus simples du codex conservé à Dresde (p. 2d). Il comprend : deux figures représentant respectivement la jeune déesse de la Lune et le dieu de la Mort, deux phrases de quatre glyphes chacune qui constituent un texte d'augure renvoyant aux deux entités, et une suite d'entiers, alternativement peints en rouge et en noir.

13				
Lamat$_{8}$	28	2	24	13
Ahau$_{20}$				
Eb$_{12}$				
Kan$_{4}$				
[Cib$_{16}$]				

Figure 27 : *Almanach de la page 2d du codex de Dresde*

La mise en page associe la suite d'entiers rouges/noirs à une colonne de cinq noms **X** de jour : **Lamat**$_8$, **Ahau**$_{20}$, **Eb**$_{12}$, **Kan**$_4$, et [**Cib**$_{16}$] tous placés, comme dans une mise en facteur commun, sous le rang α = **13**. À droite de la colonne : deux nombres noirs, le premier **28** est suivi du rang α = **2**, et le second **24** du rang α = **13.** Les entiers, **28** et **24** (figure 27), ne sont pas écrits en numération de position, mais en numération répétitivo-additive (figures 16 et 17) ordinairement utilisée pour les petites valeurs (en l'occurrence des entiers forcément inférieurs à 260). Cet almanach distribue les 260 dates du cycle divinatoire en 5 parcours de 52 jours chacun réalisés en deux stations, l'une de 28 et l'autre de 24 jours : 260 = 5 × (28 + 24). On vérifie ici que les codex marquaient la différence entre un ordinal servant à noter un élément de date (le rang α) et un cardinal servant à noter une durée (le pas *x* de la translation T_x).

L'almanach comprend donc une colonne de cinq dates **13 X**, où **X** parcourt (**Lamat**$_8$, **Ahau**$_{20}$, **Eb**$_{12,}$ **Kan**$_4$, **Cib**$_{16}$), et deux pas des translations T_x de 28 et 24 jours. On part des dates **13 X**, et les pas de translation font passer par les dates **2 X** et **13 X** ; par exemple : **13 Lamat**$_8$ + **28** = **2 Cib**$_{16}$, et **2 Cib**$_{16}$ + **24** = **13 Ahau**$_{20}$. Écrire de telles égalités calendaires revient à résoudre des équations en α et **X**, de la forme $\alpha_0 X_0 + x = \alpha X$, par ex. **13 Lamat**$_8$ + **28** = α**X** ; les calculs se font *modulo* 13 pour les α, et *modulo* 20 pour les **X**. Il vient : 13 + 28 = 41, 41 = (3 × 13) + 2, et donc 13 + 28 = 2 (*modulo* 13) ; et : **Lamat**$_8$ + 28 = **Cib**$_{16}$, car 8 + 28 = 36, 36 = 16 (*modulo* 20), et 16 est le numéro du jour **Cib**. On résout de même les deuxième et troisième équations : **2** [**Cib**$_{16}$] + **24** = **13** [**Kan**$_4$], et **13** [**Ahau**$_{20}$] + **28** = **2** [**Lamat**$_8$]. Finalement, on peut rétablir les informations que le scribe a laissées sous-entendues, et que nous marquons sans l'attribut « gras » dans le tableau ci-dessous :

13		**2**		**13**
Lamat$_8$ **Ahau**$_{20}$ **Eb**$_{12}$ **Kan**$_4$ **Cib**$_{16}$	**+ 28**	Cib$_{16\,(= 8 + 28)}$ Lamat$_{8\,(= 20 + 28)}$ Ahau$_{20\,(= 12 + 28)}$ Eb$_{12\,(= 4 + 28)}$ Kan$_{4\,(= 16 + 28)}$	**+ 24**	Ahau$_{20\,(= 16 + 24)}$ Eb$_{12\,(= 8 + 24)}$ Kan$_{4\,(= 20 + 24)}$ Cib$_{16\,(= 12 + 24)}$ Lamat$_{8\,(= 4 + 24)}$

Figure 28 : *Lecture des parcours de l'almanach p. 2d du Dresde*

À chaque station, le régent du jour (la déesse **Ix Uh** ou le dieu **Kisin** qui illustre l'almanach) était interrogé pour dire la couleur divinatoire du cas pour lequel le devin était consulté. Autrement dit, le travail du devin consistait à se déplacer dans l'almanach afin de recueillir ou produire à chaque station les éléments qui définissent la couleur divinatoire des jours datés **α[X]**. Voici, (préparées par J.-M. Hoppan pour les doctorants inscrits au module « archéo-astronomie maya » du laboratoire *Épistémé* de Bordeaux 1), les deux phrases servant d'aide-mémoire pour le devin, leur transcription et leur traduction :

	**u-k'ama[l] u-pik ix-uh (u)y-al** "C'est la réception de la jupe de Ix Uh, c'est son enfant"
	**u-pik u-k'a[ma]l (u-)kisin kimil** "C'est la réception de la jupe de Kisin, c'est la mort"

Figure 29 : *Sentences divinatoires*

C'est l'usage le plus répandu des équations calendaires mayas les plus simples. De la forme « $\alpha X + T_x = \alpha'[X']$ », ces équations relient entre elles, et par l'intermédiaire de la durée *x* qui les sépare, les dates qui sont obtenues en parcourant par étapes le cycle divinatoire, chaque étape étant définie par le pas *x* de la translation T_x qui fait passer de αX à $\alpha'[X']$. Les codex montrent ainsi que le cycle divinatoire mésoaméricain servait moins à suivre jour après jour la marche du temps, qu'à démêler l'écheveau des influences croisées que les entités, (qui peuplent les cieux, enfers et terres), faisaient peser sur le cours des jours et sur les destinées. En général l'almanach ne recopiait pas à la queue leu leu les 260 dates du cycle, mais seulement les dates des jours où le génie du devin décidait d'une escale propice pour interroger les entités. Pour y parvenir, le scribe jouait, comme nous l'avons dit plus haut, sur les diviseurs de 260 pour organiser son tableau en sections. En prenant, par exemple, deux facteurs *m* et *n*, vérifiant 260 = *m* × *n*, il parcourait l'almanach en *m* lignes de translations de somme égale à *n*. L'almanach de la page 2d du codex de Dresde comprenait *m* = 5 lignes de translation, chacune de 28 et 24 jours et donc de somme *n* = 52.

L'almanach de la p. 28d du codex conservé à Madrid comprend *m* = 5 lignes de 4 déplacements. Dans cet almanach les pas sont de 20, 13, 10 et 9 jours, dont la somme *n* = 20 + 13 + 10 + 9 est encore 52 jours ; les départs se font aux dates **12** (**Cimi**, **Edznab**, **Oc**, **Ik** et **Hix**), et les arrivées aux rangs **6**, **6**, **3** et **12**. Voici, ci-dessous, le déchiffrement des parcours de cet almanach qui commence par $\mathbf{12\,X}_x + \mathbf{20} = \mathbf{6\,X}_x$ suivi de $\mathbf{6\,X}_x + \mathbf{13} = \mathbf{6\,X}_{(x+13)}$, etc. :

12		6		6		3		12
Cimi$_{6}$		Cimi$_{6}$		Cauac$_{19}$		Muluc$_{9}$		Edznab$_{18}$
Edznab$_{18}$	**20**	Edznab$_{18}$	**13**	Chuen$_{11}$	**10**	Imix$_{1}$	**9**	Oc$_{10}$
Oc$_{10}$		Oc$_{10}$		Akbal$_{3}$		Ben$_{13}$		Ik$_{2}$
Ik$_{2}$		Ik$_{2}$		Men$_{15}$		Chicchan$_{5}$		Hix$_{14}$
Hix$_{14}$		Hix$_{14}$		Manik$_{7}$		Caban$_{17}$		Cimi$_{6}$

Figure 30 : *Almanach de Madrid p. 28d*

Organisés en $m = 4$ lignes de translations de somme de pas $n = 65$, d'autres almanachs confirment la conjecture que le scribe découpait le *tzolkin* selon les facteurs de 260. C'est le cas de l'almanach qui commence en page 62c/33c du codex de Dresde.

Étiré sur sept pages, et organisé non pas en tableau mais en une chaîne de quatre blocs de dates progressant par pas de **9**, **11**, **20**, **10** et **15** jours, l'almanach offre un vaste espace où peindre les scènes et écrire les prophéties pour chacun des 4 blocs de 65 j en lesquels est divisé le *tzolkin* : 260 = 4 × 65 = 4 × (9 + 11 + 20 + 10 + 15). La répartition peut s'écrire 9 + 11 + 20 + 10 + 15 = (9 + 11) + 20 + (10 + 15) = 20 + 20 + 20 + 5 ; ce qui suggère une possible recherche pour approcher la durée des périodes du *haab* (**uinal** et ***Uayeb***).

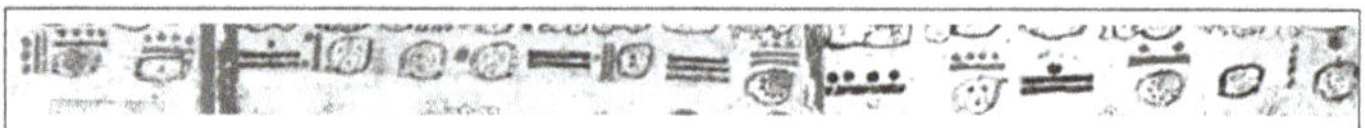

p. 62 p. 63 p. 64

	***9* Muluc**		***7* Ahau**		***1* Ahau**		***11* Oc**		***13* Chicchan**	
13 *9*	*9* Hix		*7* Chicchan		*1* Chichn		*11* Men		*13* Oc	**9/9/11**
Ahau	*9* Cauac	**11**	*7* Oc	**20**	*1* Oc	**10**	*11* Ahau	**15**	*13* Men	**7/20?/1**
	9 Kan		*7* Men		*1* Men		*11* Chicchan		*13* Ahau	

p. 62 p. 63 p.64

Figure 31 : *Première section de l'almanach 63–68 du codex de Dresde*

La première section (p. 62 et 63) débute un **13 Ahau**$_{20}$, une translation de 9 jours conduit au **9 Muluc**$_{9}$, continue par les translations de **11**, **20**, **10** et **15** jours : **13 Ahau**$_{20}$ **+ 9 = 9 Muluc**$_{9}$ **+11** = **7 Ahau**$_{20}$ + **20 = 1 Ahau**$_{20}$ **+ 10 = 11 Oc**$_{10}$ **+ 15** = **13 Chicchan**$_{5}$. La deuxième section commence p. 64 par une translation de 9 jours conduisant au **9 Hix**$_{14}$. Idem jusqu'à la dernière section. L'almanach 14a-15a du codex de Dresde débute par une colonne de cinq dates : **8** (**Ahau**, **Eb**, **Kan**, **Cib**, **Lamat**). Une particularité de cet almanach est que les déplacements sont tous de 13 j, et qu'il énumère *in extenso* l'ensemble des vingt noms **X** de jour. Étant toutes de pas **13**, les translations laissent invariant le rang **8** des dates par où elles font passer. Il est précédé (p. 12c et 13a) par un autre de cinq lignes de déplacements tous multiples de 13. Voici la transcription du parcours de l'almanach 14a-15a :

	8 Ahau$_{20}$		**8 Ben**$_{13}$		**8 Cimi**$_{6}$		**8 Cauac**$_{19}$		**8 Eb**$_{12}$
	[8] Eb$_{12}$		[8] Chicchan$_{5}$		[8] Edznab$_{18}$		[8] Chuen$_{11}$		[8] Kan$_{4}$
13	**[8] Kan**$_{4}$	13	[8] Caban$_{17}$	13	[8] Oc$_{10}$	13	[8] Akbal$_{3}$	13	[8] Cib$_{16}$
	[8] Cib$_{16}$		[8] Muluc$_{9}$		[8] Ik$_{2}$		[8] Men$_{15}$		[8] Lamat$_{8}$
	[8] Lamat$_{8}$		[8] Imix$_{1}$		[8] Hix$_{14}$		[8] Manik$_{7}$		[8] Ahau$_{20}$

Figure 32 : *Parcours de l'almanach 14a-15a du Dresde*

Regroupés par neuf, ou sur le rythme 26 + 26 + 13 + 26 + 26, les stations se font de 117 en 117 jours : 117 = 9 × 13 = 26 + 26 + 13 + 26 + 26. Au final, l'almanach fait parcourir cinq lignes de 117 jours, soit un cycle de 585 jours. On peut conjecturer que 117 et 585 sont des approximations entières (1 j par excès) des périodes synodiques des planètes Mercure (115,878) et Vénus (583,921).

Dans une mise en page artistique originale[103], l'almanach de la page 3 du codex conservé à Dresde s'organise autour d'un arbre qui sort de la poitrine d'un sacrifié dont le cœur a été arraché, et dont les yeux sont tenus dans le bec d'un vautour. Le parcours dans le cycle divinatoire débute par cinq dates *tzolkin*, **1** (**Ahau**, **Eb**, **Kan**, **Cib**, **Lamat**), dont les constituants, (le rang $\boldsymbol{\alpha}$ = **1** commun à toutes, et les cinq noms **X**), sont inscrits au-dessus et en dessous du corps de la victime. Le parcours se fait en cinq étapes, en partant du centre de la scène, marqué par le rang **1** qui se trouve à la place du cœur arraché de la victime :

103 Un autre exemple d'organisation originale dans Cauty (2017 : 81).

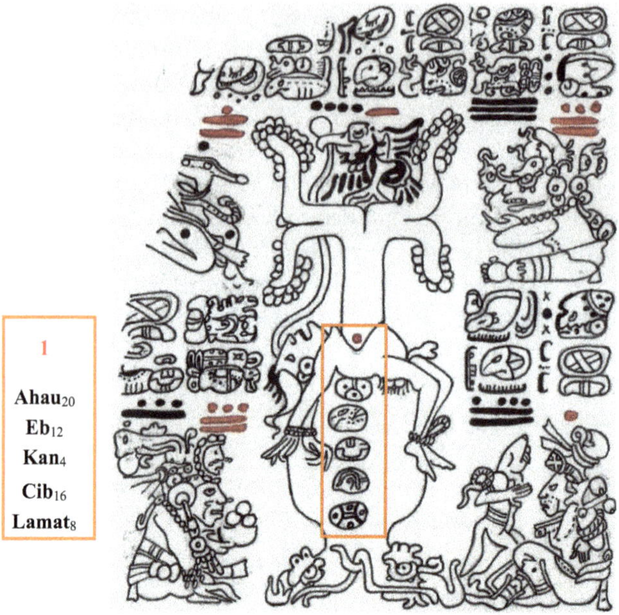

Figure 33 : *Almanach du Dresde p. 3a*

La première étape, de 4 jours, (durée marquée en noir au-dessus du vautour), conduit à une date de rang **α** = **5** partiellement effacé; la deuxième, de 8 jours, (en bas et à gauche), conduit à **α** = **13** ; la troisième partiellement effacée, de [+11] jours, (en haut et à gauche), conduit à **α** = [**11**] ; la quatrième, de 15 jours, (en haut et à droite de la page) conduit à **α** = **13** ; enfin, la dernière étape, de 14 jours, (en bas et à droite), conduit à **α** = **1**, rang de la date d'où démarre l'étape suivante. Et ainsi de suite, jusqu'à épuiser les cinq noms **X** de jour inscrits sous le corps de la victime.

D'où la lecture des déplacements dans l'almanach de la figure 33, répondant à la formule « 260 = 5 × 52 = 5 × (4 + 8 + 11 + 15 + 14) » :

1		5		13		11		13		1
Ahau$_{20}$		Kan$_{4}$		Eb$_{12}$		Akbal$_{3}$		Edznab$_{18}$		Eb$_{12}$
Eb$_{12}$	**4**	Cib$_{16}$	**8**	Kan$_{4}$	**[11]**	Men$_{15}$	**15**	Oc$_{10}$	**14**	Kan$_{4}$
Kan$_{4}$		Lamat$_{8}$		Cib$_{16}$		Manik$_{7}$		Ik$_{2}$		Cib$_{16}$
Cib$_{16}$		Ahau$_{20}$		Lamat$_{8}$		Cauac$_{19}$		Hix$_{14}$		Lamat$_{8}$
Lamat$_{8}$		Eb$_{12}$		Ahau$_{20}$		Chuen$_{11}$		Cimi$_{6}$		Ahau$_{20}$

Figure 34 : *Déchiffrement du parcours 3a*

Pour clore ce chapitre, soulignons que l'almanach des pages abeilles présenté par Igor Xoyón dans la postface de ce livre ne suit pas exactement le prototype des parcours divinatoires que nous venons de décrire. Igor Xoyón observe en effet qu'un déplacement marqué de 17 jours relie, non des jours, mais des blocs de trois dates consécutives. Elles sont donc séparées d'un jour, un nombre de distance que le scribe n'a pas explicité.

Bien visible sur tous les blocs de trois dates de la (Figure 98), un double fait – les rangs **α** avancent par saut de 7 (*modulo* 13) et les noms **X** restent invariants – prouve que les blocs de trois dates se suivent de vingt en vingt, ce que le scribe des pages abeilles a représenté par la formule « [**7 Cib 8 Caban 9 Edznab**] + **17** = [**1 Cib 2 Caban 3 Edznab**] ». Une écriture sibylline.

Le calcul et le calendrier disent que le déplacement est trop court d'un jour. Ce qui conduit à postuler qu'un déplacement d'un jour a été sous-entendu. D'où la reconstruction suivante du parcours d'un *tzolkin* effectué de triplet en triplet (figure 98) :

7 Cib$_{16}$	**1 Cib**$_{16}$	**8 Cib**$_{16}$	**2 Cib**$_{16}$	**9 Cib**$_{16}$	**3 Cib**$_{16}$	
↓ [1]	[1]	[1]	[1]	[1]	[1]	
8 Caban$_{17}$	**2 Caban**$_{17}$	**9 Caban**$_{17}$	**3 Caban**$_{17}$	**10 Caban**$_{17}$	**4 Caban**$_{17}$	
[1]	[1]	[1]	[1]	[1]	[1]	
9 Edznab$_{18}$	**3 Edznab**$_{18}$	**10 Edznab**$_{18}$	**4 Edznab**$_{18}$	**11 Edznab**$_{18}$	**5 Edznab**$_{18}$	**Etc.**
17	**17**	**17**	**17**	**17**	**17**	
[**13 Men**$_{15}$]	[**7 Men**$_{15}$]	[**1 Men**$_{15}$]	[**8 Men**$_{15}$]	[**2 Men**$_{15}$]	[**9 Men**$_{15}$]	
[1]	[1]	[1]	[1]	[1]	[1]	

Figure 35 : *Parcours* « **13** × [(1 + 1) + **17** + (1)] » *des pages abeilles*

Dans ce tableau, nous sommes convenus de noter les signes **X** de jour à l'aide de leur équivalent en yucatèque colonial. Les crochets et leur contenu montrent les informations non inscrites mais rétablies au nom de la logique du comput calendaire. Les triplets sont formés de dates consécutives. Ce fait implique que l'on va de l'une à l'autre comme du jour au lendemain, c'est-à-dire en ajoutant un jour. Cette observation rend compte des crochets [1] qui suppléent l'absence de nombre de distance entre les dates consécutives. De même, second exemple, le fait que ce n'est pas le nombre de distance **17** (inscrit par le scribe) mais le nombre de distance **17 + 1** (non inscrit) qui fasse passer de la dernière date d'un triplet, (**9 Edznab**$_{18}$), à la première du triplet suivant, (**1 Cib**$_{16}$), suggère qu'une station par le lendemain de la dernière date d'un triplet est restée sous-entendue.

Tout porte à penser que la date de cette station non inscrite n'avait pas à être calculée. Le scribe et son lecteur savaient, en effet, que les blocs de trois dates se suivent de 20 en 20. D'un triplet à l'autre, les noms **X** de jour sont donc invariants, et la première date d'un triplet sera toujours un jour **Cib**.

De même, tout en restant dans le cycle (1, 2, …, 13), les coefficients **α** se suivent de 20 en 20 (*modulo* 13). Des artefacts comme le *kumatzin* des Kaqchikels (figure 2 agrandie ci-dessous) prouvent que les Mayas avaient mémorisé, – ou construit des pense-bêtes pour la retrouver –, la suite des rangs **α** soumis à des translations de pas multiples de vingt, à savoir le cycle : $\begin{array}{ccccccccccccc} 1 & & 2 & & 3 & & 4 & & 5 & & 6 & & 7 \\ & 8 & & 9 & & 10 & & 11 & & 12 & & 13 & \end{array}$.

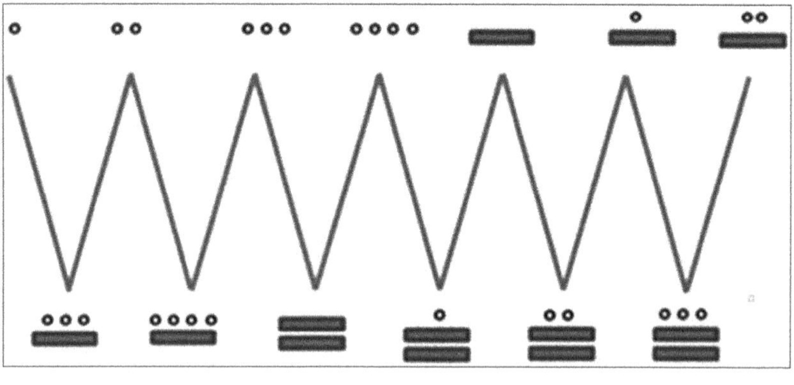

Hors-texte 3 : *Kumatzin*

Chapitre 4

Équations calendaires sur les stèles et les monuments

Ernst Förstemann comprit que l'articulation du *tzolkin* et du *haab* produisait les dates du cycle calendaire aujourd'hui appelé Calendrier Rituel et noté CR, lequel compte 18 980 dates de la forme **αX** ***βY***.

Förstemann montra également que les dates **αX** ***βY*** du CR étaient aussi positionnées par rapport à un jour origine, ce que les scribes indiquaient en donnant (ou calculant) le nombre de jours qu'il y a entre cette origine et les jours datés en Calendrier Rituel. Le décompte se faisait en **tun**, c'est-à-dire en années de compte de 360 jours, et il était complété par un reste compté en **kin** jours. Comme les expressions « 5 euros, (et) 30 cents » ou « trois francs, six sous » le décompte maya des durées avait deux parties : donnée en **kin** et **uinal**, la partie vigésimale complétait la partie principale en **tun** et multiples. Par exemple la durée « 3 842 ans (et) 16 jours » de la série initiale de la stèle 3 de Piedras Negras (Cauty 2017 : 127, ou figure 12).

En donnant une date-numéro définie par le nombre de jours écoulés depuis une origine loin dans le passé, le Choltun est une façon originale de dater. Le Choltun est souvent appelé Compte long parce que, durant tout le Classique, les durées et les dates-numéros des Mayas renvoyaient couramment à plus d'un million de jours. L'origine **4 Ahau** ***8 Cumku***[104] avait, en effet, été convenue à plusieurs milliers d'années dans le passé.

[104] L'origine 0.0.0;0.0. **4 Ahau** ***8 Cumku*** est aussi interprétée comme la remise à zéro du comput des cycles, notamment celui de treize **baktun** (= 5 200 **tun**) considéré comme la durée de la dernière création d'humains. En se donnant des durées négatives, (par ex. les « nombres-anneaux » du Dresdensis), les scribes positionnaient un évènement avant cette origine. Peu de Mésoaméricains, (hors Épi-Olmèques et Mayas), avaient une numération de capacité générative pratique assez grande pour noter des durées supérieures au million de jours (Cauty 2013 : 65).

C'est un jour que la concordance GMT et la constante 584 384 ± 1 font correspondre au 12 août 3114 avant J.-C., (le 12±1/08/–3113 du calendrier grégorien proleptique).

Pour écrire de telles durées, les scribes mayas disposaient de deux numérations vigésimales jumelles, et que nous disons « de disposition » et « de position », selon qu'elles expriment ou sous-entendent les unités de temps du système vigésimal des périodes. Les deux numérations possédaient un zéro (zéro cardinal), et inscrivaient tous les zéros en toutes positions. La numération de disposition[105] est caractéristique des monuments[106], tandis que la numération de position est caractéristique des codex[107] et des surfaces de travail comme les murs de la maison de Xultún.

En principe, pratiquement toujours et partout, les nombres sont écrits en respectant l'ordre de grandeur des monômes qui les représentent en structure profonde[108]. Le respect de cet ordre est une condition *sine qua non* pour comprendre la lecture et l'écriture de la suite des chiffres qui forment l'expression d'un nombre en numération de type positionnel, (comme la numération décimale, par exemple), puisque 123 n'est égal ni à 321, ni à 312, ni à aucune autre combinaison de ces trois chiffres. Indispensable en numération de position[109], la mise en ordre des monômes

---

105 La numération de disposition marque toutes les puissances de la base (même celles qui sont déterminées par le coefficient nul) d'un nombre abstrait, et toutes les unités d'un nombre-de concret, par ex. un compte d'années. En numération décimale de disposition, on écrirait (/dirait) « 1 cent 0 dizaine 2 unités », ou « 1 m 0 dm 2 cm ».

106 Cependant, il existe au moins une stèle maya dont la série initiale, **9.11.12;9.0.**, est écrite en numération de position, sans glyphe de période et avec zéro terminal. C'est la stèle 1 de Pestac datée de février 665 (Cauty 2013 : 149, fig. 116).

107 Cependant, le codex conservé à Dresde contient au moins un exemple d'utilisation de la numération de disposition, c'est l'écriture **15-katun 9-tun ; 4-uinal 4-kin** que l'on trouve en page 48/69 (Cauty 2013 : 150).

108 La conquête du nombre se fait généralement en le concevant comme un compte d'unités, puis, à mesure qu'elle progresse vers des nombres de plus en plus grands, elle continue par compte de paquets d'unités, puis de paquets de paquets, etc. Cette stratégie de résolution du problème de la numération (Cauty 1987) conduit à concevoir les entiers comme des polynômes à une ou plusieurs indéterminées (selon que les paquets sont, ou non, tous de la même taille, dix par ex.), et à des écritures du genre **3 francs 6 sous**, ou **123,45 m^2**, (disposition), et du genre **2016** ou **7.17.19.6.** (position). La dernière écriture **7.17.19.6.** n'est pas une SI maya à cinq chiffres significatifs ; elle reste indéchiffrable avant de déclarer les unités utilisées : en l'occurrence c'est le record de **7 jours 17 heures 19 minutes 6 secondes** établi en 2006 par le gagnant de la route du rhum.

109 La numération de position sous-entend les unités, mais on ne perd pas leur indispensable contenu numérique (valeur des nœuds/unités). Leur valeur est en effet portée par les positions relatives des chiffres formant l'écriture d'un nombre.

n'est pas nécessaire, (mais pratique !), en numération de disposition, celle que les Mayas utilisaient pour écrire les séries initiales et les nombres de distances qui émaillent et structurent la plupart des textes monumentaux de la propagande d'État.

Qu'il soit indispensable ou seulement pratique, le respect de l'ordre des monômes se fait de deux manières. On peut convenir d'écrire dans l'ordre croissant, ou dans l'ordre décroissant. Sans en avoir laissé la moindre explication, les Mayas utilisèrent les deux conventions : l'ordre décroissant pour les séries initiales, et l'ordre croissant pour les nombres de distance. Les ND étant bien plus nombreux que les SI, on peut postuler que l'ordre croissant est l'ordre non marqué, et observer alors que l'ordre marqué des SI est cooccurrent au fait qu'elles sont toutes suivies d'informations redondantes[110], en particulier les dates dans le *tzolkin* et le *haab*, et les positions dans la neuvaine auxquelles pouvaient s'ajouter les données de la série supplémentaire, ou la position dans le cycle du Kauil (4 × 819). On est ainsi amenés à conjecturer que l'ordre des ND vise à compenser l'absence des redondances (présentes dans les SI) par la mise en vedette d'une information. Mettre la partie vigésimale en tête des ND pourrait avoir été un moyen de suppléer à l'absence de certaines redondances. Deux faits renforcent cette conjecture.

1) Le fait que la partie vigésimale, $\mathbf{c}_0$-**kin** $\mathbf{c}_1$-**uinal**, est souvent un glyphe unique, de la forme ($\mathbf{c}_0$-$\mathbf{c}_1$)-**uinal**, laquelle focalise sur les coefficients des deux premières unités en les concaténant, sans intermédiaire, sur un seul signe, celui du **uinal**[111]. Par ex : (**0–2**)-**uinal** ; **3-tun** (autel M de Quiriguá) de la figure 36 ci-contre, est à lire **0-[kin] 2-uinal** ; **3-tun** (Cauty 2013 : 131–132).

Figure 36 : *(0–2)*-**uinal** ; *3*-**tun**

110 Redondantes car déductibles ou calculables. Les chaînes alternant des dates (n-uples ou dates-numéros) et des durées (nombres de distance) sont des chaînes d'équations calendaires qui déclarent renvoyer au même jour, c'est-à-dire égaliser, les dates repérées par un entier sur l'axe du temps qui court et les positions sur les cycles du temps qui roule. Comme dans les couples (information, clef de contrôle), ces égalités intoduisent une redondance comparable à celle des turbocodes détecteurs et correcteurs d'erreurs des ingénieurs de l'information (Berrou, C., & Glavieux, A., 1996).

111 On pourrait aussi convenir de conserver le signe du jour et écrire [$\mathbf{c}_0$-$\mathbf{c}_1$]-**kin**.

2) Le fait ensuite, et peut-être surtout, que la partie vigésimale possède des propriétés qui ne peuvent pas laisser indifférent quiconque s'intéresse à la couleur divinatoire des jours considérés. Supposons, pour fixer les idées, que la couleur divinatoire d'un jour dépende de son patron G_n dans la neuvaine et de son régent X_r dans le *tzolkin*. Soit alors une date-numéro **N**, exprimée en CL à l'aide d'une partie vigésimale en jours et d'une partie principale en années.

Dans la convention des nombres de distance, la date **N** s'écrirait **N** = [$\mathbf{c_0}$-$\mathbf{c_1}$]-**uinal** ; $\mathbf{c_2}$-**tun** $\mathbf{c_3}$-**katun**, etc. On l'analyse en développant et regroupant ses constituants. Ce qui peut se faire de plusieurs façons. Par exemple, comme les suites de monômes (F) et (F20) :

(F) c_0-kin c_1-uinal ; c_2-tun c_3-katun c_4-baktun…

(F20) $[c_0 + \mathbf{20}\,(c_1 + 18\,c_2 + 360\,c_3 + 7\,200\,c_4 + \ldots)]$-**kin**

La seconde s'obtient en mettant **20-kin** en facteur commun après avoir observé que toutes les périodes, à partir de **uinal**, sont multiples de ce nombre.

Qu'elle renvoie à une série initiale ou à un nombre de distance, la forme **N** désigne la durée séparant l'origine **0.0.0;0.0. 4 Ahau**$_{20}$ $\mathbf{G}_{0/9}$ ***8 Cumku***$_{18}$ du jour $\boldsymbol{\alpha X_r\ G_n\ \beta Y}$ dont on aimerait connaître la couleur divinatoire. Ayant supposé que la couleur dépend du patron $\mathbf{G}_n$ dans la neuvaine et du régent $\mathbf{X_r}$ dans le *tzolkin,* on peut écrire l'égalité calendaire (EC) qui relie le jour $\boldsymbol{\alpha X_r\ G_n\ \beta Y}$ à l'origine de la chronologie maya :

(EC) 0.0.0;0.0. 4 Ahau$_{20}$ *8 Cumku*$_{18}$ $G_{0/9}$ + **N** = $\alpha \mathbf{X_r}\, \beta Y\, \mathbf{G}_n$

Comme nous cherchons seulement le régent $\mathbf{X}_r$, et le patron $\mathbf{G}_n$, il suffit de résoudre deux équations plus simples (X) et (G) :

(X) Ahau$_{0/20}$ + **N** = $\mathbf{X_r}$ (*modulo* 20)

(G) $G_{0/9}$ + **N** = $\mathbf{G}_n$ (*modulo* 9)

En utilisant la forme (F20), (X) devient **Ahau**$_{20}$ + **N** = **Ahau**$_{20}$ + $\mathbf{c_0}$. D'où la solution $\mathbf{r} = \mathbf{c_0}$. Plus généralement, si le coefficient $\mathbf{c_0}$ de **N** est un, alors $\mathbf{X_r}$ est **Imix**$_1$, s'il est égal à 2 alors c'est **Ik**$_2$, etc., jusqu'au cas où $\mathbf{c}_0$ est zéro, alors $\mathbf{X_r}$ est **Ahau**$_{(2)0}$. Cette règle [le chiffre $\mathbf{c}_0$ d'une SI donne le rang $\mathbf{r} = \mathbf{c}_0$ du jour X_r dans le cycle des 20 signes de jour] est tellement simple que l'on ne peut même pas supposer qu'un scribe aurait pu l'ignorer. De même que nous avons transformé (F) en (F20) *modulo* 20, transformons maintenant (F) en (F9) de manière à calculer *modulo* neuf et résoudre l'équation (G).

Sachant que **1 <u>uinal</u>** est égal à **18 <u>kin</u>**, on voit que toutes les périodes du système des unités de temps sont, (à partir du **<u>tun</u>**), multiples de dix-huit, et donc aussi multiples de neuf. La forme (F) s'écrit alors :

(F9) $[c_0 + \mathbf{9}\,(2\,c_1 + 40\,c_2 + 800\,c_3 + 16\,000\,c_4 + \ldots)]$-**<u>kin</u>**

L'équation (G) devient $G_{0/9} + \mathbf{N} = G_n$, d'où la solution $n = \mathbf{c}_0 + 2\,\mathbf{c}_1$ (*modulo* 9). Le jour donné par le CL **12.17.18;6.2.** est sous la régence du patron G_5 car $\mathbf{c}_0 + 2\,\mathbf{c}_1 = 2 + (2 \times 6) = 14 = 5$ (*modulo* 9), de même, le jour **12.8.13;5.10.** est régenté par le patron G_2 car $10 + (2 \times 5) = 20 = 2$ (*modulo* 9). Vérifions sur l'exemple bien attesté de la stèle 3 de Piedras Negras (figure 38) l'exactitude des calculs sous-jacents aux données qui y sont inscrites.

La date **1 Cib**$_{16}$ ***14 Kankin***$_{14}$ $[G_{0/9}]$ est suivie du nombre de distance (**10–11**)-**<u>uinal</u>** ; **1-<u>tun</u> 1-<u>katun</u>** (figure 37 : **1.1;11.10.**), et de la date **4 Cimi**$_6$ ***14 Uo***$_2$ $[G_5]$. D'où l'équation :

Figure 37 : *1.1;11.10.*

(EC) **1 Cib**$_{16}$ $[G_{0/9}]$ + **1.1;11.10.** = $\alpha X_r\ [G_n]$

Comme **7 790** égale **10** *modulo* 20, **3** *modulo* 13, et **5** *modulo* 9, on remplace (EC) par les équations :

(α) **1** [**Cib**$_{16}$] + **3** = **4** [$\mathbf{X}_r$] (*modulo* 13),

(X) **Cib**$_{16}$ + **10** (*modulo* 20) = $\mathbf{X}_r$, et

(G) $[\mathbf{G}_{9/0}] + \mathbf{5} = [\mathbf{G}_5]$ (*modulo* 9).

Soit les solutions $\mathbf{r} = 16 + 10 = 26 = 6$ (*modulo* 20), $n = 9 + 5 = 14 = 5$ (*modulo* 9). $\mathbf{X}_{r=6}$ = **Cimi**$_6$ et $G_n = \mathbf{G}_5$.

Toute SI se lit comme une équation, GI + CL = CR, dont le glyphe introducteur sous-entend une information, le jour à partir duquel sont lancés le décompte linéaire des jours du CL, et la révolution de chacun des calendriers ou cycles alors en usage. Ce jour, connu de tous, était le départ/arrivée d'un cycle de **13 <u>baktun</u>** (soit **13.0.0.-<u>tun</u>**), un cycle appelé « roue des baktun ». Les documents coloniaux (Popol Vuh, par ex.) conduisent à voir ce cycle comme celui de la création des hommes de maïs.

Figure 38 : *Stèle 3 de Piedras Negras, face antérieure*

Voyons comment déchiffrer les équations calendaires (EC) inscrites sur un monument classique, par ex. la stèle 3 de Piedras Negras[112] (Petén, Guatemala, 06/07/674) qui montre une reine et une princesse. Comme tout texte écrit dans les règles de l'art classique, celui-ci est scandé par la suite des égalités calendaires qu'il contient. C'est une suite de cinq égalités (1 SI et 4 ND) qui délimite cinq phrases ou événements (naissance de la reine, promise en mariage, elle met au monde une fille, elle reçoit un banc, et arrive la fin du 14e katun).

La SI « comptons pour **Yaxkin**$_7$ les **katun** : **9-baktun 12-katun 2-tun ; 0-uinal 16-kin 5 Cib**$_{16}$ G$_7$ ***14 Yaxkin*** » définit la première EC du texte.

Voici quatre façons équivalentes de l'expliciter :

a) **4 Ahau *8 Cumku* + 9-baktun 12-katun 2-tun; 0-uinal 16-kin = 5 Cib *14 Yaxkin*,**
b) **9-baktun 12 -katun 2-tun ; 0-uinal 16-kin = 5 Cib *14 Yaxkin*,**
c) ***0.0.0;0.0.* + 9.12.2;0.16. = *9.12.2;0.16*,**
d) **9.12.2;0.16. = 5 Cib *14 Yaxkin.***

La série initiale est maintenant transcrite et traduite. Voyons comment vérifier l'exactitude des équations calendaires de cette stèle, en commençant par celle de la première, la série initiale.

On traduit dans notre numération décimale le CL que le scribe a donné en vigésimal. Il nous faudra ensuite calculer la date CR du jour qui arrive 1 383 136 jours après l'origine, et vérifier que c'est la même que celle que le scribe a inscrite sur la stèle. D'où le tableau suivant :

	**9-baktun**	9 × 20^2 = 3 600 **tun**
	**12-katun**	12 × 20^1 = 240 **tun**
	**2-tun**	2 × 20^0 = 2 **tun**
	**0-uinal**	0 × 20^1 = 0 **kin**
	**16-kin**	16 × 20^0 = 16 **kin**
Total[113] :	3 842 ans et 16 jours ou 1 383 136 jours	

Figure 39 : *Traduction décimale de la série initiale de la stèle 3*

112 Lecture et traduction: http://www.pbs.org/wgbh/nova/ancient/decode-stela-3.html.

Le calcul du reste dans les divisions par 260 et 365 (durées du *tzolkin* et du *haab*) donne respectivement : 1 383 136 jours = 5 319 *tzolkin* + **196**, et 1 383 136 = 3 789 *haab* + **151.** En remarquant que **196** = – **64** (*modulo* 260) et que 151 = – **214** (*modulo* 365), on peut donner deux formes aux équations :

4 Ahau$_{20}$ + **196** = ***x***, ou **4 Ahau**$_{20}$ – **64** = ***x***
8 Cumku$_{18}$ + **151** = ***y***, ou ***8 Cumku***$_{18}$ – **214** = ***y***

D'où la solution que l'on obtient en consultant les calendriers (par ex. le *tzolkin* de la figure 102 du complément 2a), ou par le calcul. Reculer de 64 dans le *tzolkin* revient à reculer de 3 vingtaines : partant de **4 Ahau**, on arrive à **9 Ahau**, puis en reculant encore de 4 jours, on arrive au **5 Cib**.

Avancer de 151 jours à partir du ***8 Cumku***$_{18}$, c'est avancer de 7 mois, traverser[113] ***Uayeb***$_{19}$, passer encore 11 jours, et arriver au ***14 Yaxkin***$_7$. Trouver ***y*** peut se faire mentalement si l'on s'appuie sur les structures du *haab* et de la numération protractive pour calculer la place dans l'année du jour daté ***βY***[114]. Quelle que soit la méthode, les solutions sont : x = **5 Cib**$_{16}$, et y = ***14 Yaxkin***$_7$. Le texte dit que c'est la date de naissance d'une femme de la famille royale.

Il est ainsi montré que la première égalité calendaire de la stèle 3 de Piedras Negras est exacte : **9-<u>baktun</u> 12-<u>katun</u> 2-<u>tun</u>; 0-<u>uinal</u> 16-<u>kin</u>** = **5 Cib**$_{16}$ ***14 Yaxkin***$_7$. Comme 1 383 136 = 7 (*modulo* 9), on vérifie, (comme vu en figure 12), que l'égalité calendaire est aussi exacte pour la position G_7 du jour dans la neuvaine des seigneurs des inframondes. Il nous reste à voir ce qu'il en est des nombres de distance. La série initiale est suivie de quatre ND :

---

[113] Pour éviter ***Uayeb***, on recule de 214 jours au lieu d'avancer de 151. C'est reculer de 10 mois (on arrive au ***8 Mol***$_8$), puis de 14 j (ce qui fait parvenir au ***14 Yaxkin***$_7$).

[114] Soit *n(**Y**)* le numéro du mois ***Y***, par ex. ***Cumku*** porte le numéro *n(**Cumku**)* = 18. Les mois étant de 20 jours, la place du jour ***βY*** est donnée par l'expression protractive $\beta \to n(Y)$ que l'on sait égale à $[n(Y) - 1] + \beta$. Le ***8 Cumku***$_{18}$ est donc le 348e jour du *haab*. Par suite, le jour qui vient 151 jours plus tard, est le 134e du *haab* car 348 + 151 = 134 (*modulo* 365) ; c'est donc le 14e jour du 7e mois, le jour daté ***14 Yaxkin***$_7$.

Les quatre ND	leurs transcriptions et leurs	valeurs décimales
	**0-[kin]-10-uinal; 12-tun**	12 a 200 j = 4 520 j
	**10-[kin]-11-uinal; 1-tun 1-katun**	21 a 230 j = 7 790 j
	**15-[kin]-8-uinal; 3-tun**	3 a 175 j = 1 255 j
	**19-[kin]-4-uinal; (pas detun)**	4 m 19 j = 99 j
TOTAL des ND :	**1-katun17-tun; 17-uinal 4-kin**	37 a 344 j = 13 664 j

Figure 40 : *Les quatre nombres de distance de la stèle 3*

Le premier nombre de distance conduit à la date CR, **αX** ***βY***, de l'événement suivant. Calculons cette date. Il s'agit de résoudre deux équations, **5 Cib** + 4 520 = **αX** et ***14 Yaxkin*** + 4 520 = ***βY***. On calcule les *modulos* : 4 520 = 17 *tzolkin* + 100 et 4 520 = 12 *haab* + 140. Les équations réduites sont **5 Cib** + 100 = **αX** et ***14 Yaxkin*** + 140 = ***βY***. Les solutions sont **αX** = **1 Cib** et ***βY*** = ***14 Kankin***. Il reste à constater sur la stèle que le scribe a bien inscrit cette date, **1 Cib** ***14 Kankin***, et conclure que la deuxième équation calendaire est exacte.

Nous avons vérifié plus haut que la troisième équation calendaire, **1 Cib** ***14 Kankin*** + **10-[kin] 11-uinal ; 1-tun 1-katun** = **4 Cimi** ***14 Uo*** était exacte. Nous laissons au lecteur le soin de vérifier que les deux dernières égalités calendaires, sont exactes :

4 Cimi ***14 Uo*** + **15-[kin]-8-uinal ; 3-tun** = **11 Imix** ***14 Yax***

11 Imix ***14 Yax*** + **19-[kin]-4-uinal** = **6 Ahau** ***13 Muan.***

Nous avons calculé (figure 40) la somme S des quatre nombres de distance de la stèle, et trouvé : S = **1-katun 17-tun; 17-uinal 4-kin**. Sachant que la SI fait commencer le récit à la date numéro **9-baktun 12-katun 2-tun; 0-uinal 16-kin** (soit le **5 Cib** ***14 Yaxkin***), cette somme S devrait logiquement conduire à la dernière date inscrite sur la stèle, le **6 Ahau** ***13 Muan***. Faisons, (en vigésimal et en décimal), le calcul :

			tun	;		**kin**	
	9	**12**	**2**	;	**0**	**16**	1 383 136
+		**1**	**17**	;	**17**	**4**	+ 13 664
				;	1	~~20~~	
			1	;	~~18~~	**0**	
		1	~~20~~	;	**0**	**0**	
=	**9**	**14**	**0**	;	**0**	**0**	= 1 396 800

20-kin = 1-uinal 0-kin
18-uinal = 1-tun 0-uinal
20-tun = 1-katun 0-tun

Figure 41 : *Autre type de vérification*[115]

D'après ce calcul, le récit se termine un jour **9.14.0;0.0.** C'est un CL dont on sait, par la vérification de la chaîne d'équations calendaires, qu'il correspond au **6 Ahau *13 Muan***, la date CR effectivement inscrite à la fin du texte. Dans le système CL = CR, la date **6 Ahau *13 Muan*** s'écrit **9-baktun 14-katun 0-tun; 0-uinal 0-kin.** Mais ce n'est pas ce que l'on voit sur la stèle. On trouve, en effet, une date-numéro différente, de la forme « FIN de période », soit ici « **Fin 14e katun** ». C'est une variante de l'écriture d'un CL tombant sur une fin de **katun**, en l'occurrence le 14e. Sur la stèle, la date CL = CR est écrite **Fin 14e katun 6 Ahau *13 Muan***, ce qui est équivalent à l'équation **4 Ahau *8 Cumku*** + **9.14.0;0.0.** = **6 Ahau *13 Muan***.

Depuis que le code en est brisé, les Mayas se réapproprient l'écriture glyphique. Ils peuvent donc à nouveau dresser des stèles, et les graver selon les règles du grand style Classique : ouvrir par un GI, donner la SI, et structurer le récit en phrases séparées par une chaîne continue de ND et de dates CR. Prenons la néostèle inaugurée le 21 décembre 2012 à Iximché (Chimaltenango, Guatemala) par l'association Kaqchikel Winäq[116].

---

115 Les trois nuances de gris renvoient au verbe TSUUTS 'terminer', à l'indice de 3e p. (dérivation de l'ordinal), et à l'entier 14, au-dessus du **katun** d'où la lecture « c'est la fin du 14e **katun** ». Cf. aussi **FIN du 13e baktun** (Glyphes 71–72, Hors-texte 5 : Iximché, kaji'ajpu, neo-estela del baktun *13*, p. 128).

116 Le dessin de la néostèle et les informations qui suivent sont extraits d'un article en espagnol intitulé *Kaqchikel Winäq*, « *La Historia Maya Kaqchikel* » (2012), qui m'a très aimablement été communiqué par Igor Xoyón en février 2017.

Dressée au terme de la roue de treize **baktun**, (commencée le **4 Ahau** ***8 Cumku*** de l'origine de la chronologie maya), la néostèle ***kaji'ajpu*** (Hors-texte 5) raconte la brève et violente histoire de la cité d'Iximché, fondée en 1470, et abandonnée après l'arrivée de Pedro de Alvarado. Dès le 27 juillet 1524, Alvarado déclare Iximché capitale espagnole du pays maya qu'il venait de défaire, et la rebaptise Santiago de los Caballeros de Guatemala.

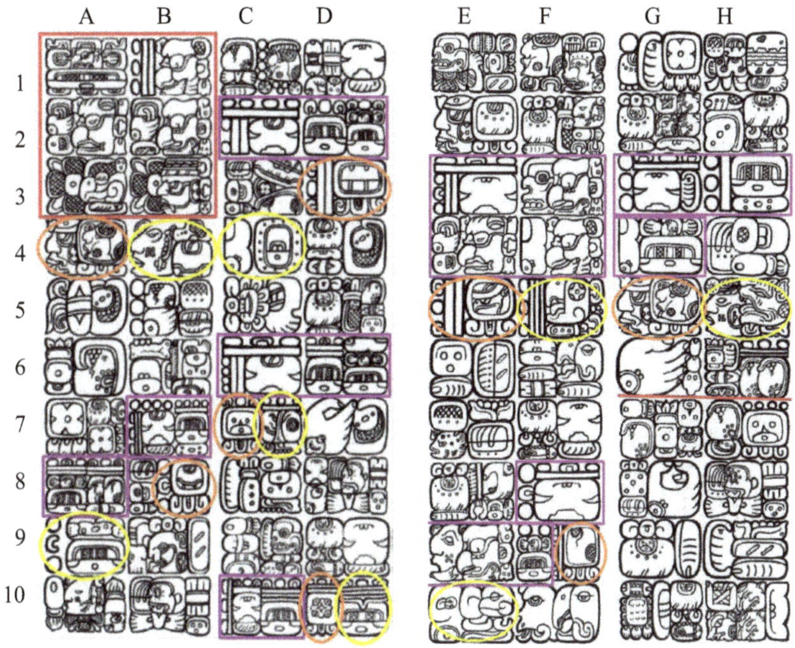

Figure 42 : *Néostèle d'Iximché*

La figure 42 montre que le repérage des données calendaires suffit, comme pour la stèle 3 de Piedras Negras, à délimiter les phrases qui font le texte de la stèle. Pour le voir ou le montrer, le GI, la SI et les ND ont été encadrés en rouge et violet, et les dates CR entourées en orange et jaune.

Partant de l'article intitulé *Historia maya kaqchikel* (Hors-texte 4), on peut décomposer le texte de la néostèle (figure 42) en phrases ou événements que nous regroupons dans le tableau ci-dessous (figure 43). On identifie les limites de chaque phrase en repérant les données calendaires du texte gravé sur la néostèle qui forment une chaîne d'égalités calendaires (figure 44). Pour ce travail, nous sommes convenus de transcrire les dates CR, d'une part, en orthographe du yucatèque colonial[117] et, d'autre part, en Calendrier Grégorien Proleptique, GP, en adoptant la concordance la plus utilisée, la concordance GMT, et la constante de corrélation utilisée par les auteurs de l'article (584 283, et non la constante 584 284 ± 1).

Les deux tableaux suivants résument les huit événements que le texte de la néo stèle [ra]compte :

Événement 1		
13.0.0;0.0[118]. 0.0.0;0.0.	(chi) Kaji´ Ajpu, Waqxaqi Kumk´u **4 Ahau *8 Cumku***	11/08/-3113 11/08/-3113
Événement 2		
SI = **11.12.9;13.4.** *t1 = t0 + SI = 11.12.9;13.4.*	(chi) ka´i´ K´at, Ka´i´ Wayeb´ **2 Kan *2 Uayeb***	09/08/1470 09/08/1470
Événement 3		
ND_1 = **1.1;12.9.** *t2 = SI + ND1 = 11.13.11;7.13.*	(chi) julajuj Aj, Jun Mol´ **11 Ben *1 Mol***	26/12/1491 26/12/1491
Événement 4		
ND_2 = **1.12;14.7.** *t3 = t2 + ND2 = 11.15.4;4.0.*	(chi) jun Ajpu, waqxaqi´ K´ank´in **1 Ahau *8 Kankin***	24/04/1524 24/04/1524
Événement 5 (Face 2)		
ND_3 = **16;6.8.** *t4 = t3 + ND3 = 11.16.0;10.8.*	(chi) oxlajuj Q´anel, waqlajuj Pax **13 Lamat *16 Pax***	07/06/154~~1~~ 07/06/1540
Événement 6		
ND_4 = **1.0.10;12.7.** *t5 = t4 + ND4 = 12.16.11;4.15.*	(chi) julajuj Tz´ikin, oxlajuj Kayab´ **11 Men *18 Kayab***	23/03/1945 23/03/1945
Événement 7		
ND_5 = **2.0;7.2.** *t6 = t5 + ND5 = 12.18.11;11.17.*	(chi) waqi´ No´j xtzuye´ Muwan **6 Caban *0 Muan***	14/01/1985 14/01/1985
Événement 8		
ND_6 = **1.8;6.3.** *t7 = t6 + ND6 = 13.0.0;0.0.*	(chi) Kaji´ Ajpu, oxi´ K´ank´in **4 Ahau *3 Kankin***	21/12/2012 21/12/2012

Figure 43 : *Huit événements*

[117] Le yucatèque colonial sert de pivot pour les traductions.

[118] En **gras** ce qui est inscrit sur la néostèle. En *italique souligné* les vérifications ou les corrections. Cf. figure 7 pour traduire les noms de jour.

Ci-dessous la chaîne des égalités calendaires de la néostèle :

Calcul en CL		**Dates CR et grégorienne**	
	13.0.0;0.0.	**4 Ahau *8 Cumku***	11/08/-3113
0.0.0;0.0. + **11.12.9;13.4.** =	11.12.9;13.4.	**2 Kan *2 Uayeb***	09/08/1470
11.12.9;13.4. + **1.1;12.9.** =	11.13.11;7.13.	**11 Ben *1 Mol***	26/12/1491
11.13.11;7.13. + **1.12;14.7.** =	11.15.4;4.0.	**1 Ahau *8 Kankin***	24/04/1524
11.15.4;4.0. + **16;6.8.** =	11.16.0;10.8.	**13 Lamat *16 Pax***	07/06/154*0*
11.16.0;10.8. + **1.0.10;12.7.** =	12.16.11;4.15.	**11 Men *18 Kayab***	23/03/1945
12.16.11;4.15. + **2.0;7.2.** =	12.18.11;11.17.	**6 Caban *0 Muan***	14/01/1985
12.18.11;11.17. + **1.8;6.3.** =	= 13.0.0;0.0.	**4 Ahau *3 Kankin***	21/12/2012

Figure 44 : *Structure calendaire de la néostèle*

Deux « Hors-texte » sont rassemblés ci-dessous.

Le premier rapporte l'article *Historia maya kaqchikel*, contenant une lecture en kaqchikel de la néostèle, et sa traduction espagnole réalisée et commentée par les auteurs. Présenté à la suite, le second (Hors-texte 5) est la transcription signe à signe des quatre-vingts glyphes de la néostèle d'Iximché.

kaqchikel winäq, « ***la historia maya kaqchikel*** »

Événement 1, Nab'ey tanaj : Chupam Kumk'u Pa Oxlajpiq ab', majun winäq ab', majun ab', majun winäq, majun q'ij, Kaji' Ajpu, Waqxaqi Kumk'u xyatäj oxab'äj pa kaj, xtz'aq cholol ajilay q'ij, may q'ij
Al final del 13avo Piq ab', en el día 4 Ajpu' del calendario de 260 días, en el octavo día del mes Kumk'u equivalente al 11 de Agosto de 3114 A.C. y que marca el cambio de era de acuerdo al pensamiento Maya. En este día fueron colocadas 3 piedras en el cielo, las cuales podemos ver aun el día de hoy una de las cuales es parte del cinturón de Orión. Estas tres piedras o estrellas, definen donde está el centro del universo Maya. En este mismo día fue creado el ordenador, el contador de los días del calendario llamado Mayq'ij, o sea el hombre Maya.
Événement 2, Ruk'an tanaj : Kajq'ij, oxlajwinäq, b'elejab', kab'lajwinäq ab', julajpiq, k'a ri' (chi) ka'i' K'at, Ka'i' Wayeb' xtzuyub'äx tinamït chi Ixim che' kumal Kaji' kajawal Kaqchekel winäq.
Luego pasaron 4 días, 13 meses, 9 años, 12 periodos de 20 años, 11 periodos de 400 años, aproximadamente 4584 años desde el cambio de era hasta el día 9 de Agosto de 1470. En este día fue asentada la ciudad de Iximche' por 4 señores Kaqchikeles. Como sabemos un poco tiempo antes de este evento, los Kaqchikeles rompieron su alianza con los K'iche' y por tal motivo decidieron fundar su ciudad lejos de Q'umarkaj la capital de los K'iche'. Este evento nos dice en que día fue fundada la nueva capital Kaqchikel en Iximche'.
Événement 3, Rox tanaj : B'elejq'ij, kab'lajwinäq, junab', juwinäq ab', k'ari' xpakatäj ruxe' kaj, (chi) julajuj Aj, Jun Mol Xb'anatäj yujuj rumal tuquche'.
Luego pasaron 9 días, 12 meses, un año, un periodo de 20 años, y entonces amaneció en el día 11 Aj y 1 Mol, el 26 de diciembre de 1491. En ese día fue hecho un levantamiento o revuelta por los Tuquche'. En 1491 habían 4 linajes en la nación kaqchikel: los Sotzil, los Xajil, los Kaqchekel y los Tuquche'. Los Tuquche' trataron de tomar el poder de la ciudad de Iximche', pero fueron vencidos y expulsados de la ciudad. Como ese fue un evento muy importante en la historia Kaqchikel, de ahí en adelante todas las fechas se toman con base al día de la revuelta Tuquche.
Événement 4, Rukaj tanaj : Wuqu' b'ix, Kajlajwinäq, kablajab', juwinäq ab', (chi) jun Ajpu, waqxaqi' K'ank'in xulqaj kastilan winäq chi Iximche'. Xtiqïr qakamik, öj Maya' winäq.
Luego pasaron 7 días, 14 meses, 1 año y 1 periodo de 20 años, en el día 1 Ajpu y 8 K'ank'in el 24 de Abril de 1524. En ese día llego la gente castellana a Iximche' y empezó nuestra muerte de nosotros los Mayas. Este párrafo hace referencia a las masacres y el sufrimiento para el pueblo Maya que inicio con la venida de los españoles y que continúo durante toda la época colonial, republicana hasta el presente.

Événement 5, Ro´ tanaj : Waqxaqq´ij, waqwinäq, waqlajab´, (chi) oxlajuj Q´anel, waqlajuj Pax, xkamisäx, xjitz´äx Ajaw Ajpo Sotz´il Kaji´ Imox, rumal Tunatiw.
Luego pasaron 8 días, 6 meses, 16 años en el día 13 Q´anil, 16 Pax, el 7 de junio de 1541 fue muerto, fue colgado el señor Ajpo Sotz´il Kaji´Imox. Esto fue hecho por Tunatiw (Pedro de Alvarado). La historia nos dice que unos meses después de la llegada de los castellanos a Iximche´, los Kaqchikeles se sublevaron a causa de la brutalidad de los castellanos. Entonces los Kaqchikeles iniciaron ataques en contra de los castellanos. Esta guerra duro casi 16 años hasta que el Gobernante Sotz´il Kaji Imox entrego sus armas. Un tiempo después fue traicionado y colgado por Pedro de Alvarado para prevenir futuros levantamientos.
Événement 6, Ruwaq tanaj : Wuqu´b´ix, kab´lajwinäq, lajab´, majun winäq ab´, jupiq, (chi) julajuj Tz´ikin, oxlajuj Kayab´ xelesäx teleche´al pa qawi´ Maya´ winäq, rumal Arevalo.
Luego pasaron 7 días, 12 meses, 10 años, y un periodo de 400 años en el día 11 Tz´ikin, 13 Kayab´ el 23 de marzo de 1945. Se le quito la carga a la gente maya y esto fue hecho por Juan José Arévalo. Este párrafo se refiere a que en la época en la que tomo la presidencia el Profesor Juan José Arévalo fueron quitadas muchas de las leyes que esclavizaban a la población Maya. Muchos de nuestros abuelos todavía vivieron en la época de la ley de trabajo forzado de Jorge Ubico.
Événement 7, uwuq tanaj : Kab´ij, wuqwinäq, kawinäq ab´, (chi) waqi´ No´j, xtzuye´ Muwan, xya´ jub´a qaq´ij pa taqanem wuj rumal yojch´ojin öj Maya´.
Luego pasaron 2 días, 7 meses, 2 periodos de 20 años en el día 6 No´j y el asentamiento del mes Muwan, el 14 de enero de 1985. En ese día se reconoce la existencia del pueblo Maya y algunos de nuestros derechos en la nueva constitución de la republica de Guatemala. Y esto se hace gracias a las protestas, la lucha del pueblo Maya.
Événement 8, Ruwaqxaq tanaj : Oxij, waqwinäq, waqxaqab´, juwinäq ab´ k´a ri´ (chi) Kaji´ Ajpu, oxi´ K´ank´in Xtz´utz´ïr, xtzaqät roxlaj Piq. Xtik tz´aläm ab´äj, Kaji´ Ajpu rub´i´ chi Ixim Che´ rumal qawixal. qonojel Maya´ yojch´ojin.
Luego pasaron 3 días, 6 meses, 8 años, y un periodo de 20 años, en el día 4 Ajpu, 3 K´ank´in, el 21 de diciembre de 2012. En este día se terminó, se completó el 13º Piq ab´. Se sembró una estela y su nombre es Kaji´ Ajpu. Esto se hizo aquí en Iximche´. Por nuestras raíces, por nuestros antepasados, por nuestra identidad todos nosotros los Mayas nos manifestamos el día de hoy.

Hors-texte 4 : *Kaqchikel Winäq, « La Historia Maya Kaqchikel »*

Le second (Hors-texte 5) est la transcription signe à signe des quatre-vingts glyphes de la néostèle d'Iximché, leur lecture en chol et en kaqchikel, et leur traduction en français ; ce travail a été réalisé par Jean-Michel Hoppan selon les règles de lecture des monuments classiques[119] :

iximché, « kaji' ajpu, neo-estela del baktun 13 »

Glyphe 1 	T: T124:T28(T1029):T548:T(142/)255 (/T124:T25.T1029.T25: T548:T(142/)255) M: 32J:AA2(AC6):XH2 (/32J:AA1.AC6.AA1:XH2) **Cl. : tsi/TSIK?-WINIKHAB/WINAKHAB (/K'ALTUN?/K'ALTUM?) BIJ?(-HAB(/TUN?/TUM?)-ma)** Cl. : *tsi(i)k?-bij?-winikhaab/winakhaab(/k'altuun?/k'altuum?)* **Ka. : CHUPAM KUMK'U PA** Ka. : *chupam kumk'u pa*
Glyphe 2 	T: XIII.T1033/1085 M: 013.SB1 **Cl. : 'UXLAJUN/'OXLAJUN-PIH?/PIK(HAB?/TUN?/TUM?)** Cl. : *uxlajuun/oxlajuun-pih?/pik(haab?/tuun?/tuum?)* **Ka. : 'OXLAJ(UJ)-PIQ('AB)** Ka. : *oxlaj-piq-ab*
Glyphe 3 	T: T807:T82/83.T746 M: MR3:1SB.SB2 **Cl. : MIH?-li-WINIKHAB/WINAKHAB(/K'ALTUN?/K'ALTUM?)** Cl. : *mihil?-winikhaab/winakhaab(/k'altuun?/k'altuum?)* **Ka. : MAJUN-WINÄQ 'AB** Ka. : *majun-winäq-ab*
Glyphe 4 	T: T807:T7/8/24Var.T1034 M: MR3:1M4.SB4 **Cl. : MIH?-li-HAB(/TUN?/TUM?)** Cl. : *mihil?-haab(/tuun?/tuum?)* **Ka. : MAJUN-'AB** Ka. : *majun-ab*

119 L'idée de transcrire le texte de la néostèle ***Kaji' Ajpu*** s'est invitée pendant l'atelier *Arithmétique et épigraphie mayas*. Organisé par Uk' ux b'e, l'atelier codirigé par André Cauty et Jean-Michel Hoppan s'est tenu à Chimaltenango et à Iximché en juin 2016.

Figure 43 : **Suite**

Glyphe 5 	T: T173.T741a:T25Var M: ZQ4.AA7:AA1 **Cl.: MIH?-(WINIK/)WINAK-ka** Cl.: *mih(il)?-winak* **Ka.: MAJUN-WINÄQ-ka/qa/qä** Ka.: *majun-winäq*
Glyphe 6 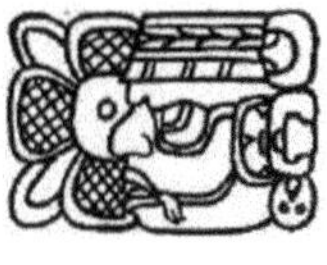	T: T173.T1010 M: ZQ4.SN4 **Cl. : MIH?-K'IN** Cl. : *mih(il)?-k'i(i)n* **Ka. : MAJUN-Q'IJ** Ka. : *majun-q'ij*
Glyphe 7 	T: T1010b.T628a(T1000d/e/f/i) M: SN4.ZZ1(PT7) **Cl.: CHAN/KAN-'AJAW** Cl.: *chan/kan-ajaw* **Ka.: KAJ-'AJPU** Ka.: *kaj[i']-ajpu*
Glyphe 8 	T: T1006a.T155:T707/774/506Var/D506b M: PE8a.1SJ:XH4 **Cl.: WAXAK-?-'OL** Cl.: *waxak-(?-)ool* **Ka.: WAQXAQ-KUMK'U** Ka.: *waqxaq[i']-kumk'u*
Glyphe 9 	T: T126.T113.T181/683b M: 32M.1B1.ZU1 **Cl.: ya-ta-ja** Cl. : *(u)y-ataj* **Ka.: ya-tä-ja** Ka. : *[x]yatäj*
Glyphe 10 	T: III.T528:T713a.T586/602:T561 M: 003.ZC1:MR2.XD1:XH3 **Cl. : 'UX/'OX-TUN-K'AL(/K'AB)-pa-CHAN/KAN** Cl. : *ux/o(o)x-k'altuun-pa-cha(a)n/kaan* **Ka. : 'OX-'ABÄJ-pa-KAJ** Ka. : *ox-abäj-pa-kaj*

Figure 43 : **Suite**

Glyphe 11 	T: T68/366Var.T528Var M: 3M7.ZC1 **Cl. : ts'a-ku** Cl. : *ts'aak* **Ka. : tsa/ts'a/ts'ä-ku/qu** Ka. : *[x]ts'aq*
Glyphe 12 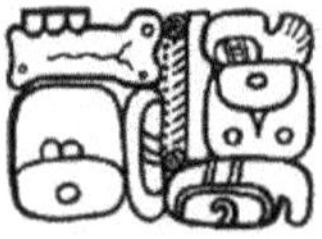	T: T590:T580Var.T24.T12.T88:T534:T17/18 M: HJ1:XGA.1M4.1G4.1M1:AMB:ZUH **Cl. : cho-lo-li-'aj-ji-la-yi** Cl. : *cholool-ajilaay* **Ka. : cho-lo-li-'aj-ji-la/lä-yi/ri** Ka. : *cholol-ajilay*
Glyphe 13 	T: T544:T69.T502.T17/18:T544.T69 M: XQ3:33B.XE3.1M1:XQ3.33B **Cl. : K'IN(-je)-ma-yi-K'IN(-je)** Cl.: *k'i(i)n-maay-k'i(i)n* **Ka. : Q'IJ-je-ma-yi/ri-Q'IJ-je** Ka.: *q'ij-may-q'ij*
Phrase 1	« Lorsque furent accomplis treize *baktun*, zéro *katun*, zéro *tun*, zéro *uinal* et zéro *kin*, [le] 4 Ahau 8 Cumku, trois pierres furent placées dans le ciel (et) Mayq'ij, le conteur/compteur des jours, fut créé. »
Glyphe 14 	T: IV:XIII.T521:T25Var.IX:T548:T585a M: 004:013.XS1:AA1.009:XH2:XGE **Cl. : CHAN/KAN-'UXLAJUN/'OXLAJUN-(WINIK/)WINAK-ka-BOLON-HAB-bi** Cl. : *chan/kan[-k'i(i)n]-uxlajuun/oxlajuun-winak-bolon-haab* **Ka. : KAJ-'OXLAJ(UJ)-WINÄQ-ka/qa/qä-BELEJ-'AB-bi** Ka. : *kaj[-q'ij]-oxlaj-winäq-belej-ab*
Glyphe 15 	T: XII:T28:T548.XI:T200:T102 M: 012:ZH1.011:ZC5:1B2 **Cl. : CHA'LAJUN/LAJCHAN/KA'LAJUN/LAJKA'WINIK HAB/ WINAKHAB(/K'ALTUN?/K'ALTUM?)-BULUCH/ BULUK-pi-ki** Cl. : *cha'lajuun/lajchan/ka'lajuun/lajka'-winikhaab/winakhaab (/k'altuun?/k'altuum?)-buluch/buluk-pik[haab?/tuun?/tuum?]* **Ka. : KABLAJ-WINÄQ(')AB-JULAJ(UJ)-pi-ki** Ka. : *kablaj-winäq-ab-julaj-piq[-ab]*
Glyphe 16 	T: T679:T719Var/D513b:T59.II .T628a(T707/774/506Var/ D506b)/ T506(:T125) M: YM1:YG2:3M2.002:ZZ1(XH4) **Cl.: 'i-'u-ti-CHA'/KA'-K'AN?** Cl.: *i[(yu)wal]-uut-cha'/ka'-k'an?* **Ka.: K'ARI'-KA(')-K'AT** Ka.: *k'ari'-ka'[i']-k'at*

Figure 43 : **Suite**

Glyphe 17 	T: II .T157:T548 M: 002.ZUB:XH2 **Cl.: CHA'/KA'-WAY-HAB** Cl.: *cha'lka'-way(h)ab* **Ka.: KA(')-(WAY-'AB/)WAYEB** Ka.: *ka'[i']-(wayab/)wayeb*
Glyphe 18 	T: T203/D203b.T61:T757.T114 M: AA3.32D:AP9.XG4 **Cl. : ts'u-yu-BAH-xa** Cl. : *ts'uyubahx* **Ka. : tsu-yu/ru-bä-xa** Ka. : *[x]tsuyubäx*
Glyphe 19 	T: T59inv.T1000a/b:T173.T59+T671 M: 3M2.PC1:ZQ4.3M2+MR7 **Cl. : ti-na-mi-ti chi** Cl. : *tinamit-chi* **Ka. : ti-na-mï-ti chi** Ka. : *tinamït-chi*
Glyphe 20 	T: T679.T1048:T74.T145/148:T542a M: YM1.SC5:32A.1B7:AA7 **Cl. : 'i-xi-ma-che-'e** Cl. : *ixiim-che'* **Ka. : 'i-xi-ma-che-'e** Ka. : *ixim-che'*
Glyphe 21 	T: T528:T74:T188.IV.T25:T1000d/e/f/i:T140/178 M: ZC1:32A:1SC.004.AA1:PT7:AMB **Cl. : ku-ma-le-CHAN/KAN-ka-'AJAW-la** Cl.: *kumaal-chan/kan-kajaw[a]l* **Ka. : ku/qu-ma-le-KAJ-ka/qa/qä-'AJAW-la/lä** Ka.: *kumal-kaj[i']-kajaw[a]l*
Glyphe 22 	T: T109.T145/148:T220Var/D220c/e.T140/178/534.T521:T25Var M: 1B9.1B7:MZA.AMB.XS1:AA1 **Cl. : CHAK-che-ke-la-(WINIK/)WINAK-ka** Cl.: *chak-chekeel-winak* **Ka. : KAQ-che-ke-la/lä-WINÄQ-ka/qa/qä** Ka.: *kaqchekel-winäq*

Figure 43 : **Suite**

Phrase 2	« Quatre *kin*, treize *uinal*, neuf *tun*, douze *katun* (et) onze *baktun* plus tard, [le] 2 Kan 2 Uayeb (= 9 août 1470), la cité de Iximché fut fondée par quatre seigneurs kaqchikel. »
Glyphe 23 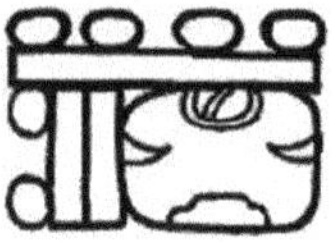	T: IX:XII.T521 M: 009:012.XS1 **Cl. : BOLON-CHA'LAJUN/LAJCHAN/KA'LAJUN/LAJKA'-(WINIK/)WINAK** Cl. : *bolon[-k'i(i)n]-cha'lajuun/lajchan/ka'lajuun/lajka'-winak* **Ka. : BELEJ-KABLAJ-WINÄQ** Ka. : *belej[-q'ij]-kablaj-winäq*
Glyphe 24 	T: I:T548.I:T28:T548 M: 001:XH2.001:ZH1 **Cl. : JUN-HAB-JUN-WINIKHAB/WINAKHAB (/K'ALTUN?/ K'ALTUM?)** Cl. : *jun-haab-jun-winikhaab/winakhaab(/k'altuun?/k'altuum?)* **Ka. : JU(N)-'AB-JU(N)-WINÄQ 'AB** Ka. : *jun-ab-ju-winäq-ab*
Glyphe 25 	T: T679:T719Var/D513b:T59.T561Var+T544+T526Var/D526bVar M: YM1:YG2:3M2.ZX2 **Cl. : 'i-'u-ti-PAS(AJ)** Cl. : *i[(yu)wal]-uut-pas(aj)* **Ka. : K'ARI'-PAKATÄJ RUXE' KAJ** Ka. : *k'ari'-[x]pakatäj-ruxe'-kaj*
Glyphe 26 	T: XI.T628a(T584Var/D584b)/T584(:T125) M: 011:ZZ1(XH1) **Cl.: BULUCH/BULUK-'AJ?/BIN?** Cl.: *buluch/buluk-aj?/bin?* **Ka.: JULAJ(UJ)-'AJ** Ka.: *julajuj-aj*
Glyphe 27 	T: T329 .T582(T580Var) M: MBA.BP5(XGA) **Cl.: JUN-mo lo** Cl. : *jun-mol* **Ka.: JU(N)-mo lo** Ka.: *jun-mol*
Glyphe 28 	T: T501Var/690/D501b:T23:T113.T683b M: XE1:1G1:1B1.ZU1 **Cl. : ba-na-ta-ja** Cl. : *banataj* **Ka. : ba-na-tä-ja** Ka. : *[x]banatäj*

Figure 43 : **Suite**

Glyphe 29 	T: T61.T266.T88 M: 32D.1G5.1M1 **Cl. : yu-ju-ji** Cl. : *yujuuj* **Ka. : yu/ru-ju-ji** Ka. : *yujuj*
Glyphe 30 	T: T61:T502:T188.T89/92.T528:T145/148:T542a M: 32D:XE3:1SC.3M4.ZC1:1B7:AA7 **Cl. : yu-ma-le-tu-ku-che-'e** Cl. : *yumaal-tukuche'* **Ka. : yu/ru-ma-le-tu-ku/qu-che-'e** Ka. : *rumal-tuquche'*
Phrase 3	« Neuf *kin*, douze *uinal*, un *tun* (et) un *katun* plus tard, [le] 11 Ben 1 Mol (= 26/12/1491), un soulèvement eut lieu du fait des Tuquche'. »
Glyphe 31 	T: VII:XIV.T521 M: 007:014.XS1 **Cl. : HUK/'UK/WUK-CHANLAJUN/KANLAJUN/LAJKA'-(WINIK/)WINAK** Cl. : *huk/uuk/wuk[-bix(iiy)]-chanlajuun/kanlajuun-winak* **Ka. : WUQ-KAJLAJ-WINÄQ** Ka. : *wuq[u'-bix]-kajlaj-winäq*
Glyphe 32 	T: XII:T548.T329:T28:T548 M: 012:XH2.MBA:ZH1 **Cl.: CHA'LAJUN/LAJCHAN/KA'LAJUN/LAJKA'-HAB-JUN-WINIKHAB/WINAKHAB(/K'ALTUN?/K'ALTUM?)** Cl.: *cha'lajuun/lajchan/ka'lajuun/lajka'-haab-jun-winikhaab/winak haab(/k'altuun?/k'altuum?)* **Ka.: KABLAJ-'AB-JU(N)-WINÄQ 'AB** Ka.: *kablaj-ab-ju-winäq-ab*
Glyphe 33 	T: I:T628(T533Var/D533b)/T533Var/D533a(:T125). VIII:T559: T130+T116 M: 001:ZZ1(AM1).008:ZS5:2S2+1S2 **Cl.: JUN-'AJAW-WAXAK-'UN/'ON-wa ni/ne** Cl.: *jun-ajaw-waxak-uniiw/oneew* **Ka.: JU(N)-'AJPU-WAQXAQ-K'ANK'IN** Ka.: *jun-ajpu-waqxaq[i']-k'ank'in*

Figure 43 : **Suite**

Glyphe 34 	T: T713b(T568).T181 M: MRA(ZUG)(.ZU1) **Cl.: JUL lu-(ja)** Cl.: *jul(-[a]j)* **Ka.: 'UL lu-ja** Ka.: *[x]ul[q]aj*
Glyphe 35 	T: T25.T57.T59:T534:T116 M: AA1.3M6.3M2:AMB:1S2 **Cl.: ka-si-ti-la-ni/ne** Cl.: *kas(i)tilaan* **Ka.: ka/qa/qä-si-ti-la/lä-ni/ne** Ka.: *kastilan*
Glyphe 36 	T: T521:T671.T679.T1048:T74.T145/148:T542a M: XS1:MR7.YM1.SC5:32A.1B7:AA7 **Cl.: (WINIK/)WINAK-chi-'i-xi-ma-che-'e** Cl.: *winik?/winaak?-chi-ixiim-che'* **Ka.: WINÄQ-chi-'i-xi-ma-che-'e** Ka.: *winäq-chi-ixim-che'*
Glyphe 37 	T: T59:T102:T17/18.T25Var.T1046:T102:T279.T607(/ T99(T607)) M: 3M2:1B2:1M1.AA1.SC1:1B2:BT1.ZUF(/BT1(ZUF)) **Cl.: ti-ki-yi-ka-CHAM/KAM/KIM-ki-'o-jo** Cl.: *tikiy-(ka-cham/)kam(/kim)-[aa]k(/[i]k)-oj* **Ka.: ti-qï-yi/ri-ka/qa/qä-KAM-ki-'ö-jo** Ka.: *[x]tiqïr-qakam[i]k-öj*
Glyphe 38 	T: T502:T126:T228/229.T521:T25Var M: XE3:32M:AL2.XS1:AA1 **Cl.: ma-ya-'a-(WINIK/)WINAK-ka** Cl.: *maya'-winak* **Ka.: ma-ya-'a-WINÄQ-ka/qa/qä** Ka.: *maya'-winäq*
Phrase 4	« Sept *kin*, quatorze *uinal*, un *tun* (et) un *katun* plus tard, [le] 1 Ahau 8 Kankin (= 24 avril 1524), les Espagnols sont arrivés à Iximché (et) notre mort à nous les Mayas commença. »
Glyphe 39 	T: VIII.VI:T521:T25Var.XVI:T548 M: 008.006:XS1:AA1.016:XH2 **Cl.: WAXAK-WAK-(WINIK/)WINAK-ka-WAKLAJUN-HAB** Cl.: *waxak[-k'i(i)n]-wak-winak-waklajuun-haab* **Ka.: WAQXAQ-WAQ-WINÄQ-ka/qa/qä-WAQLAJ(UJ)-'AB** Ka.: *waqxaq[-q'ij]-waq-winäq-waqlaj-ab*

Figure 43 : **Suite**

Glyphe 40 	T: XIII:T628(T510d).XI:T549(/T299:T548) M: 013:ZZ1(ZQD).011:2S7:XH2 **Cl.: 'UXLAJUN/'OXLAJUN-LAM(B)AT-WAKLAJUN-PAX** Cl.: *uxlajuun/oxlajuun-lam(b)at-waklajuun-pa(a)x* **Ka.: 'OXLAJ(UJ)-Q'ANEL-WAQLAJ(UJ)-PAX** Ka.: *oxlajuj-q'anel-waqlajuj-pax*
Glyphe 41 	T: T1046:T173.T630.T114:T88.T68/366Var:T114 M: SC1:ZQ4.XV4.XG4:1M1.3M7:XG4 **Cl.: CHAM/KAM/KIM-mi-sa-xa-ji-tsa/ts'a/ts'ä-xa** Cl.: *(cham/kam/)kim-sax-jits'ax* **Ka.: KAM-mi-sä-xa-ji-tsa/ts'a/ts'ä-xa** Ka.: *[x]kamisäx-[x]jits'äx*
Glyphe 42 	T: T1000d/e/f/i:T130.T168:T756a/b(T140/178) M: PT7:2S2.2M1:APM(AMB) **Cl.: 'AJAW-wa-'AJAW-SOTS'/SUTS' la** Cl.: *ajaw-sots'[a]l/sots'[oo]l/suts'[a]l/suts'[uu]l-ajaw* **Ka.: 'AJAW-wa-'AJPO-SOTS' la/lä** Ka.: *ajaw-ajpo-sots'[i]l*
Glyphe 43 	T: T1010b.T628a(T501Var/690/D501b)/T501(:T125) M: SN4.ZZ1(XE1) **Cl.: CHAN/KAN-'IMIX?** Cl.: *chan/kan-imix?* **Ka.: KAJ-'IMOX** Ka.: *kaj[i']-imox*
Glyphe 44 	T: T61:T502:T188.T89/92.T1000a/b:T59:T130 M: 32D:XE3:1SC.3M4.PC1:3M2:2S2 **Cl.: yu-ma-le-tu-na-ti-wa** Cl.: *yumaal-tunatiiw* **Ka.: yu/ru-ma-le-tu-na-ti-wa** Ka.: *rumal-tunatiw*
Phrase 5	« Huit *kin*, six *uinal* (et) seize *tun* plus tard, [le] 13 Lamat 16 Pax (= 7 juin 1540), le seigneur Ajpo Sotz'il Kaji'Imox fut tué, pendu, à cause de Tunatiw (= Pedro de Alvarado). »
Glyphe 45 	T: VII:XII.T521 M: 007:012.XS1 **Cl.: HUK/'UK/WUK-CHA'LAJUN/LAJCHAN/KA'LAJUN/ LAJKA'-(WINIK/) WINAK** Cl.: *huk/uuk/wuk[-bix(iiy)]-cha'lajuun/lajchan/ka'lajuun/lajka'-winak* **Ka.: WUQ-KABLAJ-WINÄQ** Ka.: *wuq[u'-bix]-kablaj-winäq*

Figure 43 : **Suite**

Glyphe 46 	T: T1046.T1034 M: SC1.SB4 **Cl.: LAJUN-HAB(/TUN?/TUM?)** Cl.: *lajuun-haab(/tuun?/tuum?)* **Ka.: LAJ-'AB** Ka.: *laj-ab*
Glyphe 47 	T: T807:T82/83.T746 M: MR3:1SB.SB2 **Cl.: MIH?-li-WINIKHAB/WINAKHAB(/K'ALTUN?/ K'ALTUM?)** Cl.: *mihil?-winikhaab/winakhaab(/k'altuun?/k'altuum?)* **Ka.: MAJUN-WINÄQ 'AB** Ka.: *majun-winäq-ab*
Glyphe 48 	T: T329.T1033/1085 M: MBA.SB1 **Cl.: JUN-PIH?/PIK(HAB?/TUN?/TUM?)** Cl.: *jun-pih?/pik(haab?/tuun?/tuum?)* **Ka.: JU(N)-PIQ('AB)** Ka.: *ju-piq*
Glyphe 49 	T: XI.T628a(900) M: 011.ZZ1(SSE) **Cl.: BULUCH/BULUK-TS'IKIN** Cl.: *buluch/buluk-ts'ikin* **Ka.: JULAJ(UJ)-TS'IKIN** Ka.: *julajuj-ts'ikin*
Glyphe 50 	T: XVIII:T743/745(T281):T57.T126 M: 018:AL2/BP1(XQ1):3M6.32M **Cl.: WAXAKLAJUN-'a K'AN-si ya** Cl.: *waxaklajuun-k'anasiiy* **Ka.: WAQXAQLAJUJ-K'AYAB** Ka.: *waqxaqlajuj-k'ayab*
Glyphe 51 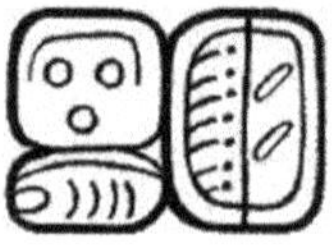	T: T542a:T188.T630+T114 M: AA7:1SC.XV4+XG4 **Cl.: 'e-le-sa xa** Cl.: *el(e)-sax* **Ka.: 'e-le-sä xa** Ka.: *[x]elesäx*

Figure 43 : **Suite**

Glyphe 52 	T: 900:T188:T145/148.T743/745:T188 M: XGC:1SC:1B7.AL2/BP1:1SC **Cl. / ka.: te-le-che-'a-le** Cl.: *tel(e-)che'aal* **Ka.:** Ka.: *teleche'al*
Glyphe 53 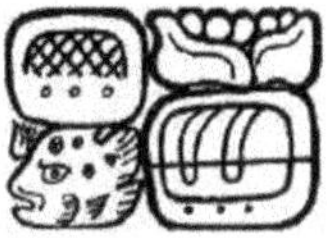	T: T586/602:T738a/b.T117:T679 M: XD1:AA1.1S1:YM1 **Cl.: pa-ka-wi-'i** Cl.: *pak(a)wi'* **Ka.: pa-ka/qa/qä-wi-'i** Ka.: *pa-qawi'*
Glyphe 54 	T: T502:T126:T228/229.T521:T25Var M: XE3:32M:AL2.XS1:AA1 **Cl.: ma-ya-'a-(WINIK/)WINAK-ka** Cl.: *maya'-winak* **Ka.: ma-ya-'a-WINÄQ-ka/qa/qä** Ka.: *maya'-winäq*
Glyphe 55 	T: T61:T502:T188.T12.T220Var/D220a:T130+T580Var+T279 (/ T99(T580Var)) M: 32D:XE3:1SC.1G4.MZR:2S2+(XGA.BT1) **Cl.: yu-ma-le-'aj-ye-wa lo-'o** Cl.: *yumaal-aj-yewalo'* **Ka.: yu/ru-ma-le-'aj-re-wa lo-'o** Ka.: *rumal-a(j)rewalo'*
Phrase 6	« Sept *kin*, douze *uinal*, dix *tun*, (zéro *katun* et) un *baktun* plus tard, [le] 11 Men 18 Kayab (= 23 mars 1945), le fardeau fut retiré aux Mayas, grâce à [Juan José] Arévalo. »
Glyphe 56 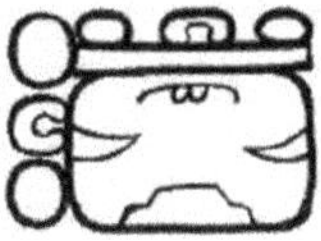	T: II.VII:T521 M: 007.012:XS1 **Cl.: CHA'/KA'-HUK/'UK/WUK-(WINIK/)WINAK** Cl.: *cha'/ka'[-he(waal)]-huk/uuk/wuk-winak* **Ka.: KA(')-WUQ-WINÄQ** Ka.: *ka[-b-ij]-wuq-winäq*
Glyphe 57 	T: T509PVar(T713Var).T1034 M: PM7.SB4 **Cl.: MIH?-li-HAB(/TUN?/TUM?)** Cl.: *mihil?-haab(/tuun?/tuum?)* **Ka.: MAJUN-'AB** Ka.: *majun-ab*

Figure 43 : **Suite**

Glyphe 58 	T: II:T28:T548.VI.T526/D526a:T125(/T628(D526b)) M: 002:ZH1.006.ZZ1(YS1) **Cl.: CHA'/KA'-WINIKHAB/WINAKHAB(/K'ALTUN?/ K'ALTUM?)-WAK-KABAN?** Cl.: *cha'/ka'-winikhaab/winakhhab(/k'altuun?/k'altuum?)-wak-kaban?* **Ka.: KA(')-WINÄQ 'AB-WAQ-NOJ** Ka.: *ka-winäq-ab-waq[i ']-no'oj*
Glyphe 59 	T: T644(T19.T741a).T19.T741a:T130:T116 M: HT8(YSA).YSA:2S2:1S2 **Cl.: CHUM mu-mu-wa-ni/ne** Cl.: *chum-muwaan* **Ka.: TSUYE'-mu-wa-ni/ne** Ka.: *[x]tsuye'-muwan*
Glyphe 60 	T: T846P.T743/745 M: SCJ.AL2/BP1 **Cl.: ya-'a** Cl.: *ya'* **Ka.: ya-'a** Ka.: *[x]ya'*
Glyphe 61 	T: I:T501Var/690/D501b.T25Var.T544:T69 M: 001:XE1.AA1.XQ3:33B **Cl.: JUN-ba-ka-K'IN(-je)** Cl.: *jun-ba-ka-k'i(i)n* **Ka.: JU(N)-ba-ka/qa/qä-Q'IJ-je** Ka.: *ju-ba-qa-q'ij*
Glyphe 62 	T: T586/602.T565a:T25Var.T120/834:T142(/255).T609b:T88 M: XD1.YM2:AA1.1S3/ATB:32A.XHB:1M1 **Cl.: pa-ta-ka-ne-ma-HUN(WOJ?-ji)** Cl.: *pa-takaneem-huun(/wooj?)* **Ka.: pa-ta-ka/qa/qä-ne-ma-WUJ(-ji)** Ka.: *pa-taqanem-wuj*
Glyphe 63 	T: T61:T502:T188.T673.T758b:T758aVar/D758a.T758b:T23 M: 32D:XE3:1SC.MZC.APC:APB.APC:1G1 **Cl.: yu-ma-le-yo-ji-ch'o-ji-na** Cl.: *yumaal-yo(o)j(i)-ch'ojiin* **Ka.: yu/ru-ma-le-yo-ji-ch'o-ji-na** Ka.: *rumal-yoj-ch'ojin*
Glyphe 64 	T: T279:T607.T502:T126:T228/229 M: BT1:ZUF.XE3:32M:AL2 **Cl.: 'o-jo-ma-ya-'a** Cl.: *oj-maya'* **Ka.: 'ö-jo-ma-ya-'a** Ka.: *öj-maya'*

Figure 43 : **Suite**

Phrase 7	« Deux *kin*, sept *uinal*, (zéro *tun* et) deux *katun* plus tard, [le] 6 Caban 0 Muan (= 14 janvier 1985), notre existence dans la constitution fut légalement reconnue grâce à notre combat, notre lutte à nous les Mayas. »
Glyphe 65 	T: III.VI:T521.T25Var M: 003.006:XS1.AA1 **Cl.: 'UX/'OX-WAK-(WINIK/)WINAK-ka** Cl.: *ux/o(o)x[-he(waal)]-wak-winak* **Ka.: OX-WAQ-WINÄQ-ka/qa/qä** Ka.: *ox[-ij]-waq-winäq*
Glyphe 66 	T: VIII.T548:T585a M: 008.XH2:XGE **Cl.: WAXAK-HAB-bi** Cl.: *waxak-haab* **Ka.: WAQXAQ-'AB-bi** Ka.: *waqxaq-ab*
Glyphe 67 	T: T329.T28:T548 M: MBA.ZH1 **Cl.: JUN-WINIKHAB/WINAKHAB(/K'ALTUN?/K'AL TUM?)** Cl.: *jun-winikhaab/winakhaab(/k'altuun?/k'altuum?)* **Ka.: JU(N)-WINÄQ 'AB** Ka.: *ju-winäq-ab*
Glyphe 68 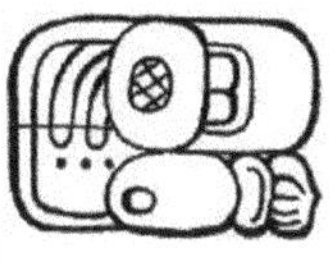	T: T679.T719Var/D513b:T59 M: YM1.YG2:3M2 **Cl.: 'i-'u-ti** Cl.: *i[(yu)wal]-uut* **Ka.: K'ARI'** Ka.: *k'ari'*
Glyphe 69 	T: T1010b.T628a(T1000d/e/f/i) M: SN4.ZZ1(PT7) **Cl.: CHAN/KAN-'AJAW** Cl.: *chan/kan-ajaw* **Ka.: KAJ-'AJPU** Ka.: *kaj[i']-ajpu*
Glyphe 70 	T: T1082.T753:T130+T116 M: PT3.AP2:2S2+1S2 **Cl.: 'UX/'OX-'UN/'ON-wa ni/ne** Cl.: *ux/o(o)x-uniiw/oneew* **Ka.: 'OX-K'ANK'IN** Ka.: *ox[i']-k'ank'in*

Figure 43 : **Suite**

Glyphe71 	T: T713b.T165 M: MRB **Cl.: TSUTS** Cl.: *tsuts[uuy]* **Ka.: TS'UTS'** Ka.: *[x]ts'uts'[ïr]*
Glyphe 72 	T: T68/366Var.T25Var:T113:T1Inv.XIII:T200 M: 3M7.AA1:1B1:HE6.013:ZC5 **Cl.: ts'a-ka-ta-'u-'UXLAJUN/'OXLAJUN-pi** Cl.: *ts'akat-[(u)y]-uxlajuun/oxlajuun-pi[k(haab)?/k(tuun)?/ k(tuum)?]* **Ka.: tsa/ts'a/ts'ä-ka/qa/qä-tä-'u/r(u)-'OXLAJ(UJ)-pi** Ka.: *[x]tsaqät-[r]-oxlaj-pi[q(-ab)]*
Glyphe 73 	T: T59:T528.T68/366Var.T534:T74:T556Var:T142(/255) M: 3M2:ZC1.3M7.AMB:32A **Cl.: ti-ku-ts'a-la-ma** Cl.: *ti(i)k(u)-ts'alam* **Ka.: ti-ku/qu-tsa/ts'a/ts'ä-la/lä-ma** Ka.: *[x]tik-ts'aläm*
Glyphe 74 	T: T528:T181.IV:T628(T533Var/D533b)/T533Var/D533a(:T125) M: ZC1:ZU1.004:ZZ1(AM1) **Cl.: TUN(/ku)-ja-CHAN/KAN-'AJAW** Cl.: *tuun-[a]j(/kuuj?)-chan/kan-ajaw* **Ka.: 'AB-ja-KAJ-'AJPU** Ka.: *ab-[ä]j-kaj[i']-ajpu*
Glyphe 75 	T: T61:T585a:T679.T671 M: 32D:XGE:YM1.MR7 **Cl.: yu-bi-'i-chi** Cl.: *yubi'(i)-ch(i)* **Ka.: yu/ru-bi-'i-chi** Ka.: *rubi'-chi*
Glyphe 76 	T: T679.T1048:T74.T145/148:T542a M: YM1.SC5:32A.1B7:AA7 **Cl.: 'i-xi-ma-che-'e** Cl.: *ixiim-che'* **Ka. : 'i-xi-ma-che-'e** Ka.: *ixim-che'*
Glyphe 77 	T: T61:T502.T188 M: 32D:XE3.1SC **Cl.: yu-ma-le** Cl.: *yumaal* **Ka.: yu/ru-ma-le** Ka.: *rumal*

Hors-texte 5 : **Suite**

Glyphe 78 	T: T25Var.T117:T114:T188 M: AA1.1S1:XG4:1SC **Cl.: ka-wi-xa-le** Cl.: *kawixaal* **Ka.: ka/qa/qä-wi-xa-le** Ka.: *qawixal*
Glyphe 79 	T: T110:T134/136.T659.T134/136:T69.T24.T502:T126:T228/229 M: 1BA:ZD2:33B.1M4.XE3:32M:AL2 **Cl.: ko-no-je-li-ma-ya-'a** Cl.: *konojeel-maya'* **Ka.: qo-no-je-li-ma-ya-'a** Ka.: *qonojel-maya'*
Glyphe 80 	T: T673.T758b:T758aVar/D758a.T758b.T23 M: MZC.APC:APB.APC.1G1 **Cl.: yo-ji-ch'o-ji-na** Cl.: *yo(o)j(i)-ch'ojiin* **Ka.: yo-ji-ch'o-ji-na** Ka.: *yoj-ch'ojin*
Phrase 8	« Trois *kin*, six *uinal*, huit *tun* (et) un *katun* plus tard, [le] 4 Ahau 3 Kankin (21 décembre 2012), le treizième *baktun* s'est terminé, s'est accompli, (et) une pierre nommée Kaji' Ajpu (la (néo-)stèle du 4 Ahau) fut plantée à Iximché, grâce à nos racines, à notre culture à nous les Mayas. »
Note.	Cl. et Ka. pour Chol et Kaqchikel. Les abréviations T: et M: renvoient au catalogue de Thomson (1962) et aux catalogues de Macri et alt. (2003 et 2009).

Hors-texte 5 : *Iximché, kaji'ajpu, neo-estela del baktun 13*

Concluons qu'il est possible, comme le firent les auteurs de la néostèle d'Iximché, d'écrire n'importe quelle histoire en divisant le texte qui la raconte selon les règles de l'art maya de l'époque classique, c'est-à-dire en rapportant l'instant t_0 du récit à l'origine de la chronologie, et en ponctuant chaque phrase par des égalités calendaires dont les nombres de distance relient, dans tous les calendriers et cycles en usage, les dates initiale et finale des événements décrits par les phrases du texte.

La première égalité d'un texte maya est une SI qui part de l'origine mythique, conduit à la date-numéro de l'événement raconté, la convertit en dates *tzolkin* et *haab*, et la place dans la neuvaine et dans tous les autres cycles en usage.

À demander, par exemple, d'écrire le récit de la prise de la Bastille qui symbolise la Révolution française de 1789, on obtiendrait un texte illustré qui commencerait par la date t_0 du jour de cette prise symbolique[120]. Une date qui prendrait la forme d'une série initiale[121], laquelle s'écrirait comme sur le schéma du Hors-texte 6 ci-dessous : **12.8.13;5.10. 8 Oc**$_{10}$ **G**$_2$ ***8 Zip***$_3$. Elle serait précédée par un glyphe introducteur disant « Comptons pour **Zip**$_3$ les **<u>katun</u>** ». Ensuite le récit, (ponctué par la suite des nombres de distance), en glyphes des évènements serait calligraphié autour des scènes qui l'illustrent. Vérifier que la série initiale du jour anniversaire, en 2016, de la prise de la Bastille, dirait : « [Ra]comptons les **katun** pour **Xul**$_6$ **13.0.3;11.0. 4 Ahau**$_{20}$ **G**$_4$ ***3 Xul***$_6$ ».

14/07/1789
(Pauahtun, 584 284)

Inauguration de la néostèle Kaji' Ajpu
© Photo Licerio Camey, publiée avec son autorisation

Hors-texte 6 : *Néo-écritures*

[120] Mardi 14 juillet 1789, Saint Bonaventure, sur l'agenda royal de Louis XVI.

[121] De nombreux sites fournissent des convertisseurs de dates, par exemple le site Famsi ou le site Pauahtun. Nous avons utilisé la concordance GMT et la constante 584 284.

Chapitre 5

Du temps débité en cycles

Les Mayas ont constamment montré leur goût pour calculer les durées et dater les événements, au jour près[122]. Un goût que révèlent l'invention et l'usage du système vigésimal des unités de temps[123]. En inventant les glyphes qui sémiotisent les unités de ce système, les Mayas levaient les ambiguïtés liées à l'usage du Choltun ou Compte long à l'âge où les premières SI s'écrivaient sans zéro ni glyphes de période[124]. Le couplage de ces inventions (système des unités, datation en CL) devait révolutionner l'art maya des calendriers, un art qui allait [ra]compter le temps en égalités calendaires.

Le système maya des unités de temps présente une particularité : son unité principale n'est ni l'année véritable comme le voudrait l'astronomie, ni l'année de vingt mois de vingt jours comme le voudrait la logique vigésimale des numérations, ni l'année festive mésoaméricaine. Son unité principale[125] est l'année **tun** 'pierre/tambour', de logogramme HA(A)B/

---

122 L'idée angoissante que la course du Soleil puisse s'arrêter poussa les Mésoaméricains à développer l'art de la divination et toutes sortes de credo et de rituel destinés à éviter l'arrêt des cycles temporels. Tout aussi préoccupés par la détermination du sens et de la couleur du temps, les Mayas adoptèrent la révolution du Compte long, et se mirent à « mathématiser » les calendriers qui le débitent en cycles, à compter les durées, et à contrôler, au jour près, toutes les formes de datation.

123 Le système maya des unités de temps est vigésimal (Cauty 2013 : 144–147). Au contraire, les unités de temps en usage chez les Aztèques (**ilhuitl**, **metztli**, **xihuitl**, **xiuhmolpilli** et **huehuetiliztli**) ne forment pas une progression géométrique de raison vingt. Plus généralement, on ne trouve pas d'équivalent du système des périodes chez les peuples qui, comme les Aztèques, ne firent pas usage du Compte long.

124 C'est le cas sur la stèle 2 de Chiapa de Corzo (figure 3) du Ier siècle av. J.-C.

125 Principale, parce que le système des unités de temps est la suite ouverte qui commence par **tun** et continue par ses multiples vigésimaux ; et, d'autre part, parce que les plus anciens glyphes introducteurs de série initiale disent que l'on compte les **tun**, (plus tardivement, que l'on compte les **katun**).

TU(U)N/TUUM. Elle dure 360 jours distribués en 18 **uinal** ou « mois (de 20 jours) ». Chez les Mayas cette valeur de l'année **tun** a prospéré en ses multiples, à commencer par le **katun** (20 × 360) et le **baktun** (400 × 360), deux cycles qui reçurent une sorte de nom propre, (à savoir la date *tzolkin* du jour de leur départ/arrivée), et même un culte[126] consistant à élever ou oindre un mégalithe à la complétion du cycle[127]. Outre d'être éponyme (/ou porteur) du cycle, la date *tzolkin* de son jour de départ/ arrivée lui associait un régent et une couleur divinatoire.

Du fait que la chronologie maya commence un jour **Ahau** et que le système des unités de temps (**tun** et multiples) était vigésimal, le nom propre calendaire de chaque période, (c'est-à-dire la date *tzolkin* **αX** du jour de départ/arrivée du cycle convenu en être l'éponyme ou le porteur), était forcément de la forme **α Ahau**. Cycle après cycle, le rang **α** finit par prendre successivement toutes les valeurs de **1** à **13**, et on découvre qu'il s'incrémente selon une loi très simple. Pour fixer les idées, prenons, le cas des **katun**.

Dans le cas des **katun**, la loi de succession a été rapportée par Diego de Landa qui la présenta comme une roue, la *gira de los katunes*. La figure montre que les rangs **α** et **α'** des noms de deux **katun** successifs vérifient, selon que l'on va vers le futur ou le passé, les égalités **α'** = (**α** + **2**) ou **α'** = (**α** – **2**), car 7 200 = (554×13) – 2 = (553×13) + 11, *modulo* 13. On lit, dans le sens antihoraire et en partant de la croix, le cycle des **katun** : **11 Ahau, 13 Ahau, 2 Ahau, 4 Ahau, 6 Ahau, 8 Ahau, 10 Ahau, 12 Ahau, 1 Ahau, 3 Ahau, 5 Ahau, 7 Ahau, 9 Ahau.**

Figure 45 : *La roue maya des* **katun** *(selon Diego de Landa)*

Pareillement distingués, (chacun par son éponyme), tous les cycles multiples du **tun** entraînent leurs noms **α Ahau** dans une valse à treize

126 L'α/ω du *haab* était célébré par un rituel (peintures de San Bartolo, codex).

127 Les Mayas célébraient parfois aussi les demis et quarts de **katun**. Un **demi-katun** dure 3 600 jours. Divisible par vingt, 3 600 est égal à 277 treizaines –1. Autrement dit, 3 600 = 0 (*modulo* 20) et 3 600 = **–1** (*modulo* 13). Par suite l'éponyme du successeur du **demi-katun** α **Ahau** est le **demi-katun** (α – **1**) **Ahau.** Et donc, de **katun** en **katun**, on va du **katun** α **Ahau** au **katun** (α – **2**) **Ahau** (figure 45).

temps. On obtient la roue des **tun**, celle des **katun**, celle des **baktun**, et ainsi de suite. Les noms **α Ahau** des treize cycles de chacune de ces roues se succèdent, cycle après cycle, selon une loi simple : multiple du *tzolkin*, la roue des 13 cycles laisse invariante le nom **X** de la date **α Ahau**, et incrémente **α** du reste (*modulo* 13) de la durée du cycle. Prenons la roue des **baktun**. C'est un cycle vigésimal de 400 années de compte, soit un cycle de 144 000 jours. Comme 144 000 = 1 076 treizaines + 12, ou que 144 000 = 1 077 treizaines – 1, la durée **baktun** est égale à 12 ou à –1 (*modulo* 13). La valeur –1 traduit le fait que l'éponyme du successeur du **baktun α Ahau** est le **baktun (α–1) Ahau**, par exemple **4 Ahau** + **1-baktun** = **3 Ahau**. L'éponyme du **baktun** suivant sera **2 Ahau**, puis **1 Ahau**, **13 Ahau**, etc. On démontre ainsi la validité de la règle rapportée par Landa, et la légitimité de sa généralisation aux cycles multiples.

En le regardant effectuer à sa manière des recherches de ce genre, nous surprenons le scribe maya en plein travail de graduer le Compte long. On peut penser qu'il le fait en déposant, à chaque tour de cycle ou de roue, une marque indiquant que le point atteint correspond à un **α/ω** du cycle ou de la roue considéré(e), un jour nécessairement daté **α Ahau** en calendrier *tzolkin*.

Mentales ou réelles, les graduations **α/ω** sont une aubaine pour qui doit découvrir la couleur divinatoire des jours et des périodes. Elles livrent, en effet, des jours datés **α Ahau**, et donc régentés par le seigneur **Ahau**, dont les coefficients **α** se suivent selon une loi simple, et donc facilement mémorisable. Au risque d'un européocentrisme, je pense que le travail de graduation peut être figuré par la course des cycles (**tun**, **katun**, …) et des roues de treize (**13-tun**, **13-baktun**, etc.) qui roulent sans glisser sur l'axe du CL. En roulant, un cycle (le **tun** par ex.) ponctue le CL en laissant, tour après tour, des marques **α Ahau** régulièrement espacées et dont les rangs **α** se suivent selon une loi facile à mémoriser. On évite l'image occidentale du cerceau, en prenant celle du sceau cylindrique de San Andrés (figure 4), que l'on fait baliser le temps linéaire par les marques laissées par les points d'un cycle (*tzolkin* par ex.), ou de plusieurs cycles (comme dans les codex présentant des suites d'entiers, en forme de tables de multiples), associés à des dates **αX** ou à des dates **αX** βY du Calendrier Rituel.

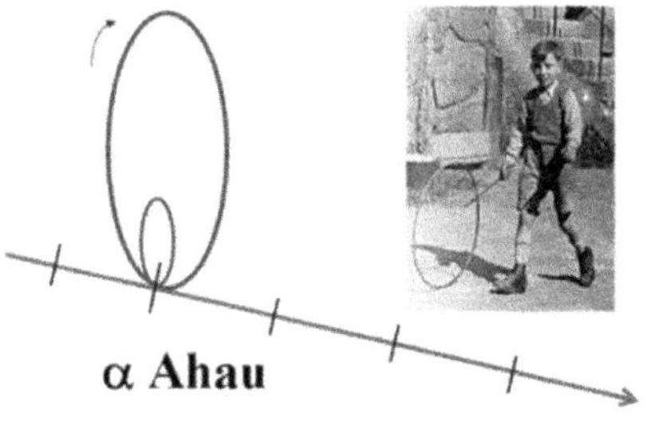

Figure 46 : *Marquage* **α Ahau** *du CL*

Élargissons l'extrait de la table des multiples de 65 (figure 15)[128] :

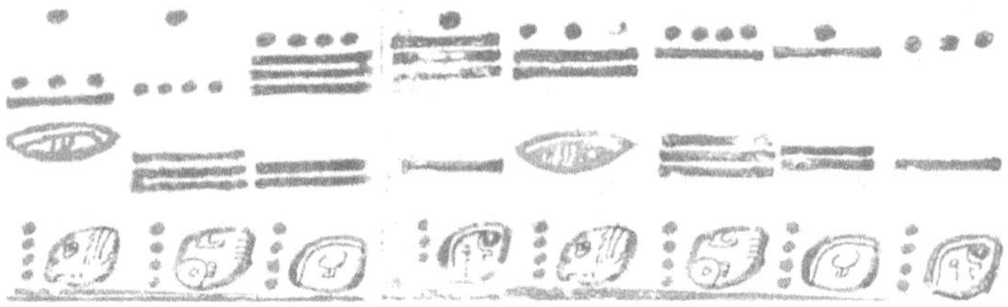

1;	1;						
8.	4.	19.	16.	13.	9.	6.	3.
0.	15.	10.	5.	0.	15.	10.	5.
4 Eb	4 Manik	4 Ik	4 Caban	4 Eb	4 Manik	4 Ik	4 Caban
8 × 65	7 × 65	6 × 65	5 × 65	4 × 65	3 × 65	2 × 65	1 × 65

Figure 47 : *Début d'une table de 65 faisant passer par les porteurs d'année*

En lisant le tableau des pages 50/71 à 52/73 du codex conservé à Dresde dans le sens des multiples croissants de 65, (de droite à gauche), on observe que les dates associées se répètent inlassablement par bloc de quatre, à savoir : **4 Caban**$_{17}$, **4 Ik**$_{2}$, **4 Manik**$_{7}$, **4 Eb**$_{12}$, etc., jusqu'à **2;9.10. 4 Ik**$_{2}$. Calculant la durée les séparant, on voit qu'elles se suivent de 65 en 65[129] : **4 Caban**$_{17}$ + **65** = **4 Ik**$_{2}$, **4 Ik**$_{2}$ + **65** = **4 Manik**$_{7}$, **4 Manik**$_{7}$ + **65** = **4 Eb**$_{12}$, et **4 Eb**$_{12}$ + **65** = **4 Caban**$_{17}$. On interprète les figures 45 à 47 comme les fruits du travail de graduer le CL en y déposant, tous les 65 jours, une date **4 X**, où **X** parcourt le quarteron des Porteurs d'année du Classique maya. D'où le schéma suivant :

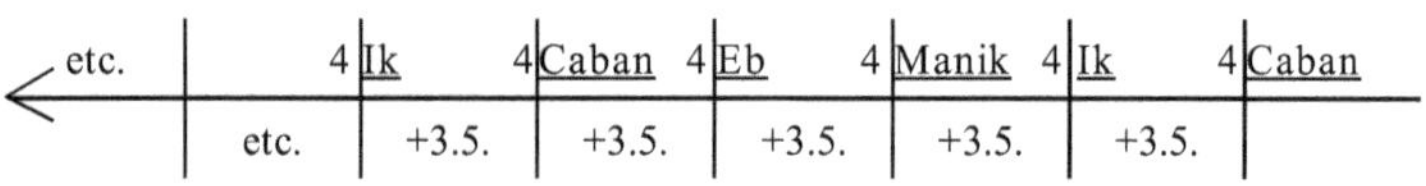

Figure 48 : *Axe du Compte long gradué de 65 en 65 jours*

L'invention du système maya des unités de temps reposait sur un principe de progression géométrique de raison vingt, mis en place

---

[128] Le scribe a écrit l'entier 390 sous la variante **19.10.** et non la forme standard **1;1.10.**

[129] L'entier 65 est égal à 0 *modulo* treize, et à 5 *modulo* vingt. Le translaté, par multiple de 65, d'un jour **αX** est donc un jour **α(X + 5)**, par ex. : **4 Caban**$_{17}$ + **65** = **4 Ik**$_{2}$

et attesté par la plupart des numérations parlées mésoaméricaines. Probablement déjà à l'œuvre à l'époque des premières séries initiales, la maîtrise de ce principe se manifeste, peu à peu, et de plus en plus clairement, au fur et à mesure de la création par les Mayas des glyphes de période qui sémiotisent les unités vigésimales de temps et permettent de les représenter. Les longues séries des stèles de Cobá prouvent que le système fut conçu comme ouvert à droite. Ci-dessous une représentation simplifiée de ce système d'unités de temps (Cauty 2013 : fig. 111) savamment décrit par J.-M. Hoppan (2014 : chapitre 6).

kin 'jour'	uinal	tun 'an'	katun	baktun	pictun
20^0 jour	20^1 kin	20^0 an	20^1 tun	20^2 tun	20^3 tun

Figure 49 : *Sous-système et système mayas des unités de temps*

L'absence de toute contrainte de fermeture est un facteur important puisqu'il déclenche un processus de création continue d'unités de vingt en vingt fois plus grandes, lequel conduit à l'invention d'un calendrier sans fin qui affecte des dates-numéros comme **8-baktun 14-katun 3-tun ; 1-uinal 12-kin**. Le tableau suivant (extrait de la figure 90), montre que la graduation du CL par les différentes roues est en progression 13 combinable à la progression 20 :

tun **1;0.0.**	→ **×1.0.**	**katun** **1.0;0.0.**	→ **×1.0.**	**baktun** **1.0.0;0.0.**	→ **×1.0.**	**pictun** **1.0.0.0;0.0.**	→ **×1.0.**
↓ **×13.**	↘	↓ **×13.**	↘	↓ **×13.**	↘	↓ **×13.**	↓↘
Roue des 13-tun **13;0.0.**	→ **×1.0.**	**Roue des 13-katun** **13.0;0.0.**	→ **×1.0.**	**Roue des 13-baktun** **13.0.0;0.0.**	→ **×1.0.**	**Roue des 13-pictun** **13.0.0.0;0.0.**	→ **×1.0.**

Composée des flèches "→ horizontale et ↓ verticale", la flèche ↘ (diagonale) est le multiplicateur ×**13.0.** égal à la durée du cycle divinatoire (260 j).

Figure 50 : *Extensions par 13 et par 20 depuis le* **tun**

Du point de vue de la divination, la graduation par sauts de treize cycles présente un certain avantage sur le principe de progression géométrique de raison vingt. Il provient du fait que les nouvelles roues permettent de suivre la date **αX** de n'importe quel jour de leur cycle, et, plus précisément, la date **α Ahau** du jour de départ/arrivée du cycle considéré (**tun**, **katun**, etc.). En d'autres termes, la génération par 13 étend, (pour ceux qui s'intéressent à la couleur divinatoire des jours), les possibilités offertes par le système des unités vigésimales, et facilite aussi bien le procès de divination que le travail du comput arithmétique qui demande de former et écrire des égalités calendaires.

D'où la conjecture que le travail des équations calendaires a conduit les Mayas à l'usage, ininterrompu durant toute l'époque classique, d'un très exceptionnel calendrier linéaire et sans fin qui, (comme le système des Jours Juliens), numérote les jours à partir d'un zéro convenu loin dans le passé.

La pérennité du CL durant le Classique maya pourrait avoir résulté :

a) de l'usage de nombreux cycles synchrones qui durent ou se répètent assez longtemps pour aboutir « en pratique et contre toute attente » à une énumération linéaire et ordonnée des phénomènes historiques et sociaux (ce qui renvoie à l'idée qu'un cercle qui grandit sans limite tend à se transformer intuitivement en droite), et
b) du fait que les Mayas conçurent leur système d'unités de temps comme une progression géométrique ouverte à droite, (allant effectivement jusqu'à l'ordre de la vingtaine à Cobá).

Certes, les Mayas de l'époque coloniale n'utilisaient plus le Choltun ou Compte long, mais ils avaient conservé ou repris l'usage des roues calendaires de taille croissante et pouvant devenir très grande[130]. Nous en concluons que les scribes mayas avaient bien les moyens d'écrire des prédicats calendaires, de contrôler la marche synchrone d'une forêt de cycles de nature diverse, et de les emboîter, comme des poupées russes, dans leur plus petit commun multiple.

---

130 La roue des **katun** (cycle de 93 600 jours, environ 256 ans) décrite par Landa et la littérature coloniale, ou parfois comme à Toniná le produit de la neuvaine et du CR (un cycle de 170 820 jours, environ 500 ans). Gunsenheimer (2009) donne une approche savante des prophéties des Katun **α Ahau** en vigueur à l'époque coloniale http://www.mshs.univpoitiers.fr/crla/contenidos/escritural/escritural2/escritural_2_sitio/pages/Gunsenheimer.html.

Autrement dit, les scribes mayas disposaient du minimum nécessaire pour créer (/ou emprunter), développer et diffuser la révolution mésoaméricaine du Compte long. Une création dont les premières attestations étaient en numération de position sans zéro : **7.16.3;2.13.** (Chiapa de Corzo, Chiapas, Mexique, 07/12/–35), **7.16.6;16.18.** (Tres Zapotes, Veracruz, Mexique, 02/09/–31), **7.19.15;7.12.** (El Baúl, Escuintla, Guatemala, 03/03/37), **8.5.16;9.7.** et **8.5.3;3.5.** (La Mojarra, Veracruz, Mexique, 12/07/156 et 20/05/143). Une création dont les attestations un peu plus récentes étaient, par ex. chez les Mayas, en numération de disposition (sur les monuments), d'abord sans zéro : **8-<u>baktun</u> 4-<u>katun</u>**, (pendeloque de Dumbarton Oaks, abréviation de **8-<u>baktun</u> 4-<u>katun</u>** [**0-<u>tun</u> ; 0-<u>uinal</u> 0-<u>kin</u>**], 14/07/120), **8-<u>baktun</u> 12-<u>katun</u> 14-<u>tun</u> ; 8-<u>uinal</u> 15-<u>kin</u>** (Tikal, Petén, Guatemala, 07/07/292), puis avec zéro : **8-<u>baktun</u> 16-<u>katun</u> 0-<u>tun</u> ;0 -<u>uinal</u> 0-<u>kin</u>** (Uaxactún, Petén, Guatemala, 02/02/357).

Boostée par l'invention du système des périodes, et liée à l'usage des couples (**αX**, ***βY***) du produit intriqué *tzolkin* ⊗ *haab*, la révolution du Choltun ou Compte long nous donne aujourd'hui, (comme elle les donnait hier aux Mayas), les moyens de résoudre tous les problèmes de calendrier qu'un scribe pouvait rencontrer[131]. De les résoudre tellement facilement que nous pouvons implanter les solutions sur nos ordinateurs, et offrir en ligne des convertisseurs de dates CL mayas en dates CR (et en dates grégoriennes GP grâce à la concordance GMT), et vice-versa. Le CL permet, en effet, comme le système des Jours Juliens, de ramener les problèmes de calendrier (et de concordance) aux opérations d'addition et de soustraction.

Pour se convaincre du bénéfice apporté par le Choltun, il suffit de se poser un problème calendaire, et de comparer la complexité du travail de résolution selon que l'on utilise les dates du grégorien ou les numéros du système des Jours Juliens[132]. Bien que je ne connaisse pas de documents

[131] Soit une translation de ***T*** jours vers le futur (par ex.) et les dates ***x*** et ***y*** de n'importe quel calendrier ou cycle vague en usage chez les Mayas. Selon l'inconnue considérée, (***y***, ***x*** ou ***T***), l'équation ***y*** = ***T***(***x***) représente les trois problèmes que résolvaient les scribes mayas : a) trouver l'image ***y*** d'une date ***x*** donnée par une translation ***T*** donnée, a') trouver l'antécédent ***x*** de l'image ***y*** d'une date donnée par une translation ***T*** donnée, et b) trouver la distance qui sépare deux dates données (/ou trouver les translations qui font passer de ***x*** à ***y***, ou qui laissent – totalement ou partiellement – invariante une date ***x***).

[132] Il est assez facile de voir que le mardi 20/01/2015 (aujourd'hui) et le 14/07/1789 (prise de la Bastille) sont séparés de 225 ans. Il est plus difficile de préciser cette durée au jour près, ou de dire sur quel jour de la semaine tombait le 14 juillet 1789. En jour julien, le 20/01/2015 est numéroté 2 457 041 et le 14/09/1789 est numéroté

le prouvant directement, je pense que les scribes mayas profitèrent des facilités offertes par un calendrier complexe qui, d'une part, utilise des nombres en guise de dates, et qui, d'autre part, demande de se déplacer dans des cycles synchrones et toujours définis, (comme le *haab* de 365 j), par un nombre entier de jours.

À partir des IXe et Xe siècles, le Choltun et la notation ***βY*** (second constituant des dates CR) tombèrent progressivement en désuétude chez les Mayas. Le codex de Paris ne présente qu'une date *haab*, le ***16 Zac***$_{11}$ en page 4, et dans le Dresde, les dates *haab* sont très rares. Les Aztèques et d'autres peuples mésoaméricains n'utilisaient ni dates-numéros ni nombre de distance, et n'ont pas laissé de preuves d'usage de dates au format ***βY.*** Malgré ces faits d'observation, certains américanistes considèrent toujours que le CL et le CR sont partie prenante du fonds commun des Mésoaméricains (au sens défini par Paul Kirchhoff en 1943). Cette généralisation est contredite par la moitié de la Mésoamérique qui n'avait ni CL ni année vague solaire de durée fixe, et donc pas de CR, car ce calendrier est le cycle simultané combinant le CDM et une année vague solaire de 365 jours, c'est-à-dire le produit 260 ⊗ 365 = 18 980. Néanmoins, ils pouvaient avoir un « siècle mésoaméricain » (/ou « aztèque »), noté SA, c'est-à-dire un cycle de 52 années (de durée non précisée) distinguées et définies par la date *tonalpohualli* de leur jour convenu éponyme.

Une difficulté se présente. Quelle que soit, en effet, leur définition, et bien que répondant à la formule (18 × $\underline{20}$) + (1 × $\underline{n}$), les années du siècle aztèque sont de durée non précisée. Des durées variables, si l'on en croit les spécialistes de la culture mexicaine qui défendent la thèse que « les anciens Mexicains [...] ajustaient leur calendrier annuel au cycle naturel » (Dehouve 2011 : 75), et donc qu'ils disposaient d'une correction de leur *xihuitl* comparable à la correction bissextile. Le polysémisme du mot *xihuitl* peut aussi conduire à l'idée que l'année commençait quand la nature reverdit (Izeki 2007 : 97). Comme toutes les corrections qui recalent le calendrier sur les années véritables, le *xihuitl* serait de durée variable. S'il était démontré que les Aztèques avaient un équivalent de la correction julienne (ajout d'un jour tous les 4 ans ou de 13 jours tous les « siècles aztèques »), la durée variable des années conduirait à un siècle SA de 18 993 jours (52 × 365,25), différent du CR maya de 18 980 jours.

---

2 374 673. Leur différence, 82 369 = 2 457 042 – 2 374 673 = 11 767 × 7, est multiple de 7, et par suite, comme aujourd'hui est un mardi, la prise de la Bastille est aussi un mardi.

La difficulté ne se présente pas chez les Mayas, parce que les jours du CR étaient datés par exactement les 18 980 expressions uniques et univoques du produit intriqué *tzolkin* ⊗ *haab* que l'on obtient par énumération simultanée de ces deux cycles. Le CR est un calendrier vague. Cela résulte du caractère vague du *tzolkin* et du *haab* (260 et 365 jours) et des conditions du théorème du devin (Cauty 2013 : 10), dont le corollaire permet, année après année, de dire la date CR d'un jour donné, par ex. le jour du nouvel an, et la loi de succession des porteurs (/ ou éponymes) d'année (figure 58 et figure 104).

D'où la conjecture que la réputation du tandem CL+CR, (bien établie par les usages mayas du Classique), a largement pu dépasser en son temps les frontières olméco-mayas des premières SI, et des premiers balbutiements du système des unités de temps. On n'emprunte qu'aux riches. Bien plus aisément quand ils font un usage public et fréquent de ce que l'on pourrait convoiter. Par suite, l'exposition publique (sur les stèles et les monuments) des égalités calendaires produites par les outils arithmétiques des scribes mayas a pu tenter les peuples qui ne les avaient pas, et les conduire à emprunter au moins le plus facile à comprendre et à utiliser, à savoir le système de dénomination des années du cycle de 52 ans. Pour disposer d'un cycle des Porteurs et pouvoir utiliser la loi de succession des années du SA, il suffisait en effet de convenir d'un jour éponyme d'année et d'un jeu de quatre régents choisis parmi les vingt régents de jour. Cela permet, sans en contraindre la durée, de distinguer et définir les années *xihuitl* par la date *tonalpohualli* du jour convenu éponyme (n'importe quel jour convenu par le pouvoir). Le Telleriano-Remensis (p. 31r) donne la suite des ans de 1424 = **10 Acatl** à 1439 = **12 Acatl** (Cauty 2017 : 106).

Le prochain chapitre montrera que les outils calendaires en usage au Classique maya ont pu conduire les scribes les plus mathématiciens de toute la Mésoamérique précolombienne au théorème du devin, à son corollaire et à la règle de succession des porteurs (/ou éponymes) d'année. Aucun document ne permet aujourd'hui d'attribuer ces découvertes à un scribe ou à un peuple particulier, mais nous pouvons reconstruire les stratégies de résolution qu'un scribe maya aurait pu développer pour venir à bout des problèmes de comput, que nous ne connaissons que par leurs solutions finales inscrites dans les textes.

Il y a deux types de problèmes (note 132) dont on peut dire que les scribes les résolvaient couramment : 1) trouver l'image ou l'antécédent d'une date par une translation de pas donné, et 2) trouver les translations qui font passer d'une date à une autre ; dire par exemple aujourd'hui combien de jours se sont écoulés depuis le 14 juillet 1789.

Les déplacements dans les almanachs divinatoires prouvent au moins que les Mayas résolvaient les deux problèmes lorsque les dates étaient données dans le *tzolkin* de 260 jours, et que la distance entre les dates était donc petite. L'analyse des almanachs présentée au Chapitre 3, et du cas des abeilles à semer présenté dans la postface d'Igor Xoyón, montre que les problèmes de comput posés dans le *tzolkin* furent résolus dans un contexte comprenant toujours des outils table×tableau, des tables de multiples liées à des tableaux de dates.

La conjecture à établir porte sur le cas plus général (Chapitre 4) des dates du Calendrier rituel, (ordinairement associées aux positions dans d'autres cycles), séparées par une grande, voire une très grande, distance. Sous-jacentes aux SI et aux ND qui relient des dates, les équations calendaires des stèles et des monuments généralisent, avec celles des codex, le cas des almanachs. On en déduit que les artefacts table×tableau qui avaient permis de résoudre les équations simples de l'almanach furent probablement généralisés et adaptés à la résolution des mêmes problèmes, mais posés sur des dates CR séparées par des durées de grandeur arbitraire, notamment grandes et très grandes.

Méthodes et algorithmes de résolution étaient sans doute fondés sur la connaissance des durées qui laissent invariantes tout ou partie d'une date. Il serait, par exemple, étonnant que les scribes n'aient pas remarqué que l'entier 18 980, (et ses multiples), vérifie la propriété qu'à chaque tour du CR on repasse par la même date, par ex. le **4 Ahau *8 Cumku***. D'autres propriétés étaient connues : Landa a montré que la Roue des **katun** (figure 45) laisse invariant le nom X d'un jour et rétrograde son rang α de deux. Selon Cauty (2013 : 167–171), le tableau des 4 × 5 dates *tzolkin* de la page 32a/61a du Dresde est associé à une table des multiples de 91 et de 364 (multiples de 13).

L'analyse des complexes table×tableau montre que les translations multiples de 364 jours font correspondre les dates *tzolkin* d'une manière qui laisse les rangs **α** invariants, et qui fait avancer les noms **X** de jour de quatre places ($\alpha X_n + 364\,k = \alpha X_{n+4k}$). Autrement dit, les scribes devaient connaître tout ou partie de telles invariances ou modifications, non seulement pour les dates *tzolkin*, mais aussi pour les positions dans d'autres cycles, astronomiques ou non. Déduites ou conjecturées, ces connaissances sont suffisantes pour affirmer qu'un scribe les possédant pouvait résoudre le premier problème dont les solutions sont inscrites dans les complexes table×tableau.

Revenons au problème le plus difficile : déterminer, (*modulo* 18 980), la distance $\mathbf{\Sigma c_i \underline{P}_i}$ qui sépare deux dates $\boldsymbol{\alpha X\beta Y}$ et $\boldsymbol{\alpha' X' \beta' Y'}$ données en CR. La difficulté tient en particulier au fait qu'il faut trouver une fonction (translation), et non une date. La méthode proposée sera ensuite appliquée au cas des dates **13 Ahau *18 Kankin*** et **8 Oc *13 Yax***. Ces dates sont empruntées à un exemple présenté par Thomson en 1941, et repris en 1975 par Guitel (442–443)[133].

Les Mayas étaient familiers des processions de station en station, et du « parenthésage » des phrases de leurs textes monumentaux ponctuées de dates et de durées. Les scribes parcouraient par étapes les almanachs, les calendriers ou les cosmogrammes, et les [ra]comptaient dans des textes ponctués d'équations calendaires. Avant l'invention du plan cartésien rapporté à deux axes de coordonnées, l'organisation perpendiculaire des voies d'une cité (Teotihuacán, ou les villes coloniales espagnoles) ou de la chaîne et de la trame d'un tissage invitait les Mésoaméricains à regarder et concevoir les déplacements à travers le schéma mental du quadrillage renforcé par l'habitus des processions dans l'espace/temps des cosmogrammes. Le CR étant un produit d'énumération simultanée, CR = *tzolkin* ⊗ *haab*, le schéma suggère de compter les trajets en « avenues » et « rues ». Familier des cycles simultanés, un scribe serait enclin à décomposer toute translation $\mathbf{T}_t$ $(\boldsymbol{\alpha X\beta Y}) = \boldsymbol{\alpha' X' \beta' Y'}$, de pas $t = \mathbf{\Sigma c_i \underline{P}_i}$, en ses composantes *tzolkin* et *haab*. Ce qui conduit à transformer séparément $\boldsymbol{\alpha X}$ en $\boldsymbol{\alpha' X'}$, et $\boldsymbol{\beta Y}$ en $\boldsymbol{\beta' Y'}$.

Plus d'un chemin conduit de $\boldsymbol{\alpha X\beta Y}$ à $\boldsymbol{\alpha' X' \beta' Y'}$, de $\mathbf{P}_{i,j}$ à $\mathbf{P}_{i',j'}$. En effet, à chaque intersection $\mathbf{P}_{i,j}$ définie par une date $(\boldsymbol{\alpha X})_i$ et une date $(\boldsymbol{\beta Y})_j$, il faut choisir, pour aller à la suivante, entre continuer tout droit ou tourner et changer de voie, passant d'une avenue à une rue, ou d'une rue à une avenue. Choisir d'aller du point $\mathbf{P}_{i,j}$ au point $\mathbf{P}_{i',j'}$ en passant soit par la station intermédiaire inconnue « s_1? », soit par la station inconnue « s_2? ». La généralité du problème ne change pas si l'on demande de ne passer, au plus, que par un seul arrêt (forcément de la forme $\boldsymbol{\alpha' X' \beta_1 Y_1}$ ou $\boldsymbol{\alpha_1 X_1 \beta' Y'}$).

$\mathbf{P}_{i,j}$	→	$\mathbf{s}_2$**?**
↓		
$\mathbf{s}_1$**?**		$\mathbf{P}_{i',j'}$

133 Hoppan me précise (octobre 2019) que les dates **8 Oc *13 Yax*** et **13 Ahau *18 Kankin*** sont bien mayas. Mais que le ND calculé par Thompson ne les relie qu'en imagination. En effet, la première (Linteaux 29–30 de Yaxchilán, Chiapas), et la seconde (Stèle 1 de Cobá, Yucatán) se trouvent à 900 km l'une de l'autre, et sans lien chronologique.

On peut, sans se soucier de la partie *haab* (/respectivement *tzolkin*) se déplacer dans le *tzolkin* (/le *haab*) d'un pas **dR** (/**dS**) conduisant de αX à $\alpha' X'$ (/de βY à $\beta' Y'$). Appliquée à la date complète, la translation de pas **dR** (/**dS**) modifie la partie βY (/αX) laissée en attente, et ne fait pas, sauf exception, arriver au but $\beta' Y'$ (/$\alpha' X'$). Débutons[134] par un pas $\mathbf{dS_1}$ faisant passer de βY à $\beta' Y'$. Choisie pour faire passer de βY à $\beta' Y'$, la translation de pas $\mathbf{dS_1}$ transforme aussi αX, lequel devient $\alpha_1 X_1$ mais pas $\alpha' X'$ (sauf miracle d'une chance sur 18 980). Un second mouvement est donc généralement nécessaire : trouver une translation de pas $\mathbf{dR_2}$ **qui conserve** $\beta' Y'$ **déjà obtenu** et qui fasse en même temps **passer de cet** $\alpha_1 X_1$ **à** $\alpha' X'$.

Distinguons deux stratégies, « A_1 B_1 C_1 » et « A_2 B_2 C_2 », selon que :

1) l'on parte d'une translation de pas $\mathbf{dS_1}$ compté ou calculé dans le *haab* :

$\alpha X \beta Y$		
$\downarrow$ dS_1		
$\alpha_1 X_1 \beta' Y'$	$dR_2 \rightarrow$	$\alpha' X' \beta' Y'$

A_1) trouver $\mathbf{dS_1}$ conduisant de βY à $\beta' Y'$,
B_1) calculer $\alpha_1 X_1 = \alpha X + dS_1$,
C_1) résoudre : $\alpha_1 X_1\ \beta' Y' + dR_2 = \alpha' X'\ \beta' Y'$

Figure 51 : *Un premier schéma de résolution*

2) ou que l'on parte d'une translation de pas $\mathbf{dR_1}$ compté dans le *tzolkin* :

A_2) trouver $\mathbf{dR_1}$ conduisant de αX à $\alpha' X'$,
B_2) calculer $\beta_1 Y_1 = \beta Y + dR_1$, et
C_2) calculer $\mathbf{dS_2}$ par $\alpha' X' \beta_1 Y_1 + dS_2 = \alpha' X'\ \beta' Y'$.

$\alpha X \beta Y$	$dR_1 \rightarrow$	$\alpha' X' \beta_1 Y_1$
		$\downarrow$ dS_2
		$\alpha' X' \beta' Y'$

Figure 52 : *Un second schéma de résolution*

Appliquons ma stratégie A_1) B_1) C_1) au problème de Thompson : « déterminer le nombre de distance séparant les dates **13 Ahau *18 Kankin*** et **8 Oc *13 Yax*** ». Pour déterminer la valeur de $\mathbf{dS_1}$ on calcule modulo 365 (/ou on lit sur un calendrier *haab*) la distance qui sépare les dates ***18 Kankin*** et ***13 Yax.*** Selon la direction adoptée, on trouve : $\mathbf{dS_1} = \mathbf{14.0.}$ ou $\mathbf{dS_1} = \mathbf{-4.5.}$ Ce résultat permet de trouver l'intermédiaire $\alpha_1 X_1$ en

[134] On avait le choix entre faire un pas $\mathbf{dS_1}$ dans le *haab*, ou un pas $\mathbf{dR_1}$ dans le *tzolkin*.

mimant, dans le *tzolkin*, l'équation $\alpha_1 X_1$ = **13 Ahau**$_{20/0}$ – 85 (ou +280). Le scribe obtiendrait : $\alpha_1 X_1$ = **6 Men**$_{15}$. Ceci fait, il reste à déterminer un second déplacement, (de pas $\mathbf{dR_2}$ compté dans le *tzolkin*), lequel doit, à la fois, conserver la date *haab* ***β' Y' = 13 Yax***, et faire passer **en même temps** de $\alpha_1 X_1$ = **6 Men** à α'X' = **8 Oc**. C'est la principale difficulté.

13 Ahau *18 Kankin*		
↓ $\mathbf{dS_1}$ = –0;4.5.		
6 Men *13 Yax*	$\mathbf{dR_2}$ =?	8 Oc *13 Yax*

Figure 53 : *Début de résolution : le nœud du problème*

Par définition de sa durée (365 j), toute translation multiple d'une année *haab* laisse les dates ***βY*** invariantes, et donc la date ***13 Yax*** obtenue en se donnant la première (et unique) station ou date intermédiaire. Le mouvement $\mathbf{dR_2}$ cherché peut/doit donc être multiple de 365. Pour le déterminer, on compte (ou calcule) dans le *tzolkin* combien de jours séparent $\alpha_1 X_1$ = **6 Men** de α'X' = **8 Oc**. Le scribe obtient *d*(**6 Men**$_{15}$, **8 Oc**$_{10}$) = **15.** que j'écris parfois 0;0.**15.**

Appliquée à une date **αX**, toute translation de pas 365, (c'est-à-dire de pas 28×<u>13</u> + **1**, ou de pas 18×<u>20</u> + **5**), incrémente **α** d'une unité (*modulo* 13) et **X** de cinq unités (*modulo* 20), soit deux versions d'une règle simple et facilement mémorisée, déductible du « Corollaire des Porteurs » du « Théorème du devin » (Cauty 2017 : 55) : T_{365}(**αX**) = (**α+1**)(**X**+**5**), et **αX** + **365** = (α+1)(X+5).

Par suite, une translation **dR** de 15 *haab* laissera invariantes les dates ***βY***, et accroîtra **α** de 15×**1** = 2 (*modulo* 13) et **X** de 15×**5** = 15 (*modulo* 20). Ce qui montre qu'une translation $\mathbf{dR_2}$ de 15 années *haab*, (**15;3.15.**), transformera les dates (**α X**, ***13 Yax***) en dates CR de la forme {[(**α+2**) (**X**+**15**)], ***13 Yax***} : α_1 X_1 = **6 Men**$_{15}$ devient α' X' = **8 Oc**$_{10}$. *Quod erat demonstrandum.*

En composant $\mathbf{dS_1}$ = –0;**4.5.** et $\mathbf{dR_2}$ = **15;3.15.**, on obtient la solution particulière $\mathbf{dR_2} \circ \mathbf{dS_1}$, *i-e* le nombre de distance ND = **15;3.15.** – 0;**4.5.**, soit l'entier **14;17.10.** Finalement, dans les deux stratégies, les dates sont distantes de 14 années de compte et 350 jours (= 5 390 jours, *modulo* 18 980) :

$\alpha X \beta Y$	$dR_1 \rightarrow$	$\alpha' X' \beta_1 Y_1$
$\downarrow dS_1$		$\downarrow dS_2$
$\alpha_1 X_1 \beta' Y'$	$dR_2 \rightarrow$	$\alpha' X' \beta' Y'$

13 Ahau *18 Kankin*	**0;9.10.**	**= 8 Oc *3 Xul***
– 0;**4.5.**/+ 0;**14.0.**		+ **14;8.0.**
= 6 Men *13 Yax*	+ **15;3.15.**	**= 8 Oc *13 Yax***

Figure 54 : *Deux stratégies de résolution de l'équation* $t = \alpha' X' \beta' Y' - \alpha X \beta Y$

La valeur **14;17.10.** du nombre de distance ND séparant **13 Ahau *18 Kankin*** et **8 Oc *13 Yax*** s'obtient par la soustraction **15;3.15.** – 0;**4.5.**, ou par l'addition **14;8.0.** + 0;**9.10.** L'expression **14-<u>tun</u>** ; **17.10-<u>kin</u>** (5 390 j) est définie modulo un CR : les translations de pas $t = 5\,390 \pm k \times 18\,980$ répondent aussi à la question. Partant de 1 = **4 Ahau *8 Cumku***, il vient, (en numérotant les 18 980 dates CR), les dates-numéros : **5 041** = **13 Ahau *18 Kankin***, **10 431** = **8 Oc *13 Yax***, **5 231** = **8 Oc *3 Xul***, et **5 321** = **6 Men *13 Yax***.

D'où la traduction, en numération décimale, de la figure 54 par le diagramme commutatif ci-contre, qui réunit les stratégies normalisées pour calculer le nombre de distance ND = **5 390** de la date **5 041** à la date **10 431** : ND = 280 + 5 110, ou ND = 190 + 5 200.

5 041	**190** ↔	**5 231**
↓ 280 ↑	**5 390**	**↓5 200 ↑**
5 321	↔ **5 110**	**10 431**

Figure 55 : *Solutions décimalisées*

Obtenus notamment par l'observation et l'étude de fort nombreux complexes table×tableau, (qui se trouvent dans les codex ou sur les murs de la maison de Xultún), les schémas de résolution précédents (figures 54 et 55) et les tableaux présentant différents rapports pouvant relier les principaux cycles (figures 90 et 91) sont des conjectures d'épistémologie expérimentale.

Elles permettent aux chercheurs qui le voudraient d'agencer des plans d'expériences, notamment d'expériences de pensée, pour inventer et tester des solutions concrètes ne faisant appel ni aux mathématiques internationales ni aux logiciels informatiques actuels. Des solutions de problèmes que le temps a rendues invisibles, et qui témoigneraient, dans la mesure où l'on parvient à les reconstruire, de la richesse des créations de l'Intelligence arithmétique maya.

Des solutions à rendre réfutables, pour affirmer, sans trop de risques d'erreur, que les scribes mayas du Classique étaient par exemple parfaitement capables de déterminer les nombres de distance $d(\mathbf{P}_{i,j}, \mathbf{P}_{i',j'})$ qui séparent deux dates CR données, même arbitrairement éloignées l'une de l'autre dans le CL, ou de déterminer au jour près les durées qui séparent deux *n*-uples fournis par les forêts de cycles, de calendriers et d'observations que les scribes mayas ne cessèrent de calculer tout au long de leur civilisation.

Des solutions montrant comment les Mayas auraient pu effectuer leurs computs calendaires et astronologiques sans sortir du cadre qui me semble distinctif des principales visions amérindiennes. Des visions originales inédites qui brisent la dichotomie « linéaire *vs* circulaire » véhiculée par de nombreuses doxas. Des visions amérindiennes qui inventèrent un temps bidimensionnel, qui, à la fois, court linéairement sur le CL, et revient en boucle dans chacun des cercles ou cycles de ses forêts de cycles (Cauty 2013 : 85), à commencer par le CR de 18 980 jours :

Hors-texte 7 : *Voladores (montage Olivier Dubasque)*

Chapitre 6

Idée d'engrenage et contrôle des Équations calendaires

Les savants ont bien vu que le calendrier rituel maya résulte de la combinaison du *tzolkin* et du *haab*. Ils eurent l'idée de le représenter par un mécanisme d'engrenage[135], un système de trois roues de 13, 20 et 365 dents simulant la marche synchrone des tours du *tzolkin* de (13 × 20) jours et du *haab* de [(18 × 2̲0̲) + (1 × 5̲)] jours. Cette simulation occulte les conditions initiales, à savoir comment intriquer les roues, les unes dans les autres, au moment du premier contact et forcer les dents, non seulement à passer toutes, sans oubli ni répétition, mais à le faire sans jamais modifier le couplage initial des roues du *tzolkin* et du *haab*. Parfois la question ne se pose pas. C'est le cas du *tzolkin* lui-même représenté par une roue de treize entiers et une roue de vingt signes, ou encore du cycle de 170 820 jours obtenu en déroulant simultanément la neuvaine et le CR de 18 980 jours. Quand le PGCD des roues est plus grand que 1, cas du CR ou du cycle sexagésimal chinois, un changement de position au moment de l'intrication entraîne des conséquences importantes.

Pour le voir prenons un modèle plus simple, un *tzolkin* de trois dates (**1**, **2**, **3**) et un *haab* de six dates (***A***, ***B***, ***C***, ***X***, ***Y***, ***Z***), et engageons les roues sur les dents **1** et ***A*** pour en faire un engrenage, ou visualisons la rotation de deux cerceaux déposant sur l'axe du CL la trace des passages de leurs points de départ/arrivée, le couple **1A**.

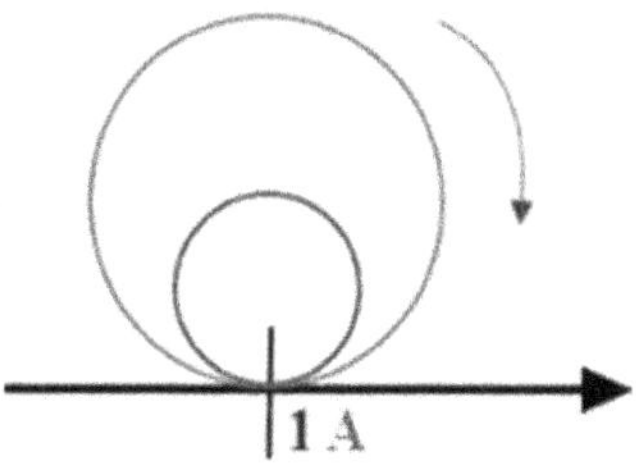

135 Rendue célèbre par Thompson, l'image des roues d'engrenage est peu compatible avec la thèse des américanistes qui défendent que tel ou tel peuple avait un équivalent de la correction bissextile. Cette thèse complique en effet le comput en dates-numéros du CL, et le contrôle au jour près des équations calendaires ou astronomiques.

1	2	3	1	2	3	1	2	3	1	2	3	**etc.**
A	B	C	X	Y	Z	A	B	C	X	Y	Z	etc.
1A	2B	3C	1X	2Y	3Z	1A	2B	3C	1X	2Y	3Z	etc.

Figure 56 : *Simulation montrant le cycle des mini tzolkin et haab*

Synchronisés pour avancer ensemble d'un jour à la fois, le mini *tzolkin* de trois jours et le *haab* de six produisent, comme sur la figure 56, un nouveau cycle (de longueur six), à savoir le cycle simultané formé par les couples (***1A***, ***2B***, ***3C***, ***1X***, ***2Y***, ***3Z***) que l'on obtient quand le mini *haab* fait un tour et que simultanément le mini *tzolkin* en fait tout juste deux.

La figure 56 montre également que tous les couples que l'on peut former en prenant un élément du *tzolkin* et un élément du *haab* ne sont pas présents dans le cycle produit, par exemple, les couples ***1B***, ***1C***, ***2C*** ou encore ***3X***. Pour atteindre les couples absents, il faut construire un nouvel engrenage en troquant l'intrication initiale, ***1A***, par les nouvelles associations, ***1B*** et ***1C***. Ce faisant, on obtient la figure ci-dessous, c'est-à-dire une famille de trois clones, (chacun de six dates) du mini CR (à six dates). Ils diffèrent par leur premier élément, et font ensemble une partition du produit (non intriqué et à dix-huit dates) du mini *tzolkin* à trois éléments par le mini *haab* à six éléments :

1	2	3	1	2	3	1	2	3	1	2	3	etc.
A	*B*	*C*	*X*	*Y*	*Z*	*A*	*B*	*C*	*X*	*Y*	*Z*	etc.
1*A*	2*B*	3*C*	1*X*	2*Y*	3*Z*	1*A*	2*B*	3*C*	1*X*	2*Y*	3*Z*	etc.
1*B*	2*C*	3*A*	1*Y*	2*Z*	3*X*	1*B*	2*C*	3*A*	1*Y*	2*Z*	3*X*	etc.
1*C*	2*A*	3*B*	1*Z*	2*X*	3*Y*	1*C*	2*A*	3*B*	1*Z*	2X	3*Y*	etc.

Figure 57 : *Trois clones (1A/B/C) du produit des minis tzolkin et haab*

La raison arithmétique est simple : lorsque les cycles, par exemple un *tzolkin* de T éléments et un *haab* de H éléments, ont un PGCD autre que un, soit D = PGCD (T, H) > 1, alors, en les combinant selon la méthode du joueur de carte (Cauty 2017 : 22), on obtient une partition du produit P = T × H en D classes, chacune de M éléments, M = PPCM(T, H). Pour le *tzolkin* et le *haab* mayas du Classique, on a : T = 260, H = 365, D = 5, M = 18 980 (soit 1 CR ou 52 *haab* de 365 j, ou 73 *tzolkin* de 260 j), et P = T × H = D × M soit P = 94 900 jours (260 *haab*, 365 *tzolkin* ou 5 CR).

Depuis l'introduction du concept de Mésoamérique (Kirchhoff 1943), les américanistes admettent que le « siècle » mésoaméricain comprend 52 années (et son double 104 ans), souvent sans préciser la durée exacte ou le type de ces années. Les Mayas distinguaient les 52 années de leur Calendrier Rituel par la date *tzolkin* du jour de l'an de leur *haab,* une année vague solaire de 365 j. Ils distinguaient aussi les 18 980 jours du Calendrier Rituel par les couples **αX** ***βY*** du produit simultané du *tzolkin* et du *haab*. Les Aztèques désignaient les années de leur siècle mésoaméricain par la date *tonalpohualli* du jour convenu éponyme. L'analogie avec les Mayas s'arrête là, car les Aztèques ne numérotaient ni les jours des dix-huit mois, ni ceux de la période ***Nemontemi*** de *x* jours. La valeur de *x* n'est pas fixée de manière incontestable, car, si une majorité d'américanistes la fixent à 5, les nahualistes qui pensent que les anciens Mexicains disposaient d'un équivalent de la correction julienne la font varier (par ex. en la fixant à 6 tous les 4 ans). Faute de numérotation, la durée en jours de l'année aztèque, (et donc celle du siècle de 52 ans), ne peut pas être fixée au jour près.

Le CR maya compte exactement 18 980 jours. Cela prouve que les scribes du Classique n'utilisaient que l'une des cinq classes du produit *tzolkin* × *haab* de 94 900 j. Laquelle ? Une classe de *tzolkin* × *haab* peut être distinguée et définie par l'un de ses couples, celui par ex. qui lança le produit simultané du *tzolkin* et du *haab*. Il n'y a pas de témoignage de cet événement inaugural, mais la chronologie maya s'est donnée le jour **4 Ahau** ***8 Cumku*** $\mathbf{G}_{0/9}$ comme origine des temps, ou comme départ du cycle de **13-baktun** qui s'est terminé en décembre 2012 et qui contenait toute l'époque classique. Je définis le CR maya du Classique comme étant la classe du produit *tzolkin* × *haab* de 94 900 jours qui contient le couple **4 Ahau** ***8 Cumku.***

Autrement dit, le CR est la classe de 18 980 éléments du produit *tzolkin* × *haab* à laquelle appartient la date **4 Ahau** ***8 Cumku***. Elle est dite produit d'intrication ou cycle simultané, et notée *tzolkin* ⊗ *haab.* Toute date **αX** ***βY*** de l'une des quatre autres classes du produit *tzolkin* × *haab* est dite étoilée, mal écrite, ou ne respectant pas la ROCm (Cauty 2013 : 7–9). Par ex. la date **4 Ahau*** ***9 Cumku*** ou la date **4 Imix*** ***8 Cumku***.

Inspiré de Thompson (1960 : 123) et repris par Guitel (1975 : 391), le tableau suivant décrit de façon synthétique le cycle simultané des 18 980 associations (αX, βY), c'est-à-dire les dates CR du Classique, les dates bien écrites, non étoilées, ou qui respectent la ROCm[136] :

P_0	**Ik**$_2$	**Manik**$_7$	**Eb**$_{12}$	**Caban**$_{17}$	*0/20*	*5*	*10*	*15*
P_1	**Akbal**$_3$	**Lamat**$_8$	**Ben**$_{13}$	**Edznab**$_{18}$	*1*	*6*	*11*	*16*
P_2	**Kan**$_4$	**Muluc**$_9$	**Hix**$_{14}$	**Cauac**$_{19}$	*2*	*7*	*12*	*17*
P_3	**Chicchan**$_5$	**Oc**$_{10}$	**Men**$_{15}$	**Ahau**$_{20}$	*3*	*8*	*13*	*18*
P_4	**Cimi**$_6$	**Chuen**$_{11}$	**Cib**$_{16}$	**Imix**$_1$	*4*	*9*	*14*	*19*

Figure 58 : *Règle d'Orthodoxie de la Chronologie maya*

Le tableau illustre aussi le théorème du Devin et son corollaire des Porteurs[137]. La première ligne montre en particulier que toute année *haab* est 'portée' par les entités de P_0, à savoir : **Ik**$_2$, **Manik**$_7$, **Eb**$_{12}$, **Caban**$_{17}$, le quarteron des Porteurs attestés au Classique maya, et permet d'énumérer les 52 années $\alpha\underline{\mathbf{X}}_{P=0}$ associées aux Nouvel An ***0 Pop***. Comme 365 = 1 (*modulo* 13) et 365 = 5 (*modulo* 20), les dates mayas non étoilées ou bien écrites répondent au théorème du devin (Cauty 2013 : 10) :

Théorème du Devin. Quel que soit l'entier P, la date *tzolkin* du P^e jour d'une année vague de 365 jours est de la forme $\alpha\underline{\mathbf{X}}_P$, où $\alpha \in [1, 13]$ et $\underline{\mathbf{X}}_P$ parcourt un cycle de 4 signes *tzolkin*, par ex. : $\underline{\mathbf{X}}_{P=0}$ = (**Ik**$_2$, **Manik**$_7$, **Eb**$_{12}$, **Caban**$_{17}$), ou $\underline{\mathbf{X}}_{P=2}$ = (**Kan**$_4$, **Muluc**$_9$, **Hix**$_{14}$, **Cauac**$_{19}$).

Corollaire des Porteurs. Chacun des 365 j de l'année est associé à un ensemble de 13 × 4 = 52 dates $\alpha\underline{\mathbf{X}}_P$; d'année en année, cette date *tzolkin* est donnée par la formule F suivante où s(x) désigne le successeur de x :

[136] Les dates CR du Classique respectent la ROCm, à l'exception de quelques dizaines de dates étoilées où β est trop grand (/petit) d'une (/deux) unité(s). Ce qui pourrait être dû à des conventions d'énumération différentes d'une cité ou d'une époque à l'autre.

[137] Le Porteur d'année est l'entité $\underline{\mathbf{X}}$ à laquelle renvoie la date *tzolkin* $\alpha\underline{\mathbf{X}}$ du Nouvel An maya, le 1er jour du 1er mois de l'année, le jour daté ***0 Pop***. Les quarterons de Porteurs possibles s'obtiennent en énumérant les jours de 5 en 5 ; par ex. P_0 est la partie des jours soulignés du cycle des jours : (Imix, **Ik**, Akbal, Kan, Chicchan, Cimi, **Manik**, Lamat, Muluc, Oc, Chuen, **Eb**, Ben, Hix, Men, Cib, **Caban**, Edznab, Cauac, Ahau), ou les têtes de sections de la figure 100.

(F) $s(\alpha, \underline{\mathbf{X}}_p) = [s(\alpha), s(\underline{\mathbf{X}}_p)] = [(\alpha + 1), (\underline{\mathbf{X}}_p + 1)] = [(\alpha + 1), (\mathbf{X} + 5)]$

Ex. $s(\mathbf{1}\ \underline{\mathbf{Ik}}_2) = \mathbf{2}\ \underline{\mathbf{Manik}}_7$ [différent de : $s(\mathbf{1\ Ik}_2) = \mathbf{2\ Akbal}_3$].

La démonstration suppose les conditons nécessaires suivantes : a) une année vague de très exactement 365 j, totalement et immuablement ordonnée, b) un premier/dernier jour bien défini, et c) une relation d'intrication entre le cycle du *tzolkin* et celui du *haab*.

Ces conditions étant vérifiées au Classique maya, le théorème du Devin et le corollaire des Porteurs sont démontrés pour cette période. Il en résulte, pour les scribes mayas et tout Mésoaméricain au courant de ce corollaire, qu'ils avaient les moyens : a) de prédire (par la formule *F*) la date *tzolkin* du retour des Porteurs d'année, (c'est-à-dire la date *tzolkin* du jour daté ***0 Pop*** en calendrier *haab*), b) de définir des ensembles de 52 années de 365 jours en convenant d'un jour promu son jour éponyme, c) de distinguer, définir et désigner chacune des années de ces ensembles par la date $\boldsymbol{\alpha}\underline{\mathbf{X}}_p$ de son jour éponyme, et d) de prédire la date *tzolkin* du retour des éponymes d'année (ou de tout autre jour convenu), puisque cette date suit la même loi de succession que les Porteurs. Geneviève Guitel (1975 : 393) en déduit un calendrier annuel des 52 années d'un CR, isomorphe à celui de la figure 104.

La règle d'orthodoxie permet aujourd'hui aux épigraphistes de vérifier qu'une date (par exemple une date maya partiellement illisible, ou une date reconstruite par un chercheur) est conforme aux règles et habitus du Classique maya, ou qu'il s'agit, au contraire, d'une date étoilée appartenant à l'un ou l'autre des quatre clones du CR. La figure suivante montre une reconstruction du CR qui ne donne pas les dates attestées au Classique maya[138].

138 Plus de détails et deux autres exemples dans Cauty (2013 : 1–19).

Figure 59 : *Reconstruction « étoilée » des dates CR*

La reconstruction est extraite d'une animation simulant le Calendrier rituel par un système d'engrenages à trois roues dentées qui en délivrent en boucle les dates **αX*βY*.** Intitulée *The Maya Calendar*[139], l'animation fait partie de la série *Breaking the Maya code.* La figure 59 est un arrêt sur image, (à l'instant où les roues marquent la date 3 Manik 14 Pohp), de l'animation qui simule le déroulement du calendrier CR. Selon la ROCm (figure 58), toute date **αX *βY*** bien écrite et contenant la séquence **α Manik** (ou une séquence **α Ik/Eb/Caban**) ne peut être suivie que par une date *haab* dont le rang ***β*** est ***0*, *5*, *10*, *15*** (ou *TI'HA'B **20***). Et toute date bien écrite contenant la séquence **X *14*** (ou **X *4*/*9*/*19***) ne peut être précédée que par une date *tzolkin* dont le nom de jour **X** est **Cimi**, **Chuen**, **Cib** ou **Imix**. Un calcul simple montre que l'on passerait du **3 Manik** au **4 Ahau** par une translation de 53 jours, et que ce même pas de translation ferait passer du ***14 Pop*** au ***7 Zodz***, mais pas au ***8 Cumku***. Autrement dit, il n'existe pas de translation faisant passer le calendrier animé par la date origine, **4 Ahau *8 Cumku*.** L'expression « 3 Manik 14 Pohp » est une date étoilée, que nous proposons de noter **3 Manik** *****14 Pop***.

[139] En ligne à l'adresse https://youtube.com/watch?v=qhWItvjk9Yg.

Le contrôle au jour près des équations calendaires a permis aux scribes mayas, non seulement de définir le CR comme le produit intriqué du *tzolkin* et du *haab*, mais encore de transformer leur système calendaire[140] en un optimal turbo code détecteur et correcteur d'erreurs (Berrou & Glavieux 1996).

Montrons que ces usages typiquement mayas ont d'importants effets, notamment sur la fiabilité des dates données en calendrier *haab,* le calendrier maya de l'année vague solaire de 365 jours. Nous ne confondons pas le *haab* maya et l'année festive mésoaméricaine, même quand elle est définie par la date $\boldsymbol{\alpha}\underline{\mathbf{X}}_p$ de son jour convenu éponyme[141], car on ne peut pas toujours garantir que sa période complémentaire était la dix-neuvième et dernière de l'année, ni qu'elle comptait toujours exactement cinq jours.

Figure 60 : $\alpha X/\alpha\underline{X}_p$

Bien qu'ils utilisaient l'année festive mésoaméricaine de 18 mois de 20 jours suivis d'un complément que l'on peut supposer de 5 jours, les Aztèques dataient les anniversaires à l'aide de deux cycles calendaires indépendants : 1) le tonalpohualli de 260 dates **αX** de jour, et 2) un cycle de 52 dates $\boldsymbol{\alpha}\underline{\mathbf{X}}_p$ d'année, le siècle aztèque (ou mésoaméricain). La date d'un événement était de la forme « jour **αX** de l'année $\boldsymbol{\alpha}\underline{\mathbf{X}}_p$ », par exemple, jour **αX = 7 Acatl** de l'an $\boldsymbol{\alpha}\underline{\mathbf{X}}_p$ = **8 <u>Acatl</u>** sur la pierre du Templo Mayor (figure ci-contre).

À ma connaissance, les Aztèques n'ont laissé ni équations calendaires ni nombres de distance (Cauty 2013 : 200). Par suite, les informations données par le couple (**αX**, $\boldsymbol{\alpha}\underline{\mathbf{X}}_p$) restent indépendantes et invérifiables. Et de plus, il est impossible de les relier à la date ***βY*** de l'événement dans le calendrier

[140] Un système particulièrement redondant dans la mesure où la donnée des dates numéros en CL suffit à déterminer les positions dans n'importe quel cycle ou calendrier dès que l'on connaît son jour **α/ω** et sa durée.

[141] L'éponymie est le fait de donner son nom à quelque chose, par ex. le préfet Poubelle est devenu éponyme de l'objet servant à recevoir les déchets. Dans l'Antiquité, les années ou les périodes pouvaient être désignées par le nom d'un magistrat ou d'un roi ; en Mésoamérique, elles furent désignées par la date **αX** de l'un de leurs jours, le jour éponyme de la période, souvent son jour de départ/arrivée. Chez les Aztèques, le jour éponyme du *xihuitl* était le dernier jour (20e) de la quatrième ou de la dix-septième vingtaine de l'année (on ne sait pas toujours par quelle vingtaine l'année commençait).

de l'année festive[142]. L'absence de redondances et de contraintes équivalentes à la ROCm fait que les dates données en système calendaire aztèque sont quasiment invérifiables. D'une part, parce qu'il est quasi impossible, sauf autres données, de placer les années aztèques dans le temps absolu, ce qui résulte du fait que toute année $\boldsymbol{\alpha}\underline{\mathbf{X}}_p$ est, par définition, définie *modulo* un siècle de 52 ans. D'autre part, parce que les 260 dates du *tonalpohualli* ne suffisent pas à couvrir l'ensemble des jours d'une année festive : à partir du deux cent soixante et unième, chaque jour est forcément daté par une expression **αX** déjà utilisée.

Chez les Mayas, au contraire, l'usage du Choltun, des rangs ***β***, du choix du jour ***CHUM Pop*** comme Porteur $\underline{\mathbf{X}}_p$ de l'année *haab*, et l'usage systématique des égalités calendaires (séries initiales et nombres de distance) font que les scribes ont maintenu synchrones, (au jour près), le temps qui court sur le Choltun, et le temps qui roule, celui des cycles de toutes espèces, dont le Calendrier rituel, le produit intriqué du *tzolkin* et du *haab*.

Pour les chercheurs d'aujourd'hui comme pour les scribes mayas d'hier, il en résulte qu'il est toujours possible de reconstituer, sans aucun subterfuge[143], le calendrier de n'importe laquelle des 52 années *haab* qui font un CR, dès que l'on connaît la date (**αX**, ***βY***) d'un seul jour de l'une de ses 52 années. Une fois cette date placée, il suffit de ranger les 364 autres dates dans le tableau des $(18 \times \underline{20}) + (1 \times \underline{5})$ jours du *haab* que l'on veut reconstituer.

Pour fixer les idées, convenons de reconstituer un calendrier *haab* de l'année qui, d'une part, donne les dates CR, et qui comprend, d'autre part, le jour daté **4 Ahau *8 Cumku*** (anniversaire de l'origine de la chronologie).

Les Mayas ayant conservé inchangé le jour de l'an et maintenu l'ordre des dix-neuf périodes de leur année vague solaire, un jour daté ***βY*** (où ***β*** part de ***0***) est forcément le (***β*** + 1)-ième du ***y***-ième mois, (où ***y*** est

---

[142] D'autant plus que les scribes aztèques ne notaient pas les rangs ***β***, et que les conventions déclarant éponyme un jour de l'année restent mal connues, en tout cas différentes selon les auteurs, les inscriptions ou les documents qui en témoignent.

[143] Un subterfuge utilisé pour expliquer certaines propriétés du calendrier aztèque ou le mettre en bijection avec le calendrier chrétien est l'introduction par Tena d'une sorte de jour blanc dit « biquinto », qui vient, tous les quatre ans, s'ajouter aux cinq jours *aciagos* de ***Nemontemi***, tout en portant la même date **αX** que le cinquième (cf. Cauty 2013 : 190).

le numéro du mois Y_y dans le cycle : ***Pop***$_1$, ***Uo***$_2$, ***Zip***$_3$, ***Zodz***$_4$, ***Tzec***$_5$, ***Xul***$_6$, ***Yaxkin***$_7$, ***Mol***$_8$, ***Ch'en***$_9$, ***Yax***$_{10}$, ***Zac***$_{11}$, ***Ceh***$_{12}$, ***Mac***$_{13}$, ***Kankin***$_{14}$, ***Muan***$_{15}$, ***Pax***$_{16}$, ***Kayab***$_{17}$, ***Cumku***$_{18}$, ***Uayeb***$_{19}$, et donc le jour ***8 Cumku*** du calendrier *haab* est le 9e du 18e mois.

Convenons : a) de représenter les 365 dates *haab* par un tableau de 18 colonnes de 20 cases, et 1 colonne de 5 cases, b) de numéroter les lignes par vingt entiers $\boldsymbol{\beta}$ variant de *0* à *19*, et les colonnes par dix-neuf entiers *y* variant de *1* à *19*. Les coordonnées ($\boldsymbol{\beta}$, Y_y) d'une case donnent la date *haab* du jour qu'elle représente : le jour ***8 Cumku*** est représenté par la cellule, (renseignée par un **4**), à l'intersection de la ligne et de la colonne tramées.

$Y_y \rightarrow \downarrow \beta$	***Pop***$_1$	***Uo***$_2$	***Zip***$_3$	***etc.***	***Pax***$_{16}$	***Kayab***$_{17}$	***Cumku***$_{18}$	***Uayeb***$_{19}$	↓ (X_x)
0	7	1	8		8	2	9	3	Eb$_{12}$
1	8	2	9		9	3	10	4	Ben$_{13}$
2	9	3	10		10	4	11	5	Hix$_{14}$
3	10	4	11		11	5	12	6	Men$_{15}$
4	11	5	12		12	6	13	7	Cib$_{16}$
5	12	6	13		13	7	1		Caban$_{17}$
6	13	7	1		1	8	2		Edznab$_{18}$
7	1	8	2		2	9	3		Cauac$_{19}$
8	2	9	3	etc.	3	10	**4**		Ahau$_{0/20}$
9	3	10	4		4	11	5		Imix$_1$
10	4	11	5		5	12	6		Ik$_2$
11	5	12	6		6	13	7		Akbal$_3$
12	6	13	7		7	1	8		Kan$_4$
13	7	1	8		8	2	9		Chicchan$_5$
14	8	2	9		9	3	10		Cimi$_6$
15	9	3	10		10	4	11		Manik$_7$
16	10	4	11		11	5	12		Lamat$_8$
17	11	5	12		12	6	13		Muluc$_9$
18	12	6	13		13	7	1		Oc$_{10}$
19	13	7	1		1	8	2		Chuen$_{11}$

Figure 61 : *Reconstitution d'un calendrier de 365 dates* α **X**$\boldsymbol{\beta}$*Y*

Pour terminer la reconstitution des dates CR, il nous reste à définir les dates *tzolkin,* **αX**$_x$, des 365 jours du tableau que nous venons de dresser. Nous savons déjà que le jour **4 Ahau *8 Cumku*** se trouve à l'intersection de la 9e ligne et de la 18e colonne (tramées). En calendrier *tzolkin,* c'est le jour daté **4 Ahau**. Convenons de renseigner la cellule à cette intersection par le rang **α** = **4** du jour **4 Ahau *8 Cumku***, et de nommer **Ahau**$_{20}$ la ligne qui le contient[144]. La cellule à cette intersection représente un jour dont la date s'obtient en prenant le **4** qui renseigne sa cellule, le nom **Ahau** au bout de la ligne, et les coordonnées (***8***, ***18***) de sa cellule, soit le jour daté : **4 Ahau**$_{0/20}$ ***8 Cumku***$_{18}$.

Ces données suffisent pour remplir par continuité, d'une part, les noms attribués aux vingt lignes[145], et, d'autre part, les rangs qui renseignent les cases du tableau qui se suivent verticalement comme les entiers *modulo*s 13, et horizontalement comme la répartition du *kumatzin* (figure 2, et Hors-texte 3).

On obtient ainsi les 365 dates **αX *βY*** de l'année *haab* qui contient le jour origine de la chronologie maya. Et on vérifie par la même occasion que le Nouvel An ***0 Pop*** est tombé un jour *tzolkin* 7 **Eb** : l'année de la création était donc une année portée par **<u>Eb</u>**, le porteur lié au sud et à la couleur jaune[146]. Le calendrier *haab* que nous venons de reconstituer permet d'obtenir[147], par continuité, le cycle des 52 dates **α<u>X</u>**$_p$ du Nouvel An de l'année vague maya (figures 100 et 104), et les calendriers des 52 *haab* d'un CR. Attesté par la stèle 18 de Naranjo (Petén, Guatemala, 10±1/02/726), le complément 3 (figure 105 p. 324) présente le calendrier reconstruit des dates CR d'une année dont le Nouvel An tombait le **1 <u>Ik</u>**$_2$ ***0 Pop***$_1$, une date CR non étoilée.

---

[144] Dans la colonne des **X**$_x$, j'ai souligné les **<u>X</u>**$_p$ qui formaient, à l'époque classique, le cycle maya des quatre Porteurs d'année (définis par la date *tzolkin* du nouvel an ***0 Pop***).

[145] Par exemple, la ligne au-dessus de **Ahau**$_{20}$ est la ligne **Cauac**$_{19}$, et celle en dessous est **Imix**$_1$; et ainsi de suite.

[146] On sait que les Mayas marquaient parfois, (comme sur le linteau 30 de Yaxchilán, Chiapas, Mexique), la position des jours dans le cycle de 819 jours, (dit cycle du Kauil, dieu de la foudre, patron du pouvoir politique et de l'État). Le cycle Kauil débutait 3 jours avant l'origine, (et donc un jour d'une année de porteur **<u>Manik</u>**), c'est le jour de date-numéro **–0.0.0;0.3.** et de date CR **1 Caban *5 Cumku***, un jour G$_6$ dans la neuvaine associé à l'est et à la couleur rouge.

[147] En appliquant, par ex., la formule (F) du corollaire du théorème du devin (p. 152).

L'habitus du contrôle du synchronisme est clairement révélé par la présence de nombreuses égalités calendaires ou *n*-uples redondants. Que les Mayas du Classique gardaient synchrones, au jour près, le temps qui court sur le Compte long, et le temps qui roule sur les cycles en usage, n'implique pas que les scribes utilisaient de la même façon toutes les ressources calendaires et astronomiques que leur offrait la forêt des cycles en usage dans leur propre cité. De fait, les équations calendaires laissent sous entendues plus ou moins d'informations disponibles. Une série initiale, par exemple, égalait couramment les dates-numéros du CL, les dates *tzolkin* et *haab* du CR, éventuellement la position G_n dans la neuvaine, mais ils ne donnaient pas toujours toutes les informations possibles, par exemple : la couleur cardinale, les positions dans le cycle du Kauil, dans la suite éclipses ou des phases de Vénus, de la Lune …

Les équations calendaires mayas ne prouvent pas que les scribes maintenaient synchrones tous leurs cycles. Formellement, elles ne prouvent que le synchronisme des cycles qui y sont inscrits. Cependant, sauf preuve explicite du contraire, je fais la conjecture que les scribes mayas étaient convenus de maintenir synchrones, au jour près, **tous** les cycles disponibles.

La thèse ainsi généralisée n'implique pas que les scribes d'une cité avaient obligatoirement synchronisé leur enchevêtrement de cycles exactement comme ceux des cités voisines avaient enchevêtré les leurs. D'ailleurs les cités mayas n'exploitaient pas forcément toutes les mêmes ressources de la forêt des cycles : le cycle du Kauil, par exemple, est loin d'être attesté partout et à toutes les époques. Comme la plupart des Mésoaméricains, les Mayas faisaient une place importante à la planète Vénus. Mais rien n'indique clairement que les scribes s'intéressaient d'aussi près aux autres planètes (Saturne, Jupiter, Mars, ou Mercure), et il est quasi certain que les astronomes et astrologues mayas ne s'intéressaient, (ni tous, ni à toutes les époques, ni avec le même intérêt) aux cycles moins évidents que ceux des phases de la Lune ou de Vénus, par exemple, le cycle des éclipses de Soleil ou de Lune, le cycle des révolutions ou celui des conjonctions de telle planète ou tel autre corps céleste.

Partout, cependant, et sans doute depuis un passé très lointain, les hommes en quête de repères temporels finissent par utiliser les rythmes imposés par les deux grands luminaires que sont la Lune et le Soleil. Il en résulte qu'ils finissent par créer ou utiliser des calendriers, certes différents les uns des autres, mais que l'on peut néanmoins classer en une poignée de types, selon qu'ils s'attachent à suivre la Lune, le Soleil (variante : le lever héliaque de Sothis), les deux à la fois, ou le bon plaisir du prince (calendriers liturgique et civil).

Les Mayas ne font pas exception à cette règle imposée par la nature. Pour eux aussi la mécanique céleste régit les cycles lumineux qui s'imposent à tout ce qui se trouve sur la Planète : le jour, la lunaison et l'année. Mais ces cycles naturels ne sont pas commensurables[148] en nombre entier de jour. D'où l'impossibilité, quand on dispose seulement des entiers naturels[149], d'exprimer le compte exact des lunaisons contenues dans une année solaire ou des jours dans une lunaison. La nature n'impose pas que toutes les cités mayas soient également intéressées par le compte des lunes d'une année. On devrait donc supposer que certaines ne le firent pas, que d'autres l'adoptèrent et le conservèrent pour un temps, et que d'autres enfin s'efforcèrent, (conformément à la conjecture du synchronisme généralisé de tous les cycles en usage), de le lier au rythme de l'année solaire, chaque cité, époque ou culture adoptant alors sa solution, une solution rarement identique à celle des autres cités, époques ou cultures[150], du moins tant que les autorités ne réunissent pas une sorte de concile pour harmoniser les solutions. D'où la conjecture que les cités mayas ne prenaient pas forcément toutes en compte les lunaisons, et que celles qui le faisaient ne les définissaient pas forcément toutes de la même façon, et n'utilisaient pas forcément toutes les mêmes formules d'équations calendaires.

L'étude critique comparée des calendriers du monde dévoile diverses façons de distinguer et définir les mois lunaires. Pour changer de mois, certains peuples comptent un nombre entier de jours, et finissent par alterner des mois de 29 j et des mois de 30 j. D'autres repèrent le retour d'une phase de la Lune. Des millions de Musulmans définissent le début des mois comme l'instant où leur imam local distingue à l'œil nu la Nouvelle Lune.

148 L'alternance de lunes de 29 et 30 jours conduit à une année lunaire de 354 j, en fort décalage sur l'année des saisons, et à la très ancienne quasi-égalité *235 mois synodiques ≈ 19 années tropiques*, dite cycle de Méton (6 940 ≈ 235 × 29,53 ≈ 19 × 365,26).

149 Et d'aucun instrument pour mesurer les fractions arbitrairement petites de temps.

150 Les solutions attestées jonglent avec des intercalations de jours, assez délicates à mettre au point, ou avec des intercalations encore plus délicates de mois lunaires. Le calendrier de Grégoire XIII fait alterner des févriers de 28 et 29 j et se suivre deux mois de 31 jours, juillet et août. Les Grecs ajoutaient des treizièmes mois, mais Mahomet (Coran IX, 36–37) qui sacralise le nombre douze interdit cette pratique, ainsi l'année musulmane compte 354 ou 355 jours.

Les stèles et les monuments du Classique maya prouvent que certaines cités inscrivaient des données lunaires dans la partie supplémentaire d'une série initiale. Dans ce cas, la série comprenait comme données lunaires : a) l'âge de la Lune (à partir de sa « naissance », un **α/ω** dont les définitions ne font pas l'unanimité), b) la durée de 29 ou 30 jours de la lunaison, et c) d'autres informations comme le nom propre de la Lune, le régent de la lunaison ou son rang dans le semestre lunaire. Selon Hoppan (2014 : 145), depuis les premiers travaux de l'entre-deux guerres, les glyphes renvoyant aux données lunaires sont désignés par des lettres majuscules allant de E/(D) (pour le premier signe qui suit la date *tzolkin*) à A (pour le signe qui précède la date *haab*). Bien que les données lunaires soient relativement rares, l'épigraphie a permis de lever un coin du voile. On peut donc affirmer que, du Classique au Postclassique, les Mayas classaient les lunaisons en trois ou quatre types de semestres lunaires ayant chacun cinq ou six lunaisons (figures 87 et 96). Mais, trop maigres, les corpus ne permettent pas encore de reconstruire de manière incontestable ce que l'on pourrait appeler le calendrier lunaire d'une cité ou d'une époque donnée, ni *a fortiori* reconstituer les calendriers lunaires d'un ensemble de cités ou d'époques.

Des faits largement décrits par Hoppan (2014 : 150–153) – notamment que les données lunaires mayas précisaient, (par le glyphe A), la durée de la lunaison (29/30 j), et, (par le glyphe E), l'âge de la Lune – semblent indiquer par leur présence dans les séries supplémentaires ou dans les codex qu'un Maya décidait du changement de mois lunaire en comptant 29 ou 30 jours. Cette procédure qui n'utilise que des petits entiers est simple à découvrir, puis à mettre en œuvre. Elle laisse beaucoup de liberté aux maîtres du calendrier pour fixer, s'ils le veulent, la façon de relier les comptes de lunaisons aux cycles de la vie sociale, ou aux mouvements du ciel (ce dernier objectif conduit à découvrir l'écart entre les cycles vagues et astronomiques, et à se demander s'il serait pertinent ou non de les remettre en phase).

L'usage du Choltun a permis aux Mayas de contrôler au jour près le synchronisme de tous les cycles. Pourtant, il est arrivé qu'une seule et même série initiale soit suivie, dans des cités différentes, par une donnée lunaire différente. Selon Hoppan (communication personnelle), c'est le cas du CL **9.14.0;0.0.**[151] associé, dans trois cités du Guatemala, à des âges

[151] Que les règles du Classique maya font correspondre à la date **13 Ahau *6 Muan*** $\mathbf{G}_{0/9}$, et que la concordance GMT convertit en 04±1/12/711 du grégorien proleptique.

de la Lune différents : 17 jours à Piedras Negras sur le côté de la stèle 3 (Pitts 2011 : 91) et à Uaxactún (stèle 1), mais 16 jours à Dos Pilas sur la stèle 14 (Iwaniszewski 2016 : 44).

Bien que l'on ne sache presque rien de certain sur les conventions de comptage utilisées dans les différentes cités et à différentes époques, les milliers de séries initiales et de nombres de distance écrits sur les stèles et les monuments ou couchés sur les pages des codex prouvent au minimum :

a) que les scribes mayas comptaient en nombre entier de jours la durée *d* qui sépare deux dates de leurs calendriers ou deux positions des cycles qu'ils manipulaient quotidiennement,
b) qu'ils exprimaient le résultat de leur calcul à la précision d'un jour de 24 heures (un nycthémère), c'est-à-dire à la précision d'un **kin** (l'étalon du sous-système des unités de temps).

Faute de documents et de témoignages expliquant ces questions, il est presque impossible de préciser le mode de calcul utilisé par les scribes mayas pour déterminer, à l'unité près, le nombre de **kin** séparant deux dates ou deux positions données. Comme Thompson en1941 (cf. Avant-propos), nous ne pouvons aujourd'hui que reconstruire des stratégies possibles. L'imprécision vient de notre ignorance du comment les scribes d'une cité et d'une époque données énuméraient et comptaient les jours d'une durée *d*. Les conventions les plus employées ne donnent pas le même total, mais trois résultats : $d - 1$, d, ou $d + 1$, par exemple 3, 4 ou 5 jours, ce qui s'écrit encore $d \pm 1$ et 4 ± 1.

Les leçons de l'école primaire sur le comptage des intervalles et un petit schéma suffisent pour saisir pourquoi le dénombrement des jours séparant deux dates ou deux positions peut varier d'une unité, en plus ou en moins, selon que l'on compte les intervalles ou leurs bornes, et que l'énumération se fait à partir de un ou de zéro[152], et en incluant ou en excluant une ou les deux bornes extrêmes. D'où huit façons de compter les jours entre deux journées, et en général trois résultats différents, par ex. : **3**, **4**, ou **5** jours :

---

[152] CHUM chez les Mayas. Explorer l'hypothèse d'une énumération à partir de *TI'HA'B* pourrait conduire à des décomptes en $d \pm 2$. On sait par ailleurs que certains peuples n'utilisaient pas l'intervalle [1, 13] pour noter les rangs α des dates du cycle divinatoire, mais l'intervalle [2, 14] (par exemple dans le codex Azoyú f. 10r).

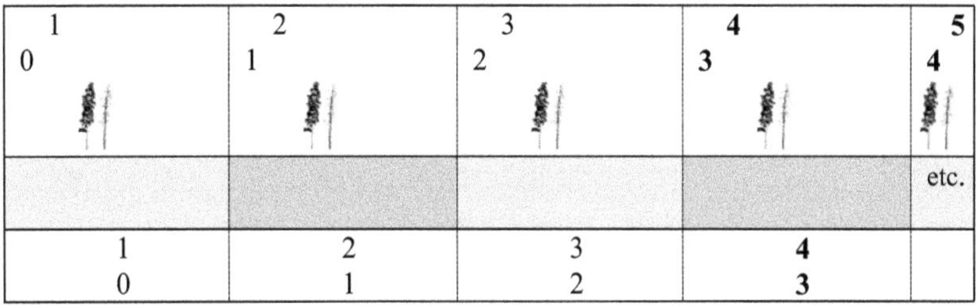

Figure 62 : *Comment compter les jours ?*

Sur le schéma, les arbres représentent l'instant du changement de jour ou de date, et les bandes les nycthémères successifs que l'on se propose de dénombrer. Deux silhouettes d'arbre pour indiquer l'incertitude[153] sur l'instant du changement de date. Les chiffres sous les bandes représentent les deux manières les plus habituelles de compter les nycthémères en commençant à 0 ou à 1. Les chiffres au-dessus des arbres représentent les manières courantes de compter les changements de jour en commençant à 0 ou à 1, et en incluant ou non les bornes. Ces façons de compter donnent trois résultats : $d \pm 1$, avec d = **4** pour l'exemple ci-dessus.

L'histoire et l'épistémologie inclinent à formuler une double thèse : a) que chaque cité, (voire chaque école de scribes), avait ses propres conventions pour énumérer, compter ou mesurer, des conventions *a priori* possiblement différentes de celles des autres, et b) que tous répugnaient à changer tant il est coûteux de s'adapter à un nouveau système, même quand l'ancien système comportait de nombreuses irrégularités ou de graves incohérences[154]. On en déduit qu'il n'y a rien d'impossible (et rien à expliquer) dans le fait de trouver de rares exemples d'équations calendaires mayas où un même Compte long, (**9.14.0;0.0.** par exemple), se trouve associé, dans des cités ou à des époques différentes, à des âges de la Lune qui diffèrent d'une unité, comme 16 jours à Dos Pilas et 17 jours à Piedras Negras ou à Uaxactún. Que penser de ces différences ? Prenons par exemple les pages abeilles du codex conservé à Madrid (figure 98).

---

[153] Les américanistes oscillent entre lever et coucher du soleil, mais en fait on ignore la convention qu'en donnaient, *hic et nunc*, les scribes de chaque cité maya.

[154] De nombreux Français se rappellent encore des difficultés qu'ils éprouvèrent à passer des anciens francs aux nouveaux francs (1 NF = 100 AF), et les historiens savent bien que l'imposition du système métrique alla jusqu'à provoquer des émeutes.

Du point de vue du dénombrement des nycthémères ou des **<u>kin</u>**, ces pages présentent une suite de treize triplets de dates *tzolkin* consécutives, de la forme **α Cib**$_{16}$, (**α** + 1) **Caban**$_{17}$ et (**α** + 2) **Edznab**$_{18}$, ainsi que treize fois le nombre de distance **17**. Le calcul montre, d'une part, que l'on passe des dates d'un triplet aux dates du triplet suivant par une translation de 20 jours faisant passer des dates **αX**$_x$, aux dates (**α** + 7) **X**$_x$, et il montre aussi, d'autre part, que l'on passe du dernier jour d'un triplet au premier jour du triplet suivant par une translation de 18 jours. Ce que confirment l'égalité « 1 + 1 + 18 = 20 » et le fait que « (**α** + 7) *modulo* 13 » soit la formule qui donne le coefficient **α** des dates du triplet suivant (on passe par exemple de **1 Cib**$_{16}$ à **8 Cib**$_{16}$) placé à la distance de 20 jours. Cette formule est conforme à l'usage kaqchikel de la figure du serpent *kumatzin* (Hors-texte 3).

Quoi qu'il en soit, le calcul que nous venons de réaliser selon les habitus déduits de l'analyse des almanachs n'explique pas la présence de l'entier 17 ou l'absence de l'entier 18 dans cet almanach qui traite de l'élevage des abeilles[155]. Plusieurs conjectures peuvent être envisagées.

Difficilement réfutable, une hypothèse souvent invoquée est l'erreur de copiste. On peut toujours supposer en effet que l'un des copistes des pages abeilles aurait tout simplement oublié un point lorsqu'il copiait la durée dix-huit. Tant et si bien que le lecteur d'aujourd'hui voit et lit dix-sept, là où le calcul fait espérer un dix-huit, possiblement écrit à l'origine.

Cette erreur aurait donc été répétée jusqu'à la copie qui se trouve actuellement à Madrid, et sur laquelle on lit treize fois l'entier dix-sept en place de nombre de distance. Une telle persistance rend presque invraisemblable l'hypothèse de treize erreurs de calcul, et elle fragilise celle d'un simple *lapsus calami*, pourtant renforcée par le constat que le Madrid ne brille pas par la qualité du travail des copistes qui le réalisèrent. Comme je l'ai montré (Cauty 2017 : 166), il y a une erreur en page 35, et une autre page 36 qui se propage onze fois, dans un calendrier d'années qui énumère cinquante-deux dates importantes, à savoir les dates **α<u>X</u>**$_{P=2}$ qui distinguent et définissent les 52 années d'un CR maya en les baptisant chacune par l'une des 52 dates *tzolkin* possibles de 52 Nouvel An successifs ; c'est un calendrier qui donne par ailleurs le cycle, (important pour la culture maya), suivi par les Porteurs d'année

155 Ce qui prouve que certains almanachs sont des outils pragmatiques, et que tous ne sont pas des moyens ésotériques de divination. Ce qui fait penser à l'évolution des calendriers étudiés par Maiello (1996), et que l'acte d'annoter transforme en agendas.

du quarteron P_2 = (**Cauac**$_{19}$, **Kan**$_4$, **Muluc**$_9$, **Hix**$_{14}$) en usage à l'époque tardive où fut réalisée la copie du codex actuellement conservé à Madrid.

D'autres interprétations de la présence de 17, (ou de l'absence de 18), sont possibles. On sait que les locutions *lundi en huit* et *lundi en quinze* sont arithmétiquement exactes dans les conventions de dénombrement conduisant au résultat $d + 1$: par exemple énumérer les changements de jour et le faire à partir de un en incluant les extrêmes. La leçon sur le comptage des intervalles (figure 62) conduit, par le même raisonnement, à la conjecture que le copiste des pages abeilles du Madrid utilisait une convention menant au résultat $d - 1$. Autrement dit, l'auteur de pages abeilles pourrait être supposé avoir énuméré à partir de un, (comme la majorité des Espagnols de l'époque coloniale, et non à partir de zéro), et ceci pour compter les nycthémères (et non les instants du changement de jour, dont on ne connait d'ailleurs pas les définitions mayas).

Ce qui revient possiblement encore à supposer, comme le fait Igor Xoyón dans la postface (cf. figure 98) :

a) que le scribe a simplement écrit qu'il y a 17 jours datés **αX** entre le 3e et dernier jour d'un triplet, (par ex. **3 Tijax** [**Edznab**$_{18}$]), et le 1er du triplet suivant[156] (**8 Ajmaq** [**Cib**$_{16}$]), ou
b) qu'il a sous-entendu deux informations : une date (celle à laquelle fait parvenir une translation de 17 j à partir de la 3e date d'un triplet, **7 Tz'ikïn** [**Men**$_{15}$], par ex.) et une translation d'un jour (pour passer de cet intermédiaire sous-entendu à la première date du triplet suivant, **8 Ajmaq** [**Cib**$_{16}$]).

Dans le premier cas a), on aurait montré que le scribe utilise une convention de comptage donnant $d - 1$, ou qu'il ne suit pas le schéma des autres almanachs. Dans le second cas b), il resterait à interpréter le passage par une date intermédiaire restée sous-entendue.

Les exemples de Dos Pilas, Piedras Negras, et Uaxactún du Compte long **9.14.0;0.0.** associé aux âges 16 et 17 de la Lune, et quelques autres[157], conduisent à proposer des conjectures disant par exemple :

---

156 Ce qui revient à donner le complément à vingt du triplet initial explicité, (3 + 17 = 20), ou à écrire les treize vingtaines « **Ajmaq**, **No'j**, **Tijax**, **Kawok**, **Ajpu**, **Imox**, **Iq'**, **Aq'ab'al**, **K'at**, **Kan**, **Kame**, **Kej**, **Q'anil**, **Toj**, **Tz'i'**, **B'atz'**, **Ey'**, **Aj**, **Hix**, **Tz'ikïn** », sous la forme « **Ajmaq**, **No'j**, **Tijax**, **17** », dans laquelle **17** représente le complément.

157 9.10.15;0.0. (09/11/647) sur les stèles D de Pusilhá et 12 de Copán, 9.11.0;0.0. (13/10/652) sur les Stèles 9 de Toniná et 13 de Copán, ou 9.17.0;0.0. (23/01/771) sur les Stèles E de Quiriguá et 3 de Toniná.

a) que deux scribes mayas pouvaient compter les durées définies par deux dates ou deux positions en utilisant chacun une convention d'énumération et de comptage différente de celle de l'autre
b) que les Mayas ne synchronisaient pas tous nécessairement de la même manière le cycle des lunaisons avec le cours du CL, celui du CR ou celui du tandem CL+CR.

De même que les conventions de dénombrement conduisant à $d \pm 1$ étaient sans doute aussi variées que les systèmes de poids et mesure des pays européens sous l'ancien régime, chaque cité ou époque devait avoir son propre mode de synchronisation et de mise en correspondance du cycle des lunaisons avec ceux des autres calendriers. *A priori*, chaque cité devait avoir inventé ou emprunté sa convention de mise en correspondance des lunaisons alors que le couplage CL = CR, (ou le couplage CL = CR = G_n), était déjà bien établi, ce que l'on sait par d'épais corpus d'équations calendaires exactes au jour près. Chaque cité décidant à sa guise mais plus tardivement des modalités concrètes de la synchronisation du cycle des lunaisons avec les calendriers bien établis et déjà communs aux peuples du pays maya.

Que chaque cité ait pu convenir à sa guise du couplage des lunaisons avec le CR ou le CL explique ou justifie *a priori* la plupart des différences que l'on pourrait observer, par exemple un **9.14.0;0.0.** associé à une Lune âgée de 16 jours à côté d'un **9.14.0;0.0.** associé à une Lune de 17 (/voire ***x***) jours. Cette liberté au niveau général des ensembles de cités n'implique aucunement, au niveau d'une cité particulière, qu'il en était de même pour le couplage du cycle des lunaisons avec le cours des dates-numéros du CL ou les cycles calendaires des dates CR, de la neuvaine, du Kauil, etc. il pourrait donc y avoir le couplage de Uaxactún, celui de Dos Pilas, de Piedras Negras, celui de Tikal, etc.

Le contraire serait étonnant, en tout cas il ne semble attesté par aucun calendrier connu : une fois les roues de l'engrenage engagées dans une cité ou un petit groupe de cités, plus personne en dehors des très hautes sphères du pouvoir ne vient les débrayer, (vus le coût élevé d'une modification du calendrier et celui des forces à déployer pour imposer son adoption), pour les réengager différemment, (quand cela arrive malgré tout, on passe du CR classique respectant la ROC_m à l'un de ses clones donnant des dates étoilées).

D'où la conclusion que le propre de l'Intelligence arithmétique maya repose sur le génie calendaire des scribes ensemble convenus, dans chaque cité, de préserver leur capacité de résoudre des équations calendaires et de maintenir les conditions nécessaires pour qu'elles soient arithmétiquement exactes, c'est-à-dire garantissant le maintien (à la précision du **kin**) du synchronisme :

a) du défilement des dates-numéros sur l'axe du Choltun ou Compte long (ou, variante possible, sur la grande roue de **13-baktun**),
b) du défilement des dates dans tous les calendriers qu'il était d'usage de considérer dans telle ou telle cité,
c) du défilement des positions dans tous les cycles astronomiques, pratiques, sociaux...qu'il était d'usage de considérer dans telle ou telle cité,
d) sans être nécessairement convenus d'avoir tous pris et conservé exactement les mêmes conditions initiales dans le cas des cycles les moins familiers[158], les cycles d'usage plus spécialisé ou limité à une petite section sociale, par exemple les conditions qui présidèrent au premier couplage d'une date CR et d'une position dans le cycle lunaire ou dans celui des éclipses.

Tout calendrier repose sur des règles et des conventions arbitraires. Pour désigner le mois de juin, un Français peut dire le « temps des cerises » ou « le mois du gai rossignol ». Il peut détourner ces expressions pour désigner un autre mois que juin, ou même pour renvoyer à un temps purement imaginaire. D'où cette idée que toute date attestée peut avoir été motivée par des motifs non calendaires. On trouve d'ailleurs, chez les Mayas, quelques cas de séries initiales dont les éléments forment une équation qui nous apparaît fausse ou qui semble construite selon une logique non calendaire (le chapitre 8 montrera quelques exemples, de Dos Pilas, Palenque et Naranjo).

La prudence épistémologique rappelle que toute règle peut avoir ses exceptions, qu'un postulat s'étend en principe à tous les objets d'un domaine d'expérience, mais qu'il peut parfois n'en toucher qu'une partie. Autrement dit, il serait prudent d'admettre qu'un maître des calendriers peut jongler avec des logiques calendaires différentes, et tenir, en main droite, un calendrier bien régulé dont les rouages restent rigoureusement

---

158 Ne sont pas concernés les couplages les plus utilisés au Classique, c'est-à-dire ceux qui définirent le produit intriqué *tzolkin* ⊗ *haab*, et ceux qui associèrent le CL au CR à la neuvaine et au cycle du Kauil, ou ceux qui lièrent le **1 Ahau** aux retours de Vénus, ou la complétude des périodes vigésimales (**tun**, **katun**, etc.) au seigneur **Ahau**.

synchrones, tout en ayant, en main gauche, un calendrier écologique ou liturgique[159] répondant à d'autres impératifs, des règles relevant soit de l'observation de l'environnement naturel, soit d'une conviction religieuse visant à donner du sens aux événements et aux cultes qui marquent le cours des existences.

Partout, les calendriers sont, avec les systèmes de poids et mesures, des instruments de pouvoir, dans les mains des chefs politiques ou religieux. Comme les numérations parlées, ils conservent des traces d'une histoire chaotique et se présentent souvent comme des agrégats hétéroclites.

En matière de calendrier, de poids et mesure ou de numération, l'esprit de conservation des héritages culturels des gens du soi l'emporte sur l'esprit critique qui en découvre les incohérences et qui en dénonce les lourdeurs. Il l'emporte aussi sur l'esprit d'entraide qui conduirait à se doter tous ensemble, les gens du soi et les gens de l'autre, d'un calendrier universel acceptable après avoir été dégagé des mille surcharges symboliques que défendent tous les chauvinismes identitaires[160]. Le calendrier républicain créé par la révolution française de 1789 et le calendrier positiviste proposé en 1849 par Auguste Comte sont des exemples mort-nés qui montrent que, même après une victoire des Lumières, les peuples ou les états rechignent à sortir de l'enfermement dans une poignée de types de calendrier. Les peuples refusent de changer leurs habitudes calendaires et rejettent les offres de système universel sans surcharge symbolique.

En rompant avec des habitus ancestraux[161], un calendrier universel pourrait faire sortir de l'enfermement dans trois ou quatre types de

---

[159] Par exemple, le calendrier écologique des Bosquecinos (note 292), ou le calendrier « liturgique » analysé dans Cauty (2013 : fig. 57, p. 85).

[160] Pour se démarquer des noms de saint et des fêtes chrétiennes du calendrier grégorien, les inventeurs du calendrier républicain et du calendrier positiviste s'efforcèrent d'effacer les références religieuses. Ce qu'ils firent en changeant les noms des mois et des jours par des termes qui renvoient à la nature ou à des personnages et des œuvres supposés universels. Plus de janvier, etc. mais, respectivement, des Nivôse, Pluviôse, Ventôse, etc. ou des Moïse, Homère, Aristote, etc.), ni de lundi, etc. mais des Argile, Ardoise, Grès, etc., ou des Prométhée, Hercule, Orphée, etc. Multiculturel par le choix des noms de jour substituant les noms de saint, et solaire par ses mois de 28 jours, le calendrier positiviste impose la semaine de 7 jours et rejette les mois lunaires de 29 et 30 jours. http://icalendrier.fr/calendriers-saga/calendriers/reforme-fixes/positiviste

[161] Le calendrier positiviste, par exemple, joue sur les diviseurs de 364, et, comme le zodiaque maya, il divise l'année en 13 mois de 28 jours, d'un côté il conserve les semaines de 7 jours, et de l'autre il rompt avec les traditionnels mois inspirés de

calendriers indétrônables depuis parfois des millénaires. Il permettrait de suivre l'exemple des astronomes et les historiens modernes qui adoptent, pour les besoins de leurs disciplines, le système des Jours Juliens et ses dates-numéros. Ou celui plus ancien des Mésoaméricains qui conçurent le Compte Long et le rendirent compatible avec les autres systèmes de datation en usage[162].

À supposer que l'humanité choisisse de suivre le Soleil plutôt que la Lune et de se doter d'un calendrier qui reste en phase avec les saisons, un calendrier universel pourrait, comme le calendrier positiviste, transiger avec les habitudes devenues quasi universelles, et conserver par ex. des semaines de 7 jours, et des années de 4 saisons. Plus radical, le calendrier républicain cassait l'organisation et proposait des mois égaux de 30 j, répartis en 3 décades de 10 jours ; de plus, il imposait la division décimale des heures qui ne réussit pas à évincer la division sexagésimale.

À supposer au contraire que l'humanité choisisse de suivre la Lune plutôt que le Soleil et de se doter d'un calendrier qui reste cependant en phase avec les saisons, alors les gens pourraient se rallier aux efforts que commencent à déployer les pays musulmans pour convaincre la *umma* de l'intérêt d'avoir un calendrier lunaire basé sur le calcul astronomique ou une convention fixant pour tout le multivers l'instant de la nouvelle Lune, (traditionnellement décidé par une autorité habilitée sur l'observation, *hic et nunc,* du nouveau croissant).

Nous avons rappelé l'idée que toute date attestée peut avoir été motivée par des considérations non calendaires. Les besoins de propagande d'une royauté sacrée du Classique maya pouvaient conduire un scribe à relier tel ou tel élément d'une date à ceux de la date d'un ancêtre ou d'un événement, tellement loin dans le passé que personne ne pourrait en calculer, au jour près, l'éloignement. Il suffit par exemple de fabriquer un nombre de distance *canada dry* pour rattacher la date *tzolkin* du jour de naissance ou d'intronisation du roi à la date *tzolkin* d'un événement

---

la lunaison. Pour maintenir le synchronisme avec l'année tropique, le calendrier positiviste se donne des jours blancs, un chaque année commune, et deux les années bissextiles. Ces blancs épagomènes prennent les rangs 365 et 366 de l'année positiviste, mais s'ils sont bien dans l'année, ils restent en dehors de la distribution en mois et semaines. Par ces conventions, toutes les semaines et tous les mois commencent et finissent le même jour de la semaine (lundi et dimanche).

162 Par exemple le plus ancien calendrier, le CDM de 13 × 20 jours, et les plus connus comme l'AFM, le CR (*tzolkin* ⊗ *haab*), ou encore, à Toniná, un calendrier de 170 820 dates qui n'est autre que le produit simultané du CR et de la neuvaine (figure 11).

célèbre. Cet usage polémique s'explique par le fait qu'il est parfois plus important d'associer un fait historique donné à un dit mythique porteur de valeurs symboliques, que de construire une égalité arithmétique inexistante, inaccessible ou irréalisable. C'est un peu comme si je vous disais que je suis né un 14 juillet, (en fait je suis né sagittaire, un dimanche de novembre), afin de vous faire gober l'idée que les fées m'auraient doté d'un esprit plus révolutionnaire et progressiste que la moyenne de mes concitoyens.

Du fait d'utiliser des nombres plutôt que des *n*-uples en guise de dates, le système des Jours Juliens semble être celui qui répond le moins mal aux besoins du monde globalisé actuel et celui qui protège relativement le mieux du risque ethnocidaire de provoquer des interprétations polémiques ou de favoriser la propagande tendancieuse. Ce qui invite à une approche critique comparée de l'évolution historique des sciences et écritures calendaires dans les deux seules civilisations qui inventèrent les dates numéros, c'est-à-dire la civilisation maya, la seule en Mésoamérique à utiliser couramment le Choltun, et la civilisation technico-industrielle, la seule du monde globalisé à utiliser les Jours Juliens de Scaliger et Herschell.

Malgré la globalisation, de nombreux calendriers coexistent dans le monde contemporain[163], mais seul le calendrier grégorien a été promu standard international par la norme ISO 8601 qui régit l'écriture numérique de la date et de l'heure, et qui demande de placer les éléments dans l'ordre croissant de précision, et donc en commençant par l'année, suivie du mois, et du jour, puis de l'heure, etc. Outre le fait que son origine chrétienne soulève des objections, le calendrier grégorien promu standard international ne répond pas aux besoins des sciences historiques comme la chronologie, ni aux besoins des astronomes ou de l'industrie spatiale, qui en sont venues à adopter le principe du décompte des unités de temps à partir d'une origine convenue. Mieux documentée en Europe (par l'histoire du système des Jours Juliens), qu'en Mésoamérique (par celle du Choltun), la saga de la mise en œuvre du principe de Scaliger et Herschell permet d'illustrer l'émergence de préoccupations scientifiques sur un fond de réponses aux besoins ordinaires et de stratégies pour acquérir et asseoir son autorité sur un ensemble de sujets.

---

[163] Par exemple les calendriers : hébraïque, musulman, persan, julien, copte, éthiopien, arménien, indien, chinois…

Le calendrier grégorien est un système calendaire complexe résultant de près de deux mille ans de rivalité entre les pouvoirs politiques et religieux. En France, le calendrier grégorien en usage aujourd'hui marque un arrêt des luttes pour le contrôle du temps entre l'Église et la Royauté sur le score de 1 partout. Nous verrons plus loin que le Vatican arrêta la réforme grégorienne, et le roi de France le style du nouvel an au premier janvier.

Toutes les dettes n'ont pas été apurées par cet armistice qui continue à soulever des critiques, notamment celles qui – au nom de la logique, de la tradition, d'une autre religion ou d'une vision républicaine…– remettent en cause le fonds judéo-chrétien catholique du calendrier grégorien.

Dans la forme promue par la norme ISO 8601, le calendrier grégorien remonte, *via* l'empereur Jules César, au calendrier solaire égyptien, ainsi qu'au calendrier lunisolaire hébraïque, *via* Constantin le grand, le premier empereur romain converti au christianisme. L'ADN du calendrier grégorien vient de ces deux calendriers de l'Antiquité, l'un réglé sur le Soleil et l'autre sur la Lune.

Apparu au début du troisième millénaire avant notre ère, le calendrier égyptien est un cycle vague de 365 jours. Il répond à la formule $(3 \times 4 \times 3 \times 10) + 5 = [(12 \times 30) + (1 \times 5)]$ qui renvoie à une logique arithmétique organisant l'année en 3 saisons, (de chacune 4 mois, de chacun 3 dizaines de jours), complétée par 5 jours épagomènes associés à cinq divinités (Osiris, Horus, Seth, Isis et Nephtys). Imposé en 46 av. J.-C., le calendrier julien est le fruit d'une réforme du calendrier romain inspirée par les vertus du modèle égyptien, et qui visait à rationaliser l'organisation de l'année en 12 mois, et à en fixer le nombre de jours, 365/366, sur le principe de l'année bissextile.

Foncièrement lunaire, le calendrier hébraïque combine des cycles incommensurables en nombre entier : des années à un nombre variable de mois lunaires, chacun de 29 ou de 30 jours, et des semaines de 7 jours qui renvoient à l'institution du shabbat rappelant que Yahvé créa le monde en 6 jours et qu'il se reposa le 7e. Les noms et l'ordre des jours de la semaine du calendrier remontent, probablement par les Chaldéens et les Égyptiens, à sept entités célestes mobiles dont le mouvement est visible à l'œil nu depuis la Terre (le Soleil, la Lune et les planètes Mercure, Vénus, Mars, Jupiter et Saturne).

En instrumentalisant la religion au profit de l'unité de l'Empire, l'empereur Constantin a ouvert, dès l'an 325, une période de cohabitation entre les calendriers civils et religieux. Elle allait durer une douzaine de siècles. L'empire utilisait le calendrier julien, de type solaire, quand la conversion de Constantin au christianisme fit entrer des éléments lunaires indispensables pour fixer, dans chacune des communautés chrétiennes de cet immense empire, la date des célébrations religieuses, dont la plus importante, celle de la fête de Pâque. Les communautés se déchiraient sur la définition de cette date qui, d'une part, célèbre la résurrection du Christ, et qui renvoie, d'autre part, à la Pâque juive commémorant le miracle de la libération du peuple juif sorti d'Égypte en traversant à pied sec la Mer Rouge ouverte par Moïse. Dans ce contexte de controverses religieuses, les églises chrétiennes cherchaient à se démarquer de la religion juive, et à se différencier entre elles, ce qui conduisait chacune à fixer la date de Pâques différemment des autres.

Jusqu'au XVIe siècle, le compromis adopté au concile de Nicée préservait les deux principales revendications de la nouvelle religion. Pour l'une la fête de Pâques devait être un dimanche. Pour l'autre, elle devait respecter la définition juive qui en fixait la date au 14 Nissan du calendrier soli-lunaire de la religion mère. Le concile trancha, en définissant Pâques comme étant « le dimanche qui suit le 14e jour de la Lune qui atteint cet âge le 21 mars ou immédiatement après ». D'autres désaccords subsistaient.

Deux disputes restaient endémiques. La question du nouvel an n'était pas définie, et surtout la correction julienne était médiocrement efficace. Le calendrier julien accuse en effet un décalage d'un jour tous les 134 ans. Ce décalage atteignait donc 10 jours au XVIe siècle.

La question du jour de l'an fût réglée la première, au XVIe siècle, par un roi de France plus connu pour le massacre de la Saint-Barthélemy. Charles IX décida d'uniformiser le « style de l'année », c'est-à-dire de fixer le jour du changement d'année pour tous les actes, registres, contrats, édits, etc. à établir en son royaume. Signé *le neufiesme Iour d'aoust, l'an de grace mil cinq cens soixante-quatre,* (09/08/1564), l'article 39 de l'Édit du Roussillon stipule que l'année commencera désormais le 1er janvier. En 1582, Grégoire XIII étendra ce style à l'ensemble des chrétiens.

Plus compliquée, la seconde difficulté fut résolue par les calculs que le jésuite astronome Christophorus Clavius développait depuis 1579 en vue de définir un nouveau calendrier qui évite, plus durablement que la correction bissextile, le décalage du calendrier par rapport à l'année astronomique. Adopté par le pape Grégoire XIII, le nouveau calendrier fût imposé par la bulle *Inter gravissimas* promulguée le 24 février 1582.

Longtemps rejeté par les protestants[164], le calendrier réformé fût d'abord mis en application dans les États catholiques (dont les colonies américaines de l'Espagne) qui décidèrent que le lendemain du 4 octobre 1582 serait le 15 octobre 1582. La réforme grégorienne a changé la façon julienne de déterminer les années bissextiles (en précisant que les millésimes multiples de 100 et non divisibles par 400 seraient des années communes de 365 j). Il en résulte que la durée moyenne de l'année devient 365,2425 j. Le décalage par rapport au temps vrai (l'an tropique moyen dure 365,2422 j) passe d'un jour tous les 134 ans, à un jour tous les 3 223 ans.

Civil et liturgique, julien et grégorien, les calendriers de l'Europe chrétienne articulent des éléments indépendants les uns des autres et produisent des expressions calendaires plus ou moins longues, que j'appelle *n*-uple quand elles ont *n* éléments. L'expression « St André dimanche 30 novembre », par exemple, est un *n*-uple. Il articule a) une liste de noms de saints (établie région par région et époque par époque), b) les 7 jours de la semaine, et c) un cycle de 365/366 j parcourant une année de 12 mois de durée inégale (de 28 à 31 j). Chaque élément du *n*-uple est une information qui participe à l'interprétation des dates et donne aux événements leurs valeurs pratiques et symboliques.

Mais pour être indépendants et provenir de traditions différentes, la connaissance de l'un des éléments d'un *n*-uple ne confirme ni n'infirme le bien fondé du suivant. Difficile par exemple de savoir si le « 14 juillet 1789 » était un « dimanche » ou un « mardi », d'en déduire le saint patron en ville de Paris, ou la place dans le cycle lunaire. Il serait encore plus difficile de situer notre 14 juillet 1789 dans les calendriers plus éloignés comme ceux des Chinois, des Musulmans, des Juifs ou des Mayas qui articulent des cycles différents et différemment indépendants les uns des autres.

Considéré comme le père des sciences chronologiques, un érudit français du XVIe siècle, philologue et historien, allait asseoir la thèse que

---

164 Du coup, l'Europe et ses colonies vont vivre pendant plusieurs siècles avec plusieurs calendriers (julien, grégorien et liturgique), et leurs habitants célèbreront les mêmes fêtes à des dates différentes. Pour certains l'année commence le 25 mars, pour d'autres le 21 mars, voire le 1er mars, et pour d'autres le 1er janvier. Un vrai casse-tête pour les historiens. Selon les documents, Newton, par exemple, est né et mort à des dates et en des années différentes. Sur son tombeau, en calendrier julien et nouvel an au 25 mars, il est écrit qu'il est né le 25 décembre 1642, et mort le 20 mars 1726. En calendrier grégorien, adopté par l'Angleterre en 1752, ces dates deviennent le 4 janvier 1643 et le 31 mars 1727.

l'histoire humaine ne se résume pas à celle des Grecs et des Romains, mais qu'elle doit prendre en compte celles des Perses, des Babyloniens, des Juifs, des Égyptiens... Plus connu sous le nom de Scaliger, Joseph Juste de l'Escale de Bordons (1540–1609) est l'humaniste qui milita pour développer l'étude critique comparée des récits de tous les peuples. La principale difficulté de la science chronologique tenait au fait que les événements sont tous datés à l'aide de systèmes calendaires propres à chaque peuple et à chaque époque. Scaliger se mit à l'étude des anciens systèmes de datation et de comput, et pour les comprendre, il les soumit aux principes astronomiques de l'époque, notamment ceux du tout récent système de Copernic. Scaliger parviendra ainsi à construire un système de datation indépendant des calendriers en vigueur dans le monde.

Le monde occidental utilisait le calendrier julien pour les affaires de l'État, et un calendrier liturgique dans chaque région pour calculer chaque année les dates des fêtes chrétiennes mobiles, à commencer par celle de Pâques. Les éléments du comput ecclésiastique (nombre d'or, épacte, lettres dominicales, et indiction romaine) se ramènent à trois cycles annuels : 1) un « cycle solaire » de 28 ans au bout duquel les dimanches reviennent à la même place dans le calendrier (parce que la semaine compte 7 jours et que tous les 4 ans l'année bissextile passe de 365 à 366 j) ; 2) un « cycle d'or » de 19 ans, hérité des Grecs et attribué à Méton, qui est la durée au bout de laquelle les mêmes phases de la Lune reviennent pratiquement à la même position dans l'année solaire ; enfin 3) un cycle « d'indiction » de 15 ans, hérité de l'administration romaine des impôts. La position des fêtes mobiles d'une année liturgique catholique est déductible d'un triplet de rangs d'année, à savoir la position de l'année dans trois cycles respectivement de 28, 19 et 15 années.

Scaliger comprit que le produit de ces trois cycles, (15 × 19 × 28 = 7 980 ans), était un cadre dans lequel il deviendrait possible de situer n'importe quel événement de l'histoire humaine. Historien érudit, Scaliger parvînt à calculer les trois rangs de certaines années comme celle de la fondation de Rome ou celle de la naissance de Jésus-Christ. Ce qui lui permit de conclure que le triplet origine correspondait au midi du 1er janvier 4713 av. J.-C.

En 1849, dans *Outlines of Astronomy*, l'astronome anglais John Herschell lance la thèse qu'il suffirait, pour situer précisément les événements dans le temps, de convenir que leur date soit rapportée à la mesure de leur distance à partir d'un instant convenu origine. Concrètement cela revient à représenter les instants du temps comme la suite des nombres que l'on peut figurer par une ligne munie d'une origine, et graduer, (en fonction des besoins et des numérations disponibles), en nombres entiers, décimaux, rationnels ou réels. Le choix de l'unité de temps et celui de l'origine sont arbitraires. Pour l'origine, Herschell adopta la date publiée en 1583, (un an après la réforme du pape Grégoire XIII), dans l'*Opus de Emendatione Temporum* de Scaliger, à savoir le 1er janvier –4712. Muni de cette origine, l'axe du temps peut s'étendre de –∞ à + ∞, et devient ce que nous appelons maintenant le système des Jours Juliens. Les changements d'origine sont toujours possibles, et le CNES par exemple n'utilise pas le 1er janvier 4713 av. J.-C. à midi, mais le 1er janvier 1950 de notre ère à 0 heure. Un changement d'origine translate toutes les dates-numéros du même pas que l'origine ; la valeur numérique du pas de translation est souvent appelée « constante de corrélation » (dans le système du CNES la constante est 2433282,5 j).

Plus d'un millénaire avant l'invention en Europe du système des Jours Juliens, les Olmèques et les Mayas avaient développé en Mésoamérique un système équivalent à celui que recommandait Herschell. C'est le Compte Long, ou le calendrier en date-numéro. Depuis juin 2016, nous l'appelons Choltun 'compte/conte des ans', un néologisme produit comme nous l'avons dit par un groupe de Kaqchikels, sur le modèle du compte/conte des jours mésoaméricain. Uniques dans l'histoire des calendriers, ces systèmes équivalents réduisent les problèmes de comput calendaire aux opérations de l'arithmétique, l'addition et la soustraction des nombres. Couplés à des numérations performantes, par ex. les numérations de position et de disposition des scribes mayas, ils permettent de saisir des événements éventuellement très éloignés dans le passé ou le futur, et de résoudre simplement, à la précision du jour, les problèmes de comput. Ils apportent de plus, à la manière d'une langue pivot, une facilité incomparable pour traduire les dates données dans plusieurs calendriers différents.

Comme leur numéro de dossard permet de distinguer les coureurs d'un peloton ou d'une épreuve, le Compte Long permet de distinguer les jours, ce qu'il fait en leur affectant un entier ordinal. Mais, malgré les ressources de la numérologie, un entier ne dit pas tout, sous-entend beaucoup, et n'épuise en aucun cas la définition d'un jour. Or, les gens ont besoin de faire parler les dates, de savoir à quoi elles renvoient dans la vie pratique, de leur donner du sens, de leur inventer des couleurs divinatoires, de les faire jouer sur différentes scènes… Le Compte Long ne répond guère à ce besoin de sens et de valeurs. Son avantage est ailleurs, d'une part, dans la possibilité de distinguer tous les éléments d'un ensemble, même très grand, voire continu, et, d'autre part, dans la simplification des computs qui se font en additions et soustractions.

Tout le monde n'a pas besoin de jongler avec des très grands nombres de jours ou d'années ; ni de situer les événements à la seconde ou au jour près. En Mésoamérique, avant que ces besoins spécifiques ne soient attestés par la découverte des premières séries initiales en terre olmèque, c'est-à-dire avant l'invention du Compte Long et l'usage des séries initiales et autres nombres de distance, les scribes définissaient, dès le VIe siècle av. J.-C., les jours par la couleur divinatoire que leur attribuaient les régents des éléments de deux cycles simultanés, un cycle de 13 numéros **α** et un cycle de 20 noms **X** de jour. Un peu comme nos « vendredi 13 » un jour était déclaré de bon ou de mauvais augure selon qu'il tombait sur tel ou tel arrangement **αX** du cycle divinatoire de 13 × 20 = 260 jours.

Cette antique façon de dater en définissant les jours permettait aussi de les distinguer et de les contrôler sémantiquement. Le cycle divinatoire permet de distinguer 260 jours, mais pas un de plus. Pour distinguer un plus grand nombre de jours, les Mésoaméricains se mirent à multiplier les informations en ajoutant à la position des jours dans le cycle divinatoire, leur position dans un ou plusieurs autres cycles. Ils se dotaient ainsi, comme les peuples de l'Europe chrétienne, d'un calendrier qui articule de plus en plus d'éléments *a priori* indépendants les uns des autres fournissant des expressions calendaires plus parlantes et plus longues que j'appelle *n*-uples. Les cycles les plus utilisés dans le monde relèvent de l'expérience du temps qui impose ses rythmes à la nature et aux hommes, le jour et la nuit, les phases de la Lune, les saisons de l'année… En Mésoamérique, les scribes ajoutèrent des informations pour distinguer les jours des mois, comme lorsque nous disons « vendredi 13 novembre », ou pour distinguer l'année à laquelle appartenait ce jour, comme lorsque nous disons « dimanche 30 de l'an 1941 ». Le premier exemple correspond aux dates mayas du Calendrier Rituel, et le second aux dates aztèques donnant l'éponyme de l'année (dans un « siècle » de 52 ans).

Comme tous les peuples en quête d'un calendrier pratique, les Mayas articulaient une diversité de cycles, symboliques, astronomiques, écologiques, divinatoires, liturgiques, etc. qui, ensemble, font le calendrier maya de l'époque classique. À leur apogée culturel, les Mayas ont eu le génie de faire jouer le Choltun sur la forêt des *n*-uples qui les définissaient de plus en plus précisément, les faisaient parler en leur donnant des couleurs divinatoires et des valeurs pratiques ou symboliques.

Plus que les autres Mésoaméricains, les Mayas ont utilisé le Choltun sans modération, au point d'en faire la clef de voûte d'un calendrier complexe qui leur a permis, durant tout le Classique, de faire tenir ensemble un agrégat de cycles de différents types, (écologique, agricole, astronomique, divinatoire, civil, religieux, etc.), contenant le plus souvent au moins les cycles du *tzolkin* de 260 dates **αX** et du *haab* de 365 dates ***βY*** qui ensemble génèrent le Calendrier Rituel de 18 980 jours.

Le plus ancien des cycles constitutifs du calendrier maya est sans conteste le cycle divinatoire mésoaméricain de 260 j. Ceux qui s'imposèrent ensuite aux Mayas sont le retour des 4 Porteurs, le cycle novénal souvent comparé au cycle aztèque des « Neuf Seigneurs de la nuit » (Durand-Forest), le calendrier *haab* de 365 expressions de la forme ***βY***, les cycles qui définissent le Kauil maya de 4 × (7 × 9 × 13) = 3 276 j, et les positions moins bien comprises dans la suite des phases de la Lune et de la planète Vénus, ou celle des éclipses de Lune et de Soleil. Contrairement à de très nombreux calendriers, dont le grégorien, celui des Mayas s'interdit l'usage de cycles de durée variable. Pas d'années bissextiles, pas de mois ou de lunaisons de durée variant de 28 à 31 jours. Ce calendrier n'utilise que des approximations entières ou des cycles vagues, à nombre entier de jours : des neuvaines, des treizaines, des mois de 20 j, des **tun** de 360 j, des années *haab*, des **katun**, des roues de treize **baktun**…

Le Choltun des Mayas associait à chaque jour qui passe, un nombre entier, à savoir un cardinal de la forme $\mathbf{\Sigma c_i \underline{P}_i}$ qui exprimait (en année **tun** et en jour **kin**) sa distance au jour convenu origine, et généralement interprété comme le jour de la création des hommes de maïs. La mesure de cette distance distingue et définit chaque jour de manière unique et univoque en lui attribuant l'ordinal $\boldsymbol{\Sigma c_i \underline{P} i}$ que j'appelle sa date-numéro. Selon la concordance GMT la plus acceptée et la constante 584 284 ± 1, le jour zéro se trouvait à trois millénaires dans le passé, si bien que les dates du Classique étaient marquées en Choltun par des entiers de l'ordre du million de jours, ce qui exige des écritures numériques vigésimales à cinq chiffres significatifs. Par définition, l'origine se trouve à la distance zéro (cardinal) d'elle-même, ce que je conviens d'écrire **0.0.0;0.0.**, et sa date-numéro est zéro (ordinal) que j'écris ***0.0.0;0.0.***

Comme n'importe quel événement, l'origine de la chronologie maya était placée dans l'ensemble des cycles calendaires en usage, notamment dans le cycle divinatoire du *tzolkin* et dans l'année solaire du *haab*. On sait que l'origine était un jour **4 Ahau *8 Cumku*** de date-numéro ***0.0.0;0.0.*** Le Choltun permet donc d'écrire des identités, par exemple

4 Ahau ***8 Cumku ≡ 0.0.0;0.0.,*** et des égalités calendaires. Sachant par exemple que **5 Imix** ***9 Cumku*** est le lendemain de l'origine, on peut écrire l'identité **5 Imix** ***9 Cumku ≡ 0.0.0;0.1.*** ainsi que l'égalité : ***0.0.0;0.0.*** **4 Ahau** ***8 Cumku*** + **1** = ***0.0.0;0.1.*** **5 Imix** ***9 Cumku***. On interprète de même toutes les séries initiales, par exemple celle de la stèle 3 de Piedras Negras (figures 38 et 12). D'où, en rétablissant les éléments sous-entendus ou reconstruits : [***0.0.0;0.0.*** ≡ **4 Ahau** ***8 Cumku*** +] **9-<u>baktun</u> 12-<u>katun</u> 2-<u>tun</u> ; 0-<u>uinal</u> 16-<u>kin</u>** [= ***9.12.2;0.16.*** ≡] **5 Cib** ***14 Yaxkin***.

Cette lecture de la série initiale de la stèle 3 reste incomplète, puisque le scribe a aussi inscrit la position du jour dans d'autres cycles, à savoir le cycle des neuf seigneurs des inframondes, et la suite des lunaisons.

Terminons ce chapitre par des remarques sur le cycle novénal qui a permis aux Mayas de Toniná de se doter d'un calendrier de 170 820 jours (468 années *haab* de 365 j) et par une synthèse dressant les grandes lignes de ce qui pourrait être un équivalent maya de la norme ISO 8601 pour écrire une Série Initiale Maya, que nous supposerons complète, sans sous-entendus, c'est-à-dire avec une série supplémentaire maximale, comprenant par exemple la position dans le cycle du Kauil, ou dans une suite de cycles astronomiques que toutes les séries initiales ne présentent pas. Disons pour mémoire, qu'il conviendrait de préciser, non pas le fuseau horaire, mais le lieu et l'époque où était effectivement en usage le calendrier utilisé pour dater l'instant t_0 du récit ouvert par une série initiale.

Toute série initiale maya écrite dans les règles de l'art classique comprend un glyphe introducteur, une date-numéro attribuée par le Choltun, une date *tzolkin*, une date *haab*, et généralement encore un ou plusieurs éléments de la série dite « supplémentaire ». Ces compléments servaient à placer tout événement dans divers cycles symboliques (Kauil, seigneurs des infra-mondes), ou divers cycles astronomiques comme celui des lunaisons et des semestres lunaires dont nous parlerons au chapitre 9.

La première information apportée par la série supplémentaire, juste après la date *tzolkin*, donne la position du jour dans un cycle de neuf éléments, souvent comparé au cycle aztèque des neuf seigneurs de la nuit et aux neuf inframondes ou enfers des cosmovisions mésoaméricaines. C'est de cette première information que nous allons parler maintenant. Elle est délivrée par un ou deux glyphes, dits G et F. Le glyphe F, qui suit le glyphe G ou se fusionne à lui, signale la présence d'une date du cycle novénal. Selon Hoppan (2014 : 146), le signe F est formé des logogrammes TI' et HUUN (/HU'UN) renvoyant à l'idée de bouche, de bord ou d'entour, et à celle de livre ou de papier d'*amate*, et se présente sous plusieurs allographes.

Les épigraphistes ont pour habitude de coder chacune des positions ou entités du cycle novénal par un glyphe G_n, où l'indice *n* prend les neuf premières valeurs entières, de 1 à 9. Ce faisant ils suivent des habitudes que l'arithmétique modulaire désapprouve aujourd'hui. En particulier, la notation G_9 est un abus d'écriture. Voici pourquoi.

Prenons le cas analogue de la ronde des heures utilisée pour se repérer dans le nycthémère. Quel qu'en soit la convention, le jour de 24 h commence à un moment convenu (en général le lever, le coucher, ou le passage au plus haut, voire au plus bas, du Soleil), et ce moment précis sera, au bout de 24 heures, l'instant précis où finit le nycthémère. La norme ISO 8601 demande d'écrire minuit sous la forme 00:00 et d'abandonner la forme 24:00 qui devient un abus d'écriture, un abus parfois accepté par ex. dans les tables d'horaire des trains qui utilisent l'écriture 24:00 pour les arrivées et 00:00 pour les départs.

En logique modulaire, le module neuf impose d'identifier cet entier à zéro, et de faire varier de 0 à 8, plutôt que de 1 à 9, l'écriture des entiers *n* modulo neuf, selon la définition arithmétique qui en fait les restes de la division de l'entier *n* par neuf. En adoptant les règles de l'arithmétique des pendules (figure 10), le premier glyphe G ne s'écrit pas G_9 mais G_0.

Le convenu premier glyphe du cycle novénal maya est par définition son point de départ/arrivée. À ce titre, selon la comptine et la convention que l'on utilise, on peut l'écrire G_0, G_9 ou même $G_{0/9}$. Par analogie avec la norme ISO et par conviction arithmétique, je m'efforce de perdre l'habitude de le noter G_9, et je milite pour la forme G_0 sans m'interdire la forme $G_{0/9}$ qui rappelle le couple ***CHUM*/ *TI'HA'B***. Plus lourde, la forme $G_{0/9}$ non interdite montre bien que tout point d'un cycle peut en être convenu l'origine, c'est-à-dire son point de départ/arrivée. Que l'on entre dans un cycle et que l'on se mette à le parcourir, forcément, à chaque tour de piste, on reviendra à ce même point d'entrée, lequel devient une porte romaine gardée par un Janus *bifrons*. Une entité qui, de cette place, regarde à la fois vers le passé et vers le futur et voit aussi clairement le train qui arrive à 24:00 que le train qui part à 00:00.

Selon Hoppan (2014 : 148), $G_{0/9}$ est le signe du soleil noirâtre/obscur attesté par quatre variantes. Lu **('u)y-i(i)k'-k'i(i)n**, il se trouve par exemple dans la série initiale du panneau 1 de la Corona (Petén,

Guatemala, VIe siècle). La stèle C de Quiriguá (Izabal, Guatemala), atteste clairement que $G_{0/9}$ est, logiquement, le signe des retours du jour de départ/arrivée des cycles de **13-baktun** de date *tzolkin* **4 Ahau**, et qu'il est, mathématiquement, l'origine du Choltun ou de la chronologie maya, une sorte de point zéro qui sépare les éléments du Choltun en deux classes, que l'on peut représenter comme celle des entiers négatifs (parfois marqués par un anneau dans le codex conservé à Dresde) et celle des entiers positifs (non marqués ou marqués par le morphème zéro des linguistes). Une origine qui fait une coupure dans l'ensemble des dates numéros, qu'elle divise en deux. D'un côté, disons le côté rouge, les dates négatives, et de l'autre, disons le côté noir, les dates positives, selon que le scribe les interprète comme renvoyant à des faits du passé connaissable ou du futur invisible.

Le glyphe habituellement noté G_1 est le successeur du glyphe $G_{0/9}$. Il est associé au lendemain, **5 Imix *9 Cumku***, de l'origine **4 Ahau *8 Cumku*** du temps maya. Selon Hoppan, « son glyphe unit le chiffre 9 aux logogrammes de la réception K'AM/CH'AM et de la divinité K'UH – dans un cas – et à la forme simple de l'invocation/conjuration TSAK dans l'autre cas » (2014 : 146).

Après le signe G_1 vient le glyphe G_2 puis les suivants, jusqu'au neuvième et dernier, le signe G_8. Le dernier signe est graphiquement identique à la sorte de couronne (un affixe ?) posée sur le signe principal du glyphe ***Cumku*** du dix-huitième et dernier mois de vingt jours de l'année *haab*. D'où la conjecture que le signe G_8 est le dernier du cycle commençant à $G_{0/9}$, un cycle que l'on invoque en G_1, et qui n'est autre que la neuvaine ($G_{0/9}$, G_1, G_2, G_3, G_4, G_5, G_6, G_7, G_8) possiblement associée aux entités qui règnent sur les 9 inframondes. Selon Alfonso Caso (1967 : 20) cité par Danièle Dehouve (2011 : 121, Tableau 19), les neuf seigneurs de la nuit sont pour les Aztèques : $G_{0/9}$ = *Tlaloc* (dieu de la montagne et de la pluie), G_1 = *Xiuhteuctli* (dieu du feu), G_2 = *Itzli* (Obsidienne), G_3 = *Piltzintli* (Soleil), G_4 = *Centeotl* (Épi de maïs), G_5 = *Mictlanteuctli* (seigneurs des Morts), G_6 = *Chalchihuitlicue* (Source), G_7 = *Tlazolteotl* (déesse des immondices), et G_8 = *Tepeyolotli* (Cœur de la montagne). Hoppan (2014 : 145–146) précise les caractéristiques des neuf G_n.

Nous avons vu que les scribes de Toniná n'ont pas toujours utilisé le Choltun pour distinguer les événements intervenant dans de longues périodes, et que, dans ce cas, ils définissaient chaque jour par sa position dans le calendrier 9 CR produit de trois cycles familiers (*tzolkin*, *neuvaine* et *haab*). Le texte du monument 69 parle par exemple d'un événement ayant eu lieu le **8 Chicchan** $\mathbf{G_2}$ ***18 Zac*** (Hors-texte 2, et figure 11).

Regardons la genèse de cette forme de calendrier à la lumière de l'histoire et de l'épistémologie. À l'exception peut-être des calendriers purement écologiques, tous les calendriers en viennent à utiliser des cycles de signes qui distinguent des jours qui se datent en *n*-uples, et dont les comptes se font en arithmétique modulaire. Comme Martzloff le rappelle dans la préface de ce livre, les Chinois et les Mésoaméricains s'intéressèrent également au nombre de jours écoulés à partir d'un jour zéro qui n'était rattaché à aucun événement réel, astronomique ou historique, mais qui pourtant était très précisément situé dans un passé ancien de plusieurs milliers d'années. Dans ces deux civilisations, le jour zéro en question a fini par devenir le point de départ idéalisé du compte des jours. Par définition et construction, le processus de compter les jours qui passent conduit forcément à embrasser des quantités toujours plus grandes de jours. Des jours qu'il faut bien continuer de distinguer et définir, surtout quand on en vient à considérer des comptes immensément longs de jours.

Pouvoir définir (caractériser, décrire) et distinguer (repérer, isoler) chacun des jours d'un ensemble immense d'événements de toutes natures est le premier défi à relever sur la route menant à l'invention des Jours Juliens en Europe, à celle du Compte Long en Mésoamérique, ou à celle du Choltun en terres mayas. Les dates de la forme $\boldsymbol{\alpha}\mathbf{X}\ \boldsymbol{G_n}\ \boldsymbol{\beta Y}$ attestées à Toniná montrent une façon de franchir cet obstacle : la technique du couplage des listes finies qui permet d'obtenir des cycles d'expressions de plus en plus grands, des produits que Dershowitz et Reingold ont proposé d'appeler des « cycles simultanés ». En l'occurrence, les scribes de Toniná ont intriqué trois cycles respectivement de 260, 9 et 365 jours, et obtenu un cycle simultané de 170 820 jours. C'est beaucoup plus que le cycle CR de 260 ⊗ 365 = 18 980 dates $\boldsymbol{\alpha}\mathbf{X}\ \boldsymbol{\beta Y}$, mais bien moins que la roue de **13-<u>baktun</u>** qui compte 1 872 000 jours susceptibles d'être datés par autant de dates-numéros $\Sigma c_i \underline{P}_i$.

Les dates de Toniná prouvent que le compte cyclique des jours, quand il dure ou se répète suffisamment longtemps conduit à considérer des périodes de plus en plus longues, et aboutit, en pratique et contre toute attente, à une sorte d'énumération linéaire et ordonnée des faits historiques, sociaux, naturels ou astronomiques, un Canada Dry de Compte Long. À force de compter en jour, puis en semaine, puis en lunaisons ou en mois, puis en année, puis en siècle, puis en millénaire…

on finit par penser le temps linéaire, un peu comme on voit un cercle de rayon immense comme un *canada dry* de la ligne droite.

Partout dans le monde, le besoin de compter et de mesurer a toujours conduit à définir et utiliser des nœuds et des « unités » propres à chaque niche de l'espace/temps des peuples. La plupart des comptes concrets formaient des « systèmes » d'unités aussi poétiques qu'un inventaire à la Prévert, mais que les traditions finissaient par ancrer profondément dans les habitus. Dans l'entre soi local, on jonglait avec des « unités » familières, contrôlées sémantiquement comme le font, avec les proportions, des Chiliens peu scolarisés (Soto & Rouche 1994). Déliés des contraintes du concret, les numérations parlées ne comptent pas des objets, mais des notions rendues discrètes par une opération de discrétisation marquée dans les langues mayas par ce que les linguistes appellent assez improprement des Classificateurs numériques. La plupart des numérations finissent par compter des unités, puis des paquets d'unités, puis des paquets de paquets d'unités, etc. formant finalement des chaînes de nœuds idéalement en progression géométrique de ce que l'on appellera la base des numérations les plus performantes, celles de type positionnel.

L'hétérogénéité des « systèmes » de mesure d'objets concrets rendait leur usage d'une grande lourdeur dès qu'il fallait les comparer, les traduire ou les soumettre à des calculs plus ou moins savants. Partout où il y avait un pouvoir central, celui-ci s'efforçait de réduire la cacophonie. Le plus souvent en imposant son propre « système » et ses propres étalons, mais parfois en créant et imposant un système logiquement structuré par des règles imposant des rapports simples et peu nombreux entre les unités. Dans l'idéal une seule règle imposant un seul rapport, et mieux encore le même rapport pour tous les systèmes de poids et mesures, en veillant, quand c'est le cas et comme le recommandait Condorcet, à l'aligner sur la base de la numération. Assez naturelle pour les nœuds des numérations parlées, la découverte des avantages d'une plus grande systématicité a conduit, dans le domaine concret des poids et mesures, à la règle des unités en progression géométrique de raison dix, une règle qui a donné le système métrique actuellement utilisé à l'échelle mondiale. La prégnance des dix doigts des deux mains a supplanté les regroupements par six, douze ou vingt.

En Mésoamérique, les Mayas devinrent les champions de la marche dans le champ du temps discrétisé. Répondant sans le connaître au vœu pédagogique de Condorcet qui estimait nécessaire de faire « cadrer la numération parlée avec la numération en chiffres »[165], les Mayas finirent par adopter l'étalon **tun**, et la progression géométrique de raison vingt des unités de temps. Des milliers de séries initiales et quelques exemples comme les stèles de Cobá prouvent que la suite des unités fut conçue non fermée (/ou théoriquement ouverte), et que le système fut abondamment utilisé au moins jusqu'à l'ordre du **baktun**. Au Classique maya, les scribes disposaient donc d'un outil pour écrire les grandes durées, et pour lier entre elles les dates et positions définies par toute une forêt de cycles, en particulier ceux du Calendrier Rituel ou de Toniná, fondés sur des produits de cycles qui délivrent les dates sous forme de *n*-uples prolixes.

Il ne restait plus qu'un obstacle pour disposer d'un calendrier aussi abstrait que le système des Jours Juliens, lequel attribue un nombre à chaque instant du temps. Le dépassement de cet obstacle a consisté à s'affranchir des surcharges symboliques et des informations pratiques imposées par les usages traditionnels des calendriers comme le CR et l'AFM.

Un pas décisif, me semble-t-il, a été franchi quand les Mayas se sont mis à dégraisser les *n*-uples en ne gardant que l'essentiel, (par exemple la date *tzolkin* qui donne la couleur divinatoire), et à positionner les événements dans la suite, moins parlante, mais bien plus systématique et *a priori* non bornée, des périodes vigésimales construites sur l'année **tun** de 360 jours. Des périodes vigésimales dont ils se mirent à célébrer la complétion (totale ou par quarts) en un jour susceptible d'en devenir l'éponyme (ce sera un jour **Ahau**), et qu'ils apprirent à regrouper en treizaines, formant ainsi de nouvelles unités que Diego de Landa appelait « roues » comme dans l'expression *gira de los katunes.*

---

165 Dans *Moyens d'apprendre à compter sûrement et avec facilité*, ouvrage posthume de l'an VII de la République (1798/1799) publié à Paris chez Moutardier, Jean-Antoine-Nicolas de Caritat Condorcet (1743–1794), inspirateur du système métrique décimal proposé par Talleyrand à l'Assemblée nationale constituante en 1790, propose une réforme de la numération parlée française visant à en supprimer les irrégularités et à la transformer en système purement décimal destiné à standardiser l'arithmétique et à en faciliter l'apprentissage. Condorcet remplace par exemple les numéraux de **onze** à **seize** par les composés de **dix-un** à **dix-six**, et crée des néologismes ou fait des emprunts pour remplacer **vingt**, **soixante-dix**, **quatre-vingt** et **quatre-vingt-dix** par **duante**, **septante**, **octante** et **nonante**. Pour les grands nombres, il recommande le système des termes en –illions de Nicolas Chuquet, à ceci près que **billion** devient **dillion** (malheureusement dans la version « échelle courte »). Sans le savoir, la néonumération de Condorcet devient aussi régulière que les systèmes de certaines langues asiatiques.

Ce n'est sans doute pas un hasard que le logogramme de l'année de compte fût chiffré HA(A)B et TU(U)N (Hoppan 2014 : 295 et 309). En version HA(A)B l'année de compte est figurée par le logogramme de l'année *haab* dont on retient le caractère vague mais pas la valeur numérique (365) car sa position dans un Choltun ou Compte Long en fait le signe du **tun**, c'est-à-dire le signe de l'unité principale du système maya des unités de temps (ou système des périodes), un étalon de 360 **kin** ou 360 jours. En version TU(U)N, l'année de compte est figurée par le logogramme de la pierre. Ce qui relie les deux versions pourrait bien être le fait que chez les Mayas, les cérémonies de complétion de période impliquaient d'oindre ou ceindre une pierre érigée pour en honorer le régent ou la mémoire. Hoppan (2014 : 124) précise : « Il est probable que cette désignation [*tun* 'pierre'] procède de l'antique coutume d'ériger des monuments monolithiques – en général des stèles dites en maya classique *lakam-tuun* (littéralement la "grosse/grande pierre", le "mégalithe") – à l'occasion de l'achèvement de multiples du *tun* dans le décompte du temps ».

De ce point de vue l'abandon du Choltun ou Compte long au profit du Compte court pourrait s'interpréter comme un retour du religieux politique et un possible recul de l'Intelligence arithmétique maya.

Hors-texte 8 : *Une scène du panneau sud du temple XIX*
(Photo Robin Heyworth, 05/01/2002, en attente d'autorisation)

Chapitre 7

Le jour α/ω d'un mois de l'année *haab*

Voici un panneau du temple XVII de Palenque, (Chiapas, Mexique, 25±1/08/490). Le texte débute par le GI « [ra]compter pour **Yaxkin** les **katun** », suivi du Choltun « **9-baktun 2-katun 15-tun ; 9-uinal 2-kin** », de la date « **9 Ik** » (en *tzolkin*) et de la date « $\mathbf{G_2}$ » (en *neuvaine*). Calculons où conduit le CL de **3 655 tun** et **182 kin**, soit 1 315 982 jours. Modulo 9, 260 et 365, le CL est égal à **2**, **122** et **157** : 1 315 982 = 146 220 *neuvaines* **+ 2** ; 1 315 982 = 5 061 *tzolkin* **+ 122** ; et 1 315 982 = 3 605 *haab* **+ 157**. Le CL fait parvenir aux dates : **4 Ahau**$_{20}$ + **122** = **9 Ik**$_2$, ***8 Cumku***$_{18}$ + **157** = ***0 Mol***$_8$, et $\mathbf{G}_{0/9}$ + 2 = $\mathbf{G_2}$.

Figure 63 : *Temple XVII Palenque*

Figure 64 : *Date CR* **9 Ik**$_2$ ***0 Mol***$_8$

Retournant au panneau, on constate que le scribe a bien inscrit la date *tzolkin* **9 Ik**$_2$, (et la position $\mathbf{G_2}$ dans la neuvaine), mais qu'il n'a pas inscrit la date *haab* attendue par le calcul, à savoir la date ***CHUM Mol*** ou ***0 Mol***$_8$. La date *haab* que le scribe a inscrite se lit ***TI'HA'B Yaxkin***$_7$, une locution de complétude que nous interprétons ***20 Yaxkin***$_7$. Cela demande explication.

Au Classique, les dates affichées sur les stèles ou les monuments commencent par un glyphe introducteur, GI. Il comprend trois parties (Cauty 2013 : 106)°: a) le verbe TSIK 'conter/compter'

(Hoppan 2014 : 309, et note 33) qui dit que l'on va compter et raconter, b) le complément **<u>katun</u>** (/ou **<u>tun</u>** sur les plus anciens monuments) qui dit que l'on va compter une durée en partant de l'origine, le jour zéro de la chronologie maya, et c) un élément **Y** variable que les mayanistes ont coutume d'appeler « patron » parce qu'il « préside » ou « régit » la période *haab* dans laquelle tombe la date CR positionnée par le Choltun. L'élément **Y** du GI annonce le signe de période ***Y*** de la date **αX *βY***. Entre les signes **Y** du GI et ***Y*** du CR (par ex. : figure 38), le scribe place la SI écrite en Choltun, les constituants **αX** et ***βY*** de la date CR qu'elle fait atteindre et, éventuellement, la position du jour dans d'autres cycles (neuvaine, cycle du Kauil, lunaison, etc.) qu'il inscrivait alors soit entre les parenthèses **Y** et ***Y***, soit au-delà de ***Y***. Les signes des patrons **Y** (parenthèse ouvrante) des périodes ***Y*** (fermante) sont rassemblés avec leurs principales variantes dans Hoppan (2007 : 20 et 2014 : 133). Voici les glyphes des patrons **Y** (cf. aussi figure 109) :

Figure 65 : *Patrons* **Y** *des périodes du haab apparaissant dans le GI*

Les parenthèses qui interprètent le couple (**Y**, ***Y***) renvoient à la même entité, **Yaxkin** par exemple. Ceci est vérifié dans tous les cas, à savoir :

a) le cas de la plupart des SI comme celle du linteau 21 de Yaxchilán (Hoppan 2014 : 138), ou celle, ci-dessous, de la stèle I de Quiriguá (Izabal, Guatemala) qui se lit : « [ra]compter pour **Zac**$_{11}$ les **<u>katun</u>**, **9-<u>baktun</u> 18-<u>katun</u> 10-<u>tun</u> ; 0-<u>uinal</u> 0-<u>kin</u> 10 Ahau *8 Zac***$_{11}$ »

Figure 66 : *SI de la stèle I de Quiriguá (face nord)*

b) le cas des séries qui présentent la variante **CHUM**, comme sur la plaque de Leyde (figure 3) qui se lit : « [ra]compter pour **Yaxkin$_7$** les **tun**, **8-baktun 14-katun 3-tun ; 12-uinal 1-kin 5 Ik$_2$** ***CHUM Yaxkin$_7$*** ».

c) le cas plus rare des séries qui présentent la variante ***TI'HA'B***, (par ex. la SI du Temple XVII, figure 63), qui se lit : « [ra]compter pour **Yaxkin$_7$** les **katun**, **9-baktun 2-katun 15-tun ; 9-uinal 2-kin 9 Ik$_2$ G$_2$** ***TI'HA'B Yaxkin$_7$*** ».

On sait que les périodes ***Y*** du *haab* comptaient 20 jours (sauf la période ***Uayeb*** qui n'en compte que 5) et que leurs jours étaient numérotés par un rang ***β*** dont le paradigme débutait par le signe d'« assise », ***CHUM/KUM*** (Hoppan 2014 : 293), suivi de 1, et des entiers successifs jusqu'à 19 (ou 4 pour ***Uayeb***)[166]. On doit donc interpréter **CHUM**, le signe d'assise, comme un zéro, le zéro ordinal des dates *haab*, qui correspond au premier jour du mois en train de s'installer et prendre possession de la période, une installation qui s'achève au moment convenu de changement de date ou de jour.

Nous avons vu qu'une date en ***TI'HA'B***, par ex. le ***TI'HA'B Yaxkin$_7$*** du Temple XVII de Palenque (figure 64) est, d'après le jeu des parenthèses, un jour du mois suivant, en l'occurrence un jour du mois ***Mol$_8$*** (***Yaxkin$_7$*** est le 7e mois, et ***Mol$_8$*** le 8e mois). La façon la plus simple d'interpréter cette situation, est de considérer le jour ***TI'HA'B Yaxkin$_7$*** comme une variante renvoyant à un jour qui paraît surnuméraire de ***Yaxkin$_7$***, (sorte de 32 Juillet$_7$), le jour en passe de devenir le premier du mois suivant, le *zéroième* de ***Mol$_8$***, (sorte de 1er Août$_8$), un jour en cours d'installation, mais pas encore vraiment ou pleinement installé tant que l'instant du changement de jour n'est pas passé, (pour nous cet instant est pile « minuit/zéro heure ». La définition que les Mayas donnaient de cet instant est objet de polémique[167].

---

[166] Le signe ***CHUM*** du zéro ordinal de la plaque de Leyde semble se trouver, en écriture spécialisée du comput, à l'« état naissant » (Cauty 1984 : 86), c'est-à-dire au moment où il se différencie du verbe « être assis/intronisé » dont le logogramme renvoie au dessin d'un homme assis en tailleur sur une natte (mais dont on ne voit pas la tête, ce qui a conduit parfois à dire que c'est le signe du roi décapité). Cette posture marque le statut de dignitaire ou de roi. En tout cas, sur la plaque, les deux valeurs du signe ***CHUM*** se suivent : « ***CHUM*/assise/*zéro Yaxkin*** » puis « ***CHUM*/assise/*sacre du roi Lune-Oiseau*** ».

[167] N'importe quel instant de la journée conviendrait. Les thèses les plus répandues sont le lever ou le coucher du Soleil, et le milieu du jour ou de la nuit. La vigilance

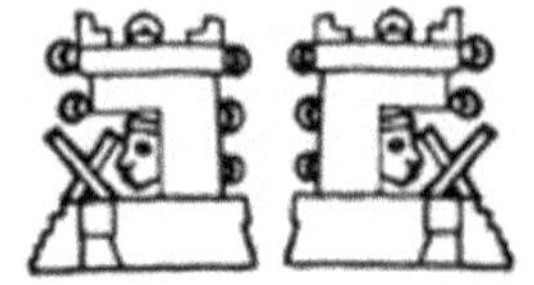

La variation ***CHUM/TI'HA'B*** renvoie au fait que tout point d'un cycle peut être vu point de départ ou point d'arrivée, selon que le scribe (qui s'y trouve ou s'y réfère) regarde d'un côté ou de l'autre, vers le futur ou le passé. Habituellement daté ***CHUM Mol***$_8$, le 1er jour du mois ***Mol***$_8$ fut parfois daté ***TI'HA'B Yaxkin***$_7$. Ainsi, à l'instant précis du changement de jour, les scribes plaçaient une sorte de *Janus bifrons* dont l'une des faces regardait naître le mois à venir, et l'autre face regardait mourir le mois en cours. Le couple (***CHUM***, ***TI'HA'B***), interprété « assise/complétion », est un signe de départ/arrivée de cycle, une sorte d'α/ω, un jour ou une ligne de changement de date ou de mois. Un équivalent des expressions « le roi est mort, vive le roi ». Un double ***20/0*** de variantes pour noter le dernier/premier item d'un cycle de vingt éléments numérotés par les entiers de l'anneau $\mathbf{Z}/_{20\mathbf{Z}}$, et ordonnés canoniquement de ***20/0*** (ou de ***0/20***) à ***19***.

Ci-dessous, deux façons de numéroter les items d'un cycle de 20 jours montrant le nycthémère qui contient l'instant du départ/arrivée du cycle de sa vingtaine de jours.

La bande inférieure de la double bande ci-dessous simule l'énumération des jours du mois ***Yaxkin***$_7$ quand on part de ***CHUM*** (zéro ordinal). Dans ce cas, le dernier jour du mois est daté ***19 Yaxkin***$_7$. Les dates du mois ***Yaxkin*** vont de ***0 Yaxkin*** à ***19 Yaxkin***. Celles du mois ***Mol***$_8$ vont de ***0 Mol*** à ***19 Mol***. C'est le cas général. La bande supérieure simule le cas rare de l'énumération partant de 1. Dans ce cas, le vingtième et dernier jour du mois ***Yaxkin***$_7$ est daté ***TI'HA'B Yaxkin***. Les dates du mois ***Yaxkin*** vont de ***1 Yaxkin*** à ***20 Yaxkin***, et celles du mois ***Mol*** vont, (ou devraient aller), de ***1 Mol*** à ***20 Mol***.

épistémologique demande de préciser : a) que rien ne prouve que cet instant était le même pour tous les cycles (*haab, tzolkin, neuvaine,* ...) et tous les usages (religieux, profane, astonomique, astrologique...), et qu'il pouvait différer : b) d'une cité à l'autre, ou c) d'une époque (ou d'une réforme) à l'autre.

1	*2*	*3*	*etc.*	*18*	*19*	*TI'HA'B*	*1*	*2*	*3 etc.*
CHUM	*1*	*2*	*etc.*	*18*	*19*	*CHUM*	*1*	*2*	*3 etc.*

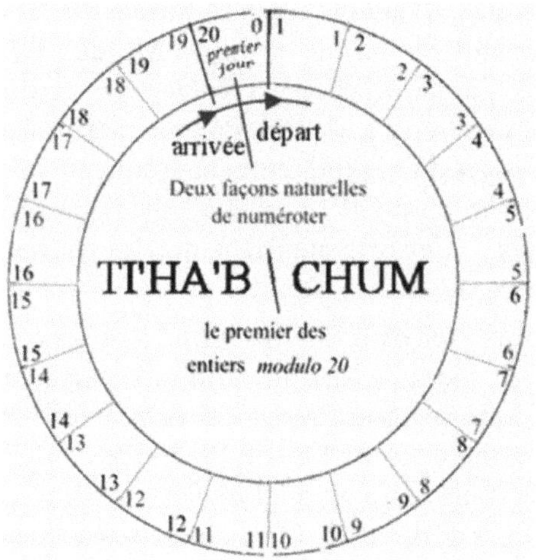

Figure 67 : *Équivalence 20/0, ou TI'HA'B (Y-1) = CHUM Y*

Le *Chilam Balam de Chumayel* montre que le signe d'assise, ***CHUM***, apparu au cours du premier quart du IVe siècle sur la plaque de Leyde, a conservé les deux valeurs, (signe d'intronisation et zéro ordinal), jusqu'à l'époque coloniale. Le Chilam présente, en effet, d'une part, de très nombreux emplois du verbe **cum** pour indiquer l'installation des **katun α Ahau**, mais aussi, d'autre part, au moins un cas où **cum** est sans aucun doute employé pour sa valeur numérique de zéro ordinal (cf. Complément 6, figure 110).

On le trouve au feuillet 41v où le texte donne la date en calendrier CR d'un événement écrite en toutes lettres **Caanil kan Cumlahci pop ti lakin**. En traduction libre **le quatre Kan, *Pop* s'est installé à l'Est**[168].

168 **El Cuatro kan se detuvo Pop al oriente.** Traduit par Antonio Mediz Bolio dans *Libro de Chilam Balam de Chumayel* (2001, Cien de México, p. 145–146).

Cette formule désigne le jour daté **4 Kan*** ***0 Pop*** en Calendrier rituel yucatèque que j'utilise comme langue/calendrier pivot. Comme durant tout le Classique, dater en CR c'est juxtaposer les dates *tzolkin* et *haab* de l'événement considéré. Dans le Chilam, la date *haab* est de la forme ***CHUM/0*** $\boldsymbol{Pop_1}$ qui désigne le 1er jour du 1er mois, et donc **Caanil kan Cumlahci pop ti lakin** est une date CR de Nouvel An[169]. Ne respectant pas la ROCm (figure 58), la date **4** $\mathbf{Kan_4}$****0*** $\boldsymbol{Pop_1}$ est étoilée.

On observe, en effet, que son premier constituant, à savoir la date *tzolkin* **4** $\mathbf{Kan_4}$, ne renvoie pas au quarteron P_0 des Porteurs d'année attesté du Classique. Ni au quarteron P_1 attesté par les codex de Paris et de Dresde, mais au quarteron P_2 = ($\underline{\mathbf{Kan}}_4$, $\underline{\mathbf{Muluc}}_9$, $\underline{\mathbf{Hix}}_{14}$, $\underline{\mathbf{Cauac}}_{19}$) des Porteurs d'année attesté, à l'époque coloniale par exemple, par les pages 34 à 37 du codex conservé à Madrid. Présentées dans Cauty (2017 : 165, Fig.71), quatre pages du Madrid donnent la suite exhaustive des 52 dates $\alpha\underline{\mathbf{X}}_P$ des Nouvel An d'un CR complet allant d'une année **10** $\underline{\mathbf{Cauac}}_{19}$ à une année **9** $\underline{\mathbf{Hix}}_{14}$. Ces faits montrent que les conventions calendaires peuvent changer au cours de l'histoire.

Jetons un coup d'œil dans le rétroviseur. La présence, dans la pâte de la bande d'*amate* du codex de Madrid, d'un morceau de papier espagnol[170] induit la thèse que ce codex aurait été peint tardivement, à l'époque coloniale. Contrairement au Dresde, le codex conservé à Madrid n'a pas de Comptes longs, et, avec celui de Paris, les trois codex mayas sont spécialement avares de dates $\boldsymbol{\beta Y}$. On serait donc quelques siècles peut-être après l'abandon de l'habitus de coupler le Choltun au Calendrier rituel, deux outils calendaires partiellement délaissés à la fin du Classique. D'où une moins grande rigueur dans le contrôle des équations calendaires, $\boldsymbol{\Sigma c_i \underline{P}_i = \alpha X \beta Y}$. Une désaffection qui fut peut-être encouragée par le fait que des peuples voisins, les Aztèques par ex., n'avaient pas de Compte long et n'utilisaient pas le numérotage $\boldsymbol{\beta}$ des dates de l'année festive de [(18 × $\underline{20}$) + (1 × $\underline{5}$)] jours.

---

169 Admettant que la date ainsi transcrite corresponde au **11.16.5;14.4.**, elle s'écrirait, en suivant la règle d'orthodoxie de la chronologie maya en usage au Classique, **4 Kan** ***2 Pop*** $\mathbf{G_5}$, et elle correspondrait au 28±1/07/1545.

170 Coe et Kerr (1997 : 182, fig. 141) présentent une photo de la page 56 du codex de Madrid montrant du papier européen incorporé à la pâte du papier traditionnel. Dupiech-Cavalieri fait le point sur cette question et estime, notamment à partir de l'analyse des pigments, que le Madrid serait pourtant préhispanique (2017 : 144–147).

Un relâchement confirmé par le peu de dates ***βY*** et de CL en littérature coloniale. Ce qui relâche (et pourrait briser) le lien d'intrication qui fait que le cycle *tzolkin* ⊗ *haab* ne repasse que tous les 18 980 jours par la même date CR. Conduisant à moins de rigueur dans le contrôle des constituants calendaires, ce relâchement pourrait expliquer le fait que le coefficient **α** des dates $\boldsymbol{\alpha}\underline{\mathbf{X}}_p$ de la page 36 du codex conservé à Madrid soient décalées d'une unité de la 3e à la 13e ligne (Cauty 2017 : 166, Fig.73). Erreur de calcul ou *lapsus calami* ? En tout cas un manque de rigueur assez compréhensible à cette époque tardive où les copistes n'utilisaient plus, (ou rarement), les algorithmes de l'arithmétique des égalités calendaires dont usaient et abusaient les scribes du Classique : « Avec la fin de l'époque classique et l'écroulement du système monarchique [...], le compte long perdit sa raison d'être. La tradition des séries initiales tomba ainsi en désuétude, de sorte que celle-ci avait totalement disparu dès le début de l'époque coloniale et que [...] le temps écoulé depuis le **4 Ahau *8 Cumku*** initial n'était déjà plus décompté. » (Hoppan 2014 : 156).

Le degré zéro du défaut de rigueur consiste à s'autoriser certaines facilités d'écriture, comme sous-entendre une partie des informations. Le plus souvent, c'est sans conséquences dans l'entre-soi des familiers de ces usages. Un scribe maya inscrivait normalement tous les coefficients d'une durée en Compte long, même les zéros inutiles en numération de disposition. Cet habitus n'interdisait pas de sous-entendre à l'occasion les monômes à coefficient nul, comme c'est le cas sur le bloc V de l'escalier hiéroglyphique 2 de La Corona (Petén, Guatemala) où la durée 3.0.0;0.0. est écrite **3-<u>baktun</u>** (Cauty 2013 : 30, fig. 19), sans indication des unités absentes (du **<u>katun</u>** au **<u>kin</u>**).

Un scribe ou un paysan du Classique maya n'avait pas besoin qu'on lui rappelle qu'il vivait au 9e **<u>baktun</u>**. Pour qui le connaît, (pour en être ou y vivre), le 9e **<u>baktun</u>** du Choltun s'étend du ***9.0.0;0.0.*** au ***9.19.19;17.19.***, (soit du 10±1/12/435 au 13±1/03/830). Pendant presque quatre siècles, les dates-numéros ont cinq chiffres significatifs, $\mathbf{c}_4$ $\mathbf{c}_3$ $\mathbf{c}_2$ **;** $\mathbf{c}_1$ $\mathbf{c}_0$, et le premier $\mathbf{c}_4$ est un **9.** Connue de tous, l'information $\mathbf{c}_4$ = **9.** peut être sous-entendue.

Du coup, le premier élément informatif d'un Compte long était le coefficient $\mathbf{c}_3$ du **<u>katun</u>**. Ce qui conduit à des dates bien attestées au Classique, de la forme **αX *βY* TSUUTS** $\mathbf{c}_3$**-ième <u>katun</u>**, où **TSUUTS** est le logogramme du verbe clore/terminer/finir. Par exemple, la stèle 3 de Piedras Negras (05±1 /12/ 711) présente la variante **6 Ahau *13 Muan* FIN**

du 14e katun (figure 41) de la date **9-baktun 14-katun 0-tun ; 0-uinal 0-kin 6 Ahau *13 Muan*.** Ou encore le **4 Ahau *8 Cumku* TSUUTS 13-baktun** (Cauty 2013 : 45, fig. 40) parallèle au **13-baktun 0-katun 0-tun ; 0-uinal 0-kin 4 Ahau *8 Cumku*** de la stèle C de Quiriguá. Soit des écritures qui renvoient à des faits connus de tous, à savoir : a) que la fin de la roue de **13 baktun** se trouve à 1 872 000 jours de l'origine **4 Ahau *8 Cumku***, et b) que cette lointaine échéance tombera en 2012, le jour [*13.0.0;0.0.* 4 Ahau] ***3 Kankin***.

Les nombres anneaux du codex de Dresde, les glyphes indicateurs de date antérieure/postérieure/future (Hoppan 2014 : 141) et les formes en « FIN de » suggèrent qu'un scribe ne confondait pas une translation positive avec une translation négative quand il concevait des égalités comme **4 Ahau *3 Kankin* – 13-baktun** [= **4 Ahau *8 Cumku***] ou **10 Ahau *13 Yaxkin* – 1-pictun** [= **4 Ahau *8 Cumku***] (Cauty 2013 : 54, fig. 45). La seconde égalité se trouve sur le panneau ouest du Temple des Inscriptions de Palenque (glyphes C11-D12) qui atteste d'une translation rétrograde de module un **pictun** (ou de 20-**baktun**). Ici, « FIN de » est marquée TOC, logogramme du verbe se consumer (Hoppan 2014 : 309).

Attestée par une variante de type « FIN de » sur la stèle 3 de Piedras Negras, la date **9-baktun 14-katun 0-tun ; 0-uinal 0-kin 6 Ahau *13 Muan*** se trouve aussi sur la stèle 5 de Pixoy (Campeche, Mexique). Le scribe de Pixoy s'est montré particulièrement original, en tout cas aucune autre date n'est écrite de cette singulière façon (Closs 1978 : 690–694), ou (Cauty 2013 : 49–50). En effet, le scribe a utilisé le glyphe du vingt lunaire en guise de coefficient des unités **kin**, **uinal** et **tun**, et ceci dans une série initiale dans le plus pur style classique qui donnait un Compte long en numération de disposition, lui-même suivi au moins par les dates *tzolkin* et *haab* du jour de l'événement rapporté.

La série de Pixoy se lit **9-baktun 13-katun 20-tun ; 20/18-uinal 20-kin 6 Ahau *13 Muan*.** Cet exemple est précieux parce que l'on trouve, aux places $\mathbf{c}_2$; $\mathbf{c}_1$ $\mathbf{c}_0$ d'un Choltun, le logogramme K'AAL utilisé habituellement dans les séries lunaires pour indiquer la valeur numérique 20 dans le glyphe E (qui donne l'âge de la Lune, figure 19), ou le glyphe A (qui donne la durée de la lunaison, figure 17) parfois avec un complément phonétique qui suggère une lecture « *winik* (ou *winaak* mais non *k'aal*) » (Hoppan 2014 : 153). Sur la stèle de Pixoy, le logogramme K'AAL marque très clairement la complétude des périodes **tun**, **uinal** et **kin**, respectivement de 20, 18 et 20 unités.

On est ainsi amené à écrire les égalités sémantiques **9.13.20;20.20.** = **9.13.20;18.20.** = **9.14.0;0.0.** qui confirment la thèse que les formes ordinales en ***CHUM/0/Y*** et en ***TI'HA'B/20/(Y-1)*** sont des variantes qui désignent un seul et même jour, conçu de deux points de vue différents et mis en signe de deux façons, conventionnelles ou innovantes. J'ai mis une image de la stèle 5 de Pixoy sur le site hypothèses[171] dans un texte qui rend compte de la possibilité *a priori* singulière du séisme dans les cerveaux qui créent un concept zéro qui ne renvoie pas au vide mais au plein, et de sa réplique qui fait surgir un vingt dans le rôle du chiffre zéro des numérations de position et de disposition.

Il existe beaucoup d'abréviations et de façons de distinguer ou définir les ensembles de jours, en particulier chez les peuples qui ne faisaient pas usage des Comptes longs, ou, chez les Mayas, après que le Choltun soit tombé en relative désuétude. Que l'usage du Choltun ne soit pas attesté (cas aztèque) ou qu'il soit en désuétude (maya) les maîtres du temps doivent développer des façons de dater les plus précises possibles, mais sans pouvoir exiger le contrôle numérique au jour près du défilement des dates du calendrier avec le cours de l'année vraie, ni pouvoir contrôler les durées. Un calendrier lunaire, par exemple, fait couramment alterner des lunaisons de 29 et de 30 jours, le *xihuitl* des Aztèques inclut des jours *aciagos* 'funestes', et Auguste Comte inclut des jours blancs dans son calendrier de 13 mois de 4 semaines de 7 jours[172].

L'histoire montre que c'est un problème qui se pose en particulier aux astronomes, aux religieux et à toute personne qui se met à suivre le cours vrai des objets célestes, ou, plus prosaïquement, les retours de la végétation ou du gibier. En tant que « professionnels », les astronomes et les prêtres disposent de deux outils. Un calendrier qui déroule les dates du temps convenu, et des yeux pour observer, avec ou sans dispositif spécifique, le ciel et la nature dérouler les révolutions du temps « vrai ». Le hic vient du constat que le déroulement du calendrier et celui du temps vrai discordent et qu'ils reposent sur des principes différents. La Nouvelle Lune, par exemple, ne revient ni au bout de 29 jours ni au bout de 30 jours du calendrier. Le passage du Soleil à l'équinoxe de printemps ne revient ni au bout de 365 jours ni au bout de 366 jours. Et les tortues se moquent du calendrier grégorien pour décider quand revenir déposer leurs œufs sur la plage. Confrontés à ces constats, le défi des astronomes est de mesurer la durée des révolutions, et l'enjeu des religieux est d'annoncer aux fidèles la bonne date à laquelle commence le Ramadan, ou la fête de Pâques.

---

171 Cauty, A., 2011, «Zoom sur le symbolisme guerrier de macuilli '5' et sur les deux zéros mayas», http://iam.hypotheses.org/196.

172 http://gallica.bnf.fr/ark:/12148/bpt6k21868f/f1.image.texteImage.

Dater un événement revient à situer le jour où il se produit dans un ensemble de jours que l'on est capable de distinguer et définir : le lundi de la semaine prochaine, le 15 du mois de septembre, le nouvel an de l'an 2000, etc. Plus d'une expression (*tzolkin*, *cholq'ij*, *tonalpohualli*, semaine divinatoire, année religieuse, cycle divinatoire mésoaméricain, CDM, etc.) désignent un cycle de 13 × 20 dates **αX** attesté depuis 650 av. J.-C. et toujours en usage. Chacune des dates positionne un jour dans ce cycle, tout en lui donnant des valeurs divinatoires et des saveurs sémantiques certaines et diverses. Comme l'indique son nom en langues indiennes, ce cycle ultra familier en Mésoamérique indigène permet de « compter les jours » et de « conter les destinées », deux verbes d'action par la parole qui synthétisent la double fonction du plus vieil outil calendaire mésoaméricain.

Distinguer et définir les événements par leur position dans le *tzolkin* ne suffit cependant pas. Cette connaissance peut être comparée à celle de la position d'un jour dans la liste des saints du calendrier catholique. C'est pourquoi cette donnée est très souvent complétée, par des expressions désignant la (ou les) période(s) dans laquelle (ou lesquelles) l'événement avait lieu. On produit ainsi des expressions comme « à la Saint André de l'année 1987 », « à la Saint Thomas du IIe siècle après l'année de la dédicace ». Les Mayas disposaient de toute une forêt de cycles familiers, leur permettant de produire des expressions plus ou moins longues sans passer par le Choltun. La figure 11 ou le Hors-texte 2, par exemple, montre que les scribes de Toniná pouvaient caler un jour dans un cycle de 468 ans, juste en donnant trois informations : les positions dans le *tzolkin*, la *neuvaine* et le *haab*.

Les expressions « [dans le] **<u>tun</u> 13** [du **<u>katun</u>**] 2 **Ahau** » et « [dans le] **<u>tun</u> 2** [du **<u>katun</u>**] 2 **Ahau** » (Cauty 2013 : 158, fig. 124) produites au VIIIe siècle par les scribes de Xcalumkin[173] (Campeche, Mexique) sont d'un type différent. Elles illustrent deux façons bien attestées de désigner un ensemble familier de jours ou à s'y référer.

La première renvoie à l'usage du Choltun $\Sigma(\mathbf{c}_i{\times}\mathbf{P}_i)$ et utilise un entier pour différencier les unités. Chaque chiffre $\mathbf{c}_i$ d'un Compte long dit combien de fois on a complété l'unité $\mathbf{P}_i$ au cours du décompte des jours. Ce chiffre ou coefficient est donc uniquement associé à la période $\mathbf{P}_i$.

---

[173] On peut consulter le corpus d'inscriptions du Peabody Museum à l'adresse https://www.peabody.harvard.edu/cmhi/site.php?site=Xcalumkin. Hoppan. J.-M., 2018, « Textes glyphiques de Xcalumkin (Hecelchakan, Campeche, Mexique). » [Rapportde recherche] CNRS / SeDyL (UMR 8202), 95 p. CNRS / ArchAm (UMR 8096). 2018. hal-02349658.

Cette unicité en fait un possible marqueur de la période. D'où le format « [dans le] **c_2-<u>tun</u>** ». La familiarité avec des systèmes aussi réguliers que celui des unités de temps et celui du Choltun permet aux scribes de sous-entendre des informations connues de tous ses éventuels lecteurs, comme nous l'avons vu pour la notation dite FIN de.

La seconde renvoie à la pratique des jours convenus éponymes d'une période. Une pratique qui remonte au moins au début de l'époque classique. Et qui pourrait être née des habitus mayas de fêter le Nouvel An et de célébrer la complétion d'une période (voire de ses quarts ou sa moitié). Deux habitus qui forcent l'œil à fixer un jour particulier de la période considérée. À force de focaliser sur lui, ce jour devient prégnant, et finit par devenir le symbole, l'éponyme, le porteur, la tête, le régent, l'alpha, l'oméga... de la période. L'eurêka de cette seconde façon de désigner un cycle familier fût l'idée de désigner un ensemble de jours par une sorte de nom propre de l'un de ses éléments qui en devenait ainsi, dans une sorte de synecdoque, le Porteur (chez les Mayas) ou l'Éponyme (chez les Aztèques).

L'expression **<u>katun</u> 2 Ahau**$_{20}$, par ex., distingue et définit un **<u>katun</u>** par la date *tzolkin* de son dernier jour. On sait (parce que le katun est multiple de vingt) que de **<u>katun</u>** en **<u>katun</u>** on repasse toujours par le même élément **X**$_x$ de l'ensemble **X** des vingt noms de jours, en particulier par le jour **Ahau**$_{0/20}$, départ/arrivée du cycle **X** et du tout premier **<u>katun</u>**. N'étant soumis à aucune contrainte particulière, le coefficient **α** des jours **Ahau**$_{0/20}$ prend toutes les valeurs de 1 à 13. La pratique de l'éponyme de **<u>katun</u>** permet de distinguer et nommer les 13 éléments d'un cycle que Landa appela la roue des (treize) katun, la *gira de los katunes*. Le **<u>katun</u>** étant un vingt de **<u>tun</u>**, une roue de 13 **<u>katun</u>** est un cycle de 260 **<u>tun</u>**, soit environ 250 années solaires.

Courante à l'époque coloniale, en particulier dans la littérature des Chilam, cette pratique n'était pas une innovation puisque les exemples de Xcalumkin sont du VIIIe siècle. Comme l'écrit Hoppan (2014 : 157–158), elle est attestée « dans certains sites dès le début de l'époque classique », et elle est « dite *ukahlay katunob*[174], soit littéralement la "commémoration des katun" ».

---

[174] Selon Hoppan (2014 : 158), « l'usage du *ukahlay katunob* s'est développé dans les régions de Rio Bec et du Puuc occidental dès le Classique récent, pour progressivement remplacer les séries initiales à partir du Classique final dans le Puuc oriental. La coutume d'ainsi nommer les katun est toutefois attestée dès le classique ancien, notamment à Caracol (Belize) ».

De façon analogue, en fêtant le retour des années (*haab*), les Mayas focalisaient sur les retours du Nouvel An, c'est-à-dire le 1er jour du 1er mois du calendrier, soit le jour daté ***0 Pop***$_1$ (lendemain du ***4 Uayeb***, dernier jour de l'année). Le *haab* étant une année vague de 365 jours et le *tzolkin* un cycle de 260 jours, le Nouvel An maya traverse toutes les saisons de l'année solaire vraie[175], mais il ne passe que par 52 positions du *tzolkin*. Conséquence du théorème du devin, le cycle des 52 positions $\boldsymbol{\alpha}\underline{\mathbf{X}}_p$ relève de l'arithmétique modulaire des translations de 365 j qui font passer d'un Nouvel An du *haab* au Nouvel An suivant. D'année en année, toute date **αX** avance de 365 j, son coefficient **α** avance de 365 modulo 13, c'est-à-dire de 1 jour, et son nom **X** de jour avance de 365 modulo 20, c'est-à-dire de 5 jours. Si le Nouvel An tombe un **1** $\underline{\textbf{Ik}}_2$ ***0 Pop***$_1$ une certaine année, l'année suivante il tombera un **2** $\underline{\textbf{Manik}}_7$ ***0 Pop***$_1$, l'année suivante un **3** $\underline{\textbf{Eb}}_{12}$ ***0 Pop***$_1$, puis un **4** $\underline{\textbf{Caban}}_{17}$ ***0 Pop***$_1$, etc. La date $\boldsymbol{\alpha}\underline{\mathbf{X}}_p$ prend 13 × 4 = 52 valeurs différentes, chacune définissant une année du Calendrier Rituel de 52 *haab*.

Comme le montre la figure 60, cette façon de dater les années était connue des Aztèques, qui distinguaient les 52 années d'un SA en les désignant par la date *tonalpohualli* du jour convenu éponyme de l'année. La définition du jour éponyme de l'année festive mésoaméricaine des Aztèques ne fait pas l'unanimité, sauf pour dire que c'était le dernier jour d'une certaine vingtaine de jours, le dernier jour d'un mois ***Y***. Tous s'accordent pour dire que l'année comportait 18 vingtaines de jours et un complément de *x* jours dits *aciagos,* mais tous ne s'accordent pas sur la durée en jours de l'année aztèque ; pour certains savants elle est fixe et égale à 365, mais pour d'autres elle varie parce qu'ils admettent que les Aztèques recalaient périodiquement le calendrier sur l'année vraie.

D'où la conjecture que la pratique aztèque de l'éponyme d'année n'est peut-être pas une découverte de cette civilisation, mais plus probablement un emprunt à une culture qui avait l'habitus, dès le Classique, de faire le compte des périodes ou des durées au jour près. Malgré l'abondance de listes aztèques de noms **αX** de jour et de noms $\boldsymbol{\alpha}\underline{\mathbf{X}}_p$ d'année, la conjecture est renforcée par le constat qu'il est rare de trouver des dates aztèques complexes, comparables aux *n*-uples mayas, et donnant par exemple la date **αX** de jour d'un événement, et précisant l'année $\boldsymbol{\alpha}\underline{\mathbf{X}}_p$ dans laquelle

---

175 Sachant que 1 508 *haab* = 2 117 *tzolkin,* et que 1 508 *haab* ≈ 1507 années tropiques, le même Nouvel An revient au même instant de l'année solaire tous les 29 CR.

il eut lieu. On est loin des séries initiales qui donnent la date CR parlante et qui précisent aussi la position du jour dans chacune des périodes en progression vigésimale. La figure 60 est un exemple de date aztèque que l'on pourrait dire « complexe », mais qui n'est pas un long *n*-uple : juste un couple de dates *tonalpohualli,* sans lien entre elles dans le format « jour **αX** de l'année $\mathbf{\alpha\underline{X}}_p$ », en l'occurrence la date **7 Acatl 8 Acatl**.

Avant de tourner la page de ce chapitre, j'emprunte à Hoppan (2014 : 158) un exemple inscrit au Classique final sur le linteau n° 1 du Temple des Quatre Linteaux de Chichen Itzá (Yucatán, Mexique). Pour cette inscription le scribe a utilisé les deux modes de détermination d'une période dont nous venons de parler. Ce qui montre que les scribes mayas usaient et abusaient de la possibilité de jongler avec les variantes et les styles d'écriture.

Cet exemple a la particularité que la date **αX *βY*,** (qui est la partie de la SI qui place et fait parler le jour dans le CR), est suivie de deux indications (sur les cinq données en style classique par les monômes $\mathbf{c_iP_i}$). La première donne la position du jour dans un **tun** que le scribe a défini comme le *n*-ième à compléter, un ordinal qui correspond au cardinal *n*-1, (coefficient de **tun** dans le Choltun). La seconde dit que le jour ainsi daté est dans un **katun** défini par la date *tzolkin* de son dernier jour promu éponyme.

Les six premiers glyphes de l'inscription donnent la date initiale du texte. Hoppan les traduit « (Le) jour **9 Lamat *11 Yax*** au "cœur" (du) **13**[(e)] **tun** (du katun) **1 Ahau** » (*idem*). De la forme « **αX *βY* au-cœur-du *n*[-ième] tun [du] katun α Ahau** », la date initiale n'est pas une série initiale écrite dans les règles de l'art maya classique, c'est-à-dire de la forme $\Sigma c_i\underline{P}_i$ **αX *βY*.** Peut-on reconstruire, et si oui comment, le Choltun que le scribe de Chichen Itzá ne s'est manifestement pas donné la peine d'écrire ou de calculer.

En inversant l'algorithme qui traduit les Comptes longs $\Sigma c_i\underline{P}_i$ en dates **αX *βY*** du Calendrier Rituel, on peut calculer les valeurs possibles des Comptes longs $\Sigma c_i\underline{P}_i$ qui se traduisent **9 Lamat *11 Yax*.** Pour des raisons de bon sens historique, on limite la recherche aux Comptes longs qui commencent par un **9.** ou par un **10.** On trouve :

a) **9.1.10;5.8.** associé à $G_{0/9}$ dans la neuvaine et au 21±1/10/465
b) **9.4.3;0.8.** associé à G_8 et au 09±1/10/517
c) **9.6.15;13.8.** associé à G_7 et au 26±1/09/569

d) **9.9.8;8.8.** associé à G_6 et au 14±1/09/621
e) **9.12.1;3.8.** associé à G_5 et au 01±1/09/673
f) **9.14.13;16.8.** associé à G_4 et au 20±1/08/725
g) **9.17.6;11.8.** associé à G_3 et au 07±1/08/777
h) **9.19.19;6.8.** associé à G_2 et au 25±1/07/829
i) **10.2.12;1.8.** associé à G_1 et au 12±1/07/881
j) **10.5.4;14.8.** associé à $G_{0/9}$ et au 30±1/06/933
k) **10.7.17;9.8.** associé à G_8 et au 17±1/06/985

En partant de l'origine **4 Ahau *8 Cumku***, ces onze Choltun mènent tous à la date **9 Lamat *11 Yax*.** La liste serait plus courte si le scribe avait donné, comme nous l'avons vu sur le monument 69 de Toniná (figure 11), la position dans le cycle de la neuvaine. Une donnée additionnelle qui transforme le CR de 18 980 dates **αX *βY*** en un calendrier de 170 820 dates **αX** G_n ***βY***, utilisé sur le monument 69 pour donner la date **8 Chicchan G_2 18 Zac** de la mort d'un souverain. Hoppan précise que cette inscription est intéressante « car [...] un certain Muyal Chan K'ahk', représenté dans l'image comme un souverain [et, dans le texte,] comme étant le "premier fils", et (en passant par [...] le 6 Ahau 13 Kayab) on mentionne son enterrement [le] 8 Chicchan 13 Xul. Autrement dit, c'est la fin de l'histoire d'un personnage que son statut d'aîné aurait destiné à être roi de Toniná (l'« héritier royal présomptif ») mais le destin en a décidé autrement car il est mort avant de pouvoir succéder à son père, et on l'a enterré un cycle de *tzolkin* plus tard, ce qui symboliquement est très intéressant aussi » (Hoppan, communication personnelle).

La date inscrite sur le Temple des Quatre Linteaux informe le lecteur qu'elle se trouve dans le <u>**katun**</u> **3 Ahau**. Ce qui conduit à reconstruire la suite des <u>**katun**</u> **α Ahau**. En voici un extrait choisi pour être compatible avec les Comptes longs qui donnent une date **9 Lamat *11 Yax*** :

a) **10.1.0;0.0. 5 Ahau** *3 Kayab* 29±1/11/849
b) **10.2.0;0.0. 3 Ahau** *3 Ceh* 16±1/08/869
c) **10.3.0;0.0. 1 Ahau** *3 Kayab* 03±1/05/889

Ces calculs conduisent à la conjecture que la date inscrite correspond à la date-numéro ***10.2.12;1.8.*** du Choltun, et donc au 12 juillet 881 de notre ère (concordance GMT et constante 584 284 ± 1). On a en effet en adoptant ce Choltun l'identification ***10.2.12;1.8.* ≡ 9 Lamat *11 Yax*** G_1. Sauf erreur de ma part, de même que le 17 de 1789 indique une date du XVIIIe siècle, le 12. de **10.2.12;1.8.** indique une date du **13e** <u>**tun**</u>.

Le scribe de Chichen Itzá écrivait au IXe siècle sans pour autant suivre les règles de l'art classique. En identifiant le **katun** par le biais de son dernier jour convenu éponyme et en le nommant **3 Ahau**, le scribe semble innover et sortir du sentier battu des règles de l'art classique suivi par les séries initiales. En réalité, c'est une pratique déjà ancienne : « la coutume d'ainsi nommer [**α Ahau**] les *katun* est toutefois attestée dès le Classique ancien, notamment à Caracol (Belize) » (*idem*), une coutume de la veine du mode de désignation des années par la date *tzolkin* $\boldsymbol{\alpha}\underline{\mathbf{X}}_p$ d'un de leur jour convenu Porteur.

Fêter le retour ou la complétion de l'année est une pratique maya bien attestée et que l'on peut documenter par les peintures murales de San Bartolo (Petén, Guatemala), les pages du codex de Dresde, ou encore celles de l'œuvre de Diego de Landa. Par la richesse et l'ancienneté des pièces que l'on ne cesse d'y découvrir, le site de San Bartolo pourrait bien faire reculer de trois ou quatre siècles le début du Classique maya[176]. Quoi qu'il en soit, les peintures du mur ouest du temple de 'las pinturas' présentent quatre scènes montrant un roi en train de pratiquer l'autosacrifice de la saignée, et de faire des offrandes. Ces scènes sont très largement comparables à celles du codex de Dresde connues pour renvoyer aux célébrations des Porteurs d'année qui se donnaient à l'occasion du Nouvel An. Les scènes du codex de Dresde (p. 54/25–57/28) sont elles mêmes très comparables à celles décrites par Landa. Célébrer le retour de l'année *haab* est sûrement une des traditions les plus constantes et anciennes de l'histoire maya. Une tradition qui comprend l'art de distinguer et définir une période de temps (notamment l'année *haab* et l'unité **katun**) en convenant que l'un de ses jours en serait le Porteur (éponyme). Le Porteur d'année fait son entrée en scène le jour du Nouvel An, tandis que le **katun** se déclare quand le plein de ses 7 200 jours est terminé (ou le plein aux étapes de 1 800, 3 600 et 5 400 jours).

Du point de vue cognitif, les deux versions de l'habitus précédent diffèrent par les référents qu'elles engagent. Quel que soit le nombre entier de jours qu'on lui attribue, l'année des calendriers (celle dont les Mayas fêtaient le Nouvel An) est forcément attachée à un *référent réel*, l'année solaire vraie, dont la durée n'est pas un nombre entier de jours. Au contraire, même si elle paraît très familière, la période **katun** est définie par une quantité abstraite et entière de **tun** (ou de jours **kin**) et reste

---

176 http://www.mesoweb.com/reports/SanBartoloWriting.html.

toujours liée à ce *référent imaginaire* (numérique, abstrait) sans conflit avec un référent réel ou plus concret.

En pratique, marquer les fins de **katun** est une opération simple, aussi facile à imaginer qu'à mettre en œuvre, puisqu'il suffit de compter les **kin** (ou les **tun**) et de s'arrêter quand le compte est bon. Mais pour le Nouvel An ?

Déterminer le retour du Nouvel An est facile dans deux situations qui se révèlent rapidement incompatibles. On peut suivre le retour de ce jour dans un calendrier vague et donnant la suite des jours de l'année, ou suivre le retour d'une position convenue du Soleil, donnée par un équivalent maya du gnomon des astronomes qui sonne les solstices, les équinoxes, les passages au Zénith… Dans un calendrier vague, le Nouvel An revient tous les 365 jours, tandis que le Nouvel An du gnomon revient tous les 365,2421898… Selon que le référent est réel ou imaginaire, fêter le Nouvel An se fait à des rythmes différents. Contrairement aux fidèles de l'idéalité numérique **katun**, ceux de l'année vraie et ceux de l'année vague ne fêtent pas ensemble les Nouvel An ou les retours de cycle, et le décalage ne fait que s'accentuer.

Ceux qui fêtent les *haab* de 365 jours et ceux qui fêtent les **katun** de 7 200 jours n'ont qu'à compter les jours pour prévoir le prochain Nouvel An ou le prochain katun. Mais sans pouvoir maîtriser la marche du Soleil.

Ceux qui fêtent les années vraies suivent en continu la marche du Soleil, et constatent de leurs yeux le retour des marqueurs de l'année vraie. Mais sans pouvoir maîtriser le compte en nombre de jours.

Les scribes du premier groupe font de l'arithmétique modulaire, et produisent des milliers d'équations calendaires en reliant systématiquement les dates par les nombres de distance qui les séparent. Un habitus tellement prégnant que beaucoup de textes classiques sont littéralement structurés par la chaîne des dates et des nombres de distance qui séparent les événements racontés (figure 42). Toujours dans ce premier cas, le contrôle du temps au jour près peut être exercé par quiconque a appris à additionner, soustraire et dresser des tables de multiples associées à des tableaux de dates.

Le cas des scribes qui suivent de leurs yeux le cours du Soleil (/ou variante, la marche de la Lune, les phases de Vénus) évoque pour moi les calendriers liturgiques des religions monothéistes. En terre d'Islam, par ex., le mois (et donc aussi l'année) commence lorsque l'œil d'une autorité religieuse légitime parvient à distinguer le premier croissant de la

Nouvelle Lune. Il en résulte que le calendrier musulman ne permet pas de faire des prévisions au jour près, comme par exemple prévoir la date du début du ramadan de l'année prochaine, ni celles du début et de la fin du ramadan dans les pays éloignés. La prévision est bloquée par le fait que le calendrier qui égrène les jours dépend de l'année vraie, de l'observation individuelle et mensuelle de la Lune, laquelle ne revient pas au bout d'un nombre entier de jours. Il en est de même pour l'année liturgique des chrétiens, car sa date la plus importante est liée à la célébration de Pâques, une date mobile (qui fût artificiellement astreinte à rester dans des limites acceptables suite à des décisions prises, d'une part, au concile de Nicée et, d'autre part, par le pape Grégoire XIII). Toujours dans ce second cas, le contrôle du temps, (au jour près par exemple), est tellement complexe qu'il est devenu un monopole d'État ou d'Église, un véritable pouvoir aux mains des autorités légitimes ou habilitées.

Le bon sens voudrait que ces calendriers soient réformés. Pourtant, malgré leurs défauts connus et reconnus partout dans le monde, les calendriers liturgiques résistent à la raison pratique, obligent à des ajustements continuels, rendent compliqués la plupart des computs, et continuent de gêner des milliards d'Hommes, de Musulmans, de Juifs et de Chrétiens…

Même aujourd'hui, dans l'entre soi local, un paysan n'a pas besoin de calendrier pour gérer son quotidien. Il utilise sa connaissance du milieu naturel, c'est-à-dire un calendrier écologique fait, comme celui des habitants de la forêt ou des villages agricoles, de signaux naturels, à commencer par l'alternance du jour et de la nuit, les phases de la Lune, les saisons du Soleil. Pour savoir quand planter ou récolter, il regarde les signaux de la nature et consulte ses horloges biologiques. Quand il en possède un, le calendrier des postes ou des saints est souvent laissé à jaunir sur un mur ou à prendre la poussière dans un coin. Autrement dit, dans l'entre soi local quotidien, il n'y a pas de raison majeure de partir en guerre contre le calendrier que les chefs (politiques ou religieux) imposent du haut de leur monopole de la gestion du temps des autres.

Le fait que les calendriers imposés par le pouvoir soient peu contestés par les populations n'explique pas pourquoi les chefs ne se débarrassent pas eux-mêmes de ces calendriers compliqués qui alourdissent les calculs et interdisent les prévisions fines. Pour ne pas tomber dans l'excès du généraliser à outrance, rappelons que parfois prennent et coagulent des unions de penseurs de la preuve qui repoussent les frontières de l'entre soi et s'ouvrent aux gens de l'autre. Dans ces groupes multicolores de penseurs sans frontières, le choc des idées, des imaginations, des croyances, des connaissances et des savoir-faire brise les doxas du politiquement correct, et produit des idées neuves, des concepts métis. Dans ces creusets, elle fait naître le besoin d'une koinè, l'utilité des standards, le bénéfice des régularités et les avantages de l'innovation. Elle suscite le besoin d'un calendrier-pivot pour traduire les dates du calendrier de l'un en dates du calendrier de l'autre. Les cercles interethniques et interdisciplinaires de travailleurs de la preuve inventent de nouveaux usages. Des usages précurseurs de la pensée scienti*fique*. Des usages qui pétrissent les figures de scribe et de savant. Des scribes et des savants qui, entre mille autres besoins, ont celui de se défaire des calendriers liturgiques et civils anciens, gros de mille et une querelles et chargés de contraintes inconciliables, des calendriers qu'il faut sans cesse remettre au diapason du temps vrai.

L'histoire nous dit que ce miracle improbable s'est pourtant produit en Mésoamérique et en Europe. Deux fois, en tout et pour tout, la raison scienti*fique* de quelques individus a fait laborieusement surgir des outils facilitant et normalisant le travail de la preuve. En terre maya, ce fût le Choltun, et le système vigésimal des unités de temps. En Europe, ce fût le système métrique, et le système des Jours Juliens.

L'histoire nous dit aussi que les chefs réforment le calendrier pour renforcer leurs pouvoirs, notamment celui de gérer le temps de leurs sujets. Thouvenot (communication personnelle) me rappelle que certains empereurs chinois, en montant sur le trône, modifiaient le système calendaire en usage afin de s'assurer de la loyauté des membres de leur administration. Ceux qui continuaient à utiliser le système de datation antérieur se désignaient comme opposés au nouveau régime, et risquaient d'avoir la tête coupée. L'histoire nous dit encore que les chefs se mithridatisent contre les critiques subversives de leur pouvoir d'imposer et de contrôler le temps des autres, en leur faisant croire que le calendrier descend d'un ciel sacré, redouté et désiré.

« Et on en arrive à l'éternel constat : la religion est souvent le paravent d'ambitions humaines » (Ouardi 2017 : 17).

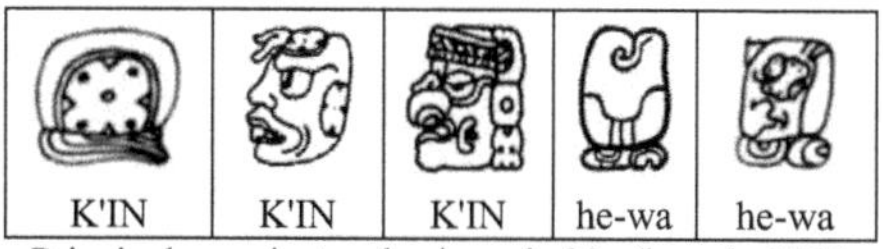

Principales variantes du signe du **<u>kin</u>** (jour de 24 h)

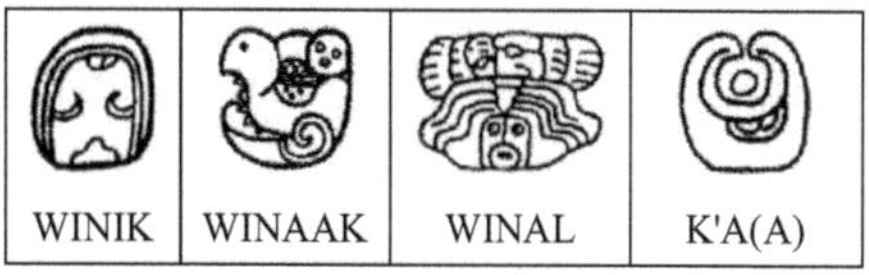

Principales variantes du signe du **<u>uinal</u>** (mois de 20 jours)

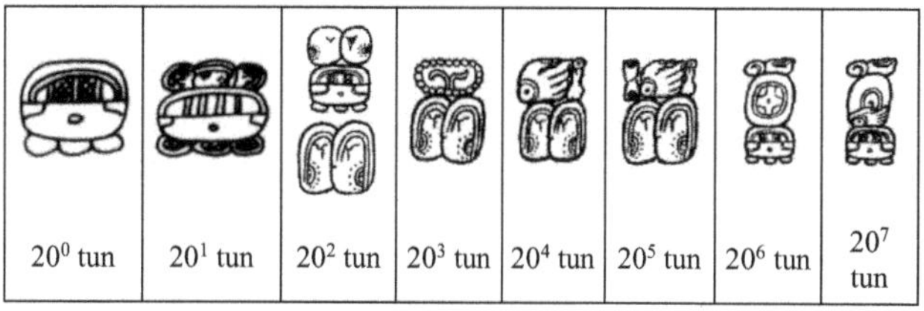

Le signe **<u>tun</u>** (18 mois ou 360 jours) et ses multiples en style ordinaire

Hors-texte 9 : *Principales périodes du Choltun*

Chapitre 8

Quelques cas particuliers

Il existe des cas particuliers d'équations calendaires. En voici trois, renvoyant à une éventuelle erreur ou manipulation des données pour des raisons de propagande d'État, pour des questions arithmétiques de translation en nombres « négatifs », ou pour des textes peu lisibles car fort endommagés. Prenons le premier, le texte de la stèle 8 de Dos Pilas[177] (Petén, Guatemala) redessinée par Myriem Cauty à partir de Ian Graham (figure 68). Après un glyphe introducteur (F1-G2) disant que les **katun** sont comptés sous les auspices de **Kayab**, la stèle donne le CL **9-baktun 12-katun 6-tun ; 15-uinal 11-kin** (F3-F5), puis la date CR **13 Chuen** (en G5) ***19 Kayab*** (en F8) et la position $\mathbf{G_4}$ (en F6) dans la neuvaine. Le calcul montre que la date-numéro à laquelle conduit le CL ne correspond pas à la date CR inscrite : en effet, selon les conventions habituelles, le CL **9.12.6;15.11**. conduit à la date **11 Chuen *4 Zip*** $\mathbf{G_5}$ (06±1/04/ 679). Les mayanistes se demandent comment interpréter cet écart, et si la correspondance peut, ou non, être rétablie.

Reprenant tous les nombres de distance, Hoppan (communication personnelle) remarque qu'en arrivant au **6 Ahau *13 Muan***, le scribe précise qu'un rituel d'aspersion a été pratiqué ; or, ces rituels se font habituellement aux fins de **katun**, et sous les auspices du régent **Ahau**. Cette information invite à caler le **6 Ahau 13 *Muan*** sur la date-numéro **9.14.0;0.0.** correspondant à la fin du **katun** 14, puis à remonter, par le calcul et depuis cette date mieux assurée, toute la suite des nombres de distance inscrits sur le monument, jusqu'à revenir à la série initiale. Ce faisant, on diminue de **6-tun** et **5-uinal** (environ 6 ans) le Compte long de la série initiale. On vérifie que le CL ainsi corrigé, à savoir **9-baktun 12-katun [0]-tun ; [10]-uinal 11-kin** conduit, d'une part, à la date CR

177 Le site fut appelé Dos Pozos par P. Ivanoff et rebaptisé Dos Pilas par G.L. Vinson.

13 Chuen ***19 Kayab*** **G**$_4$ effectivement inscrite sur la stèle, et, d'autre part, au 27±1/01/673 en calendrier grégorien proleptique[178].

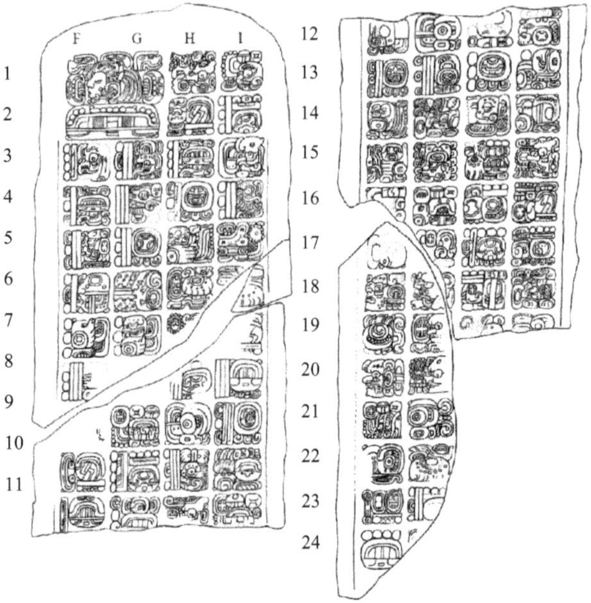

Figure 68 : *Stèle de Dos Pilas*

Le tableau de la figure ci-dessous permet de vérifier la séquence rétablie par Hoppan, en offrant un résumé en sept points du récit des faits [ra] comptés par le scribe, et structuré par la suite des paires dates/durées :

1) Un événement parlant du roi de Dos Pilas, survenu le **9.12.0;10.11. 13 Chuen** ***19 Kayab*** (en G8–9) en un lieu dont on ne voit plus que le glyphe-emblème ; on peut poser que les deux glyphes cassés disaient la

178 Validée par la chaîne des équations reconstituée par Hoppan, la correction l'est aussi par les historiens qui remarquent que le CL corrigé renvoie à la naissance d'un frère du roi. Ils expliquent cette erreur « (apparent scribal error) » comme une manipulation de dates pour des motifs politiques de potentiels héritiers : « The birth date of the younger brother was at 673 (9.12.0.10.11) although Stela 8 shows a manipulated long count of 7 tun later because as Werner Nahm believes (Schele and Grube, 1994) his father was in exile and Dos Pilas occupied by Tikal troops » (Fahsen 2002 : 29).

naissance du roi Itzamnaaj K'awiil, d'une part, parce qu'en F12, se trouve un glyphe de naissance, et, d'autre part, parce que : 2) de F14 à G22, le scribe précise qu'une vingtaine d'années plus tard, (le [9.13.6;2.0.], **11 Ahau** ***18 Uo***), Itzamnaaj K'awiil est intronisé et reçoit un palanquin avec plusieurs divinités (dont Chac, dieu de la pluie, et les dieux rameurs) et que cela s'est passé dans le chef-lieu d'une cité portant le glyphe emblème de Tikal, 3) de G24 à I1, on ne peut plus lire que le nom d'un personnage (« ? Ti' K'awiil ») dont la fin du texte dit qu'il succéda à Itzamnaaj K'awiil. Le nombre de distance permet de reconstruire la date **9.13.10;11.12 5 Eb** ***10 Zac***, 4) de H5 à H7 c'est la fin du **katun** qui donne lieu à un rituel d'aspersion du monument réalisé par Itzamnaaj K'awiil, 5) de I10 à I11, (une quinzaine d'années plus tard), Itzamnaaj K'awiil meurt, (le 9.14.15;1.19. **11 Cauac** ***17 Mac***), 6) de H14 à I16a, Itzamnaaj K'awiil est enterré 4 jours plus tard, et, 7) à partir de H18b, son successeur « ? Ti' K'awiil » accède au pouvoir, mais la partie de la stèle qui devait parler de son règne est détruite. Soit le tableau suivant (le « gras » marque ce qui se trouve sur la stèle) :

9.12.6;15.11. F2-F5	[9.12.0;10.11.] CL corrigé	13 Chuen G5	***19 Kayab*** G_4 F8 F6	27/01/673 naissance
+1.5;9.9. G10-G11	[9.13.6;2.0.] (ajout du 1er ND)	**11 Ahau** F13	***18 Uo*** G13	26/03/698 accession
+4;9.12. G23-H24	[9.13.10;11.12]. (ajout du 2nd ND)	[5 Eb] effacé	[*10 Zac*] effacé	14/09/702
+9;6.8. I2-H3	[9.14.0;0.0.] (ajout du 3e ND)	**6 Ahau** H4	***13 Muan*** I4	04/12/711 Fin katun
+15;1.19. H8-I8	[9.14.15;1.19.] (ajout du 4e ND)	**11 Cauac** I9	***17 Mac*** H10	25/10/726 décès
[+4.]	[9.14.15;2.3.] (ajout du 5e ND)	[2 Akbal] **3 Kan** en H13	***1 Kankin*** I13	29/10/726 funérailles
+3.12. H17	9.14.15;5.15. (ajout du 6e ND)	**9 Men** I17	***13 Kayab*** $\mathbf{G_7}$ H18	09/01/727

Figure 69 : *Reconstitution de la chaîne des équations calendaires*

Prenons l'une des rares[179] « séries-anneaux », la SI du panneau sud du Temple XIX de Palenque. Pour plus d'informations : Stuart (2005), Bernal (2014), et Heyworth (2015) qui présente des photographies.

Figure 70 : *Temple XIX de Palenque. voir aussi la figure 77.*

Appliquée au Compte long **12-<u>baktun</u> 10-<u>katun</u> 1-<u>tun</u>; 13-<u>uinal</u> 2-<u>kin</u>**, la procédure habituelle conduit à la date **9 Ik *0 Zodz***$_4$ (voire à la variante **9 Ik** *TI'HA'B* ***Zip***$_3$) qui n'est pas la solution **9 Ik *5 Mol***$_8$ (sur le dessin de Stuart, figure 77, **9 Ik** est en A4, et ***5 Mol*** en D4) calculée et inscrite par le scribe sous la forme de l'égalité encapsulée dans la SI, à savoir [**4 Ahau**, ***8 Cumku***] + **12.10.1;13.2.** = **9 Ik *5 Mol***. Voici les calculs.

Le Compte long **12.10.1;13.2.** s'écrit 1 800 622 en décimal, et vaut **122** (*modulo* 260) et **77** (*modulo* 365). D'où les solutions : **4 Ahau** + **122** = **9 Ik**, et ***8 Cumku*** + 77 = ***0 Zodz***. La méthode est prise en défaut puisqu'elle ne fait pas correspondre le CL à la date CR **9 Ik *5 Mol*** inscrite par le scribe : elle produit l'égalité **12.10.1;13.2.** = **9 Ik *0 Zodz***. Une particularité de ce texte est le fait que le scribe rétroprojette la scène d'investiture du roi K'inich Ahkal Mo' Nahb de Palenque sur le fonds mythique de l'investiture du dieu GI de la triade de cette cité, soit le fait de renvoyer à des événements du passé mythologique. Plus précisément, à des événements qui eurent lieu avant le **4 Ahau *8 Cumku***.

Autrement dit, la singularité ne réside pas dans le fait de sortir de l'histoire et de renvoyer aux mythes de création[180], mais bien dans

[179] Trois exemples selon Hoppan en dehors du Dresde : a) Palenque, Temple de la Croix, Panneau central (9.13.0;0.0. **8 Ahau *8 Uo*** = 16/03/692): [**–6;14.0.** ou 12.19.13;4.0.] **8 Ahau *18 Tzec*** (= 05/12/–3119, b) Palenque, Temple XIX, Banquette, Panneau Sud (9.14.10;4.2. **9 Ik *5 Kayab*** = 01/01/722): [**–9.18;4.18.** ou 12.10.1;13.2.] **9 Ik *5 Mol*** (= 08/03/–3307), et c) Copán, Stèle C (9.14.0;0.0. **6 Ahau *13 Muan*** = 03/1 2/711): [**–2.0.5;1.0.** ou 10.19.14;17.0.] **6 Ahau *18 Kayab*** (= 09/02/–3905).

[180] Un contre-exemple : la procédure est vérifiée sur la SI du panneau central du temple de la croix feuillue de Palenque qui renvoie au passé mythique sans remonter avant

celui de renvoyer avant l'origine elle-même, avant le jour zéro. Comme l'écrit Bernal « Le nouveau dirigeant tourne son regard vers le seigneur Janahb' Ajaw, le grand prêtre local qui, sous l'identité du dieu Yax Naah Itzamnaaj, lui offre le vrai diadème royal, sak hu'unal, avec le visage en jade du "Dieu bouffon" en son milieu », la scène au centre du panneau (figure 70) représente le moment d'une investiture où le roi va recevoir le bandeau royal des mains du grand prêtre. Les personnages portent chacun un diadème qui les relie directement à une scène similaire, une investiture qui se déroula dans le temps des cosmogonies, dans un avant de la création des hommes de maïs, et au cours de laquelle le dieu GI de la triade de Palenque est intronisé par Itzamná : « La scène [...] montre [...] l'investiture de K'inich Ahku'l Mo' Naahb. [qui] endosse l'identité [du dieu] GI en portant le diadème caractéristique de cette divinité [...] l'image d'un héron tenant dans son bec un poisson ». Autrement dit, le roi devient le dieu GI, et le prêtre devient Itzamná, que « les textes de l'époque coloniale rapportent comme la principale divinité maya, créatrice de l'écriture en particulier et du monde » (Hoppan 2014 : 162).

On sait que les scribes mayas, familiers de la distinction entre date et durée, ne confondaient pas une vision directe et une vision rétrograde, et qu'ils plaçaient, au Classique, des indicateurs de date antérieure ou postérieure pour distinguer une translation à effectuer vers le passé ou vers le futur. Au Postclassique, les conventions calendaires sont différentes, et les codex présentent l'innovation dite du « nombre-anneau ». Comme le précise Hoppan, dans plusieurs almanachs du codex de Dresde

> on trouve à la place [d'un indicateur de date antérieure ou postérieure] un signe indiquant – en association à la date 4 Ahau 8 Cumku – d'aller vers une date antérieure à ce jour initial d'une façon comparable à ce que l'on dit en français dans l'expression « avant notre ère » [...] ce signe consiste en un cartouche à volute enveloppant le chiffre de rang le plus bas [...] cette sorte d'anneau procède [...] de la représentation d'une bande annulaire arrondie dont à l'époque classique on enveloppait le signe de l'année dans le Glyphe

---

le jour zéro. Elle dit, selon Hoppan (2007), que les **katun** sont comptés pour **Mac**, donne le CL **1-baktun 18-katun 5-tun ; 4-uinal 0-kin**, la date CR **1 Ahau *13 Mac***, et les positions dans les lunaisons et la neuvaine (G_8). L'entier **1.18;5;4.0.** = 275 480 est égal à **140** (*modulo* 260) et à **270** (*modulo* 365), et donc : **4 Ahau** + **140** = **1 Ahau**, et **8 Cumku** + **270** = ***13 Mac***. Que 275 480 soit égal à **8** (*modulo* 9) confirme la position G_8 dans la neuvaine. Ce contre-exemple montre que le fait de renvoyer à la mythologie n'est pas suffisant pour mettre en défaut la procédure standard de vérification.

Introducteur de la Série Initiale [quand le scribe avait] pris comme repère un jour « zéro » très éloigné dans le futur [exemple de la stèle C de Copán] (Hoppan 2014 : 142).

La pratique des nombres-anneaux conduit à considérer le « bandeau noué » qui entoure l'un de leurs chiffres (en général celui des **kin**) comme un équivalent du signe « moins » de l'arithmétique, ou une simplification des notations servant à définir le sens des translations. C'est ce que montre par exemple la première des pages vénusiennes du codex de Dresde, laquelle présente : a) un nombre-anneau que l'on transcrit comme le Choltun ou Compte long –0.0.**6;2.0.** associé à la date origine (non sous-entendue)[181], b) un nombre de distance **9.9.16;0.0.**, et c) la date-numéro **9.9.9;16.0**. atteinte (et suivie de sa conversion en date CR), ces entiers vérifient l'égalité **9.9.16;0.0.** – **0.0.6;2.0.** = **9.9.9;16.0**. Ce qui conduit au schéma suivant simulant l'axe du CL, son origine **α/ω,** les nombres de distance et les dates qu'ils font atteindre, soit le parcours en deux temps : [**4 Ahau** ***8 Cumku***] **–6;2.0.** = **1 Ahau** ***18 Kayab*** et **1 Ahau** ***18 Kayab*** + **9.9.16;0.0.** = **1 Ahau** ***18 Kayab :***

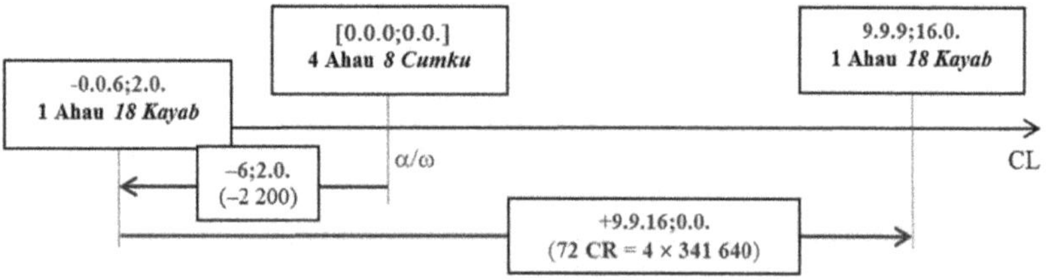

Figure 71 : *Un nombre-anneau du codex de Dresde envoyant avant l'origine*

Quand on décide d'imiter l'habitus (attesté par les codex) d'écrire de la droite vers la gauche les suites croissantes de multiples d'un entier et leurs dates associées, la figure précédente prend la forme ci-dessous d'un CL gradué en **baktun** et orienté vers la gauche :

181 Une représentation dans Hoppan (2013 : p. 232, figure 36, nombre anneau en page 24 du Codex Dresdensis).

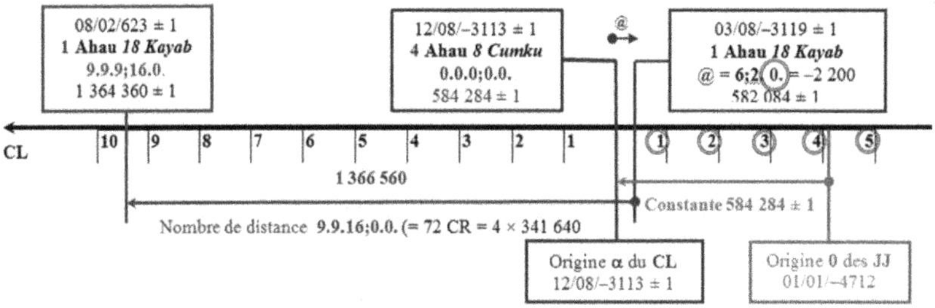

Figure 72 : *Une autre représentation du nombre-anneau*

En plus des informations déjà données par le scribe, nous avons ajouté celles qu'apportent le système des Jours Juliens (isomorphe au Choltun à un changement d'origine près) et le grégorien proleptique. On sait par ailleurs que la stèle C de Quiriguá (Izabal, Guatemala) porte la série initiale « on [ra]compte les **katun** pour **Cumku**, **13-baktun 0-katun 0-tun ; 0-uinal 0-kin 4 Ahau** ***8 Cumku*** », et qu'un indicateur de date précise qu'il s'agit d'une translation rétrograde. Ce que confirme le fait que la date-numéro ***13.0.0;0.0.*** (Fin de la roue des **13-baktun**) correspond au **4 Ahau** ***3 Kankin***[182].

On en déduit que certains CL du Classique maya sont à translater de **13-baktun**, ce qui revient à considérer le CL **13.0.0;0.0.** comme une sorte de nombre-anneau. Cette hypothèse conduit aux deux représentations suivantes.

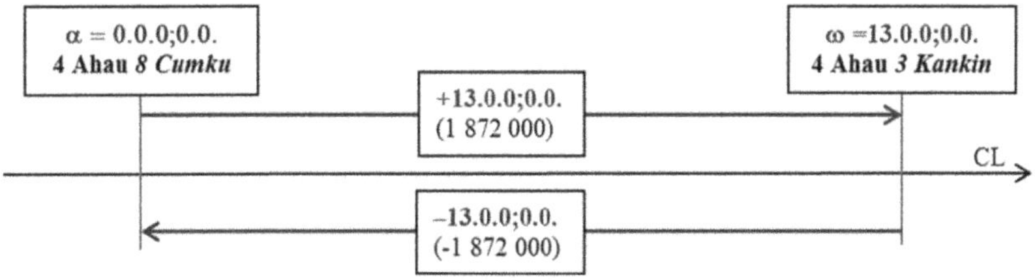

Figure 73 : *Translation d'une roue de 13-baktun*

182 Le monument 6 de Tortuguero (Tabasco, Mexique), ou le bloc 5, escalier 2, de La Corona (Petén, Guatemala) sont deux inscriptions qui en témoignent.

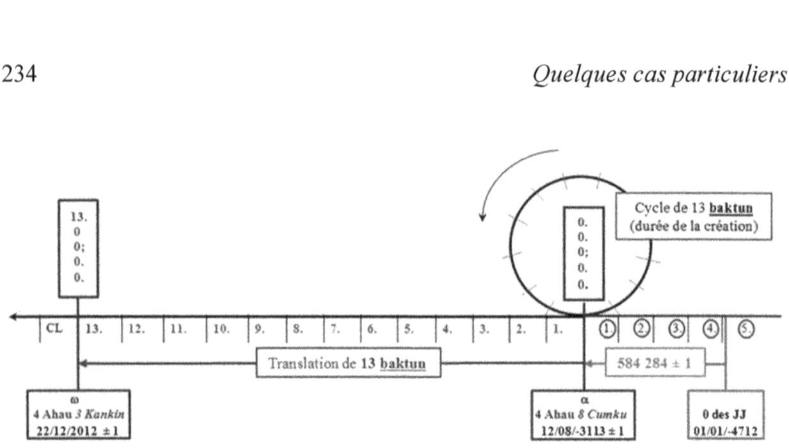

Figure 74 : *Graduation du CL par la roue des 13-baktun*

La première, (figure 73), place les dates CR (**4 Ahau *8 Cumku*** et **4 Ahau *3 Kankin***) et les dates-numéros (**0.0.0;0.0.** et **13.0.0;0.0.**) des jours de départ (α) et d'arrivée (ω) du cycle de la création sur l'axe du Choltun, ainsi que la translation (directe ou rétrograde) qui les relie. Sur la seconde, (figure 74), le CL est orienté de droite à gauche, gradué en **baktun** (le cycle supposé représenter la durée d'une création ou d'une humanité), et divisé en une partie positive et une partie négative (grisée) ; de plus, la figure inclut l'origine des Jours Juliens et une concordance avec le calendrier grégorien proleptique.

L'écriture **13.0.0;0.0. 4 Ahau *8 Cumku*** $\mathbf{G}_{0/9}$ de la stèle C de Quiriguá dit la date de la création du monde actuel (12±1/08/–3113), et semble préciser que le scribe s'est mis à la fin **ω** du cycle pour regarder, en direction du début **α**, le temps couler. Ainsi, il sent, invisible dans son dos, le très haut futur inconnaissable, (le temps des au-delà de la création), et scrute le passé de l'histoire humaine (ou du Classique que connaissent ses contemporains), un passé étalé devant ses yeux jusqu'au futur restant à venir (visible seulement par les devins) avant la fin du 13e **baktun**, le **4 Ahau *3 Kankin*** (22/12/2012).

Sur la base des nombreux exemples résolus d'équations calendaires, on lance des expériences de pensée visant à découvrir un mode de calcul simulant celui qui aurait permis au scribe de Palenque d'égaler le Compte long **12-baktun 10-katun 1-tun ; 13-uinal 2-kin** à la date CR **9 Ik *5 Mol*** $\mathbf{G}_1$.

Le premier pas consiste à composer le Compte long inscrit sur le temple XIX et une translation rétrograde de **13-baktun**. On obtient, (du point de vue du scribe), le nombre-anneau –**0.9.18;4.18.** (en effectuant

–13.0.0;0.0. + **12.10.1;13.2.**), ou, (du point de vue de l'arithmétique), le nombre entier négatif **–71 378** (en effectuant 1 800 622 – 1 872 000). Les pas suivants consistent à dresser l'inventaire de tous les mouvements que l'on peut faire avec ces nombres, et à déterminer les dates CR auxquelles ils conduisent. On reporte ensuite ces valeurs sur l'axe du temps qui représente le Choltun des Mayas, sans préjuger du sens des translations définies par la série initiale et le nombre anneau. Selon que l'on translate vers le passé ou vers le futur, on obtient les couples de dates CR suivants, que l'on marque par les points A, B et C qui se distribuent sur le CL de part et d'autre de l'origine O.

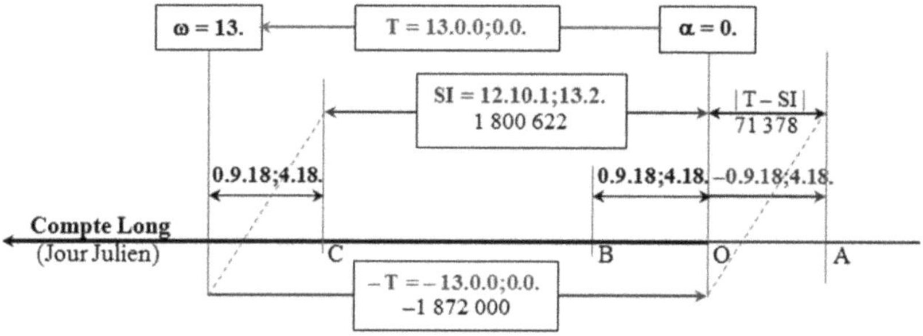

Figure 75 : *Expérience de pensée*

Le point C s'obtient en appliquant la procédure canonique (dégagée du corpus des SI mayas de l'époque classique), c'est-à-dire en se déplaçant de 1 800 622 jours à partir de l'origine O et en allant dans le sens convenu direct (du passé vers le futur). Cet entier est égal à **122** (*modulo* 260) et à 77 (*modulo* 365), d'où la valeur de la date *tzolkin* **αX** atteinte : **4 Ahau**$_{20}$ + **122** = **9 Ik**$_2$, et celle de la date *haab* ***βY*** atteinte : ***8 Cumku*** + 77 = ***0 Zodz***. Le point B s'obtient en se déplaçant de **71 378** jours, (c'est la valeur absolue du nombre-anneau), à partir de l'origine O et en allant dans le sens direct. Cet entier est égal à **138** *modulo* 260 et à **203** *modulo* 365 ; d'où les dates *tzolkin* et *haab* : **αX** = **4 Ahau** + **138** = **12 Edznab**, et ***βY*** = ***8 Cumku*** + **203** = ***6 Yax***. Dans les cas B et C, la date CR délivrée par la procédure n'est pas celle inscrite sur le monument.

Reste le cas du point A obtenu par une translation dans le sens rétrograde de pas égal au nombre anneau **@ = –71 378**, lequel a été calculé à partir de l'origine, (**0.**$_{CL}$), du Choltun et défini comme le translaté ^{t}SI$_{19}$ de la série initiale SI$_{19}$ du temple XIX par la translation **T** d'amplitude

13-<u>baktun</u>. On a toujours 71 378 = **138** (*modulo* 260) et 71 378 = **203** (*modulo* 365), mais il faut se déplacer en sens rétrograde. On obtient la date CR du point A, c'est-à-dire ses dates *tzolkin* **αX** = **4 Ahau**$_{20}$ – **138** = **9 Ik**$_2$, et *haab* ***βY*** = ***8 Cumku*** – **203** = ***5 Mol***. On constate ainsi que la procédure modifiée (point A) produit la même date CR (et la même position dans la neuvaine[183]) que la procédure inconnue utilisée par le scribe. L'expérience de pensée conduit donc à une procédure acceptable de détermination de la date CR d'une série définissant une date mythique d'avant le jour origine **4 Ahau** ***8 Cumku*** :

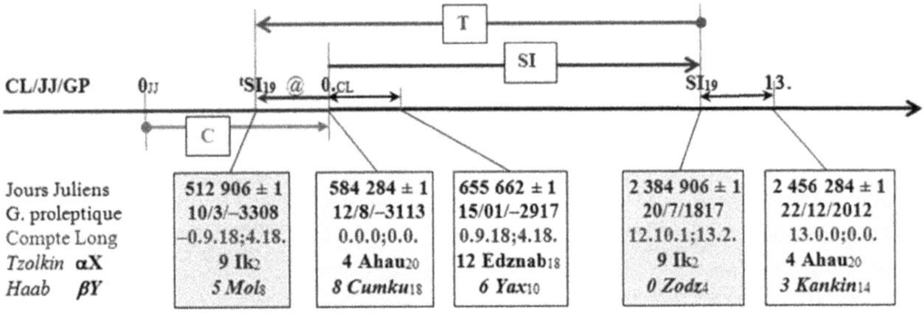

Figure 76 : *Une procédure possible*

Remarque : Le schéma reprend l'orientation de gauche à droite de l'axe du temps, et donne les dates en JJ et en grégorien proleptique, (on utilise la corrélation GMT, et la constante C = 584 284 ± 1). Le CL de la série initiale, (**SI = 12.10.1;13.2.**), le nombre-anneau, (**@ = – 0.9.18;4.18.**), et la translation de **13-<u>baktun</u>**, (**T** = **13.0.0;0.0.**).

Pour traduire en date CR, un Compte long CL donné par une SI qui renvoie avant le jour zéro de la dernière création, on peut commencer par le convertir en nombre-anneau (entier négatif), par une translation rétrograde T de **13-<u>baktun</u>** (ou multiple de ce cycle). Puis on calcule les restes *t* et *h* du nombre-anneau dans les divisions par 260 et par 365. La valeur *t* définit le pas de la translation (rétrograde) qui conduit, dans le *tzolkin*, à la solution de l'équation **4 Ahau** + *t* = **αX**. La valeur *h* définit le pas de la translation (rétrograde) qui conduit, dans le *haab*, à la solution de ***8 Cumku*** + *h* = ***βY***. Voici, redessinée par Myriem Cauty, les premières sections du panneau du temple XIX.

---

[183] On vérifie (*modulo* 9) que **@ = –71 378** conduit à G_1 dans la neuvaine des seigneurs de la nuit.

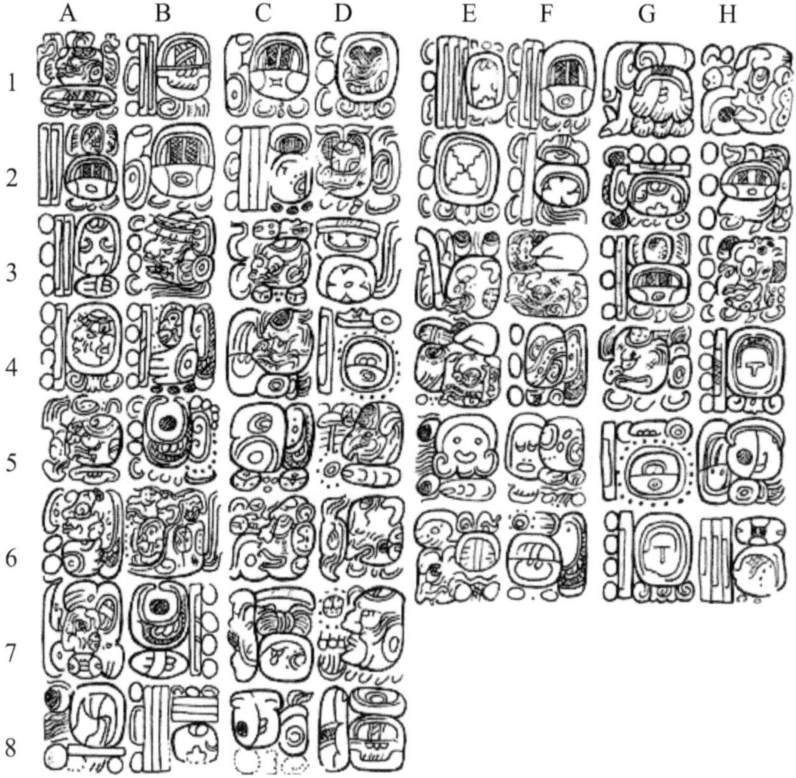

Figure 77 **:** *Extraits des données de Stuart*

David Stuart (2005) transcrit **12.10.1;13.2. 9 Ik** ***5 Mol*** la série initiale du temple XIX de Palenque (Chiapas, Mexique) qu'il fait correspondre au 10 mars 3309 BE (ce qui montre qu'il utilise la constante 584 285). Stuart détaille les données de la série supplémentaire, en particulier les données lunaires[184] et la position dans le cycle des 819 jours[185]. Stuart

[184] Une lune de 22 j dans une lunaison de 29 j d'une demi-année lunaire du jaguar.

[185] La position dans le cycle des 819 jours est définie par la durée **1;16.17.** (inscrite en B8-C1) et la date CR **1 Chicchan** (inscrite en D1) ***18 Ch'en*** (inscrite en C2). Partant de la série initiale (**–13.0.0;0.0. + 12.10.1;13.2. = –0.9.18;4.18.**), on obtient la position sur le CL, à savoir **–0.9.18;4.18. – 1;16.17. = – 0.10.0;3.15.** L'ordinateur confirme que cette date-numéro est celle du **1 Chicchan** ***18 Ch'en*** **G_6** correspondant au 12±1/04/–3310. Le scribe précise encore que le Kauil (dont le nom est en C3) est érigé à l'Est.

ajoute que le jour $\mathbf{t}_0$ ainsi défini est la date d'un rituel d'accession célébré par le dieu Itzamná, l'accession d'une entité mythique, le dieu GI de la triade de Palenque.

Plus obscur, le paragraphe suivant est ainsi résumé par Stuart :

> *Summary*: On the day 12.10.12.14.18 1 Etz'nab 6 Yaxk'in, a "Starry Deer Crocodile" (or possibly two aspects of that cosmic entity) is (or are) decapitated, perhaps at the hands of GI. Several glyphs are difficult to decipher, but we find a reference to some deity as a "fire-driller." The passage closes with a reference to the forming or construction of some object associated with GI. The theme seems to be world creation.

Figure 78 : « *Starry Deer Crocodile* »

D'après ce résumé, le **12.10.12;14.18. 1 Edznab *6 Yaxkin***, l'entité « *Starry Deer Crocodile* » est décapitée, et quelque chose est formé, qui pourrait être une création du monde. Sur le monument, ce n'est pas la date-numéro ***12.10.12;14.18.*** qui est attestée, mais le nombre de distance **11;1.16.** (E1-F1) dûment suivi de la date **1 Edznab *6 Yaxkin*** (E2-F2) auquel il conduit.

Comme pour le Compte long de la série initiale, l'entier positif **12.10.12;14.18.** ne conduit pas à la date CR inscrite par le scribe, mais à la date **1 Edznab *1 Zip*** $\mathbf{G}_1$ (28±1/06/1828). Tentons maintenant de refaire le calcul en nombres négatifs.

Pour les dates d'un événement d'avant l'origine, le calcul en nombres négatifs demande de partir de l'anneau initial, c'est-à-dire de **–0.9.7;3.2.** (alias **12.10.12;14.18.**). Ce faisant, on obtient un CL négatif, lequel définit la date-numéro du jour atteint : **–13.0.0;0.0.** + **12.10.1;13.2.** + **11;1.16.** = ***–0.9.7;3.2.*** L'ordinateur convertit cette position négative sur le CL, d'une part, en la date CR **1 Edznab *6 Yaxkin*** $\mathbf{G}_1$, et, d'autre part, en la date grégorienne proleptique 17±1/02/–3297. D'où le tableau récapitulatif suivant :

Glyphe « On [ra]compte	introducteur pour Mol les <u>katun</u> »
Série initiale SI_{19}	Anneau initial 'SI_{19} translaté de SI_{19}
12.10.1;13.2. [de B1 à B3,]	**–0.9.18;4.18.** [translaté de SI_{19}]
9 Ik *5 Mol* G$_1$ [A4, D4, B4]	**9 Ik *5 Mol* G**$_1$ [A4, D4, B4]
Âge de la Lune :	« 2 de son vingt »
Durée de la lunaison :	« vingt et 9 » [B5, B7]
Patron lunaire :	« jaguar » [A6]
Cycle de 819 jours ou	cycle du Kauil
–1;16.17. [C1, A8] **1 Chicchan** [D1] ***18 Ch'en*** [C2]	**–1;16.17.** [C1, A8][186] **1 Chicchan** [D1] ***18 Ch'en*** [C2]
Nombres de distance	(repartir du 9 Ik *5 Mol*)[187]
11;1.16. [E1,F1] **1 Edznab** [E2] ***6 Yaxkin*** [F2] **2.8.3;8.0.** [G2-H3] **9 Ik *15 Ceh*** [G6, H6]	**11;1.16.** [E1,F1] **1 Edznab** [E2] ***6 Yaxkin*** [F2] **2.8.3;8.0.** [G2-H3] **9 Ik *15 Ceh*** [G6, H6]
Etc.	Etc.

Figure 79 : *Déchiffrement de l'extrait des données de Stuart*

Au paragraphe suivant, Stuart remarque que l'entier **2.8.3;8.0.** inscrit en G2-H3 est suivi du glyphe '**u-ti-ya**[188] et de la date **9 Ik *5 Mol*** (en H4-G5) ; ce qui indique que le nombre de distance est compté à partir de cette date (celle donnée par la SI), et non pas à partir de la dernière date inscrite, (en E2-F2), à savoir la date **1 Edznab *6 Yaxkin*** du paragraphe précédent définie par le nombre de distance **11;1.16.** (en E1-F1). Il vient ensuite, en H5, un indicateur de date postérieure '**i-'u-ti**, que Hoppan traduit par « puis (cela) est survenu » indiquant que le nombre **2.8.3;8.0.** doit être ajouté (Hoppan 2014 : 141).

---

186 Cet entier définit la position dans le cycle du Kauil et conduit du **9 Ik *5 Mol*** à l'anneau **–0.10.0;3.15.** (≈ **12.9.19;14.5.**), et donc à la date CR **1 Chicchan *18 Ch'en.***

187 Ces deux nombres de distance conduisent, depuis **9 Ik *5 Mol*,** aux deux dates-numéros **–0.9.7;3.2.** et **1.18.5;3.2.** et donc aux dates CR indiquées.

188 Un indicateur de date antérieure selon Hoppan (2014 : 141).

Les précisions apportées par les indicateurs permettent de vérifier que **2.8.3;8.0.** conduit à la date de la (re-)naissance du dieu GI de la triade, un jour **9 Ik *15 Ceh*** marqué en G6-H6. Autrement dit, **2.8.3;8.0.** est la durée qui sépare la naissance et l'accession du dieu GI[189], deux événements qui tombèrent un **9 Ik**, date d'un jour aussi célèbre en Mésoamérique qu'un **14 juillet** en France. Stuart souligne que **2.8.3;8.0.**, (= 346 840[190]), est multiple de 260 (*tzolkin*) et de 11 960 (un entier attesté par les pages 51–58 du codex de Dresde, et connu comme étant le « cycle des éclipses ») ; ce qui pourrait expliquer que la série lunaire du jour de la naissance de GI soit entièrement développée et explicitée. Vérification (sur le site Pauahtun.org, pour les nombres-anneaux) :

Sur le monument	Calculs en	nombres négatifs	Équivalents grégoriens
12.10.1;13.2	–0.9.18;4.18.	= 9 Ik *5 Mol* G_1	= 09±1/03/–3308
9 Ik	– 1;16.17.	– 697	
***5 Mol* G_1**	–0.10.0;3.15.	= 1 Chicchan *18 Ch'en* G_6	= 12±1/04/–3310
11;1.16.	–0.9.18;4.18.	= 9 Ik *5 Mol* G_1	= 09±1/03/–3308
1 Edznab	+ 11;1.16.	+ 3 996	
6 Yaxkin	–0.9.7;3.2.	= 1 Edznab *6 Yaxkin* G_1	= 17±1/02/–3297
2.8.3;8.0.	–0.9.18;4.18.	= 9 Ik *5 Mol* G_1	= 09±1/03/–3308
9 Ik	+ 2.8.3;8.0.	+ 346 840	
15 Ceh	1.18.5;3.2.	= 9 Ik *15 Ceh* G_8	= 20±1/10/–2359

Figure 80 : *Synthèse et vérification*

Remarque sur le système des Jours Juliens. En reprenant l'exemple de la stèle 3 de Piedras Negras, nous verrons plus loin que le schéma du texte du Temple XIX explique le fait que passer du système des Jours Juliens à celui du Choltun (et vice-versa) revient à changer d'origine (**0** ↔ **α/ω**), ou à effectuer une translation convenue, (j'adopte la

189 À savoir la distance séparant **12.10.1;13.2.** (= – 0.9.18;4.18.) **9 Ik *5 Mol*** du jour (1.18.5;3.2.) **9 Ik *15 Ceh*** noté en G2-H3, et définie par le nombre de distance **2.8.3:8.0.**

190 Outre 1 et lui-même, l'entier 346 840 possède trente-deux paires de diviseurs, à savoir : 2 et 173 420, 4 et 86 710, 5 et 69 368, 8 et 43 355, 10 et 34 684, 13 et 26 680, 20 et 17 342, 23 et 15 080, 26 et 13 340, **29** et **11 960**, 40 et 8 671, 46 et 7 540, 52 et 6 670, 58 et 5 980, 65 et 5 336, 92 et 3 770, 104 et 3 335, 115 et 3 016, 116 et 2 990, 130 et 2 668, 145 et 2 392, 184 et 1 885, 230 et 1 508, 232 et 1 495, **260** et **1 334**, 290 et 1 196, 299 et 1 160, 377 et 920, 460 et 754, 520 et 667, 580 et 598. Les deux paires de diviseurs relevées par Stuart sont en gras.

constante C = 584 284 ± 1), de façon à faire correspondre les positions sur le CL avec les dates des mêmes jours en calendriers européens, à savoir : le calendrier julien jusqu'en 1582, puis le grégorien[191]. Pour cela, les américanistes ont adopté un calendrier qui s'adapte jour pour jour au système des Jours Juliens, et, par là, au CL des Mayas. Ce calendrier-pivot est le calendrier grégorien proleptique, GP. On l'obtient en rétropolant le calendrier grégorien[192] à partir du jeudi 4 octobre 1582, date de son introduction officielle à Rome.

Malgré la globalisation, certains peuples ne se reconnaissent pas dans la référence au christianisme, et tous n'apprécient pas la distinction entre les années avant et après Jésus-Christ. Pour les facilités de calcul que cela entraîne, Jacques Cassini inventa l'année zéro[193], en usage aujourd'hui en système des Jours Juliens et en calendrier Grégorien Proleptique. L'ère qui débute à l'année 0 est parfois dite « ère commune ». Les années antérieures sont marquées par des entiers négatifs (l'ancien « an 2 avant J.-C. » devient l'« an –1 »). Le CL, le système JJ, et le calendrier GP sont, (à une translation près), des systèmes isomorphes, gradués en entiers[194], mais différemment structurés[195].

Absolus et sans fin, les trois sont des métacalendriers de traduction permettant, comme toute langue pivot, de transformer les dates d'un calendrier quelconque en dates d'un autre calendrier quelconque, sous

---

191 Le changement de calendrier ne s'est pas fait partout à la même date, et dans un même pays, certains, en général les Protestants, refusèrent longtemps avant de l'adopter. Héritier du calendrier julien, le grégorien fut conçu de manière à conserver, d'une part, la coïncidence entre l'équinoxe de printemps et la date du 21 mars, et, d'autre part, la définition de Pâques (dimanche qui suit la 1ère pleine lune du printemps, saison qui commence le jour de l'équinoxe théorique fixée au 21 mars du calendrier grégorien), point d'orgue de l'année liturgique et du calendrier ecclésiastique des catholiques.

192 À l'exception de quelques pays (Afghanistan, Iran, Éthiopie, Népal, ...), et malgré de sérieuses critiques sur son origine religieuse et les irrégularités de sa structure interne, la plupart des pays utilisent le calendrier grégorien pour réguler la vie internationale. Pour les besoins de l'astronomie ou des industries de l'espace, c'est le système JJ des jours juliens (en convenant d'une origine adaptée).

193 L'année zéro n'existe pas en calendrier julien (ou grégorien). Les expressions l'an « 1 av. J-C. » devient l'« an 0 ».

194 En décimaux pour les besoins de l'astronome et de l'industrie spatiale.

195 Les scribes graduaient le CL en unité de temps (**tun**, **katun**, etc.) ou en combinaison d'unités (roue des **katun**, cycle des fins de **katun**), le GP se distribue en mois (de 28, 29, 30, et 31 jours) et en années (ordinaires et bissextiles).

la condition (parfois difficile à ajuster) de pouvoir mettre en bijection les calendriers historiques et pivots. Pour passer des dates mayas aux dates européennes, il est habituel de convenir d'une constante de corrélation qui donne l'écart entre les années zéro du Choltun, du système JJ et du grégorien proleptique.

La bijection la plus largement acceptée par les historiens mayanistes est la corrélation dite de Goodman, Martinez et Thompson, GMT[196] ; elle met en correspondance bijective le calendrier grégorien proleptique GP, le système des Jours Juliens, et le CL des Mayas. Ce dernier, le CL maya, avait déjà été couplé par les scribes de l'époque classique[197] à leur forêt de cycles, et notamment à leur Calendrier Rituel, obtenu comme produit intriqué du *tzolkin* (260 j) et du *haab* (365 j), ce qui revient à dire que les dates CL de l'époque classique sont déjà traduites en dates CR sur les monuments qui les exhibent.

Il reste donc, pour chaque calendrier quelconque, à connaître les règles de correspondance de ses dates avec celles données par l'un des méta-calendriers (CL, JJ ou GP). La difficulté tient au fait que ces règles dépendent des époques, des lieux, des types de calendrier, et des réformes que leur firent subir les gouvernants, parfois pour leur seul « bon plaisir ».

À cela s'ajoute le fait que les dates anciennes furent souvent notées par des témoins qui sous-entendaient ou abrégeaient des informations évidentes pour eux, et qui utilisaient des tournures locales qui changent selon les lieux et les époques. La plupart des Français, par exemple, ont oublié que le patron du 14 Juillet était, à Paris en 1789, saint Bonaventure, et non saint Camille comme c'est le cas aujourd'hui. Chez les Mayas, le choix du premier jour du *tzolkin* peut parfois avoir varié, nous l'avons vu à propos des Kaqchikels du Guatemala actuel (cf. figure 7, p. 81).

---

196 Pour établir les correspondances, les archéoastronomes n'utilisent ni les mêmes faits ni les mêmes critères que les historiens, et tous n'utilisent pas la corrélation GMT. Le gros de ceux qui l'utilisent se divise en deux camps, selon qu'ils adoptent la constante 584 283 (constante par défaut du site famsi.org), ou la constante 584 285 (constante par défaut du site pauahtun.org). Suite à mon étude des données de Landa, je propose la constante 584 284 qui met bien en relation le calendrier maya reconstruit par Landa et le calendrier européen de l'époque. Dans tous les cas, la constante devrait être donnée avec un intervalle de confiance. Mon choix, 584 284 ± 1, (mieux, 584 284 ± *n*), pourrait réconcilier les deux camps principaux.

197 Après le Classique, on constate divers changements (Compte Court, roue des **katun**) ainsi que des abandons (CL, dates *haab*, etc.).

A priori, les égalités CL = CR écrites par les Mayas sont garanties au jour près (figure 62), mais ce n'est pas le cas des correspondances CL = date julienne, CL = date grégorienne, et CL = GP. Ces dernières dépendent de la constante de corrélation adoptée, mais aussi du lieu et de la date où les calendriers européens sont utilisés. Il n'existe aucune bijection unique pour relier les dates juliennes ou grégoriennes lues dans les documents européens et leurs équivalents en GP et en calendriers mésoaméricains, par exemple leurs équivalents mayas en CL et en CR. Chaque corrélation pose problème.

Il convient donc de faire preuve de vigilance épistémologique, et de rappeler que les correspondances sont convenues à ± 1 j, et souvent « à *n* jours près, *n* > 1 ». Les traductions calendaires sont acceptables en précisant leur intervalle de confiance :

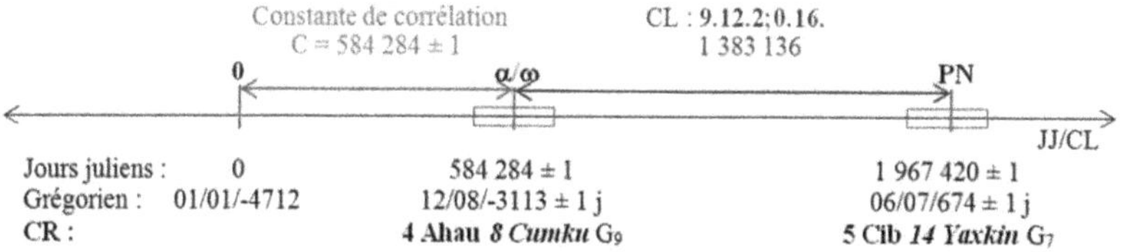

Figure 81 : *Positions relatives de l'origine des JJ et du CL (à ± 1 ou n jours près)*

La plupart des mayanistes adoptent la corrélation GMT et la constante 584 283 ou 584 285. L'intervalle de confiance *n* varie énormément d'un auteur ou d'une époque à l'autre. Le site FAMSI offre huit constantes[198], allant de 94 483 à 660 208, soit un écart Δ(x,y) de plus de sept siècles ! Les valeurs massivement admises, (Pc = 584 284 ± 1 j), sont à plus de 500 ans (584 284 – 394 483), ou, respectivement, à plus de 200 ans (660 208 – 584 284), des extrêmes c'est-à-dire des constantes Pg (proposée par Wells ou Fuls) et Pp (proposée par Bowditch :

Plus petite, Pp	**Δ(Pp, Pc)**	**Plus commune, Pc**	**Δ(Pc, Pg)**	**Plus grande, Pg**
394 483	189 801 jours	584 284 ± 1	75 924 jours	660 208
Bowditch	520 ans	Notre proposition	207 ans	Wells, Fuls

198 http://research.famsi.org/date_mayaLC.php Foundation for the Advancement of Mesoamerican Studies, Inc. Le site permet de choisir huit valeurs : 394 483 (Bowditch), 489 138 (Makeson), 489 384 (Spinden), 584 281 (Martinéz-Hernando), 584 283 (GMT), 584 285 (Astronomical), 584 286 (Martin-Skidmore), et 660208 (Wells, Fuls).

Outre la convention de la constante de corrélation, il convient de tenir compte du fait que la durée de l'année grégorienne (365,2425000) diffère de celle de l'année tropique (365,2421898). Une différence ε de l'ordre de 3 jours tous les 10 mille ans. Autrement dit, les dates de plus de 3000 ans devraient être données au moins à ± 1 jour près. On ne perdra de vue ni le fait que le calendrier grégorien se sépare de l'année des saisons au rythme de trois jours toutes les deux dizaines de milliers d'années. Ni que les sources sont souvent détériorées (ou erronées), et qu'il faut les reconstruire.

Voyons le troisième exemple de cas particuliers annoncé.

Il se trouve dans une notice rédigée par Jean-Michel Hoppan. Il s'agit d'une date de l'Autel 1 de Naranjo (Petén, Guatemala) que j'invite à écrire avec une marge d'au moins six jours : –2.6.8.10;10.10. = 31± 6/07/–21 417.

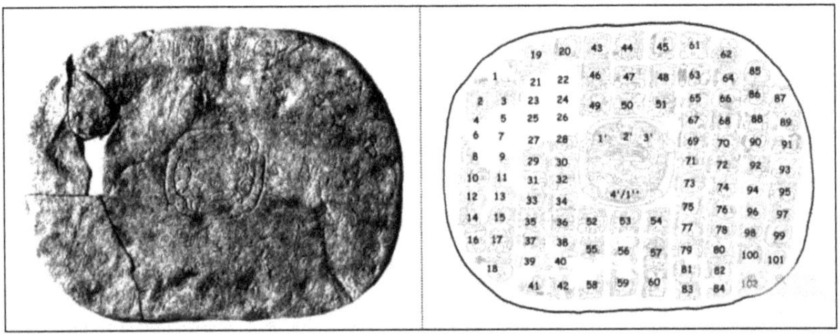

Figure 82 : *Photo (Graham dans Hoppan 2019 : 1) et Emplacement des glyphes (id. : 3)*

Bien que du Classique récent (VIe-X^e), le texte de l'Autel ne débute pas par une série initiale, mais par trois dates **αX *βY*** qui encadrent deux nombres de jours $\Sigma c_i \underline{P}i$.

Les dates D_1 = **? Oc *18 Kankin*** (GN1, p. 220), D_2 = **13 Ix *12 Xul***, et D_3 = **7 Caban *8 Kayab***. La date D_1 est respectivement transcrite **12 Oc *18 Kankin*** par Grube et Schele, et **13 Oc *18 Kankin*** par Hoppan.

La disposition des points dans ***18 Kankin*** et dans **12/13 Oc** (GN1, 220) plaide pour décider de lire 13. Hoppan ajoute que **12 Oc** et **13 Oc** sont le 90e et le 130e jour du *tzolkin* (compté de **1 Imix** = 1, jusqu'à **13 Ahau** = 260).

Le premier nombre, T_1, détérioré, est un nombre de distance à six monômes, dont quatre sont encore lisibles. Il manque le coefficient c_t des **tun** et une partie du coefficient c_u des **uinal** (GN2, p. 221). T_2, le deuxième nombre de distance, n'est pas sur l'Autel, mais on le déduit de D_2.

En sous-entendant les unités, on voit la suite « **4.**c_u**;**c_t**.13.13.2.** » Mise dans l'ordre décroissant des Comptes longs, elle est lue/corrigée « 21 467 années de compte et 224 jours (au lieu de 344) » par Hoppan (2019 : 28,29)[199] soit T_1 = 2.13.13.7;11.4., mais par contre elle est lue 2.13.12.15.8.4. par Grube & Schele (1993 : 1).

Figure 83 : *Texte de l'Autel 1 (Hoppan 2019 : 1)*

En déchiffrant T_1 = 2.13.13.**7;11.**4.; Hoppan garde les quatre chiffres encore lisibles (en gras), tandis que Grube et Schele n'en conservent que trois. L'histoire des dynasties de Naranjo permet de dire que la date D_2 (GN3 p. 221) est associée au CL 7.4.17;0.14., que le calcul change en

199 Comme le montre la figure GN2, le coefficient c_u de **uinal** présente trois (deux ?) barres surmontées à gauche par un point (absent ou répétable jusqu'à 4). La syntaxe points/barres fait lire 15., 16., 17., 18., 19. (ou 10., 11., 12., 13., 14. ?). Très rares (Cauty 2013 : 57), les lectures 18. et 19. sont écartées (Hoppan 2019 : 5). Le calcul écarte la lecture 17. (*id.* p. 8). Finalement, Hoppan reconstruit c_u = 11.

date grégorienne proleptique 25±1/01/–257. En remontant de **7.4.17.-tun**; **0.14.-kin** (2 897 ans et 14 jours), à partir de D_2, on arrive à l'origine de la chronologie maya 0.0.0;0.0. **4 Ahau *8 Cumku***. On vérifie que T_2 = 2.2.6;3.3. fait passer de D_2 = **13 Ix *12 Xul*** à D_3 = **7 Caban *5 Kayab***, puis que la chaîne des dates et nombres de distance (Tableau 1 p. 219 et GN6 p. 222) conduisent à la dernière date du récit (GN4, p. 221), **9.8.0;0.0. 5 Ahau *3 Ch'en*** = 22±1/08/593, c'est la date d'un rituel d'aspersion (Hoppan 2019 : 29) effectué par le roi Aj Wosal (GN5, p. 222) – un dirigeant qui a porté le titre de 35e successeur du fondateur de la dynastie, et de maître de la bête « au nez carré » (Hoppan 2019 : 14, glyphes 46–47, GN 7 p. 222) –. Un rituel marqué par l'érection, à la fin du 8e **katun**, de la stèle 38 de Naranjo associée à l'Autel 1 (Graham 1978 : 103, ou Hoppan 2019 : 2).

Contrairement à la date D_2 identifiée à 7.4.17;0.14., Hoppan ne précise pas si les dates **12 Oc *18 Kankin*** et **13 Oc *18 Kankin*** peuvent elles aussi être dites parlantes, et renvoyer à quelque fait historique ou mythique qui serait surtout connu par sa position dans le Choltun. Le calcul permettrait alors de tirer quelque argument pour choisir (/ ou rejeter) la lecture **12 Oc** ou la lecture **13 Oc**. Hoppan remarque cependant que **13 Oc** (130e jour) a la particularité de tomber au milieu du *tzolkin*. Grube et Schele pourraient invoquer l'idée que **12 Oc** (90e) arrive au bout d'un quart de **tun** (année de compte).

T_1 étant la durée de D_1 à D_2, on obtient le Compte long T_x associé à D_1 en effectuant la soustraction « 2.13.13.c_t;c_u.4. moins 7.4.17;0.14 », c'est-à-dire : T_1 – 7.4.17;0.14. Pour reconstruire le coefficient c_t des **tun** et c_u des **uinal**, les mayanistes tentent de trouver (par le calcul ou essais à l'ordinateur) l'égalité calendaire qui fait coïncider T_x avec la position de D_1 sur le Compte long dans l'une des deux lectures acceptées: **13 Oc *18 Kankin*** (Hoppan) ou **12 Oc *18 Kankin*** (Grube et Schele). L'entier T_x doit correspondre à la distance D_H qui sépare **13 Oc *18 Kankin*** de **13 Ix *12 Xul***, ou à la distance D_{GS} qui sépare **12 Oc *18 Kankin*** de **13 Ix *12 Xul***. Le calcul donne 3 484 (*modulo* 18 980) pour D_H, et 18 084 (*modulo* 18 980) pour D_{GS}.

D'où le schéma Hoppan de relecture (soulignées les reconstructions) :

13 Oc *18 Kankin*	2.13.13.7;**11.**4.				13 Hix *12 Xul*
		α /ω	*7.4.17;*	*0.4.*	13 Hix *12 Xul*
13 Oc *18 Kankin*	T_x	α /ω			13 Hix *12 Xul*

Nota. L'origine **α /ω** = 0.0.0;0.0. = 4 Ahau *8 Cumku* $G_{9/0}$ est une date connue de tous, son absence n'a pas à être justifiée. T_x est la translation composée « –2.13.13.7;**11**.4. + 7.4.17;0.4. ». Le calcul conduit à attribuer la valeur –2.6.8.10;10.10. au Compte long T_x de D_1, sous la condition de lire T_2 = 2.13.13.7;**11.**4. (comme proposé par Hoppan) et d'identifier la date D_2 = 13 Ix *12 Xul* à son Compte long 7.4.17;0.4. On vérifie : a) 13 Ix *12 Xul* = **13** Oc *18 Kankin* + 2.13.13.7;**11.**4. (Hoppan), b) 13 Ix *12 Xul* = **12** Oc *18 Kankin* + 2.13.**12.15;8.**4. (Grube et Schele), c) 2.13.13.7;**11**.4. = 7 728 344 = 3 484 (*modulo* 18 980) et d) 2.13.**12.15;8.**4. = 7 723 964 = 18 084 (*modulo* 18 980). On peut faire une sorte de « preuve par 18 980 », en vérifiant, *modulo* un CR, que 2.13.**12.15;8.**4. = 7 723 964 = 18 084 (*modulo* 18 980) pour Grube et Schele, et que 2.13.13.7;**11.**4. = 7 728 344 = 3 484 (*modulo* 18 980) pour Hoppan.

Les convertisseurs de calendrier (http://www.patricklecoq.fr/convert/cnv_calendar.html) identifient par ex. le jour julien JJ = –6 101 127 au Compte long **–47.11.9;7.10.**, à la date CR 13 Oc *18 Kankin*, et à la date grégorienne 31/07/–21 417[200]. Ces données distinguent une position du cycle –4, lequel commence 4 × 13;0.0 **tun** (20 800 années de compte), ou 4 × 13.0.0;0.0. **kin** (7 488 000 jours) avant le **4 Ahau *8 Cumku*** de l'origine du temps maya. Par suite, le Compte long du premier jour de ce cycle est **–2.12.0.0;0.0. 4 Ahau *3 Kayab***. On peut alors placer la date D_1 = **13 Oc *18 Kankin*** dans le cycle –4. En valeur absolue (ou en allant vers le futur), sa position est donnée par la différence **2.12.0.0;0.0.** – T_x, soit **2.12.0.0;0.0. – 2.6.8.10;10.10. = 5.11.9;7.10.** On observe que D_1 est au moins triplement positionnée :

200 La constante diffère selon les auteurs et les conventions d'énumaration (figure 62). J'ai proposé 584 284 ± *n*, *n* à préciser. De l'ordre de 3 jours tous les 10 mille ans, l'écart s'accumule, mais permet de fixer des intervalles de confiance : 01±*n*/07/–21 417.

a) dans un passé mythique très antérieur à la création des hommes (plus de 2.6. **katun**), la date D_1 est positionnée par rapport au premier jour du cycle –4 (**–2.12.0.0;0.0. 4 Ahau *3 Kayab*** = 01±7/03/–23 614) :

13 Oc *18 Kankin* = 4 Ahau *3 Kayab* + 5.11.9;7.10.

b) dans la chronologie maya, la date D_1 est positionnée par rapport à son origine (**0.0.0;0.0. 4 Ahau *8 Cumku*** = 11±1/08/–3113) souvent interprétée comme le jour de la création de la dernière humanité :

13 Oc *18 Kankin* = 4 Ahau *8 Cumku* – 2.6.8.10;10.10.

c) dans la mémoire et l'histoire des contemporains de Naranjo, D_1 est positionnée, d'une part, par rapport à D_2 (**7.4.17;0.14. 13 Ix *12 Xul*** = 05±1/ 01/–257) qui pourrait renvoyer au souvenir de la création de la cité ou du début de la dynastie, soit environ 850 ans (= 34 règnes d'environ 25 ans en moyenne) avant le dernier fait décrit (22±1/08/593), et, d'autre part, par rapport à la ligature, dans le futur de Naranjo, du 10e **baktun** (13±1/03/830) :

13 Oc *18 Kankin* = 5 Ahau *3 Ch'en* + 1.17.0.10 ;10.10.

13 Oc *18 Kankin* = 7 Ahau *18 Zip* + 1.16.8.10 ;10.10

D'où, la liste des dates/durées, lues ou recalculées, qui ponctuent le texte de l'Autel 1, et que l'on place par rapport à l'origine et aux fins de roues de 13 périodes (se suivant selon une loi simple vue en pages 132 et 133) :

G_N	ND	CL	JJ = CL + Cte	Date CR	Date GP
	Origine du cycle –4	–2.12.0.0;0.0. –7 488 000	–6 903 717	4 Ahau *3 Kayab*	01±7/03/–23614
		5.11.9;7.10. 802 590			
1 et 2		–2.6.8.10;10.10. –6 685 410	–6 101 127	**13 Oc** ***18 Kankin***	31±6/07/–21417
8 à 12	**4.c_u;c_r.13.13.2.**	**2.13.13.7;11.4.**	– 7.4.17;0.14.	= $\|T_x\|$	= –6 685 410
α /ω		0.0.0;0.0. 0	584 282	4 Ahau *8 Cumku*	11±1/08/–3113
		7.4.17;0.14. 1 042 934			
18 et 19		7.4.17;0.14. 1 042 934	1 627 216	**13 Hix** ***12 Xul***	25±1/01/–257
35 à 38	**3.3;6.2.2.** 304 622				
42 et 43		9.7.3;3.17. 1 347 557	1 931 840	**7 Caban** ***5 Kayab***	04±1/02/577
54 et 55	**7.10;19.** 7 047				
58 et 59		9.8.2;14.3. 1 354 603	1 938 885	**7 Akbal** ***11 Zodz***	22±1/05/596
70 à 73		9.6.0;0.0. 1 339 200	1 923 482	**9 Ahau** ***3 Uayeb*** **FIN 6e <u>ka</u>.**	20±1/03/554
74 à 77		9.7.0;0.0. 1 346 400	1 930 682	**7 Ahau** ***3 Kankin*** **FIN 7e <u>ka</u>.**	05±1/12/573
78 à 81		9.8.0;0.0. 1 353 600	1 937 882	**5 Ahau** ***3 Ch'en*** **FIN 8e <u>ka</u>.**	22±1/08/593
90 à 92	**0.0;0.12.** 86 400				
95 à 98		10.0.0;0.0. 1 440 000	2 024 282	**10e <u>baktun</u>** **7 Ahau** ***18 Zip* IDF**	13±1/03/830
101 et 102		9.8.0;0.0. 1 353 600	1 937 882	**5 Ahau** ***3 Ch'en***	22±1/08/593

Figure 84 : *Les équations qui ponctuent le texte de Naranjo*

Nota. L'attribut « **gras** » marque tout ce qui se trouve sur le monument. G_N = Glyphe n° N dans la notice de Hoppan (figure 82), ND = Nombre de Distance, CL = Compte Long, (ND et CL exprimés en vigésimal et en décimal), JJ = Jour Julien, Cte = Constante de corrélation = 584283, GP = grégorien proleptique, IDF = Indicateur de date future (Hoppan 2014 : 140–141), **ka.** = **katun**. L'écriture du nombre de distance **0.0;0.12.** est un peu particulière (GN6 p. 222) car elle n'abrège pas les deux premiers monômes (**0–0-uinal**), et parce qu'elle est suivie d'une expression disant que ce nombre se termine (TSUTS) par la mention **12-katun** et conduit à l'achèvement du 10e **baktun** dans le futur (13±1/03/830), le **10.0.0;0.0. 7 Ahau *18 Zip***.

Le convertisseur de P. Lecoq (Cte 584 282) donne les équivalences suivantes « JJ = GP = CL = CR » :

CL vigésimal et décimal	Jour Julien	Date GP	Date CL	Date CR
–2.12.0.0;0.0. –7 488 000	–6 903 717	01/03/–23614	–52.0.0;0.0.	4 Ahau *3 Kayab*
–2.6.8.10;10.10. –6 685 410	–6 101 127	31/07/–21417	–47.11.9;7.10.	13 Oc *18 Kankin*
0.0.0;0.0. 0	Cte 584 282	11/08/–3113	0.0.0;0.0.	4 Ahau *8 Cumku*
7.4.17;0.14. 1 042 934	1 627 216	25/01/–257	7.4.17;0.14.	13 Hix *12 Xul*
9.6.0;0.0. 1 339 200	1 923 482	20/03/554	9.6.0;0.0.	9 Ahau *3 Uayeb*
9.7.0;0.0. 1 346 400	1 930 682	05/12/573	9.7.0;0.0.	7 Ahau *3 Kankin*
9.7.3;3.17. 1 347 557	1 931 840	04/02/577	9.7.3;3.17.	7 Caban *5 Kayab*
9.8.0;0.0. 1 353 600	1 937 882	22/08/593	9.8.0;0.0.	5 Ahau *3 Ch'en*
9.8.2;14.3. 1 354 603	1 938 885	21/05/596	9.8.2;14.3.	7 Akbal *11 Zodz*
9.8.2;14.4. 1 354 604	1 938 886	22/05/596	9.8.2;14.4.	8 Kan *12 Zodz*
10.0.0;0.0. 1 440 000	2 024 282	13/03/830	10.0.0;0.0.	7 Ahau *18 Zip*

Figure 85: *Les conversions JJ = GP = CL = CR selon Lecoq*

Ci-dessous la liste des principales dates et des principaux nombres de distance selon leur emplacement GN_i dans le texte de l'Autel (figure 82) :

Glyphe 1

T : T0286/0051/0053Var+XII[/XIII].T0628Var(T0765aVar/D0765e)
M : 3M3+012[/013].ZZ1(AP5)
ta-LAJCHAN/LAJKA' [/ 'UXLAJUN/'OXLAJUN]-'OK
ta-lajchan/lajka'-[/-uxlajuun/oxlajuun]-ook

Glyphe 2

T : XVIII.T0547
M : 018.ZS5
WAXAKLAJUN-'UN
waxaklajuun-un[iiw]

GN_1: *Date D_1* = **13 Oc *18 Kankin***

Glyphe 8

T : IV.[XVII]:T0521:T0136
M : 004.[017]:XS1:33F
CHAN/KAN-[HUKLAJUN]-WINIK/WINAL-ji
chan/kan-[huklajuun]-winik/winal-ji[iy]

Glyphe 9

T : [!.]T0548:T0126
M : [000.]XH2:32M
[?-]HAB(/TUN)-ya
[?-]haab(/tu(u)n)-[ii]y

GN_2: *Coefficients de* **[kin]-uinal** *et* **tun** *de T_1*

Glyphe 18

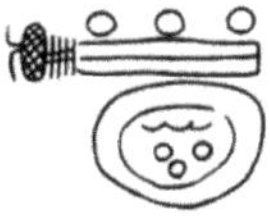

T : T0286/0051/0053Var.XIII:T0524
M : 3M3.013:ZZ1(AT7)
ta-'UXLAJUN(/'OXLAJUN)-HIX
ta-uxlajuun(/oxlajuun)-hix

Glyphe 19

T : XII.T0758Var
M : 012.APE
LAJCHAN(/LAJKA')-CHIKIN
lajchan(/lajka')-chikin

GN_3: *Date D_2* = **13 Hix *12 Xul***

Glyphe 101

T : V:T0533Var/D0533a
M : 005:ZZ1(AM1)
JO'-'AJAW
jo'-ajaw

Glyphe 102

T : III.T0095.T0060:T0528
M : 003.XG8.32K
'UX(/'OX)-'IK'(/'EK')-SIJOM
ux(/o(o)x)-i[h]k'(/eek')-sijoom

GN$_4$: *Dernière date du récit historique* = **5 Ahau *3 Ch'en***

Glyphe 68

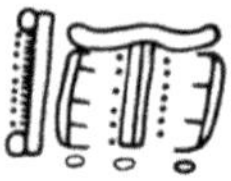

T : T0012.T0067Inv:T0630:T0136Var
M : 1G4.1SF:XV4:33F
'aj-wo-sa-ji
aj-wosaaj

Glyphe 82

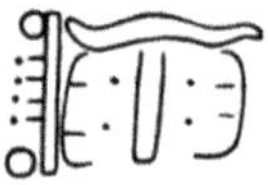

T : T0012.T0067Inv:T0630
M : 1G4.1SF:XV4
'aj-wo-sa[-ji]
aj-wosa[aj]

Glyphe 100

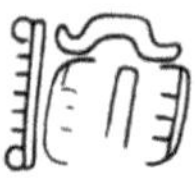

T : T0012.T0067Inv:T0630
M : 1G4.1SF:XV4
'aj-wo-sa[-ji]
aj-wosa[aj]

GN$_5$: *L'anthroponyme Aj Wosal*

T : T0173.T0544
M : ZQ4.XQ3
MIH-K'IN
mih-k'i(i)n

Glyphe 90

T : (T0173:T0521).(T0173:T0548)
M : (ZQ4:XS1).(ZQ4:XH2)
MIH-WINIK/WINAL-MIH-HAB(/TUN)
mih-winik/winal-mih-haab(/tu(u)n)

Glyphe 91

T : XII.T0028:T0548
M : 012.ZH1
LAJCHAN/LAJKA'-WINIKHAB(/K'A(L)TUN)
lajchan/lajka'-winikha(a)b/k'atu(u)n)

Glyphe 92

GN$_6$: *Le Nombre de distance* **0-kin 0-uinal ; 0-tun 12-katun**

Glyphe 46

T : T0001.XV:T0683a:T0102/T0121/0024Var.T0573.T0021
M : HE6.015:ZU2:1B2/1M4:YS6.YSB
'u-JO'LAJUN-WINIK/WINAK / K'AL-ki/li-TS'AK-bu
u-jo'lajuun-[tu-(cha'/ka'-)]winik/winaak / k'a(a)l-ts'ak(-[aa])bu[ul]

Glyphe 47

T : T0168:T0095.T0118/0794/1021Var
M : 2M1:XG8.ACB/ACC/ACD
'AJAW-'IK'(/'EK')-?
i[h]k'(/eek')-?-ajaw

GN 7 : *Les titres 35ᵉ souverain et maître de la bête « au nez carré »*

Remarque. Dans les exemples de GN_1 à GN_7, j'ai remplacé l'attribut « rouge » du texte original de la notice de Jean-Michel Hoppan, par l'attribut « souligné » qui indique qu'il y a une certaine incertitude sur le déchiffrement.

Chapitre 9

Une forêt de cycles d'espèces différentes

Bien que montrées sous forme humaine, animale, ou de monstre, les Mésoaméricains croyaient que rien n'échappe à l'influence de mille entités invisibles associées aux objets célestes, dont le Soleil dans sa course annuelle ou journalière. Par ce credo, les Mayas étaient cloués aux prédictions des devins, aux préceptes de la religion, et aux diktats des maîtres des calendriers.

Les mouvements des objets célestes furent observés avec constance par des personnages de haut lignage, sans doute des scribes et des prêtres-astronomes de la famille royale. Ils connaissaient les phases de la Lune et de Vénus, et le retour des éclipses. Les documents prouvent qu'ils exploitaient une véritable forêt de cycles et de chiffres d'espèces diverses, et de provenance parfois inconnue. Avant de s'interroger sur leur origine, voici les principaux cycles mayas attestés au Classique. Ils proviennent : des tables de multiples, des périodes synodiques, des semestres lunaires et de cycles, $C_{n,\omega,}$ caractérisés par leur durée *n* en nombre de jours et leur point distingué ω/α

1) Périodes de la Terre, de la Lune et des planètes visibles à l'œil nu

Objet	Décimal	Fractionnaire	Maya	Facteurs premiers
$\text{Lune}_{1/2}$	29,53	29 ½	0;**1.9.** / 0;**1.10.**	29 / 2 × 3 × 5
$\text{Mercure}_{1/2}$	115,88	$115\ ^{9}/_{10}$	0;**5.16.** / 0;**5.17.**	$2^2 \times 29$ / $3^2 \times 13$
$\text{Terre}_{1/2}$	365,24	365 ¼	**1;0.4 / 1;0.5.** **18.4. / 18.5.**	$2^2 \times 7 \times 13$ / 5×73
Saturne	378,09	378	**1;0.18.**	$2 \times 3^3 \times 7$
Jupiter	398,86	399	**1;1.19.**	3 × 7 × 19
Vénus	583,92	584	**1;11.4.**	$2^3 \times 73$
Mars	779,96	780	**2;3.0.**	$2^2 \times 3 \times 5 \times 13$

Objet	*P*	Paires de diviseurs de *P* autres que 1 et lui-même
Lune	29	29, entier premier, n'a pas de diviseurs autres que 1 et 29
Lune	30	2 et 15 ; 3 et 10 ; 5 et 6.
Mercure	116	2 et 58 ; 4 et 29.
Mercure+1	117	3 et 39 ; 9 et 13.
Zodiaque	364	2 et 182 ; 4 et 91 ; 7 et 52 ; 13 et 28 ; 14 et 26.
haab	365	5 et 73.
Saturne	378	2 et 189 ; 3 et 126 ; 6 et 63 ; 7 et 54 ; 9 et 42 ; 14 et 27 ; 18 et 21.
Jupiter	399	3 et 133 ; 7 et 57 ; 19 et 21.
Vénus	584	2 et 292 ; 4 et 146 ; 8 et 73.
Vénus+1	585	3 et 195 ; 5 et 117 ; 9 et 65 ; 13 et 45 ; 15 et 39.
Mars	780	2 et 390 ; 3 et 260 ; 4 et 195 ; 5 et 156, 6 et 130 ; 10 et 78 ; 12 et 65 ; 13 et 60 ; 15 et 52 ; 20 et 39 ; 26 et 30.

Figure 86 : *Périodes de différents objets célestes*

2) Types de semestre lunaire (Dresde : 30/51–37/58)

Les valeurs des semestres lunaires, SL, chacun de 5 ou 6 lunaisons, sont tirées (/obtenues par calcul) des pages « éclipses » du codex gardé à Dresde.

Durée	Semestre	Durée	Analyse	Types du semestre	Appellation
6 lunes	**8.17.**	177 j	177 = 90 + 87	[(3 × 30) + (3 × 29)]	SLC_1
6 lunes	**8.18.**	176 j	178 = 120 + 58	[(4 × 30) + (2 × 29)]	SLA_1
5 lunes	**7.8.**	148 j	148 = 90 + 58	[(3 × 30) + (2 × 29)]	SLD_1
	≈ 8.12.	172,16 j	Méthode 1 :	[(5 × 177) + 178] / 6	SLM_1
	≈ 8.13.	173,30 j	Méthode 2 :	11 948 / 69	SLM_2

SLC = SL Commun, SLA = SL Augmenté, SLD = SL Déficitaire, SLM = SL Moyen.

Figure 87 : *Types de semestres lunaires,* SLC/A/D/M_i

3) Liste des principaux cycles $C_{n,\,\omega}$ attestables au Classique maya

Les cycles $C_{n,\omega}$	**Durée en**[201]	**<u>tun</u> ; <u>kin</u>**	**Facteurs premiers des $C_{n,\omega}$**
Unité	1	0;0.**1.**[202]	1
Dualité	2	0;0.**2.**	2
Triade[203]	3	0;0.**3.**	3
Quatre[204]	4	0;0.**4.**	2^2
Cinq, ¼ vingtaine[205]	5	0;0.**5.**	5
Six[206]	6	0;0.**6.**	2×3
Sept (terres/mers)	7	0;0.**7.**	7
8, Vénus (conj. inf.)	8	0;0.**8.**	2^3
9, Neuvaine (9 enfers)	9	0;0.**9.**	3^2
Dix, ½ vingtaine	10	0;0.**10.**	2×5
13, 1 treizaine	13	0;0.**13.**	13
15, ¾ vingtaine	15	0;0.**15.**	3×5
18, 2 neuvaines	18	0;0.**18.**	2×3^2
20, Base, **<u>uinal</u>**	20	0;**1.0.**	$2^2 \times 5$
2 treizaines	26	0;**1.6.**	2×13
3 neuvaines	27	0;**1.7.**	3^3
Constellation (zod.)	28	0;**1.8.**	$2^2 \times 7$
Lunaison 29 j	29	0;**1.9.**	29
Lunaison 30 j	30	0;**1.10.**	$2 \times 3 \times 5$
4 neuvaines	36	0;**1.16.**	$2^2 \times 3^2$
3 treizaines	39	0;**1.19.**	3×13
5 neuvaines	45	0;**2.5.**	$3^2 \times 5$
4 treizaines	52	0;**2.12.**	$2^2 \times 13$
CR (en *haab*)	52 *haab*	0;**2.12.**	$2^2 \times 13$
6 neuvaines	54	0;**2.14.**	2×3^3

201 Sauf mention explicite contraire, la durée des cycles est donnée en jours, **<u>kin</u>**.

202 Redondants en numération de disposition, les zéros étaient pourtant écrits, parfois en position initiale, dans ce tableau ils sont marqués mais sans l'attribut « gras » : 0;0.**1.**

203 Par exemple les 3 pierres du premier foyer, la triade (GI, GII, GIII) de Palenque…

204 Les 4 arbres/directions/couleurs/bacabs/porteurs d'année…

205 Les directions cardinales (E, N, O, S), avec leur centre.

206 Les directions cardinales (E, N, O, S) avec les verticalités (nadir et zénith).

Figure 88 : **Suite**

Rite du feu[207]	63	0;**3.3.**	$3^2 \times 7$
5 treizaines[208]	65	0;**3.5.**	5×13
8 neuvaines	72	0;**3.12.**	$2^3 \times 3^2$
1/5 *haab*	73	0;**3.13.**	73
CR (en *tzolkin*)	73 *tzolkin*	0;**3.13.**	73
6 treizaines	78	0;**3.18.**	$2 \times 3 \times 13$
9 neuvaines	81	0;**4.1.**	3^4
Palenque Moon Ratio[209]	81 *lunes*	0;**4.1.**	3^4
Vénus (con. sup.)[210]	90	0;**4.10.**	$2 \times 3^2 \times 5$
7 treizaines[211]	91	0;**4.11.**	7×13
8 treizaines[212]	104	0;**5.4.**	$2^3 \times 13$
Mercure[213]	116	0;**5.16.**	$2^2 \times 29$
9 treizaines[214]	117	0;**5.17.**	$3^2 \times 13$
10 treizaines	130	0;**6.10.**	$2 \times 5 \times 13$
11 treizaines	143	0;**7.3.**	11×13
SLD	148	0;**7.8.**	$2^2 \times 37$
Copán Moon Ratio[215]	149 *lunes*	0;**7.9.**	149
12 treizaines	156	0;**7.16.**	$2^2 \times 3 \times 13$
13 treizaines	169	0;**8.9.**	13×13
SLM_1 Dresde[216]	172	0;**8.12.**	$2^2 \times 43$

207 Relevé par Bernal, ce cycle vaut aussi 7 neuvaines.

208 5 treizaines ou ¼ de *tzolkin*.

209 2 392 jours (notes 217 et 237), http://www.pauahtun.org/Calendar/carlson_table.html

210 C'est aussi 10 neuvaines.

211 C'est aussi ¼ de zodiaque.

212 C'est aussi le double du nombre d'années d'un SA, cycle dit une « vieillesse ».

213 C'est aussi quatre lunaisons de 29 jours, 116 = 4 × 29.

214 Ou 13 neuvaines, (117 = 9 × 13 = 13 × 9). **117** est souvent vu comme la révolution synodique moyenne de Mercure. 116 est une meilleure approximation. Ces entiers servaient à [ra]compter la période de Mercure. Pour un devin 117 est un diviseur du Kauil (819 = 7 × 117), et un multiple de trois entiers à forte charge symbolique : **3** des triades, **9** du *Bolonlahun Ti' K'uh* et **13** du *Oxlahun Ti' K'uh* (Vail et Hernandez 2013). Les facteurs de 116, (2, 4, 29 et 58), ne sont pas aussi parlants. Le choix de 117 pourrait relever de l'astronologie, ou résulter de la difficulté de voir Mercure, noyée dans la lumière du Soleil dont elle est toujours proche, à moins de 28°.

215 http://www.famsi.org/research/vanstone/2012/NumericalFactors.html (note 211).

216 SLM est calculé de deux façons (figure 87) à partir des pages « éclipses » du Dresde.

Figure 88 : **Suite**

SLM$_2$ Dresde	173	0;**8.13.**	173
SLC	177	0;**8.17.**	3×59
SLA	178	0;**8.18.**	2×89
½ Zodiaque[217]	182	0;**9.2.**	$2 \times 7 \times 13$
15 treizaines	195	0;**9.15.**	$3 \times 5 \times 13$
16 treizaines	208	0;**10.8.**	$2^4 \times 13$
17 treizaines	221	0;**11.1.**	13×17
18 treizaines	234	0;**11.14.**	$2 \times 3^2 \times 13$
Vénus (matin)	236	0;**11.16.**	$2^2 \times 59$
19 treizaines	247	0;**12.7.**	13×19
Vénus (soir)	250	0;**12.10.**	2×5^3
May cycle	256 ans[218]	0;**12.16.**	2^8
tzolkin[219]	260	0;**13.0.**	$2^2 \times 5 \times 13$
21 treizaines	273	0;**13.13.**	$3 \times 7 \times 13$
22 treizaines	286	0;**14.6.**	$2 \times 11 \times 13$
23 treizaines	299	0;**14.19.**	13×23
24 treizaines	312	0;**15.12.**	$2^3 \times 3 \times 13$
25 treizaines	325	0;**16.5.**	$5^2 \times 13$
26 treizaines	338	0;**16.18.**	2×13^2
27 treizaines	351	0;**17.11.**	$3^3 \times 13$
Année **tun**[220]	360	***1;0.0.**	$2^3 \times 3^2 \times 5$
Zodiaque[221]	364	***1;0.4.**	$2^2 \times 7 \times 13$
Année *haab*	365	***1;0.5.**	5×73
29 treizaines	377	***1;0.17.**	13×29
Saturne[222]	378	***1;0.18.**	$2 \times 3^3 \times 7$

[217] 14 treizaines

[218] $256 = 2^8 = 4^4 = 16 \times 16$ serait un cycle de rotation géopolitique du pouvoir, selon Rice (2007) et Edmonson (1979 : 11). Bíró (2012) montre que **may** renvoyait à l'idée de cadeau, de chocolat, d'offrande, mais pas à un cycle, et plaide pour sa non-existence.

[219] C'est aussi 20 treizaines.

[220] C'est l'année de compte, l'unité principale du système vigésimal maya des unités (ou périodes) de temps. Elle dure 360 **kin** 'jour' ou 18 **uinal** 'mois'.

[221] Surtout connu par le codex de Paris, la durée du zodiaque est de 28 treizaines, 13 constellations, ou 4 saisons de 91 jours.

[222] Nombre entier de neuvaines ou de cycles du feu ($378 = 6 \times 7 \times 9 = 6 \times 63$).

Figure 88 : **Suite**

30 treizaines	390	***1;1.10.**	$2 \times 3 \times 5 \times 13$
Jupiter[223]	399	***1;1.19.**	$3 \times 7 \times 19$
20 vingtaines[224]	400	**1;2.0.**	$2^4 \times 5^2$
31 treizaines	403	**1;2.3.**	13×31
Cycle « éclipse »	405 *lunes*	**1;2.5.**	$3^4 \times 5$
32 treizaines	416	**1;2.16.**	$2^5 \times 13$
33 treizaines	429	**1;3.9.**	$3 \times 11 \times 13$
34 treizaines	442	**1;4.2.**	$2 \times 13 \times 17$
35 treizaines	455	**1;4.15.**	$5 \times 7 \times 13$
36 treizaines	468	**1;5.8.**	$2^2 \times 3^2 \times 13$
37 treizaines	481	**1;6.1.**	13×37
38 treizaines	494	**1;6.14.**	$2 \times 13 \times 19$
39 treizaines	507	**1;7.7.**	3×13^2
Double *tzolkin*[225]	520	**1;8.0.**	$2^3 \times 5 \times 13$
41 treizaines	533	**1;8.13.**	13×41
42 treizaines	546	**1;9.6.**	$2 \times 3 \times 7 \times 13$
43 treizaines	559	**1;9.19.**	13×43
44 treizaines	572	**1;10.12.**	$2^2 \times 11 \times 13$
AV (période Vénus)	584	**1;11.4.**	$2^3 \times 73$
45 treizaines[226]	585	**1;11.5.**	$3^2 \times 5 \times 13$
46 treizaines	598	**1;11.18.**	$2 \times 13 \times 23$
47 treizaines	611	**1;12.11.**	13×47
Mars ou 3 *tzolkin*	780	**2;3.0.**	$2^2 \times 3 \times 5 \times 13$
Cycle de 819 j[227]	819	**2;4.19.**	$3^2 \times 7 \times 13$
1/8 de **katun**[228]	900	**2;9.0.**	$2^2 \times 3^2 \times 5^2$
Cycle de 949 j[229]	949	**2;11.9.**	13×73

223 399, est aussi le prédécesseur de 400 (le nœud **bak** de la numération).

224 Le nœud **bak** de la numération parlée (20^2) est, à un jour près, la période de Jupiter.

225 C'est une bonne approximation de trois tours de la ligne des nœuds d'éclipses ($3 \times 173\ ^1/_3$), ou encore 40 treizaines

226 Soit 584 (période de Vénus) + 1.

227 Cycle du Kauil renvoyant aux 7 terres, 9 enfers et 13 cieux ($819 = 7 \times 9 \times 13$).

228 C'est aussi 45 vingtaines, ou 2 ½ **tun**.

229 949 = 365 + 584, d'après Powell : http://www.mayaexploration.org/pdf/A%20New%20View%20on%20Maya%20Astronomy.pdf ; hasard, ou non, un demi-*tzolkin* est la différence de ce cycle (*haab* + AV) et du Kauil : 130 = 949 – 819

Figure 88 : **Suite**

1508 *haab*[230]	1 508 *haab*	**4;3.8.**	$2^2 \times 13 \times 29$
hotun[231]	1 800	***5;0.0.**	$2^3 \times 3^2 \times 5^2$
7 *tzolkin,* 5 zodiaques	1 820	***5;1.0.**	$2^2 \times 5 \times 7 \times 13$
29 CR (en *tzolkin*)	2 117 *tzolkin*	**5;15.17.**	29×73
9 *tzolkin*[232]	2 340	**6;9.0.**	$2^2 \times 3^2 \times 5 \times 13$
Palenque Moon[233]	2 392	**6;11.12.**	$2^3 \times 13 \times 23$
8 *haab,* 5 AV, 99 L	2 920	**8;2.0.**	$2^3 \times 5 \times 73$
4 Kauil = 4 × 819	3 276	***9;1.16.**	$2^2 \times 3^2 \times 7 \times 13$
lahuntun[234]	3 600	***10;0.0.**	$2^4 \times 3^2 \times 5^2$
Copán Moon Ratio[235]	4 400	**12;4.0.**	$2^4 \times 5^2 \times 11$
1 Roue de 13 **tun**[236]	4 680	***13;0.0.**	$2^3 \times 3^2 \times 5 \times 13$
Lunar correction[237]	4 784	**13;5.4.**	$2^4 \times 13 \times 23$
? Saros[238]	6 585	**18;5.5.**	$3 \times 5 \times 439$
? Méton[239]	6 939	**19;4.19.**	$3^3 \times 257$
1 **katun** (= 20 **tun**)	7 200	***1.0;0.0.**	$2^5 \times 3^2 \times 5^2$
Nœud *pic*	8 000	**1.2;4.0.**	$2^6 \times 5^3$
X_1 ou 1er intrus Dresde	9 100	**1.5;5.0.**	$2^2 \times 5^2 \times 7 \times 13$
Dernier total[240]	11 958	**1.13;3.18.**	$2 \times 3 \times 1\,993$
Cycle éclipse[241]	11 960	**1.13;4.0.**	$2^3 \times 5 \times 13 \times 23$

230 C'est 29 CR. Par ailleurs, 1 508 *haab* ≈ 1 507 AT (Année Tropique).

231 Ho '5' est le quart de **kal** '20'. Un **hotun** c'est 5 **tun**, soit ¼ de **katun**.

232 Soit 20 révolutions de Mercure (ou 20 cycles du dieu de la pluie), 20 × (116 + 1).

233 Période de 81 lunaisons, [(86 × 30) + (76 × 29 = 4784)], définie par Teeple (1931 : 65–66).

234 Soit un demi-**katun**, 2 quarts de **katun**, 10 **tun**, ou 9 **400**-aines…

235 Soit 149 lunaisons (de 29,53 j), ou 11 × 400, (onze **400**-aines).

236 Soit 18 *tzolkin,* 17 × 400, 13 **tun**, ou 8 × (584 + 1).

237 Possible cycle de correction du décalage des mois lunaires vrais avec le calendrier, proposé par Iwaniszewski (2016), et durée de la table lunaire de Xultún.

238 Soit 223 lunaisons (de 29,53 jours). C'est le total, **18;5.5.**, de la colonne 38 du totalisateur que l'on trouve dans les pages « éclipses » du codex conservé à Dresde.

239 235 lunaisons ou 19 années tropicales, 4e total de la section 5 des pages « éclipses ».

240 Dernier terme du totalisateur des pages « éclipses » du Dresde, ce total est associé à 69 semestres lunaires, d'où une durée moyenne de 173,3 jours pour le semestre.

241 Tiré du Dresde : 405 lunaisons de 29,53 jours. C'est, à 2 j par défaut, le dernier total des pages « éclipses » : **1.13;3.18.** (11 958 = 2 × 3 × 1 993, facteurs premiers). C'est aussi 5 Palenque Moon Ratio (11 960 = 5 × 2 392).

Figure 88 : **Suite**

CB ou Beau Cycle[242]	16 380	**2.5;9.0.**	$2^2 \times 3^2 \times 5 \times 7 \times 13$
52 **tun** ou 72 *tzolkin*	18 720	***2.12;0.0.**	$2^4 \times 3^2 \times 5 \times 13$
CR, Calendrier Rituel[243]	18 980	**2.12;13.0.**	$2^2 \times 5 \times 13 \times 73$
2 CB[244]	32 760	***4.11;1.0.**	$2^3 \times 3^2 \times 5 \times 7 \times 13$
X_2, 2e intrus Dresde	33 280	**4.12;8.0.**	$2^9 \times 5 \times 13$
2 CR = 1 GCV[245]	37 960	**5.5;8.0.**	$2^3 \times 5 \times 13 \times 73$
X_3, 3e intrus Dresde	68 900	**9.11;7.0.**	$2^2 \times 5^2 \times 13 \times 53$
360 May (256 **tun**)	92 160	***12.16;0.0.**	$2^{11} \times 3^2 \times 5$
365 May (256 *haab*)	93 440	**12.19;10.0.**	$2^8 \times 5 \times 73$
1 Roue de **katun**[246]	93 600	***13.0;0.0.**	$2^5 \times 3^2 \times 5^2 \times 13$
PPCM(364, 365)	132 860	**18.9;1.1.**	$2^2 \times 5 \times 7 \times 13 \times 73$
1 **baktun** (= 400 **tun**)	144 000	***1.0.0;0.0.**	$2^7 \times 3^2 \times 5^3$
1 Nœud *kinchil*	160 000	**1.2.4;8.0.**	$2^8 \times 5^4$
Cycle (**α X** G_n ***βY***)[247]	170 820	**1.3.14;9.0.**	$2^2 \times 3^2 \times 5 \times 13 \times 73$
X_4, 4e intrus Dresde	185 120	**1.5.14;4.0.**	$2^5 \times 5 \times 13 \times 89$
PPCM(584,585)[248]	341 640	***2.7.9;0.0.**	$2^3 \times 3^2 \times 5 \times 13 \times 73$
29 CR[249]	550 420	**3.16.8;17.0.**	$2^2 \times 5 \times 13 \times 29 \times 73$
58 CR[250]	1 100 840	**7.12.17;16.0.**	$2^3 \times 5 \times 13 \times 29 \times 73$
N_1 ou 1er nb Xultún[251]	1 195 740	**8.6.1;9.0.**	$2^2 \times 3^2 \times 5 \times 7 \times 13 \times 73$
NDV p. vénus[252]	1 366 560	***9.9.16;0.0.**	$2^5 \times 3^2 \times 5 \times 13 \times 73$
80 CR	1 518 400	**10.10.17;14.0.**	$2^6 \times 5^2 \times 13 \times 73$
N_4 ou 4e nb de Xultún	1 765 140	**12.5.3;3.0.**	$2^2 \times 3 \times 5 \times 13 \times 31 \times 73$
1 Roue de **baktun**[253]	1 872 000	***13.0.0;0.0.**	$2^7 \times 3^2 \times 5^3 \times 13$

---

242 Un CB de 16 380 j, c'est vingt cycles du Kauil, soit 20 × 819, ou encore 63 *tzolkin.* Il est généré par 13, 20 et 63 comme le CR l'est par 13, 20 et 73. Son double, 2 CB, est égal à 91 **tun**, et donc 8 CB = 360 zodiaque de 364 jours.

243 Un CR c'est 52 *haab,* 73 *tzolkin,* ou 20 × (365 + 584) = 20 × 949 (Powell 1997).

244 Soit 40 cycles de 819 jours (91 **tun** ou 126 *tzolkin*)...

245 Grand Cycle Vénus = 2 CR, 146 *tzolkin,* 104 *haab* ou [40 × (365 + 584)] = 40 × 949.

246 Une roue des **baktun** est un cycle de 13 × 7 200 jours.

247 Cycle du retour des triplets (**α X** G_n ***βY***), surtout attesté à Toniná. C'est 9 CR.

248 C'est aussi N_2, le deuxième nombre de Xultún, ou encore 18 CR

249 2 CR = 1 508 *haab* = 2 117 *tzolkin.* 1 508 *haab* ≈ 1507 années tropiques (11 × 137).

250 Soit 3 016 *haab* ou 4 234 *tzolkin.* C'est aussi 1 885 × 584 (Vénus).

251 Soit 63 CR ou 73 CB, c'est-à-dire 63 × 18 980, 73 ×16 380, ou 1 260 × (365 + 584).

252 ND inscrit en page d'introduction des pages vénusiennes du codex de Dresde.

253 Soit 13 × 144 000 (une ère/humanité maya de 8 000 **tun** ou 1 **pictun**).

Figure 88 : **Suite**

N_3 ou 3ᵉ nb de Xultún	2 448 420	**17.0.1;3.0.**	$2^2 \times 3 \times 5 \times 13 \times 43 \times 73$
1 **pictun**[254]	2 880 000	**1.0.0.0;0.0.**	$2^9 \times 3^2 \times 5^4$
Nœud *alau*	3 200 000	**1.2.4.8;16.0.**	$2^{10} \times 5^5$
174 CR[255]	3 302 520	**1.2.18.13;12.0.**	$2^3 \times 3 \times 5 \times 13 \times 29 \times 73$
1 Roue de **pictun**[256]	37 440 000	***13.0.0.0;0.0.**	$2^9 \times 3^2 \times 5^4 \times 13$
Nœud *20 × alau*	64 000 000	**1.2.4.8.17;14.0.**	$2^{12} \times 5^6$
100 NDV p. vénus	136 656 000	**2.7.9.0.0;0.0.**	$2^7 \times 3^2 \times 5^3 \times 13 \times 73$

Remarque. À partir de 360, certains entiers sont frappés d'une étoile pour rappeler qu'ils possèdent une variante systématique (figures 15 et 47) acceptant les coefficients **18.** et **19.** devant **uinal**. Exemples : ***1;0.0.** = 0;**18.0.** / ***1;0.4.** = 0;**18.4.** / ***1;1.19.** = 0;**19.19.** / ***5;0.0.** = **4;18.0.** / ***1.0;0.0.** = 0;**19;18.19.** etc., ***13.0.0;0.0.** = **12.19.19;18.0.** / ***2.7.9.0.0; 0.0.** = **2.7.8.19.19;18.0.**

Figure 88 : *Principaux cycles en usage au Classique maya*

4) Liste des 310 premiers nombres premiers

Soit un entier $x \geq 2$; x est dit **premier** ssi il possède exactement une paire de diviseurs distincts, un et lui-même, $(1, x)$. 0 n'est pas premier parce qu'il est divisible par tous les entiers. 1 n'est pas premier parce qu'il n'est divisible que par lui-même. 2 est premier, divisible par 1 et 2, deux diviseurs distincts, et aucun autre entier ne divise 2. Quand on décompose, en produit de deux facteurs, les durées qui approximent les cycles les plus utilisés par les scribes mayas, on observe que beaucoup de facteurs sont des nombres premiers. Voici quelques généralités tirées de l'observation de la figure 86 (périodes des principaux objets visibles à l'œil nu) et de la figure 87 (valeurs des différents types de semestres lunaires) :

---

254 C'est 8 000 **tun**, ou 400 **katun**, ou 20 **baktun**.

255 Soit 5 655 révolutions vénusiennes, 9 048 *haab* ou 12 702 *tzolkin*. De plus, 58 fois le troisième nombre de Xultún égale 43 fois 174 CR, ($58\ N_3 = 7\ 482$ CR = 142 008 360)

256 Soit 13 × 2 880 000 jours.

a) sauf la lunaison de 30 j (et la période de 378 j de Saturne, laquelle renvoie à l'opérateur **×63**), tous les cycles possèdent au moins un facteur premier supérieur à dix : **13**, **19**, **29**, **37**, **59**, **61**, **89**, **173**, **257**, **439**, **1 993**,
b) les facteurs des semestres lunaires[257] sont le nombre premier **173**, ou de petits multiples de nombres premiers 2 × **89**, 3 × **59**, 4 × **43**, et 4 × **37**,
c) le facteur **13** est dans la durée du *tzolkin* (Malmström, note 56, p. 63) et dans les cycles (116+1), 364, (584+1), et 780,
d) **61** dans l'année julienne bissextile de 366 jours,
e) **73** dans les cycles de 365 et 584 jours,
f) **257** dans le Méton (?) **19;4.19.** = 3^3 × 257,
g) **439** dans le Saros (?) **18;5.5.** = 3 × 5 × 439, (Cauty 2013 : fig. 141),
h) **1 993** dans le total des « pages éclipses », **1.13;3.18.** = 2 × 3 × 1 993.

On ignore si les Mayas disposaient d'un procédé (un crible, façon Ératosthène ?) pour reconnaître les nombres premiers. Étant donnée leur utilité pour déterminer PPCM et PGCD, il est utile d'en connaître les premiers :

257 Cette diversité rappelle la difficulté de synchroniser les calendriers lunaire et solaire. Par manipulation conjointe des cycles et des opérateurs **×13**, **×63** et **×73**, un scribe devait pouvoir découvrir quelques solutions particulières des équations entières qui rendent commensurables les principales approximations entières des cycles astronomiques, d'une part entre elles, et, d'autre part, avec le *tzolkin*, le *haab*, le Kauil, etc.

2	**3**	**5**	**7**	**11**	**13**	**17**	**19**	**23**	**29**
31	**37**	41	**43**	47	53	**59**	61	67	71
73	79	83	**89**	97	101	103	107	109	113
127	131	137	139	**149**	151	157	163	167	**173**
179	181	191	193	197	199	211	223	227	229
233	239	241	251	**257**	263	269	271	277	281
283	293	307	311	313	317	331	337	347	349
353	359	367	373	379	383	389	397	401	409
419	421	431	433	**439**	443	449	457	461	463
467	479	487	491	499	503	509	521	523	541
547	557	563	569	571	577	587	593	599	601
607	613	617	619	631	641	643	647	653	659
661	673	677	683	691	701	709	719	727	733
739	743	751	757	761	769	773	787	797	809
811	821	823	827	829	839	853	857	859	863
877	881	883	887	907	911	919	929	937	941
947	953	967	971	977	983	991	997	1 009	1 013
1 019	1 021	1 031	1 033	1 039	1 049	1 051	1 061	1 063	1 069
1 087	1 091	1 093	1 097	1 103	1 109	1 117	1 123	1 129	1 151
1 153	1 163	1 171	1 181	1 187	1 193	1 201	1 213	1 217	1 223
1 229	1 231	1 237	1 249	1 259	1 277	1 279	1 283	1 289	1 291
1 297	1 301	1 303	1 307	1 319	1 321	1 327	1 361	1 367	1 373
1 381	1 399	1 409	1 423	1 427	1 429	1 433	1 439	1 447	1 451
1 453	1 459	1 471	1 481	1 483	1 487	1 489	1 493	1 499	1 511
1 523	1 531	1 543	1 549	1 553	1 559	1 567	1 571	1 579	1 583
1 597	1 601	1 607	1 609	1 613	1 619	1 621	1 627	1 637	1 657
1 663	1 667	1 669	1 693	1 697	1 699	1 709	1 721	1 723	1 733
1 741	1 747	1 753	1 759	1 777	1 783	1 787	1 789	1 801	1 811
1 823	1 831	1 847	1 861	1 867	1 871	1 873	1 877	1 879	1 889
1 901	1 907	1 913	1 931	1 933	1 949	1 951	1 973	1 979	1 987
1 993	1 997	1 999	2 003	2 011	2 017	2 027	2 029	2 039	2 053

Remarque. Sont marqués, en gras sur une trame légère, les entiers premiers qui entrent dans la décomposition en facteurs des cycles du récapitulatif de la figure 88. Les 310 nombres premiers sont extraits de http://primes.utm.edu/lists/small/1000.txt.

Figure 89 : *Liste des 310 premiers nombres premiers*

5) Questions ouvertes sur la provenance des cycles

D'où provient le cycle du Kauil, qui dure **2;4.19.** **kin** et qui se met en quatre couleurs et quatre directions cardinales ? Aurait-il pu surgir au cours d'observations astronomiques, ou au cours de discussions sur des calculs astronologiques tenus secrets, ou disparus sans laisser de traces ? Compte tenu qu'aucune astronomie ancienne n'a observé ou enregistré, à ma connaissance, un cycle dont la durée serait de 819 ou de 3 276 jours, l'idée de déduire le Kauil d'une observation astronomique directe semble peu plausible.

Par contre, 819 se décompose facilement en produit[258] de 3 facteurs, qui renvoient, (pour tout Maya), à la mythologie qui décline l'univers en 7 terres ou mers, 9 inframondes, et 13 cieux. Ce qui renforcerait l'hypothèse d'une recherche maya d'explications chiffrées des mystères de l'univers et des cosmogrammes qui le représentent (en astrologie ou numérologie).

Pour autant la question n'est pas close, et rien ne permet de conclure que 819 proviendrait des croyances sur la distribution des terres, mers, cieux et inframondes. Il suffit, en effet, d'un peu de culture arithmétique et d'esprit d'invention pour décomposer l'entier 819 de mille autres façons. Certaines parleront au numérologue, d'autres à l'astronome, et d'autres encore à tout individu, (maya ou non), en quête d'interprétation, réfléchie, critique, partisane ou farfelue. Par exemple, le Kauil, 819, s'écrit aussi 7 × **117**, où l'on reconnait le facteur **116** + 1, qui renvoie pour un astronome à la révolution de Mercure, et, sur le site famsi (note 217) au cycle du dieu de la pluie ; ce qui nous renvoie à une origine astronomique. Mais 819 peut aussi s'écrire 13 × **63**, qui, cette fois, renvoie à 13 cycles du rite du feu (Bernal) de 6 neuvaines chacun, ce qui milite à nouveau pour les croyances religieuses, à moins que l'on ne préfère l'écrire sous la forme 9 × **91**, laquelle renvoie au quart du zodiaque, et donc retour à l'astronomie ou à l'astronologie. L'entier 819 peut être écrit **234** + **585**, et lu [2 × (**116** + 1)] + (**584** +1) pour renvoyer aux périodes de Mercure et de Vénus. Écrit **235** + **584**, on peut voir le Kauil, avec un zèle ethnocentrique, comme la somme du Méton (**235** lunes ≈ 19 ans) et de Vénus.

Prenons encore l'entier **1;0.18.** (= 378), parfois identifié à la période de Saturne. Cette durée est aussi le produit 6 × **63** qui renvoie au cycle du feu (7 neuvaines, ou 9 semaines juliennes). Suggéré par l'usage attesté du ± 1 jour des cycles les plus familiers (par ex. de l'année ou de la révolution de Vénus), l'entier 378 peut s'écrire [(**116**+1) + (**260**+1)] et renvoyer à Mercure et au *tzolkin* (voire à la lunaison : 261 = 9 × 29). Posant par ex.

---

[258] De même pour 3 276 = 4 × 819 si l'on tient compte du cycle des couleurs/directions.

[(**400** – 1) – (**20** + 1)] = **378** = [**399** – (**20** + 1)], on ferait renvoyer **378** à la révolution de Jupiter (**399**). En admettant que les Mayas, à force de dresser des tables de multiples, avaient pris l'habitus de tripler un entier, alors la durée **3;5.17.** (= 1 197, le triple de **1;1.19** ou 399) ferait écho à **3;3.0.** (= 780, période de Mars) qui est le triple de **13.0.** (*tzolkin* ou 260). En tirant sur la corde, la somme des révolutions de Jupiter et Saturne, 399 + 378 = **777** est aussi un triple capable de faire voler un devin, le triple de 260 – 1 = **259** ; en effet **777** = 3 × **259** = 3 × 7 × 37.

Il n'est donc pas facile de proposer des conjectures raisonnables pour établir l'histoire de la forêt des cycles mayas. Ni même d'identifier le domaine d'expérience d'où proviennent les cycles utilisés par les Mayas. La difficulté ne vient pas d'un manque d'imagination, mais plutôt d'un excès de possibles. Comme nous en verrons des exemples dans les dernières pages de ce chapitre 9 (§ 7), l'art généreux du calcul donne, pour tout entier, d'innombrables manières de le générer, le composer ou le décomposer. Chaque choix peut apporter son lot d'arguments, un lot tellement riche que chacun peut s'imaginer y trouver « sa preuve » de quasiment n'importe quelle idée, hypothèse ou conjecture. Malheureusement, le plus souvent, c'est l'illusion de croire valider, sans frais ni effort critique, une explication ou une interprétation impulsive.

Attendue, ou non, toute hypothèse doit cependant être considérée. Pour éviter de succomber à l'« irrésistible tentation de la mathématique-fiction » (Keller 2010), la sérendipité (note 20) oblige de tout soumettre à des plans d'expérience pour valider/infirmer les hypothèses. Parce qu'il est abstrait, le calcul s'applique à tout, et peut faire surgir à tout moment des éléphants de Waldeck (Cauty 2013 : 207–213) ou faire dire le nombre d'or au premier kiosque venu (Adam 1988 : 212).

Laissons les exemples d'interprétation par décomposition, et revenons sur le terrain de l'astronomie. Sauf miracle, la durée des cycles naturels (année tropique, lunaison, etc.) ne s'exprime pas par un nombre entier de jour (de lunaison, etc.). Les astronomes modernes contournent la difficulté en mesurant la durée des phénomènes qu'ils étudient à l'aide d'instruments de mesure de plus en plus précis, et qui leur permettent d'utiliser de très petits étalons[259], ce qui conduit à donner des mesures approchées en nombre entier (de millionièmes de secondes par exemple), plus fines que les erreurs de mesure, ou que les variations aléatoires du cycle

[259] La seconde pour les Lumières, et ses millionièmes à l'heure des horloges atomiques.

mesuré. Au XVIe siècle, Landa écrivait que l'année maya dure 365 jours et 6 heures[260] ; en 2000, la durée de l'année tropique était convenue de 365 jours 5 heures 48 minutes et 45,198 secondes, soit 31 556 925,198 s, ou encore 365,2421898 j (des jours de 86 400 s ou 24 h).

Contrairement à leurs approximations en nombre entier, (365 et 584), l'année tropique, AT, et la révolution synodique de Vénus, AS, ne sont pas mesurables en nombre entier de jours. Par suite, il n'y a pas de PPCM qui les rende commensurables entre elles ou avec les autres cycles en usage (*tzolkin*, *haab*, Kauil, etc.). Confrontés à cette difficulté, les Mayas eurent à trancher le dilemme : décider, (comme les anciens Égyptiens, ou les usagers du calendrier lunaire réformé des musulmans[261]), de laisser dériver les dates dans le cycle des saisons, ou, au contraire, convenir d'une correction, (grégorienne, par ex.), en cherchant des encadrements, à ± 1 j, des années solaire et vénusienne.

Dans Cauty (2013 : 173), une expérience de pensée montre comment construire un processus possiblement utilisé par les scribes pour encadrer de plus en plus finement une date ou un évènement. Et, dans Cauty (2017 : ch. 7), j'ai recensé des expériences susceptibles de dégager un processus possiblement utilisé par les scribes pour parvenir à des approximations de plus en plus fines des cycles astronomiques, ou pour proposer des corrections pour recaler les cycles définis en nombre entier de jours sur les cycles naturels qu'ils sont censés simuler. En voici, le principe.

Les pages vénusiennes du codex conservé à Dresde présentent quatre intrus X_i placés entre les 12e et 13e multiples de 2 920, une durée que les scribes ont analysée en 5 × 584 ou 5 × (236+90+250+8), et en 8 × 365 ou 8 × [(18 × 20) + (1 ×5)] renvoyant aux phases de Vénus ou à la division de l'année festive. Ils permettent de montrer que, (et comment), les scribes pouvaient approximer la durée de l'an tropique, ou de la période de Vénus.

On les qualifie d'« intrus » parce que, sans être des multiples de cinq révolutions de Vénus, ils sont placés dans une table des multiples de 2 920 qu'ils divisent en deux parties. Ce sont X_1 = **1.5;5.0.** = 9 100, X_2 = **4.12;8.0.** = 33 280, X_3 = **9.11;8.0.** = 68 900,

---

260 C'est la durée de l'année vague solaire de l'Égypte, reprise par César, et qui peut s'exprimer par un fractionnaire, 364 ¼, ou un décimal 364,25. Corriger d'un jour tous les quatre ans est insuffisant, ce qui a conduit les dirigeants du monde occidental à accepter, (à partir de la fin du XVIe siècle), la réforme grégorienne.

261 Imposant une année de durée intouchable égale à 12 lunaisons, le Coran interdit les corrections par intercalation de mois supplémentaires (Lefort 1998 : 40–48).

et X_4 = **1.5;14;4.0.** = 185 120, auxquels on ajoute parfois une combinaison obtenue par expérience de pensée (Siarkiewicz 2001 : 136–159) : C = $[(X_1 + X_2) + 2 (X_3 + X_4)]$ soit **3.16.8;17.0.** ou 550 420. L'entier C possède 24 paires de diviseurs, parmi lesquelles : (29 × 18 980), (260 × 2 117) et (365 × 1 508), ainsi que la paire (584 × 942 ½).

De telles relations, redécouvertes par l'ordinateur ou par les archéo-astronomes, ne sont certes pas tombées du ciel. Pourtant, elles en disent long et conduisent à conjecturer :

a) que les Mayas savaient recaler le calendrier de Vénus pour qu'il redémarre un **1 Ahau** avec le début du cycle vénusien (Cauty 1998 : 139–172),
b) qu'ils savaient convertir entre eux les cycles qu'ils utilisaient. Ce premier succès conduit à envisager d'autres conjectures, plus risquées par manque de documents mayas.

Sachant que l'année tropique moyenne, AT, dure 365,24219… jours, les astronomes savent aujourd'hui qu'il en faut 1 507 pour obtenir un total presque entier de jours. Sachant que 73 *tzolkin* = 52 *haab* = 1 CR, les Mayas pouvaient écrire 2 117 *tzolkin* = 1 508 *haab* = 29 CR. Il reste à écrire une quasi-égalité, à savoir 1 507 AT ≈ 1 508 *haab*, pour former une chaîne d'égalités et de quasi-égalités :

1 507 AT ≈ 550 420 = 2 117 *tzolkin* = 1 508 *haab* = 29 CR

Les Mayas avaient aussi établi les égalités 8 *haab* = 5 AV (Année ou révolution de Vénus), et 3 *tzolkin* = 1 AM (Année de Mars, ou triple *tzolkin*). Multipliant par 2, puis encore par 3, la chaîne des égalités ci-dessus, on obtient deux nouvelles chaînes qui permettent, d'une part, d'établir de bonnes approximations de l'année tropique ou de l'année vénusienne, et de rendre commensurables, d'autre part, le *tzolkin*, le *haab* et les révolutions synodiques de Mars (AM = 780) et de Vénus (AV = 584) :

2 × 1507 AT ≈ 1 100 840 = 4 234 *tzolkin* = 3 016 *haab* = 1 885 AV = 58 CR

6×1507 AT ≈ 3302520 = 12702 *tzolkin* = 9048 *haab* = 5655 AV = 4234 AM = 174 CR.

À la lumière de ce que l'on sait présentement des outils table×tableau, il est possible d'affirmer que ces instruments prouvent, (comme les parcours dans les almanachs divinatoires), que les Mayas du Classique avaient une grande maîtrise des tables et des tableaux, qu'ils utilisaient, non seulement pour enregistrer les informations numériques, mais aussi pour les organiser selon divers critères, et les faire parler en fonction des usages, (astronomiques ou rituels), auxquels ils étaient destinés (Thouvenot & Hoppan : 2012).

Autrement dit, l'analyse de la mise en page des textes, (monuments ou codex), prouve que certains scribes étaient d'excellents spécialistes de la mise en ordre des données sous forme de table et de tableau, en particulier pour organiser des progressions plus ou moins significatives. Une approche critique comparée des dates et des numérations mayas avec, par exemple, les dates et les numérations olmèques ou aztèques, conduit à la conjecture que les Mayas sont les plus probables inventeurs du système des unités de temps, (un système vigésimal comportant une irrégularité adaptée à la comptabilité des durées en années et en jours), et d'une numération de disposition, les deux permettant, entre autres choses, d'égaler les dates en CL et les dates en CR.

En reprenant l'analyse des principaux cycles en usage chez les Mayas du Classique (figures 87 et 88), on finit par se dire que les scribes avaient une certaine familiarité avec les nombres premiers (figure 89), c'est-à-dire des entiers que l'on n'obtient pas comme produits d'autres entiers. Autrement dit, ils ne sortent, ni spontanément, ni laborieusement, du processus de création ou de lecture des tables, sauf s'il s'agit de leur propre table de multiplication. Au contraire de l'entier douze, par exemple, qui apparaît forcément dans les tables de 2, de 3, de 4, de 6 et de 12, l'entier 13, lui, ne peut surgir que dans la table de treize. Quelles sont les circonstances qui pourraient conduire à s'intéresser aux nombres premiers ?

Les nombres premiers pourraient surgir chaque fois qu'un collectif de scribes cherchaient à comparer et rendre commensurables des cycles entiers mais incommensurables entre eux. Ce qui arrive, par exemple, lorsque l'on veut égaler des positions et des durées données par un calendrier lunaire à celles données par un calendrier solaire. Ce qui est nécessaire quand un scribe posait ou vérifiait quelques-unes des milliers d'égalités inscrites sur les monuments ou les pages des codex. Prenons un exemple plus simple.

Supposons avoir mesuré des longueurs à l'aide de deux étalons, par exemple le pied de Paris et celui de Bordeaux, ou encore le pouce et le doigt. Comment convertir de telles mesures ? Un didacticien, (Brousseau 1981), pourrait proposer une construction des rationnels ou des décimaux. On peut parvenir, en effet, à convertir les mesures en pouce et les mesures en doigt, en empilant de plus en plus d'occurrences des deux étalons, jusqu'à ce que la différence des tas devienne imperceptible ; il reste alors à étudier et structurer les ensembles de couples de tas équivalents. Ce qui semble arriver, pour une majorité de personnes, en découvrant la quasi-égalité « 3 pouces ≈ 4 doigts » (qui pourrait avoir motivé les métrologies jouant sur les diviseurs de 12).

L'étude des manières de mesurer, (dans l'Antiquité, le monde, ou l'histoire), révèle un gradient allant des listes d'unités sans rapport entre elles et formant un inventaire à la Prévert, (« année, mois, semaine, jour, heure, minute, seconde »), jusqu'aux systèmes en progression géométrique, voire au système métrique recommandé, malgré son l'« arrogante décimalité », par Condorcet et les savants de 1789, puis imposé de force par les maîtres d'une France qui se voulait universaliste, et se voyait comme les Lumières éclairant le monde. Chez les Mayas, les unités de temps sont en progression de raison vingt, malgré le 18 qui relie le système au sous-système (compte en **tun** au compte en **kin**).

L'étude des égalités calendaires permet d'établir que les scribes mayas fixaient différentes échelles de progression : celle de pas constant égal à 13 ou ses multiples, celle des nœuds des numérations (20, 400, 8 000, etc.), celle des unités de temps (20 et 18). Ils considéraient aussi les progressions de pas égal au PGCD de deux cycles.

Par exemple, le cycle de l'année *haab* de 365 jours, et celui de l'année vénusienne de 584 jours. L'entier 73, c'est-à-dire le PGCD (365, 584), permet de voir, dans le PPCM de ces deux années, que 8 est à 5 comme l'année *haab* est à l'année vénusienne : $8 \times \underline{365} = 5 \times \underline{584}$ = PPCM (365, 584) = $2\,920 = 2^3 \times 5 \times 73$. On ne sait pas comment les Mayas avaient obtenu cette égalité, mais ils savaient que 5 révolutions de Vénus de 584 j font 8 années *haab* : $2\,920 = 5 \times (236+90+250+8)$ renvoyant aux phases de Vénus, et $8 \times [(18 \times 20) + (1 \times 5)]$.

Peut-on retrouver les savoirs qui permirent d'obtenir les dizaines de résultats appris ou établis par un maya diplômé ès sciences du comput ? Les compteurs de totaux, les tables de multiples, les parcours dans l'almanach, les SI et les ND, tous ces faits prouvent qu'un scribe savait ajouter, soustraire et construire la table des multiples d'un entier. Mais on ne peut ni en déduire que les Mayas effectuaient des divisions euclidiennes, ni que les écoles de devins enseignaient la décomposition en nombres premiers. Certains entiers premiers devaient néanmoins être familiers, comme 13, très présent dans les calculs divinatoires, ou 73 qui permet, (avec 4×13), d'égaler les comptes en *tzolkin* et en *haab*. Leur transmission semble s'être plutôt faite de bouche à oreille. Ainsi sommes-nous invités à faire opérer sur les unités, deux opérateurs premiers très utilisés par les scribes : ×13 et ×73, et l'opérateur ×63 qui se décompose en opérateurs élémentaires, (7×9) ou $(3 \times 3 \times 7)$.

D'où le diagramme commutatif suivant :

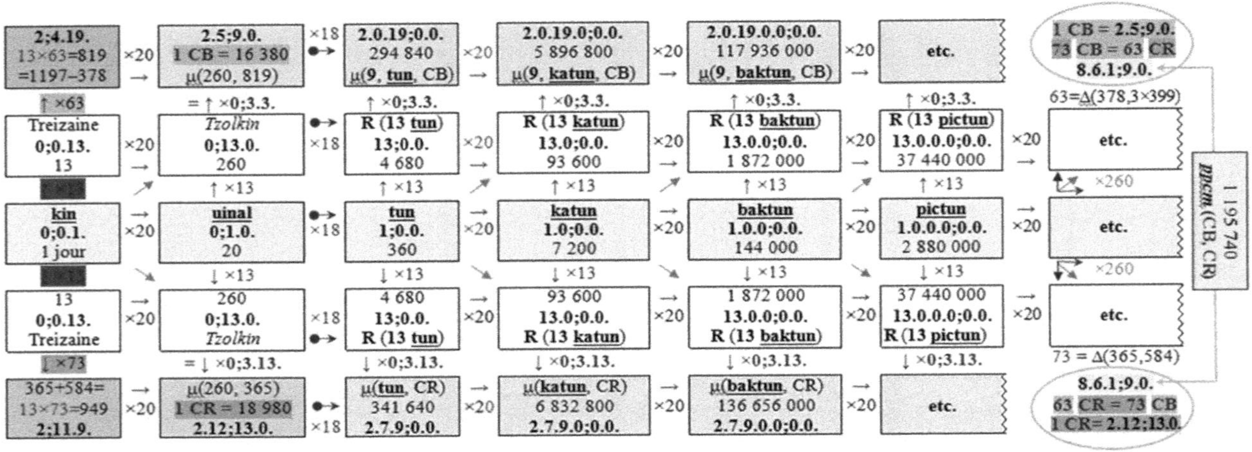

Remarque. Composée des opérateurs ×13 et ×20, la flèche ↗ marque l'opérateur ×260 ; les autres sont : ×18, ×63, et ×73. L' abréviation $\mu(n_1, n_2)$ désigne le PPCM de n_1 et n_2, ex. 18 980 = μ(260, 365) ; et l'écriture $\Delta(n_1, n_2)$ désigne le PGCD de n_1 et n_2, ex. 91 = Δ(364, 819), 73 = Δ(365, 584), et 819 = Δ(3×378, 3×399).

Figure 90 : Rapports reliant les principaux cycles et les principales périodes mayas

L'opérateur ×13 fournit une première progression (deuxième ligne du tableau), qui commence à la treizaine, continue par le *tzolkin* et donne ensuite la liste ouverte des roues de treize unités, à partir de la roue de treize années **tun** (année de 360 jours), suivie de la roue de treize **katun** attestée par exemple par le livre de Landa et par le Chilam Balam de Chumayel, ou encore par la datation dite du Compte cours en usage au Postclassique et à l'époque coloniale.

Les opérateurs ×63 et ×73 génèrent, en première et dernière ligne du tableau précédent, deux progressions remarquables. Remarquables de différents points de vue. Du point de vue arithmétique, les entiers **3.3.** (63) et **3.13.** (73) sont premiers entre eux. L'opérateur ×63 se décompose en 3 × 3 × 7 (donc en 7 neuvaines), tandis que l'autre, ×73, n'a pas d'autres diviseurs que 1 et lui-même. Comme tout entier, ils sont susceptibles de nombreuses interprétations.

Du point de vue du comput, le diagramme de la figure 90 montre que les opérateurs ×63 et ×73 commencent par produire deux cycles de durée 819 et 949 jours, ce sont les premiers termes des séries engendrées en adoptant la progression du système maya des unités de temps. Même si l'on reconnaît aisément le premier d'entre eux comme étant le cycle du Kauil, les entiers 819 et 949 peuvent sembler étranges, tout au moins aux yeux d'un Occidental. Ce qui conduit à reprendre la quête de la possible origine de ces entiers, et, plus généralement, des entiers qui semblent les plus remarquables du diagramme.

Reprenons le diagramme commutatif de la figure 90, en le modifiant légèrement pour mieux visualiser les entiers 819 et 949, étranges pour ne pas renvoyer directement à des cycles astronomiques ou calendaires connus. Dans le nouveau tableau (figure 91), ces deux entiers sont reliés aux autres par l'ensemble des opérateurs utilisés pour construire le premier diagramme.

Essayons de faire parler les relations qui relient l'ensemble de ces entiers, qu'il s'agisse des nombres de l'inventaire qui a conduit au corpus de la figure 88 des principaux cycles de la forêt des nombres pour [ra] compter, ou de ceux qui apparaissent dans les diagrammes qui organisent ce corpus en tableaux donnés par la figure 90 ci-dessus et par la figure 91 ci-dessous.

Un fait, (peut-être le plus révélateur), résulte du principe adopté pour établir la liste et construire les diagrammes : tous les nombres retenus sont des entiers dont on sait que les scribes les ont souvent utilisés. Certains très fréquemment, comme les entiers 9 et 13 de la cosmogonie, le 260 du *tzolkin*, le 365 du *haab*, ou encore le 18 980 du CR, etc.

D'où l'idée que leur usage fréquent pourrait être lié à différentes pratiques. Par exemple, des pratiques numérologiques fondées sur les connotations symboliques de ces nombres. Ou encore des pratiques arithmétiques qui favorisent, en raison de leurs propriétés, la découverte de solutions particulières de certaines équations entières. Des équations que les scribes rencontraient forcément au cours des recherches qui les conduisaient à poser et résoudre, (ou simplement vérifier), les équations calendaires toujours très présentes dans les textes de la propagande d'État ou les pages des codex.

Composer ×13, ×20 et ×73 conduit au **CR** de 18 980 jours en passant par le ***tzolkin*** ou par le cycle de **949** jours.

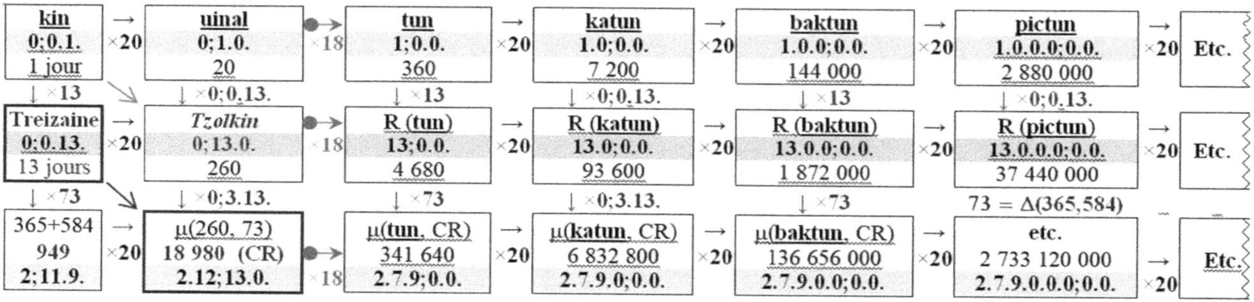

Composer ×13, ×20 et ×**63** conduit au **CB** de 16 380 jours en passant par le ***tzolkin*** ou par le cycle de **819** jours (Kauil).

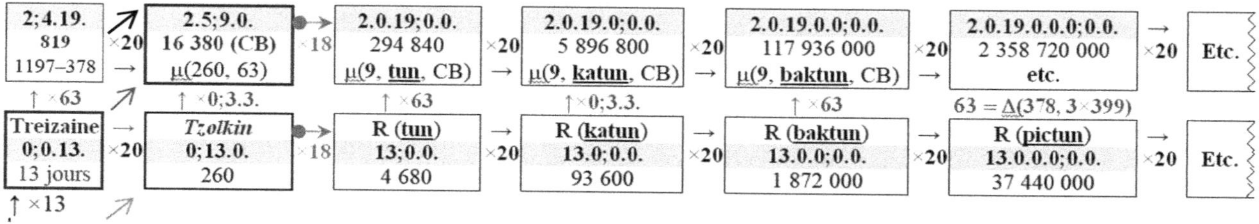

μ = PPCM, ex. : μ(CB, CR) = 1 195 740 (N_1 de Xultún). **R (unité)** = Roue de 13 unités, comme la "*gira de los katunes*" (Landa)

Figure 91 : *Rapports reliant les principaux cycles (seconde présentation)*

Partant de la treizaine 0;0.13. encadrée sur la figure 91, la première série commence à 949, atteint le terme suivant qui n'est autre que le Calendrier Rituel, (lequel s'obtient aussi directement à partir du *tzolkin* de 260 jours). Partant de la treizaine encadrée sur le même tableau, la seconde série commence avec le Kauil de 819 jours et atteint le Cycle Beau (lequel s'obtient aussi à partir du *tzolkin* de 260 jours).

Le *tzolkin* est par construction le PGCD(CR, CB) ; plus généralement, les termes qui se correspondent dans les deux séries ont pour PGCD le produit par treize de l'unité qui lui correspond (les roues de **tun**, de **katun**, etc.). Par exemple, la durée 4 680 de la roue des tun, **R**(**tun**), est le PGCD(18 CR, 18 CB)[262]. En effet, 4 680 = PGCD[(18 CR), (18 CB)]. De même **R**(**katun**) = 93 600 est égale au PGCD(360 CR, 360 CB). Et ainsi des autres, jusqu'à la dernière cellule renseignée, **R**(**pictun**) = **13.0.0.0;0.0.** = 37 440 000 = PGCD(144 000 CR, 144 000 CB) = PGCD(2 733 120 000, 2 358 720 000).

L'arithmétique moderne et les expériences de pensée ont replacés dans les diagrammes précédents des nombres en usage chez les Mayas. Leur étude conduit à une conjecture disant que les scribes cherchaient les rapports qui rendent commensurables les durées entières des cycles qu'ils utilisaient le plus souvent, et qui, de ce fait, se sont croisés et multipliés au point de former une véritable forêt de cycles de toutes espèces. Une conjecture susceptible de révéler une face du travail des scribes d'autrefois.

En tout cas, un voile commence à se lever lorsque l'on observe que le fait, pour un cycle particulier, de posséder de nombreux diviseurs augmente les chances d'y trouver des diviseurs d'un autre cycle, et donc de découvrir une solution particulière de l'équation entière qui établit leur commensurabilité, comme celle du *haab* et de la période de Vénus qu'un matheux obtiendrait à partir de leurs PGCD et PPCM.

De fait, les entiers des deux diagrammes sont tous connus des Mayas, et les termes des progressions qu'ils forment pourraient avoir surgi au cours de la production des tables de multiples et des tableaux de dates associées à ces multiples, ou au cours du travail nécessaire pour établir (ou vérifier) les équations calendaires, ce qui suppose un travail d'arithmétique modulaire et de conversion d'un compte en cycles $C_{n1,\omega 1}$ à un compte en

---

262 Et ainsi de suite pour tous les couples de termes des deux séries générées par les opérateurs ×63 et ×73. Comme le système des unités est ouvert à droite, on peut continuer *ad libitum,* par exemple jusqu'au nœud 20^{21} attesté par les stèles de Cobá).

cycles $C_{n2,\omega 2}$ de durées différentes. Ce que permet, pour nous modernes, la connaissance de leurs PGCD et PPCM : sachant que 73 et 18 980 sont le PGCD et le PPCM de 260 et 365, on convertit un compte en *tzolkin* de 260 j en un compte en *haab* de 365 j, sur la base de l'égalité disant que 73 *tzolkin* font exactement 52 *haab*.

Un nouvel indice vient étayer la conjecture, il se trouve sur les murs de la maison de Xultún récemment découverte (Saturno *et al.* 2012). Quatre nombres y étaient écrits, dont les deux premiers sont aussi présents dans les diagrammes que nous venons de présenter. Le premier, 1 195 740, est égal à 63 CR et à 73 CB ; et le deuxième, 341 640, est égal à 73 roues des **baktun** et à 18 CR.

On peut supposer que ce n'est pas par hasard que ces deux entiers ont été distingués et retenus par les scribes de Xultún. Les entiers N_1 = **8.6.1;9.0.** (1 195 740) et N_2 = **2.7.9;0.0.** (341 640) possèdent, en effet, respectivement 144 et 96 diviseurs. À titre indicatif, le **tun** possède 24 diviseurs, et si l'on prend les 25 entiers successifs centrés sur N_2, (le plus petit des nombres de Xultún), on observe que : trois, (341 629, 341 641 et 341 643), sont premiers, neuf ont moins de 8 diviseurs, huit ont entre 12 et 20 diviseurs, quatre ont entre 24 et 48 diviseurs, alors que N_2 lui-même en possède 96, et que son double en compte 120.

De plus, le PGCD de ces deux entiers est égal à **9** CR (= 170 820), une durée qui est celle du cycle, attesté à Toniná (figure 11, Hors-texte 2), du retour des triplets de dates de la forme ($\boldsymbol{\alpha}$ **X**, $\mathbf{G}_n$, $\boldsymbol{\beta Y}$), un entier qui possède 72 diviseurs. Hasard, ou non, les cycles imposés par l'observation astronomique (par ex. les semestres lunaires, figure 87) n'ont pas cette propriété de posséder de nombreux diviseurs (commentaire du § 4 p. 201), une propriété utile (indispensable ?) pour convertir entre eux les cycles les plus utilisés par les scribes.

D'où l'idée que les scribes conservaient soigneusement en mémoire certains entiers, ou certaines paires d'entiers, qui, d'une part, sont nécessaires pour effectuer les conversions, et, d'autre part, difficiles à découvrir pour être des solutions d'équations entières (une branche de l'arithmétique modulaire développée par Gauss qui n'enseignait pas pour les Mayas dans les écoles de scribes du Classique). Et qu'ils se les transmettaient de bouche à oreille comme par ex. l'usage contemporain de l'alphabet latin par des « lettrés » mayas qui ne sont jamais allé à l'école des Blancs.

Pour des raisons pratiques, ces entiers et paires d'entiers à mémoriser devaient ne pas devenir démesurément grands et pourtant avoir beaucoup de diviseurs. Quand ces contraintes sont satisfaites, les chances de trouver, en dressant des tables de multiples, des cycles familiers augmentent beaucoup, et leur repérage permet d'établir la plupart des égalités calendaires qui émaillent les textes de le propagande d'État, les travaux astronomiques, ou encore les comptes numérologiques de la divination.

En les recherchant dans le tableau des principaux cycles en usage au Classique maya (figure 88), ou dans les diagrammes commutatifs (figures 90 et 91), faisons l'inventaire des entiers à beaucoup de diviseurs, notamment premiers, et dont on peut supposer que les scribes les mémorisaient. Par exemple : le quadruplet inscrit sur les murs de Xultún, le CR (= 18 980) qui permet passer des comptes en *haab* (= 365) aux comptes en *tzolkin* (=260), ou encore le CB (= 16 380) qui permet de traduire les comptes faits en cycles du kauil (= 819) en comptes faits en *tzolkin*.

6) Entiers à beaucoup de diviseurs mémorisés par les scribes

Commençons par deux quadruplets d'entiers que les Mayas avaient manifestement distingués et conservés. Il s'agit de quatre nombres peints sur les murs de la maison de Xultún, et quatre « intrus » dans une table vénusienne. Les entiers de Xultún ont entre 96 ou 144 diviseurs :

2.7.9;0.0. = $\mathbf{N_2}$ = 341 640 jours, ou 18 CR, est le deuxième des quatre entiers de Xultún. C'est aussi le PPCM de 4 680 et 18 980, c'est-à-dire de la roue des **tun** et du CR, ou encore le PPCM de 260, 360 et 365. Il possède 96 diviseurs et permet de co-mesurer de nombreux cycles que nous supposons avoir été d'un intérêt certain pour le comput des scribes: 1 et 341 640, 2 et 170 820, 3 et 113 880, 4 et 85 410, 5 et 68 328, 6 et 56 940, 8 et 42 705, 9 et 37 960 (2 CR), 10 et 34 164, 12 et 28 470, 13 et 26 280, 15 et 22 776, 18 et 18 980, 20 et 17 082, 24 et 14 235, 26 et 13 140, 30 et 11 388, 36 et 9 490, 39 et 8 760, 40 et 8 541, 45 et 7 592, 52 et 6 570, 60 et 5 694, 65 et 5 256, 72 et 4 745, 73 et 4 680, 78 et 4 380, 90 et 3 796, 104 et 3 285, 117 et 2 920, 120 et 2 847, 130 et 2 628, 146 et 2 340, 156 et 2 190, 180 et 1 898, 195 et 1 752, 219 et 1 560, 234 et 1 460, 260 et 1 314, 292 et 1 170, 312 et

1 095, 360 et 949, 365 et 936, 390 et 876, 438 et 780, 468 et 730, 520 et 657, 584 et 585.

Remarque 1 sur le double de N_2. La différence des nombres N_3 et N_4 de Xultún est égale au double de N_2. Ce double, 683 280, a 120 diviseurs : 1 et 683 280, 2 et 341 640, 3 et 227 760, 4 et 170 820, 5 et 136 656, 6 et 113 880, 8 et 85 410, **9** et 75 920, 10 et 68 328, 12 et 56 940, 13 et 52 560, 15 et 45 552, 16 et 42 705, 18 et 37 960, 20 et 34 164, 24 et 28 470, 26 et 26 280, 30 et 22 776, 36 et 18 980, 39 et 17 520, 40 et 17 082, 45 et 15 184, 48 et 14 235, 52 et 13 140, 60 et 11 388, 65 et 10 512, 72 et 9 490, 73 et 9 360, 78 et 8 760, 80 et 8 541, 90 et 7 592, 104 et 6 570, 117 et 5 840, 120 et 5 694, 130 et 5 256, 144 et 4 745, 146 et 4 680, 156 et 4 380, 180 et 3 796, 195 et 3 504, 208 et 3 285, 219 et 3 120, 234 et 2 920, 240 et 2 847, 260 et 2 628, 292 et 2 340, 312 et 2 190, 360 et 1 898, 365 et 1 872, 390 et 1 752, 438 et 1 560, 468 et 1 460, 520 et 1 314, 584 et 1 170, 585 et 1 168, 624 et 1 095, 657 et 1 040, 720 et 949, 730 et 936, 780 et 876.

Remarque 2 sur les multiples ronds de N_2. En ajoutant un zéro à l'écriture du deuxième nombre de Xultún, on obtient son produit par 20 (lequel, 2.7.9.0.0;**0.** = 6 832 800, admet 107 paires de diviseurs), et en ajoutant deux zéros, on obtient 400 fois N_2 (2.7.9.0.0;**0.0.**) qui est égal à 100 fois (×**5.0.**) le nombre de distance, (**9.9.16;0.0.**), de la page 24 du codex conservé à Dresde : cet entier NDV possède 192 paires de diviseurs

8.6.1;9.0. = $\mathbf{N_1}$ = 1 195 740 jours. Le premier entier de Xultún a 144 diviseurs : 1 et 1 195 740, 2 et 597 870, 3 et 398 580, 4 et 298 935, 5 et 239 148, 6 et 199 290, 7 et 170 820, 9 et 132 860,10 et 119 574, 12 et 99 645, 13 et 91 980, 14 et 85 410, 15 et 79 716, 18 et 66 430, 20 et 59 787, 21 et 56 940, 26 et 45 990, 28 et 42 705, 30 et 39 858, 35 et 34 164, 36 et 33 215, 39 et 30 660, 42 et 28 470, 45 et 26 572, 52 et 22 995, 60 et 19 929, 63 et 18 980, 65 et 18 396, 70 et 17 082, 73 et 16 380, 78 et 15 330, 84 et 14 235, 90 et 13 286, 91 et 13 140, 105 et 11 388, 117 et 10 220, 126 et 9 490, 130 et 9 198, 140 et 8 541, 146 et 8 190, 156 et 7 665, 180 et 6 643, 182 et 6 570, 195 et 6 132, 210 et 5 694, 219 et 5 460, 234 et 5 110, 252 et 4 745, 260 et 4 599, 273 et 4 380, 292 et 4 095, 315 et 3 796, 364 et 3 285, 365 et 3 276, 390 et 3 066, 420 et 2 847, 438 et 2 730, 455 et 2 628, 468 et 2 555, 511 et 2 340, 546 et 2 190, 585 et 2 044, 630 et 1 898, 657 et 1 820, 730 et 1 638, 780 et 1 533, 819 et 1 460, 876 et 1 365, 910 et 1 314, 949 et 1 260, 1 022 et 1 170, 1 092 et 1 095.

17.0.1;3.0.= N_3 = 2 448 420 jours. Cet entier de Xultún possède 48 paires de diviseurs : 1 et 2 448 420, 2 et 1 224 210, 3 et 816 140, 4 et 612 105, 5 et 489 684, 6 et 408 070, 10 et 244 842, 12 et 204 035 13 et 188 340, 15 et 163 228, 20 et 122 421, 26 et 94 170, 30 et 81 614, 39 et 62 780, 43 et 56 940, 52 et 47 085, 60 et 40 807, 65 et 37 668, 73 et 33 540, 78 et 31 390, 86 et 28 470, 129 et 18 980, 130 et 18 834, 146 et 16 770, 156 et 15 695, 172 et 14 235, 195 et 12 556, 215 et 11 388, 219 et 11 180, 258 et 9 490, 260 et 9 417, 292 et 8 385, 365 et 6 708, 390 et 6 278, 430 et 5 694, 438 et 5 590, 516 et 4 745, 559 et 4 380, 645 et 3 796, 730 et 3 354, 780 et 3 139, 860 et 2 847, 876 et 2 795, 949 et 2 580, 1 095 et 2 236, 1 118 et 2 190, 1 290 et 1 898, 1 460 et 1 677.

12.5.3;3.0. = N_4 = 1 765 140 jours. Le quatrième entier de Xultún possède 48 paires de diviseurs : 1 et 1 765 140, 2 et 882 570, 3 et 588 380, 4 et 441 285, 5 et 353 028, 6 et 294 190, 10 et 176 514, 12 et 147 095, 13 et 135 780, 15 et 117 676, 20 et 88 257, 26 et 67 890, 30 et 58 838, 31 et 56 940, 39 et 45 260, 52 et 33 945, 60 et 29 419, 62 et 28 470, 65 et 27 156, 73 et 24 180, 78 et 22 630, 93 et 18 980, 124 et 14 235, 130 et 13 578, 146 et 12 090, 155 et 11 388, 156 et 11 315, 186 et 9 490, 195 et 9 052, 219 et 8 060, 260 et 6 789, 292 et 6 045, 310 et 5 694, 365 et 4 836, 372 et 4 745, 390 et 4 526, 403 et 4 380, 438 et 4 030, 465 et 3 796, 620 et 2 847, 730 et 2 418, 780 et 2 263, 806 et 2 190, 876 et 2 015, 930 et 1 898, 949 et 1 860, 1 095 et 1 612, 1 209 et 1 460.

Outre les quatre entiers $\mathbf{N_i}$ de Xultún mémorisés par les scribes, le codex conservé à Dresde contient un autre quadruplet célèbre. Ce sont les intrus $\mathbf{X_i}$ qui coupent la table de 2 920 en page 24, à savoir les entiers **1.5;5.0.** (= 9 100), **4.12;8.0.** (= 33 280), **9.11;7.0.** (= 68 900), et **1.5.14;4.0.** (= 185 120). Nous ajoutons leur combinaison $\mathbf{X_1 + X_2 + 2\,(X_3 + X_4) =}$ 550 420. D'où cinq intrus distingués, et ayant 36, 40 ou 48 diviseurs :

1.5;5.0. = $\mathbf{X_1}$ = 9 100 jours. Le premier intrus de la table possède 18 paires de diviseurs, à savoir : 1 et 9 100, 2 et 4 550, 4 et 2 275, 5 et 1 820, 7 et 1 300, 10 et 910, 13 et 700, 14 et 650, 20 et 455, 25 et 364, 26 et 350, 28 et 325, 35 et 260, 50 et 182, 52 et 175, 65 et 140, 70 et 130, 91 et 100.

4.12;8.0. = $\mathbf{X_2}$ = 33 280 jours. Le deuxième intrus possède 20 paires de diviseurs : 1 et 33 280, 2 et 16 640, 4 et 8 320, 5 et 6 656, 8 et 4 160, 10 et 3 328, 13 et 2 560, 16 et 2 080, 20 et 1 664, 26 et 1 280, 32 et

1 040, 40 et 832, 52 et 640, 64 et 520, 65 et 512, 80 et 416, 104 et 320, 128 et 260, 130 et 256, 160 et 208.

9.11;7.0. = X_3, = 68 900 jours. Le troisième intrus possède 18 paires de diviseurs : 1 et 68 900, 2 et 34 450, 4 et 17 225, 5 et 13 780, 10 et 6 890, 13 et 5 300, 20 et 3 445, 25 et 2 756, 26 et 2 650, 50 et 1 378, 52 et 1 325, 53 et 1 300, 65 et 1 060, 100 et 689, 106 et 650, 130 et 530, 212 et 325, 260 et 265.

1.5.14;4.0 = X_4, = 185 120 jours. Le quatrième intrus possède 24 paires de diviseurs : 1 et 185 120, 2 et 92 560, 4 et 46 280, 5 et 37 024, 8 et 23 140, 10 et 18 512, 13 et 14 240, 16 et 11 570, 20 et 9 256, 26 et 7 120, 32 et 5 785, 40 et 4 628, 52 et 3 560, 65 et 2 848, 80 et 2 314, 89 et 2 080, 104 et 1 780, 130 et 1 424, 160 et 1 157, 178 et 1 040, 208 et 890, 260 et 712, 356 et 520, 416 et 445.

3.16.8;17.0. = $\mathbf{X_1 + X_2 + 2\,(X_3 + X_4)}$ = 550 420 jours. Nous avons vu que cette simple combinaison C des intrus permet d'approximer la durée de l'année tropique (C ≈ 1 507 AT), et d'autres cycles d'usage fréquent chez les Mayas. Elle possède 24 paires de diviseurs : 1 et **550 420**, 2 et 275 210, 4 et 137 605, 5 et 110 084, 10 et 55 042, **13** et 42 340, 20 et 27 521, 26 et 21 170, 29 et **18 980**, **52** et 10 585, 58 et 9 490, **65** et 8 468, **73** et 7 540, **116** et 4 745, 130 et 4 234, 145 et 3 796, 146 et 3 770, **260** et **2 117**, 290 et 1 898, 292 et 1 885, **365** et 1 508, 377 et 1 460, 580 et **949**, 730 et 754.

Voici maintenant les cycles les plus connus :

2.5;9.0. = 1 CB **=** 16 380 jours. Faute de nom connu, j'appelle ce cycle, le « Beau Cycle », CB, pour son air de famille avec le CR. Ils sont de durée similaire, de l'ordre de 50 ans, comparable à une vie humaine, et leurs décompositions se ressemblent : le CB est généré par 13, 20 et 63, tandis que le CR l'est par 13, 20 et 73. Le CB est le PPCM de deux paires d'entiers, (260, 819) et (91, 180), qu'un scribe remarquerait puisqu'il s'agit du *tzolkin*, du cycle du Kauil, du quart du zodiaque, et de la demi-année de compte (neuf vingtaines, ou vingt neuvaines). En tout cas, ces paires d'entiers permettent d'écrire : 1 CB = 20 × 819, 1 CB = 63 × 260, et 1 CB = 91 × 180.

Le CB possède 36 paires de diviseurs et permet de comesurer de nombreux cycles que nous supposons avoir été d'un intérêt certain pour le comput des scribes : 1 et 16 380, 2 et 8 190 ; 3 et 5 460 ; 4 et 4 095 ; 5 et 3 276 ; 6 et 2 730 ; 7 et 2 340 ; 9 et 1 820 ; 10 et 1 638 ; 12 et 1 365 ; 13 et 1 260 ; 14 et 1 170 ; 15 et 1 092 ; 18 et 910 ; 20 et 819 ; 21 et

780 ; 26 et 630 ; 28 et 585 ; 30 et 546 ; 35 et 468 ; 36 et 455 ; 39 et 420 ; 42 et 390 ; 45 et 364 ; 52 et 315 ; 60 et 273 ; 63 et 260 ; 65 et 252 ; 70 et 234 ; 78 et 210 ; 84 et 195 ; 90 et 182 ; 91 et 180 ; 105 et 156 ; 117 et 140 ; 126 et 130. Le Beau Cycle permet de découvrir des égalités comme : 20 × 819 = 21 × 780 = 28 × 585 = 52 × 364 = 63 × 260 = 140 × 117. Son double, 2 CB = 32 760, possède 96 diviseurs et vaut 90 années de compte (**tun**).

2.12;13.0. = 1 CR = 18 980 jours. Le CR est le PPCM de deux couples d'entiers remarquables : (260, 365), et (260, 949). D'où les égalités : 1 CR = 52 *haab,* 1 CR = 73 *tzolkin,* et 1 CR = 20 × (365 + 584). Même chez les Mésoaméricains qui ne numérotaient pas les jours des mois l'année festive, ou qui n'utilisaient pas le Compte long, le CR était sans doute mieux connu que le CB, parce qu'il était vu comme un cycle de 52 années *haab* ($^1/_{52}$ CR = 1 *haab*), alors que la durée moyenne, 315 jours, de chacune des 52 entités d'un CB n'est pas spécialement remarquable (315 = 3^2 × 5 × 7). De plus, le CR possède « seulement » douze paires de diviseurs : 1 et 18 980, 2 et 9 490, 4 et 4 745, 5 et 3 796, 10 et 1 898, 13 et 1 460, 20 et 949, 26 et 730, 52 et 365, 65 et 292, 73 et 260, 130 et 146 ; à comparer aux trente-six paires du CB.

4.11;0.0. = 2 CB = 32 760 jours. Cet entier, le double du Cycle Beau, a 48 paires de diviseurs : 1 et 32 760, 2 et 16 380, 3 et 10 920, 4 et 8 190, 5 et 6 552, 3 276 ; 6 et 5 460, 9 et 3 640, 10 et 3 276, 12 et 2 730, 13 et 2 520, 14 et 2 340, 15 et 2 184, 18 et 1 820, 20 et 1 638, 21 et 1 560, 24 et 1 365, 26 et 1 260, 28 et 1 170, 30 et 1 092, 35 et 936, 36 et 910, 39 et 840, 40 et 819, 42 et 780, 45 et 728, 52 et 630, 56 et 585, 60 et 546, 63 et 520, 65 et 504, 70 et 468, 72 et 455, 78 et 420, 84 et 390, 90 et 364, 91 et 360, 104 et 315, 105 et 312, 117 et 280, 120 et 273, 126 et 260, 130 et 252, 140 et 234, 156 et 210, 168 et 195, 180 et 182.

5.5;8.0. = 2 CR = 37 960 jours, le double CR est PPCM de 260 et 584, il s'écrit aussi : 40 × 949, 65 × 584, 104 × 365, 146 × 260, 1 508 *haab* ou 2 117 *tzolkin.* Le double CR a seize paires de diviseurs : 1 et 37 960, 2 et 18 980, 4 et 9 490, 5 et 7 592, 8 et 4 745, 40 et 3 796, 20 et 1 898, 26 et 1 460, 40 et 949, 52 et 730, 65 et 584, 104 et 365, 130 et 292, 146 et 260.

9.9.16;0.0. = **NDV** = 1 366 560 jours. Cet entier se trouve au début des tables de Vénus, en page 24 du codex conservé à Dresde. Il entre dans une équation célèbre en particulier par son nombre-anneau (indiquant une translation négative, ou remontant le temps à contre-courant) : **9.9.16;0.0.** [**4 Ahau** ***8 Cumku***] – **6;2.0.** = **9.9.9;16.0.** [**1 Ahau** ***18 Kayab***]. Ce Nombre De Vénus possède 18 paires de diviseurs : 1 et 1 366 650, 2 et 683 325, 3 et 455 550, 5 et 273 330, 6 et 227 775, 9 et 151 850, 10 et 136 665, 15 et 91 110, 18 et 75 925, 25 et 54 666, 30 et 45 555, 45 et 30 370, 50 et 27 333, 75 et 18 222, 90 et 15 185, 150 et 9 111, 225 et 6 074, 450 et 3 037.

9.9.16;0.0. × **5.0.** = **2.7.9.0.0;0.0.**, Cet entier, 100 NDV ou 400 N_2 vaut 100 × 1 366 560 = 400 × 341 640 = 136 656 000. Il possède 192 paires de diviseurs : 1 et 136 656 000, 2 et 68 328 000, 3 et 45 552 000, 4 et 34 164 000, 5 et 27 331 200, 6 et 22 776 000, 8 et 17 082 000, 9 et 15 184 000, 10 et 13 665 600, 12 et 11 388 000, 13 et 10 512 000, 15 et 9 110 400, 16 et 8 541 000, 18 et 7 592 000, 20 et 6 832 800, 24 et 5 694 000, 25 et 5 466 240, 26 et 5 256 000, 30 et 4 555 200, 32 et 4 270 500, 36 et 3 796 000, 39 et 3 504 000, 40 et 3 416 400, 45 et 3 036 800, 48 et 2 847 000, 50 et 2 733 120, 52 et 2 628 000, 60 et 2 277 600, 64 et 2 135 250, 65 et 2 102 400, 72 et 1 898 000, 73 et 1 872 000, 75 et 1 822 080, 78 et 1 752 000, 80 et 1 708 200, 90 et 1 518 400, 96 et 1 423 500, 100 et 1 366 560, 104 et 1 314 000, 117 et 1 168 000, 120 et 1 138 800, 125 et 1 093 248, 128 et 1 067 625, 130 et 1 051 200, 144 et 949 000, 146 et 936 000, 150 et 911 040, 156 et 876 000, 160 et 854 100, 180 et 759 200, 192 et 711 750, 195 et 700 800, 200 et 683 280, 208 et 657 000, 219 et 624 000, 225 et 607 360, 234 et 584 000, 240 et 569 400, 250 et 546 624, 260 et 525 600, 288 et 474 500, 292 et 468 000, 300 et 455 520, 312 et 438 000, 320 et 427 050, 325 et 420 480, 360 et 379 600, 365 et 374 400, 375 et 364 416, 384 et 355 875, 390 et 350 400, 400 et 341 640, 416 et 328 500, 438 et 312 000, 450 et 303 680, 468 et 292 000, 480 et 284 700, 500 et 273 312, 520 et 262 800, 576 et 237 250, 584 et 234 000, 585 et 233 600, 600 et 227 760, 624 et 219 000, 640 et 213 525, 650 et 210 240, 657 et 208 000, 720 et 189 800, 730 et 187 200, 750 et 182 208, 780 et 175 200, 800 et 170 820, 832 et 164 250, 876 et 156 000, 900 et 151 840, 936 et 146 000, 949 et 144 000, 960 et 142 350, 975 et 140 160, 1000 et 136 656, 1 040 et 131 400, 1 095 et 124 800, 1 125 et 121 472, 1 152 et 118 625, 1 168 et 117 000, 1 170 et 116 800, 1 200 et 113 880, 1 248 et 109 500, 1 300 et 105 120, 1 314 et 104 000, 1 440 et 94 900, 1 460 et 93 600, 1 500 et 91 104, 1 560 et 87 600, 1 600 et 85 410, 1 625 et 84 096, 1 664 et 82 125, 1 752 et 78 000, 1 800 et 75 920, 1 825 et 74 880, 1 872 et 73 000, 1 898 et 72 000, 1 920 et 71 175, 1 950 et 70 080, 2 000 et 68 328, 2 080 et 65 700, 2 190 et 62 400, 2 250 et 60 736, 2 336 et 58 500, 2 340 et 58 400, 2 400 et 56 940, 2 496 et 54 750, 2 600 et 52 560, 2 628 et 52 000, 2 847 et 48 000, 2 880 et 47 450, 2 920 et 46 800, 2 925 et 46 720, 3 000 et 45 552, 3 120 et 43 800, 3 200 et 42 705, 3 250 et 42 048, 3 285 et 41 600, 3 504 et 39 000, 3 600 et 37 960, 3 650 et 37 440, 3 744 et 36 500, 3 796 et 36 000, 3 900 et 35 040, 4 000 et 34 164, 4 160 et 32 850, 4 380 et 31 200, 4 500 et 30 368, 4 672 et 29 250, 4 680 et 29 200, 4 745 et 28 800, 4 800 et 28 470, 4 875 et 28 032, 4 992 et 27 375, 5 200 et 26 280, 5 256 et 26 000, 5 475 et 24 960, 5 694 et 24 000, 5 760 et 23 725, 5 840 et 23 400, 5 850 et 23 360, 6 000 et 22 776, 6 240 et 21 900, 6 500 et 21 024, 6 570 et 20 800, 7 008 et 19 500, 7 200 et 18 980, 7 300 et 18 720, 7 488 et 18 250, 7 592 et 18 000, 7 800 et 17 520, 8 000 et 17 082, 8 320 et 16 425, 8 541 et 16 000, 8 760 et 15 600, 9 000 et 15 184, 9 125 et 14 976, 9 344 et 14 625, 9 360 et 14 600, 9 490 et 14 400, 9 600 et 14 235, 9 750 et 14 016, 10 400 et 13 140, 10 512 et 13 000, 10 950 et 12 480, 11 388 et 12 000, 11 680 et 11 700[263]. L'entier 136 656 000 possède donc 384 diviseurs.

Composer ×13, ×20 et ×73 conduit au CR de 18 980 j, en passant par le *tzolkin*, ou par le cycle de 949 j. Composer ×13, ×20 et ×63 conduit au CB de 16 380 j en passant par le *tzolkin* ou par le cycle de 819 jours (Kauil). Explorons plus avant ces procédés générateurs, en prenant l'opérateur ×9 :

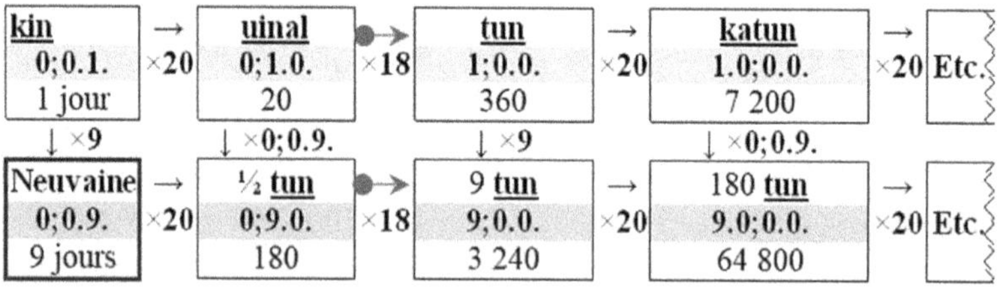

Figure 92 : *Une expérience de pensée*

[263] À un *tzolkin* près, 11 700 renvoie, au cycle de 405 lunaisons de 29,53 j (≈ 11 960), puisque 11 960 = 11 700 + 260 (soit 5 × *Copan Moon Ratio* = 5 × 2 392). À 2 jours par excès, c'est aussi le total des pages « éclipses » : **1.13;3.18.** = 11 958 = 2 × 3 × 1 993.

7) Peut-on éviter de voir des éléphants ?

Plus qu'ailleurs, c'est dans les expériences de pensée qu'il convient de rester critique. Car, même avec un esprit ouvert et bien informé, les préjugés et les *a priori* sont des pièges dans lesquels le bon sens nous fait tomber 9 fois sur 10, au point de voir des éléphants de Waldeck. Pour faire parler des témoins étrangers ou taciturnes, certains enquêteurs élucubrent des « théories », dont le caractère anachronique, chimérique et souvent fanatique[264] se révèle dans l'après coup. Avant d'en donner plusieurs exemples, montrons que le savoir croît sur le terreau du doute et du quiproquo, et qu'il est le fils naturel du **travail collectif** d'interlocution, de critique et d'ouverture des points de vue.

En régime interculturel, la saveur et la richesse des fruits de mille interactions toujours à l'œuvre sont relatives au degré de tolérance à l'autre, et à la différence de potentiel cognitivo-linguistique qui sépare des interlocuteurs en quête de langues de culture accordables. Pour des cas aussi simples que le modèle de l'atome d'hydrogène, je me suis appuyé sur les exemples du traduire les termes frère/sœur du panaré au français (Cauty 2017 : 287–293), et du saisir la conception du temps hélicoïdal des Koguis que Rubiel Zalaba Torres m'a fait comprendre à Nabusimake.

La figure ci-dessous présente une situation de traduction extrême (que j'appelle situation d'énonciation conflictuelle) qui contraint les chaînes de truchements à dé/reconstruire leurs notions/notations, et ceci jusqu'à produire des « signes à l'état naissant » (Cauty 1984a : 86–88), des concepts métis portés par des signifiants jusqu'alors inédits ou que l'on combine selon de nouveaux arrangements. Extraite du folio f9r du codex Tepetlaoztoc, la figure montre une situation de grande différence qui aide à voir, comme sous un microscope, que le quiproquo est le régime ordinaire de l'échange de paroles. D'autres exemples sont donnés dans l'étude de Gaillemin sur les « catéchismes pictographiques », coproduits

---

264 Des témoins d'autant plus taciturnes ou muets, qu'ils furent extraits, comme l'os d'Ishango (Keller 2010), d'un passé préhistorique lointain, ou qu'ils viennent d'une culture fort différente comme la date **13.0.0:0.0. 4 Ahau *3 Kankin***. Elle marque l'α/ω du cycle B_{13} de 1 872 000 jours, et correspond au 21/12/2012 (GMT et constante 584 283). À écouter les sirènes de la toile, ce serait une prédiction apocalyptique. Après enquête, Laure Gratias (2011) montre que la « prédiction » vient de la mouvance *new-age*, relayée par des individus d'horizons variés. LG évalue la prédiction (démentie depuis fin 2012), et les courants de spiritualité qui spéculèrent sur une apocalypse maya.

pour l'évangélisation des Indiens qui montre que la méthode originale de l'auteure « met en relief le caractère expérimental de la création de tels outils missionnaires élaborés à partir d'essais, de réajustements et d'innovations ; nous pouvons dès lors décrire les différents procédés employés, souligner l'hétérogénéité des solutions, [...] la variété des langues de lecture, et considérer les dynamiques de transformation sémiotique qui s'opèrent d'un cahier à l'autre » (Gaillemin 2011 : 207). Ce qui est vrai aussi entre locuteurs d'une même langue. En effet, ils sont toujours plus ou moins « étrangers » et éloignés par la différence des multiples identités et appartenances qui font leur personnalité et bornent leurs capacités. D'où un gradient des difficultés à se comprendre dans les couples JE/TU de l'interlocution, allant par ex. du couple (médecin jargonnant, patient ordinaire), aux couples d'un mari et de son épouse, ou d'un père et de ses enfants.

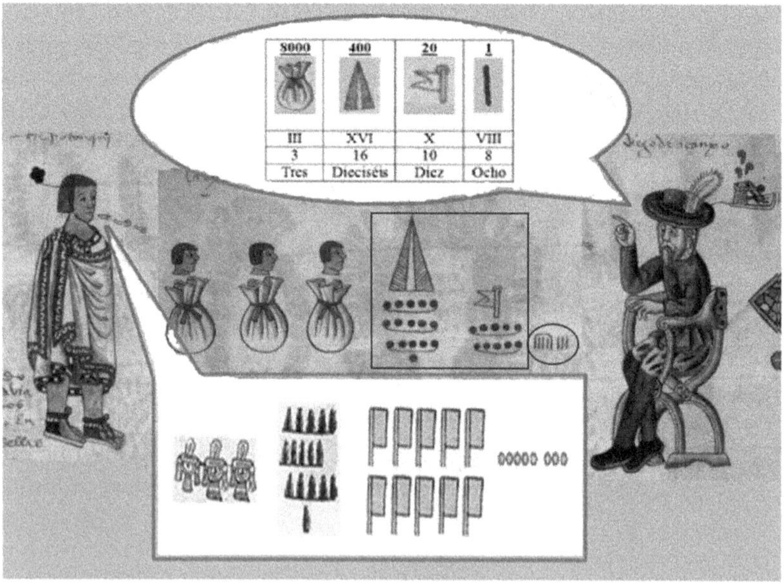

http://www.britishmuseum.org/collectionimages/AN00261/AN00261343_001_l.jpg

Figure 93 : *Véhicularisation de l'écriture des nombres*

La figure ci-dessus reprend une interprétation (Cauty 2013 : 207–213) d'une scène où l'on voit deux habitués des tribunaux des rois catholiques, un Aztèque et un Espagnol, en train de s'affronter. Le premier est debout, le second assis. Ils sont en train de concevoir, chacun selon ses habitus, et donc en logique et numérations différentes, l'entier 30 608 de manière à se faire comprendre de l'autre. Ils tentent de s'accorder sur une expression de cet entier qui leur permette de savoir qu'ils conçoivent bien un seul et même entier. Le message que l'Aztèque crée et émet à l'intention de l'Espagnol est peint/écrit en une « écriture » *sui generis*, à la fois inédite en mésoamérique aux époques précolombiennes, et étrangère à l'Espagne.

Le message numérique est au centre de la scène, où il apparaît comme un fruit métis, un hybride créé par les truchements qui réussirent à accorder leurs conceptualisations et sémiotisations du nombre. Pour cela, ils inventèrent une pictographie de communication, une sorte de koiné de l'écrit, par le moyen de laquelle les gens de deux langues, écritures et cultures différentes finissent par s'entendre, en l'occurrence sur la valeur numérique du message. Comme le montre la bulle que j'ai inscrite en-dessous de lui, l'Aztèque voit mentalement l'entier 30 608 dans sa langue nahuatl, et entend quelque chose comme « 3 sacs 16 touffes 10 drapeaux et 8 unités ». Comme le montre la bulle que j'ai inscrite au-dessus de lui, l'Espagnol voit 30 608 à travers des habitus des tableaux comptables et de l'abaque hérités en grande partie de l'Empire Romain.

La pictographie postcolombienne en laquelle le message numérique a été accordé est une koiné, une véhicularisation de l'écriture numérique aztèque métissée par l'espagnole. Voici trois indices du processus de véhicularisation :

a) les 4 'chiffres' aztèques ont subi un changement de signifiant dont le résultat est de les « hispaniser » ; c'est par exemple le cas du nœud des huit milliers qui a, dans le message, la forme d'une bourse de colon,
b) la pictographie des monômes, **16 × <u>400</u>** et **10 × <u>20</u>** (cadre), innove en abandonnant la logique additive de la numération écrite aztèque, et en imitant la syntaxe des classificateurs de la langue nahuatl ; ce faisant le scribe sémiotise deux déterminations à valeur multiplicative,
c) un diacritique filiforme montre comment regrouper les unités du monôme, **8 × <u>1</u>** (cercle) par paquet de cinq.

La suite de ce chapitre est consacrée à trois exemples de la difficulté d'entendre l'autre (/ou de la facilité de se méprendre).

Le premier est relevé par Héctor Hernández Nieto (1978) ; Selon Nieto, le moine cistercien Juan de Caramuel y Lobkowitz (1606–1682) était soucieux de « pénétrer avec un esprit ouvert l'arithmétique en usage dans l'ancienne Mexico ». Mathématicien et grammairien[265], très au fait des propriétés des numérations en différentes bases, Caramuel réfutait aussi fortement l'affirmation fausse d'Alonso de Molina (1514?-1585) fixant à 8 000 la limite de la numération aztèque, que l'affirmation vraie de son caractère vigésimal[266]. Cet exemple montre qu'un esprit ouvert peut produire ce que Nieto appelle des « hybrides monstrueux ». Une appellation introduite pendant l'analyse de l'étude de la numération parlée nahuatl faite par Caramuel. Elle stigmatise le fait que le prélat n'a pas décrit les expressions numérales aztèques telles qu'elles sont, mais telles qu'il les a manipulées, au point de transformer une numération parlée vigésimale bien organisée en un système quinaire, une numération de position de base cinq (sans zéro). Bien que curieux, compétent et bienveillant envers les Aztèques, Caramuel a accouché d'une chimère : une numération purement quinaire. Ses interprétations reposent sur un quiproquo, fruit d'une aberration ou d'un raté du système cérébral que décrit assez bien la locution « prendre des vessies pour des lanternes (/ou prendre ses désirs pour la réalité) », ce qui arrive quand on est entraîné par un algorithme si bien huilé qu'il lui arrive parfois de se déclencher à notre insu, et hors de propos. Le calcul arithmétique est l'un de ces algorithmes bien huilés.

Danièle Dehouve, anthropologue et ethnohistorienne spécialiste de *L'imaginaire des nombres chez les anciens Mexicains*, fournit notre deuxième exemple. Cette auteure consacre son chapitre VI 'Mesures du corps, mesures du monde' (p. 97–111) à l'étude approfondie des mesures nahuas de longueur. Partant d'« un nouveau questionnement » (Dehouve 2011 : 100), elle recherche « la logique de construction du système nahua de mesure dans son ensemble » (p. 98), et se fixe « pour but de reconstruire le système d'équivalence généralisée entre les différentes mesures » (p. 100). Plutôt que la recherche des taux de change entre les unités aztèques et européennes, l'objectif de DD est de les faire parler et dire que l'ensemble des unités nahuas était un « système nahua de

[265] Son œuvre est très variée : http://data.bnf.fr/documents-byrdt/12392566/70/page1

[266] De type additif, la numération écrite n'utilisait que quatre 'chiffres', <u>1</u>, <u>20</u>, <u>400</u> et <u>8 000</u> (Cauty 2017 : 64), chaque 'chiffre' pouvait être répété jusqu'à 19 occurrences, soit une capacité générative théorique de 160 000. Une présentation Cauty (2013 : 139–144) de la notation 'chiffre', et des nombres attestés par des listes de tributs de la *Matrícula de tributos* ou du codex Mendoza.

mesure », et non pas un amas d'unités hétéroclites qui changeaient de valeur d'une cité ou d'une époque à l'autre[267].

Après une revue de la littérature, des considérations méthodologiques et diverses généralités, DD se donne, pour chacune des unités, une estimation précise de sa valeur en système colonial ou métrique. Observant sur le terrain qu'un devin fait encore des mesures « sur son propre corps à l'aide de la main écartée en empan », DD fait l'hypothèse que l'empan, (*iztetl*), est l'unité principale (l'étalon) du système à découvrir. Suite à diverses considérations et calculs de rapports, DD définit l'empan au centième de millimètre près, et pousse son eurêka : « si on lui accorde une valeur de 0,20835 m, une "coudée" est alors égale à 2 empans, une "aisselle" à 3 empans, un "cœur" à 4 empans, une "flèche" à 6 empans, une "brasse horizontale" à 8 empans et une "brasse verticale" à 12 empans » (p. 103).

CQFD. Les unités aztèques sont dans des rapports « simples », et leur ensemble peut être dit « régulier », voire « former un système ». Examinons la preuve des points de vue des données, de la méthode, et des résultats obtenus. Commençons par le dernier. En page 101, un tableau dressé par DD regroupe les résultats obtenus sur un corpus de quinze unités de longueur nahuas dont elle fait apparaître deux parties quasi égales sur « le critère de la taille ». Le recours au bon sens justifie, comme un argument d'autorité, la bipartition du « système » : « Je pense que la logique du système voulait qu'il y eût un grand nombre de petites unités, pour pouvoir disposer des instruments adéquats à l'expression des dimensions réduites. J'en compte ici cinq, de 1,7 cm à 27 cm » (Dehouve 2011 : 101). La figure ci-dessous présente a) un extrait du tableau 15 dressé par Dehouve, puis, pour comparaison, b) un extrait des principales unités espagnoles de l'époque coloniale.

Le tableau 15 de la page 101 de Dehouve laissait vides les cellules de la 3e colonne, (équivalence/rapport) des six premières lignes, de la 9e et de la 10e. Les valeurs de la 4e colonne permettent de calculer les équivalences non renseignées. Les résultats que j'obtiens sont transcrits après le symbole * ≈ qui indique qu'ils sont tronqués à deux décimales, et que j'ai pris la moyenne des valeurs quand la 4e colonne en contient deux, ou les maxima et minima quand elle en contient plus de 2 :

---

267 « Les sources anciennes [...] prouvent [...] que les étalons de temps formaient, chez les Aztèques, un agrégat hétéroclite et fermé » de cycles temporels (Cauty 2017 : 74).

	Unité	Nom nahua	Équivalence (rapport)	Valeur (en m)
1	**Doigt**	*Mapilli*	* ≈ $^{1}/_{147}$ brasse verticale	0,017
2	**Paume**	*Macpalli*	* ≈ 4,7 doigt	0,07 à 0,09[268]
3	**Empan**	***Iztetl***	* ≈ 2,6 paume	0,20835
4	**Os**	*Omitl*	* ≈ 1,12 empan	0,23 à 0,3344
5	**Pied**	*Xacpalli*	* ≈ entre 0,82 os et 1,22 os	0,2728/0,28
6	**Sabre**	*Matzotzopaztli*	* ≈ entre 1,07 pied et 1,83 pied	0,30/0,38/0,50
7	**Coudée**	*Molicpitl*	2 empans * ≈ [2 × 0,20835 = 0,417]	0,42
8	**Aisselle**	*Ciacatl*	3 empans * ≈ [3 × 0,20835 = 0,62505]	0,63
9	**Pas**[269]	*Tlacxitl*	Environ 2 pieds ½ * ≈ 1,06 aisselle	0,6965
10	**Épaule**	*Acolli*	? * ≈ 1,13 pas	0,775/0,80
11	**Cœur**	***Yollotli***	49 doigts, 10 paumes, 4 empans, 3 pieds, 2 coudées // 1 *vara* espagnole de 0,8359 m	0,8334
12	**Flèche**	*Mitl*	6 empans, 1 cœur et 1 coudée	1,25
13	**Stature**	*Nequetzalli*	7 os (?)	1,60
14	**Brasse**$_1$	*Maitl*	8 empans, 4 coudées, 2 cœurs	1,6668
15	**Brasse**$_2$	*Maitl uehuitzan-tli*	12 empans*≈[12×0,20835= 2,5002] 6 coudées, 4 aisselles, 3 cœurs, 2 flèches,* ≈ 147,06 doigt	2,50

Partie a) : La trame distingue la partie dite des « petites unités ».

	Espagnol	Français	Équivalence		Espagnol	Français	Équivalence
1	*Punto*	Point	0,161 mm	*7*	*Codo*	Coude	417,953 mm
2	*Línea*	Ligne	1,935 mm	*8*	*Vara*	Verge	835,905 mm
3	*Dedo*	Doigt	17,415 mm	*9*	*Paso*	Pas[270]	1,393 m
4	*Palmo*	Empan	20,873 mm	*10*	*Braza*	Toise	1,672 m
5	*Pulgada*	Pouce	23,220 mm	*11*	*Estadal*	Perche	3,344 m
6	*Pie*	Pied	278,635 mm	*12*	*Cuerda*	Corde	6,896 m

Partie b : La trame indique les unités espagnoles présentes dans le corpus de DD.

Figure 94 : *Tableaux d'unités de longueur nahuas*

268 La paume varie de 0,07 à 0,09 m, on pourrait donc l'écrire **0,08 ± 0,01**.

269 Correspond au *gradus* romain, distance parcourue en une enjambée (pas simple).

270 Correspond au *passus* romain de 5 pieds, parcourus en deux enjambées (pas double).

L'absence de rapports dans les cellules non renseignées semble s'expliquer par le fait que la valeur obtenue ne peut pas être interprétée comme un nombre entier. Ces rapports non entiers affaibliraient la thèse disant que l'ensemble des mesures forme un « système » d'unités en rapports entiers.

On peut néanmoins affirmer que la méthode dehouvienne conduit bien à une conclusion, à savoir que les unités de la moitié du corpus contenant les plus grandes d'entre elles peuvent être considérées comme étant liées par des rapports assimilables à des entiers. Ce qui est établi depuis « coudée » jusqu'à « brasse$_2$ verticale », et permet de dire qu'un **cœur** c'est 2 **coudées**, ou 3 **pieds**, ou 4 **empans**, ou 10 **paumes**, ou 49 **doigts**, ou une verge (*vara*) de 3 **pieds**.

Dehouve justifie l'importance qu'elle attribue à l'unité **cœur** par le fait que c'est la « seule unité nahua qui puisse être comparée avec exactitude à une unité espagnole [qui] correspond à la distance séparant le milieu du thorax du bout des doigts [...]. Le "cœur" correspond à une *vara* espagnole [...] et la *vara* mesurait 0,8359 m » (Dehouve 2011 : 100), et parce que cette mesure peut être associée à un monolithe du Templo Mayor (cf. note 273).

Comme pour « la main écartée en empan », le référent à la fois réel et imaginaire de l'unité « cœur » est le corps humain. Plus généralement, (et à la seule exception du « sabre à tisser » et de la « flèche » qui sont des outils de l'industrie humaine), toutes les unités du corpus sont ou renvoient à des parties du corps. D'où, des deux côtés de l'Atlantique, la présence d'étalons fluctuants sur un lac de valeurs allant de 70/80 cm à 110/120 cm, entre ¾ et 1 $^{1}/_{10}$ de mètre. Ce que confirme, par exemple, le *Dictionnaire des poids et mesures anciens et modernes* (Doursther 1840 : 566–568) quand il écrit que la *vara* varie, (selon les pays, époques et usages), de 0,771 m à 1,100 m. La valeur 0,8359 m retenue par DD correspond, d'après ce dictionnaire, à la *vara* de Burgos, attestée en Castille et ses colonies américaines (de la Colombie jusqu'au Chili).

Reprenant tous les calculs, on observe que les rapports entiers ont été obtenus au prix d'un laxisme *ad hoc* pour décider du nombre de chiffres significatifs retenus, et avec une certaine dose de subjectivité pour choisir, comme longueur des unités aztèques, telle valeur plutôt que telle autre[271].

---

[271] Dehouve justifie comme suit le choix de 0,8334 m comme longueur métrique de l'unité cœur ; « Tout récemment [2006], les archéologues [...] ont exhumé une pierre taillée monumentale représentant la divinité de la terre, Tlaltecuhtli. Ses dimensions, reconstruites avec exactitude par les moyens les plus modernes, sont de 4,17 m de

DD est consciente de la difficulté puisqu'elle précise p. 101 par ex. qu'« Il faut reconnaître que, chez les anciens Mexicains, le « cœur » n'était pas calculé au [$^{1}/_{100}$] millimètre près et correspondait à environ 0,83 m plutôt qu'à 0,8334 m (dimension de la Tlaltecuhtli) ou 0,8359 m (dimension de la *vara* espagnole) ».

En écrivant qu'un cœur est égal à une *vara* de trois pieds, DD montre deux choses. D'une part, qu'elle a choisi les longueurs décimales 1 **cœur** = 0,8334 m, 1 *vara* = 0,8359[272] m, et, d'autre part, qu'elle a validé des égalités et des quasi-égalités comme par exemple : 0,8334 ≈ 0,8359 (équivalence empan ≈ *vara*), 1 pied = 0,2786**3** m (équivalence 1 pied ≈ $^{1}/_{3}$ *vara* ou 1 *vara* ≈ 3 pieds), et 3 × 0,2786**3** = 0,8358**9** ≈ 0,8359. Autrement dit, le pied a deux types de valeurs métriques, 0,2778 m ou 0,28 m (en troisième colonne du tableau), et 0,2786**3** m (par le calcul du tiers de la *vara*).

Les rapports entiers sont obtenus à partir de mesures décimales précises au centième de millimètre près. Faussement précises, si l'on veut bien se rappeler que les unités aztèques, comme celles de l'Europe sous l'Ancien Régime, variaient d'une cité et d'une époque à l'autre et ne pouvaient pas être mesurée avec une telle précision. Du coup, la longueur de l'**empan** (/ou de toute unité en rapport entier avec lui) n'est pas reproductible à l'identique, et ne peut pas servir, contrairement au mètre[273], de référence ou d'étalon de mesure. D'ailleurs, DD précise elle-même, en page 103, que le quart du **cœur**, soit l'**empan** nahua, « varie de 0,18 m, selon une estimation de Castillo reprise par Clark, à 0,20 ou 0,21 m, selon les textes d'époque cités par Matías Alonso ».

---

long et de 3,62 m de large. Sa longueur est donc divisible par 5 [*sic* !], car [*sic* !] 4,17 m : 5 = 0,8334 m [*sic* !]. Cette dimension, la seule pour l'instant qui provienne d'une mesure exacte prise dans un contexte archéologique [Templo Mayor de Tenochtitlan] peut donc servir de base fiable à notre reconstruction » (Dehouve 2011 : 101). Dehouve ne signale pas que, selon d'autres sources, la longueur du monolithe est donnée égale, non pas à 4,17 m, mais à 4,19 m ou 4,32 m ; ces différences pourraient venir du fait que le monolithe est brisé en gros morceaux, et que sa forme (en chapeau de gendarme) est à peu près un rectangle (http://www.jornada.unam.mx/2010/05/18/fotos/a04n1cul-1.jpg).

272 La valeur 0,8359 m retenue par DD correspond à la *vara* de Burgos.

273 Dix-millionième partie du quart du méridien terrestre jusqu'en 1960, le mètre est aujourd'hui la distance que la lumière franchit dans le vide en 1/299792458 de seconde.

Il est donc difficile de valider sans réserves le rapport entier trois, censé relier une **aisselle** et un **empan**, sur la base de leur mesure au centième de millimètre : 1 × 0,62505 m = 3 × 0,20835 m. De même, la **brasse verticale**, convenue de 12 **empan**, aurait, pour DD mais pas pour Castillo, Clark et Alonso, une longueur de 2,50020 m. Ainsi, selon la valeur attribuée à l'**empan**, la **brasse verticale** varie de 2,16 à 2,52 m. Elle n'est donc plus égale à 12 **eD**, ou « empan de Dehouve » de 0,20835 m[274]. En effet : 2,16 m ≈ 10,367 **eD**, et 2,52 m ≈ 12,095 **eD**. La **brasse verticale** varie entre 10 **eD** et 12 **eD**. Il en serait de même pour les autres unités. La méthode conduit à une impasse, puisqu'elle ne permet pas de décider si la **brasse verticale** renvoie, selon les valeurs de l'empan, à une « logique » décimale, duodécimale, ou autre.

La régularité dégagée par DD est le fruit d'une méthode qui utilise le système métrique pour traduire, à la manière d'une langue pivot, les unités nahuas en unités internationales. La méthode fait passer d'un système d'unités définies sémantiquement (par leur référence aux parties du corps, et par les rapports entiers qui les relient entre elles), à un système défini par un étalon et une règle de progression géométrique, qui renvoient aux nombres (décimaux), et rendent les unités abstraitement comparables par le calcul arithmétique. En d'autres termes, la méthode remplace le contrôle sémantique des rapports internes, habituel en terre indigène ou chez les adultes peu scolarisés (Soto & Rouche 1994), par le contrôle abstrait des Modernes, lequel repose sur l'usage du système international des poids et mesures, et s'exerce par le calcul arithmétique effectué sur les expressions décimales de ces mesures.

La méthode dehouvienne repose sur une convention et un postulat. La convention qui fait de l'**empan** de 0,20835 m un étalon de longueur lié à la *vara* espagnole, et aussi au « cœur » par le monolithe de Tlatelcutli du Templo Mayor. Le postulat que les unités nahuas sont, ou devraient être, entre elles dans des rapports assimilables à des entiers (ou des fractions simples d'entier, comme 1 ½ par exemple). Cette convention et ce postulat sont la condition par laquelle une moitié des unités peut être dite « régulière », en précisant qu'il ne s'agit pas de la régularité d'un « système » d'unités de poids et mesures formant, comme celles du système métrique, une progression géométrique.

---

[274] Valeur au 1/100 000 m de l'empan-pivot servant à régulariser l'ensemble des unités.

En Mésoamérique, c'était le cas de l'ensemble des périodes mayas (**tun**, **katun**, etc.), dont on peut dire, sans abus de langage, qu'elles formaient un « système vigésimal » d'unités de temps, un pur produit du travail scienti*fique* des Mayas interagissant avec les scribes des grandes cultures voisines ou contemporaines de l'époque classique. Contrairement à la vigésimalité des périodes mayas, les rapports d'équivalence calculés entiers par DD sont, (à l'exception de 7 et 49), les diviseurs des deux « bases » les plus répandues et utilisées dans le monde des calculateurs (douze en métrologies « concrètes », dix en numérations et calcul « abstraits »). Or, pour être liés à la longueur de diverses parties du corps, les rapports n'ont guère de chances d'être pile des entiers[275] ; d'autant moins qu'il était impossible, à l'époque des cités aztèques, de mesurer au centième de millimètre près : écrire que l'**empan** est long de 0,20835 m est un non-sens ou un anachronisme. En tout cas, il semble exagéré d'affirmer que la « régularité » (non progressive) obtenue par DD est la « logique [...] du système nahua de mesure dans son ensemble ».

Quid de cette régularité ? L'histoire des métrologies et l'épistémologie expérimentale suggèrent que la « régularité » observée est un universel résultant de l'usage fréquent par des locuteurs/calculateurs humains, tandis que la « systématicité » résulte d'une décision politique. Prenons, par exemple, une main. Par constitution, elle a une paume, un pouce à deux phalanges et quatre doigts de trois phalanges, etc. Tout homme est conscient de la constitution de ses mains, et peut donc en comparer les parties, et apercevoir que trois largeurs d'un pouce équivalent grossièrement à quatre largeurs de doigts, ou encore qu'une longueur de doigt équivaut à peu près à une largeur de paume. Nul besoin d'être diplômé en arithmétique pour établir de tels rapports internes.

Prenons un ensemble dont les éléments ne sont pas liés aux parties du corps, soit l'ensemble {... siècle, an, mois, semaine, jour, heure, minute...}. Les rapports de ses éléments sont des entiers, {... 100, 12, 4, 7, 24, 60...}, ce qui permettrait à DD de dire qu'il est « régulier ». Mais, pour ne pas être en progression géométrique, leur ensemble ne peut pas être déclaré « système ». D'ailleurs cet ensemble d'unités est le seul que la révolution française de 1789 n'a pas réussi à imposer. La population a refusé qu'on force cet ensemble d'unités familières et parfaitement

---

[275] Dans son tableau 15, p. 101, les rapports découverts par DD sont : le carré **49**, et les entiers : **2**, **3**, **4**, **6**, 7, **8**, et **12**. Soulignés et en **gras**, les nombres qui « étaient dotés d'une signification symbolique dans l'ancien Mexique » (DD : 103).

maîtrisée sémantiquement à prendre l'habit abstrait d'une progression géométrique de raison dix. Elle n'a pas accepté de se voir ainsi contrainte de changer les horloges et les calendriers. Ce qui montre qu'un ensemble peu structuré et proche, comme celui des Aztèques, d'un inventaire à la Prévert, peut être dit « régulier » sans que l'on puisse le regarder comme un « système ». L'histoire suggère que les usages populaires d'un ensemble d'unités de mesures tendent universellement à faire adopter par leurs usagers le contrôle sémantique des mesures en convenant de rapports entiers qui en régularisent et structurent l'ensemble.

En métrologie, et pour la plupart des ensembles de mesures attestés dès l'Antiquité, les rapports entiers, et spécialement les diviseurs de 10 et de 12, sont monnaie courante. Ils sont le produit naturel, d'une part, de nos facultés sensorielles et d'estimation, lesquelles distinguent de manière immédiate, (phénomène de la « subitisation »), les petites numérosités ou les grandes différences d'ordre de grandeur ; et le produit, d'autre part, de l'anatomie qui nous a donné 2 mains et 2 pieds de 5 doigts, chacun de 3 phalanges (/ou de 2 pour le pouce et le gros orteil), le tout ayant conduit, à Sumer et Babylone, à l'invention graduelle de systèmes sexagésimaux de numérations écrites, et à la stabilisation d'ensembles de mesures de plus en plus régulièrement structurés par les diviseurs de soixante, et de moins en moins dépendants des champs d'expérience qui les firent naître.

Des inventions et des processus que Thureau-Dangin (1932) ou Abel Rey (1933) relient à la genèse de la numération sumérienne primitive, c'est-à-dire, à l'usage d'une numération commune apparue longtemps avant le déploiement du système babylonien savant. Ce qui distingue et caractérise le système savant c'est la position des signes numériques. En l'occurrence, c'est la position des puissances, positives et négatives, de soixante les unes par rapport aux autres, (sans aucune distinction entre les entiers et les fractions), qui exprime leur valeur numérique, et ceci sans inscrire le moindre signe d'unité ou de grandeur. Au plus tard vers 300 av. J.-C., la numération savante de position adopte les deux clous obliques ou le double chevron (signe typographique de séparation ou fin de colonne) comme une sorte de zéro médial (qui ne deviendra jamais un zéro final, et très rarement un zéro initial).

La sexagésimalité de la numération primitive surgit comme le fruit de l'interaction des habitus naturels et populaires, voire universels : compter et mesurer. En particulier, énumérer (ordinal) et compter (décimal) sur les doigts des mains, et possiblement sur les phalanges, au cours de pratiques impliquant l'habitus de distribuer les quantités en douzaine, et de se doter de systèmes structurés sur les diviseurs de cet entier, par exemple le système « grosse (144) », « douzaine (12) », « sextain (6) » et « tierce » (3) ou « couple » (2). Ces manières de répartir s'imposent dans les pratiques comme le troc, la vente et l'achat. Ces répartitions facilitent le contrôle sémantique des échanges par la familiarité des petits rapports entiers convenus entre les unités d'un système, et par les petits taux de change convenus entre les étalons de systèmes différents.

À ma connaissance, les anciens Sumériens sont les premiers à avoir métissé ces deux pratiques rapidement devenues universelles, celles des comptes par dix et par six (ou par douze), les premiers à avoir fusionné un système décimal et un système sextal ou duodécimal. La fusion de ces deux habitus génère un système forcément sexagésimal, comme ce fut le cas pour la numération babylonienne et pour le cycle calendaire chinois obtenu par énumération simultanée du cycle des dix troncs et du cycle des douze branches, (un mode d'énumération attestée également par le cycle divinatoire mésoaméricain de 13 **α** et 20 **X**).

Autrement dit, l'origine du système sexagésimal serait à rechercher dans la fusion de deux systèmes : un système décimal et un système sextal/duodécimal. Le succès de la sexagésimalité, du fruit de cette fusion, aurait été assuré par le fait qu'elle ajoute, à celles du comptage sur les doigts, les commodités de la divisibilité et des partages en parts égales aux nombreux petits diviseurs de la base soixante, $\underline{S}$. Entre les mains expertes des scribes, la sexagésimalité a conduit au développement du calcul des inverses d'un entier *n*, c'est-à-dire d'un entier n^{-1} défini par l'égalité $n \times n^{-1} = \underline{S}$ qui est vérifiée ssi la décomposition en facteurs premiers de *n* ne contient que des puissances de 2, de 3, et de 5. Comme le démontre Christine Proust (2005), à partir de l'analyse des tablettes scolaires mathématiques de Nippur, les Mésopotamiens distinguaient fortement deux fonctions différentes du nombre, quantifier et calculer, renvoyant aux pratiques de la mesure « concrète » et du calcul « abstrait », ou, chez les Mayas, à la distinction des classificateurs mesures et unités (Cl_{MES} et Cl_{UNIT}) :

> Il existe d'une part des nombres pour quantifier, en général de principe additif, utilisés en métrologie et dans les dénombrements, et d'autre part des nombres abstraits (sexagésimaux, positionnels, sans ordre de grandeur spécifié) pour calculer, [...] pour effectuer les multiplications et les divisions. Les calculs de surface et de volume nécessitent des va-et-vient entre les nombres mesurés et les nombres abstraits ; ces conversions sont assurées par les tables métrologiques. Le calcul sexagésimal positionnel proprement dit

s'est aussi développé de façon autonome, hors de tout contexte métrologique ou pratique, donnant lieu à l'invention d'algorithmes élaborés. (Conclusion).

Devenant de plus en plus familières, ces commodités ont conduit les scribes à l'invention de véritables systèmes, caractérisés par des nœuds ou des unités en progression géométrique, celui de la plus ancienne numération de position bien attestée, la numération sexagésimale des Babyloniens, sans autre zéro que le double chevron (zéro médial) apparu avant le IIIe s. av. J.-C., et ceux des multiples systèmes de poids et mesures de Mésopotamie. Mais on sait aussi, comme l'écrit Martzloff dans la préface,

> qu'un autre zéro est attesté dans des manuscrits grecs parmi les plus anciens connus, composés entre le Ier et le Ve siècle de l'ère commune, (un zéro rond lui aussi, [...]). Loin d'être un météore, ce zéro apparaît comme une sorte de réplique du double chevron cunéiforme utilisé comme signe de ponctuation dans un texte ordinaire, et comme marque d'absence d'unités dans les écritures sexagésimales des astrologues et astronomes du Croissant fertile ; ce qui en fait un prédécesseur, [plus crédible que *sunya* 'vide'], du zéro des manuscrits astronomiques arabes.

Repartons à la recherche des origines possibles de la « régularité » des systèmes dans l'Amérique coloniale postcolombienne. Ce qui terminera l'exposé du deuxième exemple.

En Europe, la « régularité » de l'ensemble des unités de longueur espagnoles en usage à l'époque de la Conquête remonte à l'Empire Romain, et, par là, à la Mésopotamie, à l'Égypte, et à la Grèce. Cet empire imposa le **pied** comme étalon de longueur, et un jeu fort ancien de rapports entiers pour définir les autres unités, par ex. : 1 *passus* = 2 *gradus* = 5 *pes,* ou 1 *palmus* = 4 *digitus*. L'Europe du Moyen Âge conserva le **pied** mais chaque ville ou région lui attribua une valeur concrète propre à cette ville. Elle conserva aussi les rapports romains, et les appliqua à des unités propres à chaque région, et dont certains pouvaient être d'origine strictement locale[276]. Les pieds de Paris et de Castille étaient, *grosso*

276 Selon M. Thouvenot (communication personnelle), un Nahua disposait à l'époque coloniale d'unités inconnues en Occident (os, cœur, flèche, aisselle...), ou définies différemment (le doigt par ex. vu en longueur par les Mésoaméricains, et en largeur par les Espagnols). La colonisation de la Gaule par les Romains a fait disparaître les numérations vigésimales locales, dont il ne reste que quelques traces en breton, ou en français comme le célèbre quatre-vingts. Il faut attendre la Révolution pour exiger qu'un étalon serve de référence, qu'il soit précis, exact, reproductible et universel.

modo, dans le rapport[277] de 6 à 7. Dès la conquête, l'Espagne exporta en Amérique le tout de ces choix et régularités.

Si l'on exclut le système vigésimal des scribes mayas, la « régularité » des ensembles mésoaméricains d'unités de longueur pourrait résulter, comme celle des ensembles de mesures en Mésopotamie, des lois universelles régissant l'économie de leur usage fréquent. L'histoire des mesures nahuas est surtout connue par des sources coloniales et ethnographiques. Une bonne partie des données disponibles sont donc postérieures à la Conquête espagnole. Du coup, comme ce fut le cas en Europe après la colonisation de ses peuples par les Romains, on ne peut pas écarter l'hypothèse que telle ou telle « régularité » observée chez les Aztèques soit le résultat d'une acculturation, par exemple un contact avec les Mayas aux époques précolombiennes, ou un contact avec les Occidentaux à partir de la colonisation engagée après la découverte de Colomb.

L'étude de la régularité des ensembles d'unités nahuas se complique à partir du moment où les corpus rassemblent trois types de données : les données précolombiennes, coloniales, et celles obtenues par des enquêtes ethnologiques de terrain. Le brouillage des pistes vient, d'une part, du fait que l'autorité espagnole imposa aux anciens Mexicains sa langue (espagnol), sa numération (décimale) et sa métrologie (régulière), et, d'autre part, du fait que DD a transcrit les unités autochtones de mesure en unités du système métrique international, afin de déterminer et d'étudier l'ensemble de leurs rapports en les soumettant au calcul arithmétique sur les décimaux. Autrement dit, les données traitées par DD ont été mises en contact avec deux types d'unités non mésoaméricaines et d'époques différentes.

Malgré la rareté actuelle des sources précolombiennes fiables, le fait qu'il ait fallu passer par l'artifice des traductions en système métrique et le fait que les valeurs numériques trouvées ne sont pas toutes entières conduisent à deux conclusions : 1) jusqu'à l'époque coloniale, les unités de longueur ne formaient pas (ou ne formaient plus ?), en terre aztèque, un « système », et, 2) qu'il n'est pas encore possible d'écarter le doute que la « régularité » d'une partie de l'ensemble des mesures aztèques pourrait ne pas être totalement d'origine nahua, et être par exemple un fruit métis ou imposé. Un fruit des interactions, avant la conquête, des Aztèques avec les cultures mayas, ou un fruit imposé, après la conquête, par le

[277] Donné dans *Encyclopédie méthodique, marine*, (Sté de gens de lettres 1783 : 193).

colonisateur, (et avalé, avec plus ou moins d'appétit ou de dégoût, par le colonisé). Une question encore à trancher.

Voici maintenant notre troisième et dernier exemple de la difficulté d'entendre l'autre et du risque de prêter à des témoins étrangers ou taciturnes nos propres *a priori* parfois anachroniques, chimériques voire fanatiques. Cet exemple montre que le nombre permet, du fait même de sa grande arbitrariété et de sa généralité, de s'appliquer à tout, pour le meilleur ou pour le pire.

L'architecte et archéologue Adam (1988) montre qu'une imagination débridée peut faire dire tout et n'importe quoi à des séries de nombres obtenus en mesurant, sans contraintes de précision, un objet ou monument quelconque. L'imagination non contrôlée grossit le sottisier de l'« archéooccultisme », ce puissant « bon sens » qui produit des gloses et peut aller jusqu'à provoquer « la plus pitoyable mystification de l'histoire de l'archéologie », l'hypothèse que l'écriture serait apparue, non pas à Sumer, mais à Glozel, lieu-dit de Ferrières-sur-Sichon (Allier). Pour le prouver, (et comme Umberto Eco qui ironise toute lecture outrancière des données[278]), Adam (1988 : 212) prend les mesures d'une guérite de marchande de billets de loterie de l'avenue de Wagram à Paris. Il les soumet à la question. Jusqu'à leur faire avouer, à la manière des inquisiteurs ou des « archéomanes », que le menuisier de la guérite y aurait caché, non pas des rapports simples et universels, mais des trésors « insoupçonnables pour les témoins non initiés » : le cycle de Méton (235 lunes pour 19 ans), le nombre d'or φ (= 1,618033...), le réel π (= 3,141592...), et tout ce que l'on voudra.

Tout architecte qui les connaît peut « cacher » des nombres comme φ et π dans ses plans et constructions. Il suffit de disposer d'outils ou d'algorithmes qui permettent de construire ces nombres. Pour inscrire le nombre d'or dans ses œuvres, Le Corbusier conçut une numération de base φ et le Modulor. Il le fit sous l'hypothèse que le bien-être, en 'machine à habiter', ne vient pas de l'usage du système métrique abstrait, mais d'un ensemble de mesures de parties du corps (type « doigt, pouce, paume, empan, etc. ») que l'on agence en système cohérent d'unités convenues suivre la progression de raison φ : « Le Corbusier usera et abusera du nombre d'or. [...]. On n'en trouve pas les occurrences en se livrant à des

[278] Ce qui renvoie aux notions de co-interprétation du texte et des contextes, aux notions d'objectivité et de vérité. Pour une approche de ces questions, voir Treleani (2009).

mesures, mais en lisant les textes écrits ou en écoutant les conférences tenues par l'illustre architecte » (Cauty, http://iam.hy potheses.org/103).

Inversement, aucun architecte ou menuisier ne peut, sans les connaître préalablement et sans disposer d'un algorithme pour les produire, inscrire dans ses œuvres les nombres qui font le trésor des mathématiques ou des sciences internationales devenues universelles, des nombres comme le cycle du Saros, le nombre d'or ou le rapport du périmètre au diamètre du cercle.

Chapitre 10

Une note Éthico-Épistémologique pour ouvrir plutôt que clore

Depuis des années, et tout au long de la rédaction de ce livre, je me suis demandé comment les nombres et les numérations mayas étaient apparus, pourquoi ils avaient disparu, quels étaient leurs types et leurs degrés de sophistication à l'apogée de la culture classique, dans quels domaines, en vue de quels objectifs, et avec quels outils les scribes investissaient leurs savoir-faire arithmétiques les plus sophistiqués.

À l'époque de la Conquête, cinq siècles après la fin du Classique maya en 909, on trouve, notamment chez les Aztèques et les Incas[279], des listes d'impôts et de populations qui permettent d'analyser les usages des nombres dans la comptabilité et l'administration des cités[280].

Mais quasiment pas de documents de ce type chez les Mayas (Cauty 2013 : 51–52, et 2017 : fig. 50). De même, faute de documents qui prouveraient l'existence de systèmes des poids et mesures[281] aussi organisés que celui des périodes[282] de temps (figure 49), il a fallu écarter les domaines des arts, du travail, de l'architecture et de l'urbanisme. Contrairement aux centaines de milliers de tablettes trouvées en Mésopotamie, ou aux jetons de la vallée de l'Indus, les sources mésoaméricaines et mayas sont pauvres,

---

[279] Pour l'archéoarithmétique des Amérindiens des Andes, consulter : Ascher, M. & Ascher, R., 1997 [1981], Bauer, B. & Dearborn, D., 1995, ou Chirinos Rivera, A., 2010.

[280] Plus de détails dans Cauty (2013 : 139–143). La figure 93 (p. 248) montre la création d'une pictographie métisse de communication forgée dans les prétoires de la colonie.

[281] Dans « NAHB : un classificateur mesure. Mais mesure de quoi? » (https://iam.hypotheses.org/129), je présente quelques données sur ce qui pourrait être une mesure de poids, de longueur, de surface ou de volume d'une balle sphérique (?) et qui renvoie sans doute aux classificateurs numériques des langues mayas.

[282] Voir par ex. Cauty (2013 : 144–147 et 2017 : 74) ou Hoppan (2014 : 121–132)

non seulement en mathématiques, mais aussi en dénombrements et mesures de choses concrètes, d'êtres vivants, ou de réalités architecturales, économiques, commerciales, comptables, etc. Le bilan maya[283] des *nombres-de* est maigre, et fait de nombres « ronds ». Voici les principaux exemples.

Les codex offrent pas mal d'exemples d'offrandes, leur nombre est écrit en numération répétitivo-additive à l'aide des « chiffres » 1, 5 et 20. Il ne dépasse jamais 20 vingtaines (< 400). Le vase K5453 présente une scène de dépôt de tributs, (Cauty 2013 : 52 et 2017 : 121), sur laquelle on voit un sac étiqueté **3-pic** soit un montant en « monnaie » non précisée de 3 × 8 000 = 24 000 unités. Sur le mur ouest de la salle I du Temple des peintures de Bonampak (Chiapas, Mexique), on voit un sac étiqueté **5-pik kakaw** (Hoppan 2011 : 29–35), soit « 5 × 8 000 [fèves de] cacao »), c'est-à-dire le nombre « rond » 5 × 20^3 = 40 000.

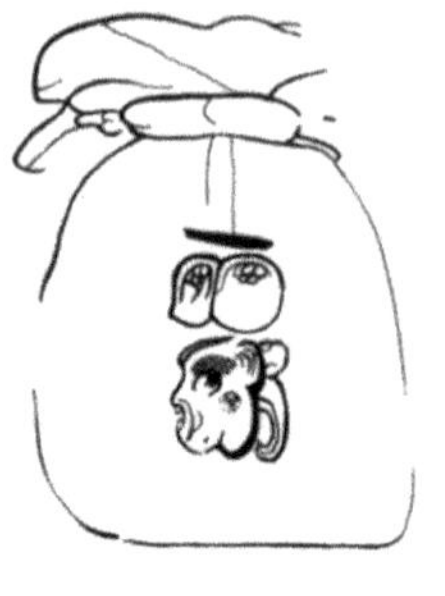

Figure 95 : *5-pik kakaw*

Par contre, les sources mayas prouvent une sorte de fascination pour les questions de temps et de calendrier. Des domaines explorés selon deux grands axes, la divination et l'astronomie, et en deux sens, direct et rétrograde, vers le futur et le passé. Comme si le rêve des dirigeants mayas était de tout inscrire dans la double éternité d'un temps qui boucle sans cesse, en cycles de plus en plus nombreux, chaque fois plus enchevêtrés, et toujours plus englobants, et qui, en même temps, court sur la ligne imaginaire du Choltun. Cette fascination a conduit les Mayas, comme les savants de l'Inde[284], à une course aux grandes durées, jusqu'à avoir inscrit deux fois un record sur les stèles de Cobá. Rien de moins qu'un entier dépassant 206 quintillions[285] de jours, (âge de la Terre : 1,7 billions de jours), et dont l'écriture en numération vigésimale de disposition demandait 24 monômes, (24 chiffres significatifs, dont quatre zéros en position finale, et autant de signes de période dont beaucoup trop

---

283 Pour plus de détails sur la valeur d'échange des biens : Mathews & Guderjan, 2017.

284 Par exemple la numération des « nombres-mots » Guitel (1975 : 559) qui permet d'écrire un très grand nombre de combinaisons, ou d'énoncer des durées dépassant par exemple le trillion de jours (Cauty 1987 : 289–310).

285 Plus de 206 nonillions pour les anglophones, et tous les usagers de l'échelle courte, qui n'utilisent pas l'échelle longue de Chuquet, inventeur de la terminologie en **–illion**.

érodés pour être déchiffrés, à supposer que les scribes de Cobá en avaient clairement distingué l'écriture). La lecture de ce nombre (figure 111) est déjà en soi un petit exploit, en tout cas une épreuve non réussie dans Cauty (2013 : 54).

Une durée gigantesque que les scribes ont inscrite au jour près afin de proclamer qu'après tout ce temps écoulé, on tombe sur une date sacrée, celle du jour supposé de la création de la dernière humanité, un **4 Ahau** du *tzolkin* divinatoire de 260 jours, ***8 Cumku*** du *haab* ou année festive de 365 jours. Un jour origine, régenté par le Soleil obscur, ($G_{0/9}$ des seigneurs des inframondes), tombant 3 jours après un début du quadruple cycle du Kauil.

Sans présumer des autres domaines, l'exploit de Cobá prouve que les Mayas maîtrisaient l'écriture des entiers lorsqu'ils renvoient à des durées, et donc au système vigésimal des périodes adapté à cet usage comme l'indiquent le fait que les durées étaient écrites en numération de (dis-) position et le fait que l'année de compte, **tun**, ne dure pas vingt mois, **uinal**, mais dix-huit mois. Cet exploit n'est en fait qu'un cas, parmi des milliers, d'égalités calendaires qui toutes prouvent que les Mayas maîtrisaient les calculs dans les anneaux d'une arithmétique modulaire sur Z/*n*Z. Une arithmétique développée à la fois pour lire les destins dans les rouages de leur machine calendaire, et pour suivre le cours de Vénus, de la Lune, du Soleil et de faits astronomiques comme les éclipses, les conjonctions, etc., explorant les deux faces de l'« astronologie »[286].

On découvre finalement que les calendriers mayas servent un artefact complexe fait de totalisateurs, de tables de multiples et de tableaux de dates. Une machine dont les rouages abstraits soutiennent la comparaison avec ceux de la machine grecque d'Anticythère, le plus ancien calculateur analogique de dates et positions astronomiques. À cette différence près que les engrenages grecs jouent sur d'autres entiers[287] que ceux mémorisés par les Mayas et que nous venons de présenter dans le chapitre 9. Ce qui suggère que l'inventeur de la machine grecque était surtout intéressé par

[286] « ***Astronologie***. Néologisme formé par condensation des mots « astronomie » et « astrologie » pour désigner des usages qui juxtaposent des observations astronomiques réfutables comme par exemple des mesures précises au jour près, et des constructions astrologiques irréfutables comme des contes/comptes fondés sur des principes cosmogoniques et numérologiques relevant de la foi, et donc plus proches de l'imaginer que du faire ou de l'être » (Cauty 2017 : 17).

[287] 19, 53, 127, 223, 235, 239 et 365. On reconnaît les 19 années ou 235 lunaisons du cycle de Méton, et les 223 lunaisons ou 239 mois anomalistiques du Saros.

la prévision astronomique et le retour des jeux olympiques, tandis que les Mayas l'étaient davantage par le comput calendaire et astronologico-divinatoire.

Maya ou grecque, les deux machines partagent le fait de nous être parvenues sans mode de fabrication, ni mode d'emploi. Pourtant l'une et l'autre ont fini par délivrer leurs secrets[288], démontrant ainsi un théorème d'épistémologie. C'est par l'interethnicité et l'interdisciplinarité, comme le montre par exemple Gruzinski (2017), que l'on peut arriver à comprendre un objet – archéologique (machine mécanique d'Anticythère), ou cognitif (machine calendaire maya) – qui n'est pas (/ou plus) directement accessible à l'observation, ou à parvenir à comprendre le comportement des individus ou des groupes que l'éthique interdit de soumettre à certains plans d'expériences, comme c'est le cas en sciences de l'homme et de la société (médecine, épigénétique, didactique, ethnologie, sociologie, etc.).

Plus notionnelle que matérielle, la machine calendaire des Mayas est arrivée jusqu'à nous sous la forme d'algorithmes non décrits, et que l'on doit reconstruire à partir des égalités qu'ils ont permis d'inscrire sur les monuments ou les codex. Une machine invisible, mais qui a produit les chaînes d'égalités qui structurent la majorité des textes de la propagande royale affichée sur les stèles et les monuments, ainsi que les égalités qui ordonnent, dans les codex, les tables de multiples et les tableaux de dates (parfois coupés par une ligne d'intrus), les totalisateurs de lunaisons ou de retours de Vénus, ou encore les listes de relevés ou de prévisions d'éclipses de Soleil et de Lune. C'est en partant des chaînes d'égalités calendaires et en se demandant comment les scribes pouvaient les établir ou les vérifier que l'on se rend compte, peu à peu, qu'ils devaient se servir des outils dont on retrouve les traces dans les pages de codex ou sur les murs de Xultún, à savoir des tables de multiples, des tableaux de dates et des totalisateurs, associés à des scènes ou à des textes qui renvoient aux cosmovisions, à la divination, à l'astronomie ou encore à l'histoire d'une cité ou d'une dynastie.

Bien que livrées sans leur mode de fabrication, les égalités calendaires produites par les scribes ne sont pas totalement muettes, parce qu'elles nous montrent le souci maya de maintenir synchrones, au jour près, l'ensemble des dates et positions qu'ils utilisaient (dates CL et CR,

---

[288] Voir, par exemple, Zurcher (2004).

communément suivies des positions dans les cycles lunaires ou vénusiens, les cycles mythiques comme le Kauil, et les cycles naturels comme les bonnes dates pour « semer » les abeilles). Ce qu'ils réalisaient en couplant le Choltun et leur forêt de n-uples. Au même titre que les chaînes produites par un turbocode optimisé pour être détecteur et correcteur d'erreurs, les égalités calendaires mayas sont des chaînes d'informations redondantes, des de *n*-uples liés les uns aux autres et à leur date-numéro.

Ces chaînes sont redondantes comme le numéro de sécurité sociale d'un Français constitué d'une chaîne d'entiers codant son sexe, sa date et son lieu de naissance, dont un algorithme tire une clef à deux chiffres, laquelle permet de rejeter le numéro quand la clef ne correspond pas à la chaîne d'entiers. Pour le dire plus simplement, les égalités calendaires donnent deux informations, une date-numéro et une date calendaire, qui désignent le même jour, et sont, à ce titre, comme le résultat d'une opération arithmétique que l'école primaire nous a appris à vérifier en utilisant une preuve par neuf, ce qui revient à traduire les opérations sur les entiers par les mêmes opérations effectuées sur leurs restes modulo neuf.

C'est pourquoi, malgré l'absence de mode d'emploi et/ou d'archives des écoles de scribes, la redondance des chaînes d'égalités permet d'imaginer et mettre en place des expériences de pensée pour proposer des modes de production et en contrôler l'exactitude. Cette méthode nous a permis, sinon de retrouver les méthodes des scribes, du moins de proposer des façons plausibles du comment ils auraient pu parvenir aux résultats que délivrent, une fois déchiffrés et traduits, les nombres perdus. Les diagrammes, comme ceux des figures 90 et 91, montrent que l'écriture de telles égalités est possible pour tout scribe qui maîtrisait un peu d'arithmétique des pendules (figure 10), et qui disposait de quelques solutions particulières des équations entières dont les solutions rendent commensurables deux cycles entiers. En tout cas, les textes contiennent des égalités, c'est-à-dire des solutions d'équations données sans détail de calcul, le plus souvent sous forme « position t_1 + translation T_x de module x = position t_2 », en notation fonctionnelle $T_x(t_1) = t_2$.

Les conjectures nous semblent corroborées par le fait que les scribes mémorisaient les nombres suivants (recensés au chapitre 9) :

a) des entiers égaux, (à un ou deux jours près) à la durée des cycles les plus fréquents et les plus parlants de leur luxuriante forêt de chiffres: 4, 5, 7, 9, 13, 20, 29/30, 63, 73, 116/117, 148/173/177/178, 260, 360, 364/365, 378, 399/400, 584/585, 780, 819, 949, 3 276, etc.,

b) des entiers ayant un grand nombre de diviseurs, parmi lesquels le CB (16 380), le CR (18 980), le cycle des triplets de dates (**αX**, **G**$_n$, ***βY***), les intrus du Dresde, les entiers de Xultún, le nombre de distance inscrit dans la page d'introduction aux éphémérides de Vénus, et probablement encore :

c) d'autres entiers, qu'il reste à découvrir dans les ruines des cités mayas, sans oublier les nombres encore à inventer par les Mayas d'aujourd'hui et de demain, les héritiers les plus aptes à renouer les fils de l'histoire des forêts que plantèrent et exploitèrent leurs ancêtres.

Les conjectures sont encore corroborées par les traductions, (que l'on doit aux épigraphistes, paléographes, linguistes, archéologues, astronomes…), dans nos langues et nos jargons, des textes que les Mayas ont écrits et qui contiennent les égalités calendaires redondantes. L'analyse de ces traductions conduit à des conclusions. Je me contenterai ici de rappeler celle d'une analyse des pages « vénusiennes » du codex conservé à Dresde :

> L'étude des pages 24 à 29 du Codex de Dresde […] fait apparaître le couple (24, 301). Ces deux nombres traduisent le fait que les scribes effectuaient une correction globale de 24 jours toutes les 301 révolutions synodiques de Vénus, chacune de 584 jours. Converti en nombre décimal, le couple (24, 301) dit exactement que les scribes effectuaient une correction de 0,08 jour chaque année vénusienne; en d'autres termes que la révolution synodique moyenne de Vénus était pour les Mayas de 583,92 jours. Ce résultat est remarquable. Il mériterait de figurer à côté des autres nombres célèbres, par exemple à côté de π associé à la figure du cercle, […] sous la forme non chauvine du couple (**1.4.**, **15.1.**) associé à la figure du cycle de Vénus (Cauty 1998 : 139).

À ma connaissance, aucun document maya ne prouve directement que les scribes connaissaient les thèses auxquelles parviennent nos conclusions. Nous les devons, en effet, aux déductions faites à partir du déchiffrement, de la lecture et des traductions de milliers d'inscriptions et de trois codex avec leur lot de dates, de durée, de tables, d'almanachs et de textes souvent ésotériques. Fruits d'expériences de pensée effectuées par des truchements sur des vestiges, certaines des thèses que je présente pourraient relever de ce que j'appelle le péché mignon des ethnosciences, ou être un cas de plus d'éléphants de Waldeck. Depuis l'astronomie et l'arithmétique modernes, les entiers écrits par les Mayas posent des questions, auxquelles on apporte des réponses qui ne sont pas forcément celles des scribes mayas. Peut-on dire, par exemple, que les entiers **18;5.5.**

et **19;4.19.** du codex conservé à Dresde renvoient, pour un maya, comme ils le font pour nous, au cycle du Saros et au cycle de Méton ?

Pour minimiser ce risque, j'ai toujours soumis thèses et hypothèses à la critique interdisciplinaire et interethnique ; et s'il reste malgré tout des erreurs, j'espère qu'elles ne sont ni nombreuses ni graves, et j'en appelle au lecteur pour qu'il corrige toutes celles qui le méritent.

Analyses et expériences de pensée révèlent des savoir-faire des scribes mayas, mais aussi la nature complexe des calendriers qu'ils utilisaient et le type d'arithmétique mise en jeu. Une complexité relativement simple dans le cas des égalités du Chapitre 3 qui ne font intervenir que des dates *tzolkin* peu distantes et des calculs modulo treize et modulo vingt, mais une complexité bien plus grande dans le cas des égalités du Chapitre 4 qui embrassent une pluralité de dates et de positions parfois très éloignées, et des calculs d'arithmétique modulaire selon une forêt de modulos, de pgcd et de ppcm.

Au chapitre 0, j'ai rappelé la conjecture que les Mayas firent leur premiers pas en arithmétique appliquée au calendrier du *tzolkin* en réalisant, comme en Chine ancienne, un travail de devin très impliqué dans la préparation des textes de la propagande des royautés sacrées, lesquels faisaient une grande place aux cosmologies et à l'astronologie :

> Même quand elle s'attache à répondre à des questions sans réponses réfutables, la « divination » ne se situe pas dans le monde du « délire », quelque part entre « devinette » et « divagation ». [...] Il évite [le devin] les interprétations personnelles, et les généralisations hâtives. [...]. Du coup, nous pouvons partager la thèse du sinologue Léon Vandermeersch qui, vu son rôle considérable dans les cultures chinoises anciennes, n'hésite pas à désigner la divination par une expression qui rappelle nos oxymores ou les difracismes mésoaméricains : l'expression « rationalisme divinatoire » (ch. 0, p. 52).

Comparer les astronomies des anciens et nouveaux mondes suggère que les hommes qui subissent le temps ont d'abord cherché à en distinguer et définir des moments singuliers, à partir des signaux envoyés par leur propre corps ou leur environnement naturel immédiat. C'est ce que l'on observe chez les peuples qui demeurent, comme on le dit encore aujourd'hui, en dehors de la « civilisation », comme les habitants de la forêt du rio Ucayali de l'Amazonie péruvienne étudiés par N. Vela Mendoza (2014). Ils pourraient dire, par ex., « c'est arrivé dans l'hiver de la grande tempête qui a détruit notre forêt », mais probablement pas « c'est arrivé en Aquitaine le 28 décembre 1999 ».

Cet ethnologue inventorie les savoirs des habitants et montre comment ils utilisent les signaux de la nature, (floraison des végétaux, période de rut, etc.) pour réguler, au long de l'année des saisons, leurs activités individuelles ou sociales. Les savoirs pris en compte couvrent la plupart des domaines d'expérience de l'homme vivant « dans et de la forêt », et leur ensemble est décrit comme un calendrier, qualifié d'écologique[289]. Comme souvent dans la zone intertropicale, le calendrier écologique des *Bosquesinos*[290] divise l'année en deux périodes (la saison des basses eaux ou du soleil, et celle des eaux montantes ou de la pluie).

Pour dépendre de l'ici-maintenant, les signaux pris en compte par les calendriers écologiques varient d'un lieu et d'une époque à l'autre, ce qui les rend peu aptes à servir de référent commun aux habitants d'un réseau de cités comme l'étaient les royautés sacrées de la Mésoamérique ou les provinces des plus anciens empires. Dans les cités, (états, empires, etc.), le temps est divisé en « temps ». L'année festive mésoaméricaine, par exemple, est divisée en 18 vingtaines de jours, et l'année liturgique des Catholiques est divisée en huit « temps »[291] que la hiérarchie remet en phase avec le temps des saisons, puisqu'elle est en général de 364 jours (52 semaines), mais parfois de 371 jours (53 semaines) comme ce fut par exemple le cas de l'année liturgique 2011–2012. Le calendrier des Juifs, comme celui des Grecs, divise l'année en mois lunaires, avec un système de mois intercalaires pour la remettre en phase avec le temps des saisons. De type luni-solaire réformé, le calendrier des Musulmans divise l'année en douze mois lunaires, sans correctif pour la maintenir en phase avec l'année des saisons[292].

---

289 Un calendrier écologique, par ex. celui des *Bosquecinos* (cf. note suivante), est étroitement dépendant de la connaissance du territoire et des signaux de tout ce qui s'y trouve ou y vit ; à plus ou moins long terme, cette connaissance est appelée à se déployer en sciences comme par ex. l'écologie, la pharmacologie, ou la météorologie.

290 Le mot *Bosquesino* que Vela reprend à Gashé désigne les peuples qui habitent la forêt amazonienne et vivent, non seulement *dans* la forêt, mais encore *de* la forêt et *de* ses eaux ; le couple (*bosquesina, urbana*) sert à opposer deux types de société (de la forêt, de la ville). Radicale, cette opposition ne prend pas en compte le fait que de plus en plus de *bosquesinos* vivent dans les villes de la société *urbana* dont ils empruntent, plus ou moins vite, tout ou partie des habitudes, des façons de parler et de penser.

291 Des temps liturgiques dits « temps ordinaires (2), temps de l'Avent, de Noël, de carême, de la semaine sainte, de Pâques, et de Pentecôte ».

292 Comme en Mésoamérique, en Égypte, en Grèce ou chez les Juifs, les lunaisons de l'année hégirienne sont de 29 ou 30 jours, et l'année de 12 lunaisons dure 354 ou 355 jours. La lunaison commence quand l'œil perçoit la Nouvelle Lune, par suite une

Les calendriers liturgiques (civils, festifs, etc.) à durée variable (par ex. années normales et bissextiles) dépendent du temps réel mais aussi des signaux de l'ici/maintenant d'une communauté (église, état, par ex.) de « gens du soi » soumis aux règles du vivre ensemble, à la cohérence symbolique des activités, fêtes et rituels auxquels le calendrier (/le roi, le prêtre) les convoque aux dates qu'il distingue. L'usager d'un calendrier écologique répond aux signaux de la nature ; celui d'un calendrier liturgique répond aux signaux du pouvoir. L'un dit quand semer le maïs ou les abeilles, l'autre dit quand accomplir le rituel de fin de **katun** ou de départ en campagne, militaire ou non.

Les calendriers écologiques, mais pas le cycle divinatoire, semblent avoir perdu en importance dans les monarchies sacrées du monde mésoaméricain. Et chez les Mayas, après la période de l'effondrement, on voit reculer l'usage du Choltun au profit du Compte court, puis à l'imposition du calendrier julien espagnol. D'où la conjecture que la taille des organisations humaines et leur forme de gouvernement sont des déclencheurs de changement de type de calendrier en usage dans une société ; en tout cas Stonehenge, l'un des plus grands et des plus anciens monuments mégalithiques de toute l'Europe, est d'un gigantisme qui suppose la coordination, volontaire ou forcée, durant des centaines d'années, de milliers de travailleurs, et cet ensemble de pierres dressées semble avoir servi de centre non seulement religieux ou social mais aussi de centre calendaire, ou d'observatoire astronomique. La taille et la complexité des royautés sacrées de Mésoamérique exigeaient des chefs capables de faire marcher du même pas les sujets des cités du royaume qu'ils contrôlaient. Ce que permettait leur statut, et que leur administration mettait en œuvre.

Pouvoir décider du temps de ses sujets est l'une des conditions sans lesquelles un roi ne pourrait pas faire exécuter de grandes et très grandes œuvres collectives[293], celles-là même qui manifestent sa puissance et celle de son royaume. Sans elle, les œuvres pharaoniques ne pourraient ni exister, ni se maintenir longtemps. Partager un même calendrier n'est vraiment

---

même fête (ou n'importe quel jour du calendrier) n'est pas déterminé au jour près. Les Musulmans qui vivent dans différents pays ne fêterons pas l'Aïd le même jour ; en 2005/1426, par exemple, le 1er Chawal (Aïd el Fitr) tombait le 02/11/2005 en Libye et au Nigeria, le 03/11/2005 en Arabie saoudite, Tunisie, Égypte, etc., mais le 04/11/2005 au Maroc, en Iran, en Afrique du Sud, dans une partie des USA et une partie de l'Inde, et même le 05/11/2005 dans une autre partie de l'Inde, etc.

[293] Par ex. : les palais, les pyramides, les routes, les ponts, les ports ou les fortifications.

utile que pour les gens de culture urbaine, qui habitent des réseaux de villes à forte densité, interconnectées, et dirigées par un souverain ou ses fonctionnaires. Parce qu'ils vivent en petites communautés, peu ou pas hiérarchisées et isolées les unes des autres sur de vastes territoires, les *Bosquesinos* n'éprouvent pas le besoin de partager un calendrier commun, et chacune a son propre calendrier écologique, adapté aux conditions locales[294] ; mais ils ont, par contre, besoin de solidarité immédiate, parce qu'ils ne peuvent pas compter sur les services de l'état qui n'existent pas quand il n'y a pas d'état.

Quelle qu'en soit la raison ou les circonstances, l'histoire voit naître, dès l'Antiquité, le besoin de calendriers susceptibles d'être acceptés par de grands ensembles de sujets répartis sur le territoire que constitue un réseau de plus en plus dense et sédentarisé de lieux de vie allant des villages aux cités-états, aux royaumes et aux empires. L'archéologie indique que les densités de population commencent à croître au néolithique, quand les hommes découvrent les moyens d'exploiter, puis de produire, des stocks de nourriture, et qu'ils commencent à vivre de manière moins nomade, en réseaux plus denses que ceux des chasseurs/cueilleurs qui inventèrent les chasses collectives aux mastodontes (Patou-Mathis 2004). Le besoin d'un calendrier commun à des réseaux importants de populations sera servi, au plus tard dès le début de l'histoire, par l'étude du ciel, des étoiles, des planètes, du Soleil et de la Lune : pour lancer cette étude, il suffit de faire un trou et de regarder le rayon de lumière, ou de planter un bâton ou une stèle et suivre le mouvement de son ombre, et en déduire les directions cardinales, les solstices, équinoxes, passages au zénith… Un calendrier né du gnomon ou de l'observatoire (souterrain ou terrestre) a quelques chances d'être accepté par les habitants d'un vaste territoire, car les objets du ciel ne sont pas soumis aux contingences de l'ici-maintenant des gens de la forêt ; ni à l'arbitraire des rois, des mythologies ou des religions.

---

[294] Dans le territoire dit « sauvage » des forêts (mais aussi des déserts, de l'Artique, des hautes montagnes, etc.) où de petites communautés se rencontrent, il est probable que les gens, à leur premier contact, éprouvent un mélange de peur et de curiosité, puis qu'ils développent plus souvent des formes d'entraide que des actes de violence. Car, en pleine nature ou dans les « ghettos » des « jungles urbaines », ceux qui survivent sont ceux qui s'entraident, inventent des mécanismes contre la dégénérescence par consanguinité, et jugulent la violence. Bref les « animaux sociaux », et les organisations capables de faire cohabiter les ethnies, en faisant advenir, non pas un empire ou une religion, mais un « multivers » par convergence des diversités en devenir.

Le mouvement des astres est, en effet, indépendant des variations du temps local perçu à travers les filtres mentaux de qui regarde les signaux de la flore et de la faune, ou de qui s'occupe de la météo du lieu. Et indépendant des rois, et des entités divines ou diaboliques qui gouvernent. Même s'il est moins adapté au quotidien des affaires courantes, un calendrier fondé sur un universel intouchable devient acceptable par une large majorité, à condition de ne pas briser trop d'habitus séculaires[295].

En dehors des résultats apportés par l'archéoastronomie[296] (et des délires du *new age*), on ignore à peu près tout de la naissance des premiers calendriers « astronomiques » universellement acceptables. On peut poser qu'ils ont dû/pu voir le jour chez des peuples usagers de calendriers « écologiques » locaux (basés sur les signaux du milieu naturel), ou de calendriers divinatoires plus largement implantés (basés sur l'invention de cycles permettant de colorer les dizaines ou centaines de jours d'un parcours divinatoire).

À en juger par la Chine protodynastique et l'Antiquité américaine, les plus anciens calendriers non écologiques furent des cycles divinatoires obtenus en couplant deux listes ordonnées, par ex. le *tzolkin* de $13 \times 20 = 260$ dates, ou le cycle sexagésimal chinois de $10 \otimes 12 = 60$ dates.

---

295 Le calendrier républicain des révolutionnaires de 1789 fut rapidement abandonné. Par contre, en définissant le mètre comme une partie du méridien terrestre, ils réussirent à en faire un étalon de longueur quasi universellement accepté. L'imposition du système métrique bouleversait les pratiques et provoqua jusqu'au XIXe des réactions de rejet (Dhombres 1993). Napoléon (*Mémoires* : 18 Fructidor), explique que les anciennes mesures « une toise, un pied, un pouce, une ligne, un point [étaient mieux adaptées à] l'organisation de l'esprit, de la mémoire et de l'imagination [pour être] des portions d'étendue fixes que l'imagination conçoit indépendamment de leurs rapports entre eux » (p. 744), l'esprit les saisissait directement comme des noms propres. Napoléon montre que le changement dont le prix avait été très élevé, profitait surtout aux classes bourgeoises. Abstrait, métrique, uniforme, républicain et surtout décimal, le nouveau système bouleversait les habitus et faisait perdre les avantages de l'ancienne nomenclature. L'imposer « C'est tourmenter le peuple pour des vétilles » (p. 745). Selon lui, la solution consistait à « rendre commune à toutes les provinces, l'unité des poids et mesures de la ville de Paris [...] en envoyant des étalons dans toutes les communes [...] le bienfait eût été opéré sans efforts, sans gêne, et sans lois coercitives » (p. 743). Les citations *in* Liskenne (1840 : 743–745).

296 Pour une introduction à cette néo discipline « jumelle de l'astronomie et de l'archéologie » : http://www.elishean.fr/larcheoastronomie-une-science-qui-jumelle-lastronomie -et-larcheologie/ et pour sa critique http://www.lemonde.fr/sciences/article/2016/05/02/ les-mythes-de-l-archeo-astronomie_4912291_1650684.html ou encore Lequèvre (2016).

Mais ce furent aussi des cycles naturels plus détachés des contraintes de l'*hic et nunc*, et liés à trois universels terrestres indiscutables : le jour, le mois et l'année (nycthémère, lunaison, année). Ils sont présents dans les cosmologies antiques, et toutes racontent l'origine au moins du Soleil et de la Lune, les deux plus grands luminaires du ciel.

L'observation régulière du ciel conduit, plus ou moins vite, les « élites » qui s'y consacrent, à différentes découvertes. À commencer par le fait que les maitres des calendriers sont divers et qu'ils sont jaloux, chacun de son pouvoir, selon qu'il maîtrise un calendrier écologique, divinatoire ou astronomique. Puis le fait que le calendrier des hommes n'est jamais en phase avec celui des astres, et qu'en suivant leurs différences, on finit par découvrir qu'elles se répètent. D'où l'apparition de cycles jusqu'alors inconnus, et qui resteront hors de portée du citoyen lambda ou de l'usager des calendriers écologiques ou divinatoires ; ce qui augmente le prestige du statut d'astronologue.

D'où, aussi, pour les scribes et les dirigeants, de nouveaux besoins, comme celui de suivre en parallèle le cours de plusieurs corps célestes, et celui de comprendre les liens qui unissent les cycles astronomiques, d'une part, entre eux, et, d'autre part, avec le cours des dates dans les calendriers de la vie sociale, religieuse ou civile. Ils observent, par exemple, que le Nouvel An ne tombe pas toujours à la même saison, que le retour de l'étoile du matin n'arrive pas toujours un **1 Ahau**, ou la difficulté de prévoir le retour des éclipses et de leur variation parfois totale parfois partielle. L'histoire montre qu'il existe des guerres de calendriers, et que c'est généralement celui du plus fort qui finit par être imposé aux autres : l'Europe, par ex., imposa aux Mésoaméricains son calendrier julien puis grégorien, et interdit l'usage des calendriers autochtones.

La mécanique céleste conduit à faire surgir deux types de calendriers astronomiques : les lunaires et les solaires. La « saga des calendriers » (Lefort) a dû débuter par les lunaires, plus simples à mettre en œuvre[297], car la lunaison dure 29 ou 30 jours pour quiconque se met à en compter les jours. Deux entiers petits et donc facilement mis en signes, notamment par les numérations parlées ou signées motivées par l'énumération et le compte des doigts (groupés naturellement en paquets de 5, 10 et 20) ou

---

[297] Un calendrier lunaire est plus simple à mettre en place qu'un calendrier solaire, car les cycles de la Lune sont plus courts et plus faciles à dire en nombres entiers que ceux du soleil (29 ½ j contre 365 ¼ j).

des phalanges (paquets de 3, 4 et 12). Alterner les lunaisons de 29 et 30 jours suffit à modéliser, de manière satisfaisante, le cours des phases de la Lune : la lunaison dure presque exactement 29 ½ jours. L'autre calendrier astronomique utilisé dès la plus haute antiquité est celui de l'année des saisons. Elle s'impose tout aussi naturellement que le cycle des lunaisons, mais sa durée d'une petite vingtaine de vingtaines de jours rend son contrôle au jour près difficilement accessible aux locuteurs des nombreuses langues dont la (les) numération(s) ne dépassent pas le palier de la vingtaine.

Les observateurs des deux grands luminaires capables de compter jusqu'à 20 vingtaines avaient le choix de se doter de calendriers lunaires, luni-solaires, soli-lunaires ou solaires. Ce sont les calendriers astronomiques les plus utilisés dans le monde.

Adapté aux cycles agricoles, l'un des plus anciens calendriers solaires serait égyptien ; il a 12 mois de 30 jours complétés par 5 jours épagomènes. Jules César introduit la correction bissextile en 46 av. J.-C., et Grégoire XIII le réforme le 4/15 octobre 1582, et l'impose au monde chrétien qui l'étend aux échanges internationaux. Le fait qu'il ait 12 mois de ≈30 jours lui ajoute une touche incontestablement lunaire. Seul un calendrier lunaire s'est maintenu et largement répandu. C'est le calendrier hégirien de 12 lunaisons. Il apparaît en Arabie à l'écart des grands empires qui, comme les Juifs, avaient un calendrier soli-lunaire de 12/13 mois de 29/30 jours. Le disant « surcroît de dénégation », Mahomet condamna l'usage du 13e mois, que les Grecs et les Juifs avaient adopté pour maintenir le calendrier lunaire en phase avec l'année des saisons. Réformé par le Coran (9,36–37) qui professe que « le nombre des mois est de douze en Dieu et depuis qu'il a créé les cieux et le monde », puis par Omar Ibn al-Khattab, le 2e calife qui fait compter les années de 12 lunaisons à partir du 1er jour du 1er mois de l'année de l'Hégire convenue l'« an 1 » du calendrier musulman, c'est-à-dire au 1er muharram de l'an 1 (622 J.-C.). Le calendrier hégirien est de type « luni-solaire réformé ».

Les calendriers mixtes se sont imposés dans les civilisations anciennes (Mésopotamie, Chine, Inde, etc.), et surtout dans les trois monothéismes qui touchent aujourd'hui des milliards d'hommes. La Mésoamérique fait exception puisque ses cycles calendaires reposent sur les entiers : 13, 20 et ses diviseurs, et leurs produits de 260 et 52 binômes : « Ces nombres n'ont remarquablement rien à voir avec les habituels cycles solaires et lunaires ou leurs divisions qui semblent si souvent inhérents à toute étude de quelque calendrier que ce soit » (Martzloff, préface). Les usagers des calendriers mixtes ont du mal à se repérer finement à la fois dans le cycle lunaire et dans le cycle solaire, parce que les durées de ces deux cycles ne sont pas commensurables en nombres entiers. La difficulté pratique[298] de cette sorte de traduction provient du fait que recaler un calendrier sur le temps vrai ne se fait pas de la même façon selon que l'on corrige un calendrier solaire de 365/366 jours, ou un calendrier luni-solaire de *n* lunaisons de 29/30 jours. La bissextilité résout le cas de l'année. Le mois synodique étant de 29,530588 j, les calendriers purement lunaires qui alternent les lunes de 29 et 30 j ont des lunaisons moyennes de 29,50 j. Il leur faut donc, comme le calendrier hébraïque, faire des intercalations de jours pour rester synchrone avec les phases de la Lune. De plus, pour maintenir synchrones les cycles lunaires et solaires, les calendriers mixtes de 12 lunaisons intercalent, selon des règles complexes qui varient selon les époques et les civilisations, un 13e mois, dit mois embolismique, dont la fonction est de maintenir le mieux possible la coïncidence du compte des mois et du cours de l'année.

Beaucoup de calendriers ont douze mois d'une trentaine de jours. Soit parce que leurs inventeurs étaient partis des lunaisons qu'ils regroupèrent par douze (/ou par six) pour se rapprocher de l'année (/ou du semestre), qui impose son rythme aux activités naturelles (chasse, pêche, agriculture, etc.). Soit parce que, partis de l'année, ils la divisèrent en périodes (saisons, mois, semaines, etc.) pour se rapprocher des savoirs écologiques ou des impératifs de la vie publique. Les Mayas avaient le *haab* (année vague solaire de 365 j), et suivaient les phases de la Lune et de Vénus. Ils ne groupaient pas les lunaisons en années, mais en semestres irréguliers, chaque semestre comptait cinq ou six lunaisons. Les semestres lunaires étaient régis par des entités qui leur donnaient un sens divinatoire. Les épigraphistes ont isolé trois types de semestre, selon que son patron est : la divinité de la Lune, I, le dieu de la Mort, A, ou le Jaguar de l'inframonde, L.

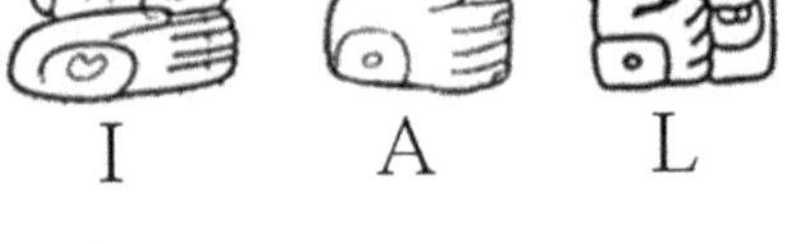

Figure 96 : *Patrons des lunes*

---

298 La difficulté théorique est résoluble en développant un équivalent des nombres rationnels ou réels du mathématicien moderne.

Bien qu'elle donne une forêt de cycles astronomiques, l'observation du ciel ne donne pas les valeurs des taux de change nécessaires pour équilibrer les comptes en jours, lunaisons, années, cycles d'éclipse, de rétrogradation, etc. Ni l'heure ni la seconde n'étant inventées, les comptes se faisaient en nombre entier de jours. Pas de difficultés pour compter les dates sur un calendrier, mais contrairement à ce cas simple, l'observation du mouvement des objets célestes ne donne jamais des comptes en nombres entiers de jours. Le scribe astronome se bat avec des comptes qui se décalent, pour s'effectuer dans deux univers numériques différents. Celui du calendrier où le temps discrétisé en nycthémère se compte en nombre entier. Le second est le mouvement des astres ou du ciel. Faute d'avoir des millionièmes de seconde ou des nombres rationnels impensés à l'époque, les scribes mayas ne pouvaient ni approcher arbitrairement près des points du continu temporel, ni calculer rigoureusement le cycle des écarts qui se font entre le temps du calendrier et le temps des astres.

Qu'ils soient Mayas, Égyptiens, Babyloniens, Chinois, etc., les astronomes de l'Antiquité savaient que les objets du ciel ne suivent pas précisément le calendrier des rois, et les religions savent toujours que leur ramadan et leur Pâques divaguent dans le calendrier. Le calendrier égyptien est un calendrier vague d'une durée invariable de 365 j. Mais la vie socioreligieuse était dictée par le lever héliaque de Sothis (Sirius), annonciateur des crues du Nil. Les scribes constatèrent que les levers de Sothis arrivaient chaque année avec un jour de différence sur le calendrier, et qu'il fallait attendre 1 460 années tropiques ou 1 461 tours de calendrier pour que Sothis se lève à nouveau à la même date. La découverte des égalités 1 460 × 365,25 = 1461 × 365) permet de définir le correctif bissextile. Ce que fera, en 46 av. J.-C. pour Jules César, l'astronome Sosigène d'Alexandrie.

En Grèce, c'est l'observation des phases de la Lune et des saisons du Soleil qui demandait une base pour convertir les cycles de l'un en cycles de l'autre. Une solution, dite octaétéride, remonte à environ 500 av. J.-C. C'est un cycle de 8 années vagues solaires de 365 jours, soit une durée proche de 99 lunaisons : 2 920 = **8 × 365 ≈ 99 × 29,5** ≈ 2920 ½. Cette quasi-égalité fournissait un moyen acceptable, à une demi-journée près tous les huit ans, de passer des comptes lunaires aux comptes solaires.

Les Grecs découvrirent (/ou adoptèrent) le cycle métonique de 235 lunaisons ou 19 années tropiques[299]. Curieusement, sa durée en jours, se trouve écrite **19;4.19.**, (19 années de compte et 99 jours, soit 6 939 j), dans la 5e section des pages « éclipses » du codex conservé à Dresde, sans que l'on puisse en déduire ni que les Mayas avaient identifié le cycle de Méton, ni qu'ils ne l'avaient pas repéré. Le tritos (11 ans ≈ 136 lunaisons) est un autre cycle prédicteur d'éclipses.

Les Babyloniens connaissaient un meilleur cycle, le Saros, basé sur l'observation des éclipses. C'est une période de 6 585 jours, (18 ans 11 jours 1/3, ± 1 jour selon le nombre d'années bissextiles), au bout de laquelle une série quasi identique d'éclipses se produit. Quasi égale à 223 lunaisons, cette durée permet de relier les données calendaires solaires et lunaires. Sans que l'on puisse affirmer ou infirmer que les Mayas connaissaient le Saros, sa valeur numérique, sous la forme **18;5.5.** (18 **tun** et 105 **kin** = 6 585 j), est inscrite en colonne 38 du totalisateur des pages « éclipses » du Dresde[300]. C'est dans ces mêmes pages que se trouve la valeur des types de semestres lunaires mayas, de cinq ou six lunaisons totalisant 148, 173, ou 177/178 jours.

On devine que l'adoption de calendriers liés à l'astronomie ne s'est pas faite sans difficultés arithmétiques et sociales pour les peuples qui se réglaient sur les cours de la Lune et du Soleil. Dans les deux cas, les autorités avaient à résoudre une alternative pour s'assurer que l'ensemble des sujets acceptent le calendrier. Il fallait admettre : soit que les fêtes vagabondent dans l'année des saisons (cas du calendrier hégirien), soit adopter un dispositif remettant en phase le calendrier vague et l'année vraie (cas des calendriers julien et grégorien).

Pour rendre commensurables les cycles astronomiques, les Grecs disposaient de l'octaétéride, du cycle de Méton et du Saros. Ces cycles ne semblent pas attestés chez les Mésoaméricains. Par contre ils découvrirent d'autres équivalences permettant, par exemple, de convertir les durées en année vague solaire et les durées en révolution vague vénusienne. Les scribes mayas savaient que 5 révolutions vénusiennes de 584 j font 8 *haab* de 365 j (8 × 365 = 5 × 584). Par analogie avec les Grecs, on pourrait

---

299 Avec les valeurs actuelles : 235 × 29,53059 = **6 939**,6885, et 19 × 365,242199 = **6 939**,601781, le Méton est un cycle de **6 939** j par défaut (**6 940** j par excès). Avec les valeurs anciennes : 235 × 29,5 = **6 932**,5, 19 × 365 = **6 935**, 19 × 365,25 = **6 939,75**.

300 Plus de détails sur le Saros dans https://astronomie.savoir.fr/le-cycle-de-saros/.

définir, chez les Mayas, une *pentaétéride vénusienne* ou une *octaétéride solaire*. Les Mayas savaient aussi que 73 × 260 = 52 × 365, une égalité qui relie et rend commensurable le *tzolkin* et le *haab*. D'où la conjecture que les Mayas ont peut-être eu la possibilité d'écrire la quasi-égalité des Grecs : 8 × 365 = 5 × 584 = 2 920 ≈ 2 920 ½ = 99 × 29 ½, et de convertir en révolutions de Vénus ou en lunaisons, les comptes en années *haab*. L'égalité 73 × 260 = 52 × 365 aurait pu conduire les scribes mayas à écrire son double 2 CR : 146 × 260 = 104 × 365. Combiné à 8 × 365 = 5 × 584 ≈ 99 × 29 ½, il vient 2 CR ≈ 1 287 × 29 ½. De telles égalités permettent de convertir les unes dans les autres, les mesures faites en lunaison, *tzolkin*, *haab*, et révolution vague vénusienne.

Autrement dit, les Mayas ne se contentèrent pas d'équilibrer les cycles astronomiques entre eux, mais ils s'efforcèrent de les rendre commensurables avec les cycles non astronomiques, comme le *tzolkin*, le *haab*, les **katun** et les roues de 13 **katun**. Les calendriers astronomiques y gagnaient la caution de la religion et l'assurance du calcul modulaire. Ce qui les rendait plus facilement imposables à un ensemble de cités, et plus facilement acceptables par les sujets d'une royauté sacrée. En tout cas, dès le Ier ou le IIe siècle av. J.-C., les fresques de San Bartolo (Petén, Guatemala) font voir un roi réalisant l'autosacrifice du sang en l'honneur du Porteur de l'année, c'est-à-dire en un jour $\boldsymbol{\alpha}\underline{\mathbf{X}}_p$ dont le cycle, (13 × 4 = 52), était celui du retour du Nouvel An dans l'énumération simultanée du cycle, *tzolkin* (cycle divinatoire mésoaméricain), et du *haab* (année festive mésoaméricaine convertie en année vague de 365 jours par les Mayas). Sans preuves ni exemples, Sahagún et Landa laissent entendre que parfois ou ailleurs l'AFM était de durée variable (par ex. de 365/366 jours).

Ce qui montre que la divination ou la religion peut conduire à des découvertes scienti*fiques*, et, que la science ou la raison peut aider les sociétés à réformer un calendrier qui divague, ou aider les astronologues et les religieux à se défaire de quelques surcharges symboliques. Ces tâches sont difficiles car la vie en société peut conduire à des habitus communautaristes qui poussent à rejeter l'autre ou à le forcer à se faire semblable à soi. Des réactions chauvines contraires à la recherche d'une « multiversalité » par convergence des diversités.

Il y a deux ans, en passant devant une statue de Bartolomé de Las Casas, une dizaine de Kaqchikels m'expliquèrent avec une grande sincérité que ce dominicain n'était pas ce que le cardinal Cisneros pensait, en 1516, quand il le nomma « Protecteur des Indiens ». Loin d'être vu comme un bienfaiteur ou un défenseur[301] des Indiens, ces Kaqchikels considèrent qu'il était pire que les *encomenderos*[302], car il pratiquait l'ethnocide des valeurs immatérielles autochtones, sous couvert d'une évangélisation qui, de fait, demandait la conversion des Indiens aux valeurs de l'Évangile et de l'Espagne. Ancré dans la foi catholique, Las Casas aurait fait, si j'entends le point de vue humaniste des Kaqchikels, une erreur de jugement conduisant de fait à l'ethnocide des usages et des valeurs des Autochtones. Une mort sans intention de la donner.

L'erreur de ne pas comprendre qu'il est impossible, dans une Nouvelle Espagne où les pouvoirs politique et religieux s'instrumentalisaient l'un l'autre loin de Madrid, d'abolir l'*encomienda*, sans fonder cette révolution sur deux utopies – idéal évangélique de charité, et volonté politique de démocratie – visant le respect de la dignité de la personne et de sa liberté de conscience. Malgré ses efforts pour réclamer la fin des brutalités et des crimes commis sur les Indiens[303], Las Casas n'a pas changé la nature du régime colonial. Ni amélioré le sort des Indiens de la Nouvelle Espagne.

Une imagination débridée ou une foi évangélisatrice sans écoute de l'autre produit son lot de quiproquos, d'erreurs, de lapsus, d'éléphants de Waldeck, ou de trésors « insoupçonnables pour les non-initiés » (Adam 1988 : 212). Elle alimente, chez les gens du soi, les formes ordinaires du chauvinisme et du communautarisme, et elle fournit, contre les gens de l'autre, l'huile xénophobe et raciste qui fait dégénérer les débats en guerres des religions et chocs des civilisations. Prenons des exemples. Le premier emprunté à l'histoire des Mexicas.

---

301 Le *Courrier de l'UNESCO* (juin 1975) consacre deux articles à Las Casas, le premier développe l'idée qu'il fut « défenseur des Indiens d'Amérique hispanique au 16ème siècle », et le second qu'il fut précurseur des Lumières en énonçant « deux principes inaliénables : la liberté et le droit d'être un homme » ; en ligne à l'adresse : http://unesdoc.unesco.org/images/0007/000748/074840fo.pdf.

302 L'*encomienda* est un régime esclavagiste et népotique. Pour le récompenser d'un service, le gouverneur « confiait » un contingent d'Indiens à un colon, l'*encomendero*, chargé de récupérer l'impôt (en or, en nature ou en travail). Il se servait au passage, et oubliait souvent la contrepartie consistant à protéger, convertir et éduquer les Indiens.

303 En 1514, Las Casas renonce à son *encomienda,* en 1539 il dénonce les crimes et les abus des colons, et participe en 1550/1551 à la controverse de Valladolid où il défend la thèse que les Indiens ont une âme et ne doivent pas être convertis par la contrainte. Plus de détails dans : http://croire.lacroix.com/Definitions/Figuresspirituelles/Figures-dejusti ce-et-de-paix/Bartolome-de-Las-Casas-l-ami-des-Indiens.

L'imagination peut rendre présentes et agissantes les entités qu'elle construit sur un fond de référents réels et de référents imaginaires. C'est le cas du mythe mexica expliquant pourquoi le Soleil et la Lune continuent de tourner après le sacrifice de deux divinités, Tecuciztecatl, un dieu fort (comme le géant Goliath) et « un peu trop propre pour être malhonnête » (Dehouve 2005 : 52) qui deviendra la Lune, et Nanahuatzin, un dieu modeste (comme David[304]) et « purulent » qui deviendra le Soleil. Le mythe ne se contente pas de raconter les aventures des deux entités. Il déplie aussi l'origine de la prétendue nécessité des sacrifices humains, à partir de l'imposture que seul le sang des rois et des hommes est assez noble pour que les dieux continuent de faire se lever le Soleil et la Lune. D'où le besoin pour les sacrificateurs de se fournir en *chalchiuatl* « eau de jade, sang humain », et l'hypertrophie de la « guerre fleurie », une institution largement étudiée par Graulich (2005), dont le but n'était pas de tuer, mais de ramener des prisonniers destinés à être sacrifiés afin que là-haut les entités fassent que ça continue ici-bas de tourner.

Imaginer, croire et penser (/savoir/connaître) permettent de montrer, partager et dire, mais aussi de faire advenir, en agissant sur nos représentations et celles des autres, quelque « réalité/idéalité/entité » qui n'existe pas en dehors des effets produits sur ceux qui disent en voir les signes et pouvoir les lire. En nous faisant commettre parfois des erreurs, les expériences de pensée incitent à dépasser les croyances et des phantasmes, et à découvrir que ce dépassement passe par la raison critique et par la force de l'entraide qui, ensemble, font acquérir une capacité « d'autodéfense intellectuelle » (Mazet 2017) qui protège doublement. D'une part, en immunisant contre le danger de prendre nos désirs pour la réalité et donc en invitant à douter. La seconde, en invitant à renoncer à la violence du regard qui enferme l'autre dans l'image du dangereux étranger, de l'apostat, de l'hérétique… car toute stigmatisation et toute violence incite l'autre à rendre, au centuple, une semblable violence, ainsi s'installe le cercle infernal des violences et contre-violences. Le tsunami de la conquête et de la colonisation de la Mésoamérique a détruit l'arithmétique maya et dispersé ses trésors d'égalités calendaires.

Le deuxième exemple est une controverse plus complexe, celle des affrontements entre empires et religions que l'on qualifie parfois de « choc des civilisations » (Huntington) ou de « guerre de civilisations » (Crépon).

---

[304] Combat Goliath/David : Coran 2, 244–252, ou Premier livre de Samuel 17, 1–58.

L'après-coup de l'histoire nous enseigne que la plupart des sciences, de leurs jargons et de leurs applications, émergèrent et se développèrent au cœur de ces conflits.

Sylvain Gougenheim (2008) publiait au Seuil un livre intitulé *Aristote au Mont Saint-Michel. Les racines grecques de l'Europe chrétienne*. Un an plus tard, une dizaine de chercheurs[305] publiaient *L'Islam médiéval en terres chrétiennes. Science et idéologie* (Lejbowicz, édit.) qui est une critique radicale des idées de Gougenheim. Les deux ouvrages débattent des causes susceptibles d'expliquer le cours différent que prirent, d'un côté, la Renaissance européenne, et, de l'autre, la civilisation arabo-musulmane. L'Europe allant vers le progrès industriel en suivant la voie ouverte par les Grecs « inventeurs » des sciences et de la démocratie, tandis que les Arabes seraient restés bloqués sur cette voie à la fin du Moyen Âge.

Pour Gougenheim, tout est parti de l'Antiquité grecque. Déniant les apports venus des Arabes, il affirme que tous les progrès ont ensuite reposés sur le seul génie de l'Europe. La Grèce est donc la matrice civilisatrice[306] qui, à elle seule, aurait fait éclore une Europe rationnelle, laborieuse, annonciatrice des Lumières, nourrie au lait du christianisme et de ses langues, essentiellement le grec et le latin. Un destin que Gougenheim, en reprenant une vieille thèse de Renan, refuse aux arabophones et aux fidèles de l'Islam : « la thèse de la barrière linguistique entre langues sémitiques et langues indoeuropéennes » (Mazet 2010 : §7). Gougenheim déploie une rhétorique d'arguments divers[307], un déluge de préjugés, raccourcis, anachronismes, et arguments d'autorité.

En réaction, les auteurs du livre édité par Lejbowicz remettent en lumière les apports des cultures arabo-musulmanes dans différents domaines. Contre Gougenheim qui prétend que les textes grecs ont été traduits en latin et transmis à l'Europe par le seul truchement des traducteurs européens, ils soulignent le rôle des savants et traducteurs de l'Islam (par ex. en Andalousie), lesquels avaient transformé la koiné dialectale de la péninsule arabique en une langue de culture[308], utilisée par

---

[305] J. Ceylerette, M. Lejbowicz, J. Tolan, J. Jolivet, A. Elamrani-Jamal, M.-G. Balty-Guesdon, R. Morelon, L.-J. Bataillon, S. Ebbessen.

[306] Une Grèce pensée vierge et pourtant mère de philosophies, démocraties et sciences.

[307] Historiques, épistémologiques, linguistiques, traductologiques, sociologiques,…

[308] L'arabe littéraire imposé comme norme absolue par le texte sacré du Coran.

les intellectuels de toutes les disciplines, qu'ils soient Juifs, Catholiques, Orthodoxes, ou issus d'autres pays.

Rapportant et analysant cette polémique, Mazet (2010) montre : a) que Gougenheim exagère le rôle d'une possible pépinière de traducteurs grec/latin composée de moines du Mont-Saint-Michel[309], et b) qu'il accorde une place, centrale, mais démesurée, selon Sten Ebbesen, à Jacques de Venise. Ebbesen rappelle qu'il reste très peu de traces historiques de ce traducteur. On devine ici que Gougenheim entend imposer l'idée que les Européens n'avaient pas besoin des Arabes pour assimiler les philosophies et les sciences grecques, une idée qu'il renchérit en disant que les Arabo-Musulmans étaient incapables de saisir et assimiler l'héritage grec, à cause de leur langue sémitique et de leur religion.

Les auteurs édités par Lejbowicz rejettent unanimement l'idée que les cultures arabo-musulmanes et latino-chrétiennes seraient inégalement respectables, ou inégalement méprisables. Pour cela, ils rappellent que tous les savants, (musulmans, chrétiens, juifs, perses, etc.) contribuèrent au développement de la φιλοσοφία (philosophie, *falsafa,*), de la θεολογία (théologie, *kalām*), des maths, des techniques, des arts, des littératures, etc. Rien ne permet de hiérarchiser les religions, les cultures ou les langues, et, en matière de sciences, tout résultat est fruit métis des échanges au sein de communautés savantes sans frontières.

D'ailleurs, malgré leurs différences, les deux civilisations considérées puisent aux mêmes sources, à commencer par la Bible des Juifs, et quantité d'œuvres qui ne furent pas nées en Grèce, mais, par exemple, en Mésopotamie, en Égypte, en Extrême Orient, etc. La rigueur historique rejoint le sens commun pour affirmer que les œuvres circulaient, et qu'elles continuent de circuler et d'inspirer les hommes du monde entier : nous utilisons toujours la division sexagésimale de l'heure attestée chez les Chaldéens, les Égyptiens et les Babyloniens. Mazet montre que l'historien Gougenheim est sorti de son domaine d'expertise et de compétence, l'histoire médiévale, en cédant à de tels préjugés. Cette sortie de son domaine de compétence demande explication. Il y a d'abord l'argument psychologique :

---

309 Sous la direction du seizième abbé, Robert de Torigni (1106–1190), le Mont Saint Michel devint un haut lieu de la pensée occidentale, doté de l'une des plus importantes bibliothèques de France, contenant notamment la *Rhétorique* d'Aristote à une époque où ce philosophe était encore suspecté par l'autorité ecclésiastique d'énoncer des hérésies.

> Avec son *Aristote*, Gougenheim a voulu répondre à une crise de l'identité nationale en continuant à pratiquer la discipline où il s'était formé et illustré, l'histoire médiévale. Taraudé par les modalités de la présence française dans la culture mondialisée, il a chaussé des lunettes de patriote français pour écrire, non sur l'Europe médiévale, comme l'aurait voulu son cursus d'universitaire et de chercheur, mais sur une *Europe chrétienne*, qu'il a forgée à sa convenance [...]. Et dans un geste qui est celui du secouriste lançant dans l'urgence à un naufragé une bouée de sauvetage, il a doté de *racines grecques* cette Europe chrétienne qu'il imagine si injustement calomniée par les arabisants (p. 144) (Mazet 2010 : §15).

Et l'argument sociologique de Tolan qui attribue le succès du livre de Gougenheim aux attentes des publics européen/chrétien et arabe/musulman. Les ancêtres de ces publics sont tous, en effet, liés par une histoire contrastée qui entrelace des hauts de coexistences plus ou moins heureuses, et des bas de rivalités plus ou moins violentes, de guerres de conquêtes et de reconquêtes des territoires de l'autre, et de guerres fratricides au cœur des pays des gens d'un même soi religieux ou politique. Bref, un lectorat de personnes en quête d'identité[310], écartelées entre devoir de mémoire et droit à l'oubli des faits du passé, et qui aspirent, dans leur majorité, au respect et à la réciprocité, au nom d'un vivre ensemble apaisé, défendu partout par les humanistes non violents. Selon Tolan, les héritiers des deux civilisations trouvent apaisement et réponses dans le livre chauvin de Gougenheim qui hypervalorise les Chrétiens et les Européens, mais qui renvoie aussi au livre de Hunke (1963) qui hypervalorise les Musulmans et les Arabes, comme l'avait fait G. Le Bon[311] presqu'un siècle plus tôt. Comme le résume son titre, *Le soleil d'Allah brille sur l'Occident : notre héritage arabe*, le livre de Hunke oppose la barbarie et l'obscurantisme du Moyen Âge européen, au théâtre d'une admirable civilisation, celle du monde arabe. Le texte

[310] Des identités parfois « meurtrières », selon l'essai d'Amin Maalouf (1998) qui analyse la diversité des identités et les conflits qu'elles peuvent déclencher (cf. note 10).

[311] Il écrit au sujet de l'Andalousie médiévale « Sous les rois Visigoths, l'Espagne chrétienne avait été dans une situation peu prospère. Sa culture était celle d'un peuple à demi barbare. Aussitôt que les Arabes eurent terminé leur conquête [Tariq Ibn Ziyad arrive par Gibraltar en 711], leur œuvre de civilisation commença. En moins d'un siècle, ils avaient défriché les campagnes incultes, peuplé les villes désertes, créé des monuments magnifiques, établi des relations commerciales avec tous les autres peuples. Ils s'étaient ensuite adonnés à la culture des sciences et des lettres, traduisaient les auteurs grecs et latins, et fondaient des universités qui furent pendant longtemps les seuls foyers intellectuels de l'Europe » (Le Bon 1884 : 140).

arabophile vise à « communiquer un sentiment de fierté à des personnes qui se sentent méprisées, qu'il s'agisse d'immigrés arabes en Europe ou des ressortissants de pays arabes qui ont le sentiment d'avoir été agressés par le colonialisme européen » (Lejbowicz 2009 : 51–52). Gougenheim répond, à la caricature de Hunke par une caricature en miroir, un *feel-good book* qui calme la culpabilité des « Européens accablés de reproches » (*id.* p. 53) et les rassure en leur offrant, selon Mazet « la fiction gougenheimienne d'une Europe chrétienne aux racines exclusivement grecques ». Quoi qu'il en soit de l'histoire entremêlée des monothéismes et des cultures du pourtour de la Méditerranée[312], le livre de Gougenheim prétend réconforter les « Français et autres Occidentaux accusés d'être à l'origine de tous les maux de la terre : esclavage, colonialisme, inégalités sociales, capitalisme rampant, réchauffement climatique, etc. (p. 53) » (2010 : §16).

Mais Sylvain Gougenheim le fait en réduisant la diversité culturelle du Moyen Âge à un binarisme primaire : monde arabo-musulman *versus* monde romano-chrétien. Ce qui lui permet d'ignorer la complexité de l'histoire des avancées savantes de la pensée métisse, mais aussi des conquêtes territoriales faites, entre autres motifs, au nom du Dieu de deux grands prophètes, Mahomet et Jésus. On en oublie le rôle de Constantin, le 34e empereur romain qui confirma son autorité en instrumentalisant le christianisme, (en convoquant par ex. en 325 le concile de Nicée), au point d'en faire une religion d'État[313]. Un « césaropapisme » fondé sur la négation d'un impératif fondateur[314], le « Rendez à César ce qui est à César, et à Dieu ce qui est à Dieu ». Un impératif de séparation du Jésus qui refusa les fonctions de chef d'État et de chef des armées : « Mon royaume n'est pas de ce monde… » (Jean : 18, 36), et en fait un impératif pour ses disciples : « remets ton épée dans le fourreau » (*idem* : 18, 11), et pour tout humaniste non violent fondé sur la proscription du meurtre[315]

312 Pour Tolan : Arméniens, Génois, Kurdes, Catalans, Berbères, Siciliens, Tunisiens…

313 Qui finit avec la loi de « Séparation des Églises et de l'État » (1905, Aristide Briand).

314 Cet impératif est attesté par trois évangiles : Marc : 12, 13–17 ; Matthieu : 22, 21 et Luc : 20, 25. Il est confirmé par le quatrième « Jésus dit à Pierre : remets ton épée dans le fourreau. Ne boirai-je pas la coupe que le Père m'a donnée à boire ? » (Jean : 18, 11).

315 Ce principe reste étranger à la plupart des états, et *a fortiori* des dictatures, qui se réservent la peine de mort et le droit de déclarer les guerres.

et le rejet des dérives théocratiques, dictatoriales ou colonialistes. L'islam semble avoir suivi un autre destin[316].

Le binarisme de Gougenheim occulte des faits essentiels. Par exemple que Jésus parlait araméen et que son message, l'Évangile, ne nous est pas parvenu dans cette langue, mais en grec. Parce qu'il fut très rapidement[317] traduit et écrit dans cette langue pour dépasser les frontières du monde juif : « la genèse historique du christianisme, provenant originairement de la prédication d'un Juif s'adressant à des Juifs, et naissant de l'élargissement aux Gentils du message initial » (Mazet 2010 : §16). Ou encore que des credo juifs et chrétiens entrèrent dans le Coran[318], parfois pour y être niés, souvent pour servir d'exemple de gens qui ne croient pas aux signes, parce que, selon le Coran (61, 6), Jésus annonce Mahomet, lequel réalise, pour les Arabes, ce que Moïse avait donné aux Israélites, un modèle d'état théocratique.

Ce qui prouve que des notions venues du monde grec et des croyances venues des précédents monothéismes entrèrent en langue arabe et en religion musulmane. D'où l'erreur – fille d'une « idéologie christiano-centrique et anti-islamique » (Lejbowicz 2009 : 15) – de hiérarchiser les cultures au nom de la soi-disant impossibilité de traduire, en langues d'une famille F_2, les notions et les credo énoncés dans une langue d'une famille F_1.

Tolan (*id.* : 45–58) déconstruit les préjugés que les notions grecques seraient traduisibles en latin mais pas en arabe, et que l'hellénisation était, au Moyen Âge, profonde en Europe mais superficielle en terre d'Islam. L'histoire nous apprend que l'arabe et le latin étaient, avec le grec et le

316 « Avec l'installation à Médine, la situation de la jeune communauté [musulmane] changea [...] elle devint le noyau d'un véritable État, qui allait revêtir un caractère politique et militaire autant que religieux et qui, du vivant de Muḥammad, prit une allure théocratique [...]. Après la mort de Muḥammad, [...] l'islam deviendra une « nomocratie », c'est-à-dire un régime dans lequel une loi, fixée une fois pour toutes, représente l'autorité suprême » (Jomier, J., article « ISLAM, la religion des musulmans », *Encyclopædia Universalis France*, p. 4).

317 Écrits pour les païens convertis, l'Évangile de Marc est rédigé à Rome dans les années 60, et la première aux Corinthiens à la fin des années 50.

318 ʻÎsâ Ibn Maryam (Jésus fils de Marie) est par exemple très présent dans le Coran qui consacre 98 versets de la sourate 19 à sa mère « qui enfanta sans avoir connu d'homme » (Coran 3, 47). Il attribue la parole à Jésus dès la naissance (19,30), et il décrit sa montée au ciel, mais il nie sa divinité ou sa crucifixion (4, 157–158). Selon La Hougue (2017), le Coran énumère : « sa mission, ses miracles, sa prédication, le drame de la fin de sa vie terrestre, son rôle eschatologique, ses noms et ses titres »,

persan, les principales langues de travail de l'intelligentsia médiévale. L'arabe dominait, avec le grec, l'ancien Empire Romain d'Orient (peuplé d'Orthodoxes, de Juifs, et de Musulmans), tandis que le latin et le grec dominaient l'ancien Empire d'Occident (peuplé de Catholiques, de Juifs, et de Musulmans). Dans cet empire tantôt unifié tantôt séparé en moitiés occidentale et orientale, les penseurs se déplaçaient d'un centre d'excellence à l'autre[319], s'alimentaient à toutes les sources, contemporaines et anciennes, indépendamment de la langue dans laquelle elles furent produites, comme cela s'était toujours fait dès avant l'essor et l'emprise de l'Empire Romain[320] : un Thalès de Milet (? 624–547) ou un Pythagore de Samos (? 580–495) ont séjourné en Égypte pour se parfaire, nous dit leur légende, en mathématiques et en astronomie. Olivier Keller me rappelait par un courriel du 30/06/2008 que « Démocrite [(? 460–370)] se vantait déjà d'être plus fort en géométrie que les « tendeurs de corde » égyptiens, ce qui suppose que certaines techniques de ceux-ci étaient déjà bien connues [en Grèce] ». Pour mémoire, rappelons que la Route de la soie était un réseau unissant l'Asie à l'Europe en passant par le Moyen-Orient. Outre les biens marchands, elle fit transiter arts, techniques et idées, et c'est par cette voie que le nestorianisme, le manichéisme, le bouddhisme et l'islam entrèrent en Chine.

L'archéologie et l'histoire prouvent que les Égyptiens et les Grecs, comme tous les peuples d'hier et d'aujourd'hui, se rencontraient, et que leurs contacts étaient suffisamment étroits pour que, dès le VIIe siècle av. J.-C., les premiers laissent les Grecs fonder un emporion dans le delta du Nil, le port de Naucratis, qui obtiendra le statut de cité[321]. De tels échanges sont confirmés par la découverte, en 2000, de Thonis-Heraklion[322] par Franck Goddio, fondateur de l'Institut Européen d'Archéologie Sous Marine (IEASM).

---

319 A propos de Jacques de Venise, Sten Ebbesen précise : « Il n'y a, dans la biographie de Jacques, qu'une date incontestable : sa présence à Constantinople en 1136. Il y assistait à la discussion théologique qui mettait aux prises Anselme de Havelberg et Nikitas de Nicomédie. La source de cet épisode est Anselme lui-même qui mentionne qu'un bon nombre de Latins assistaient au débat et que, parmi eux, se trouvaient trois hommes savants et compétents tant en grec qu'en latin : Jacques de Venise, Burgundio de Pise et Moïse de Bergame » (Lejbowicz 2009 : 118).

320 L'an 29 av. J.-C. marque la chute de la République, et le début de l'Empire Romain.

321 Pour plus de détails, voir Alain Bresson (2005 : 133–155).

322 Une cité de la baie d'Aboukir (Égypte) engloutie sous les eaux depuis une quinzaine de siècles, et dont l'existence était connue par Hérodote (? 480–425 av. J.-C.).

Comme le montre Rissolo (de l'université de Californie), il en allait de même dans le Nouveau Monde, puisque le Xe siècle mésoaméricain fut une période de grands brassages, grâce en particulier au fort développement du commerce par le cabotage maritime : « This was a time of great internationalization across Mesoamerica – a development related to the rise of maritime commerce and interaction »[323]

Les linguistes ont montré que les situations de contacts et d'échanges peuvent faire disparaître des idiomes, et faire émerger des langues véhiculaires (koiné, sabir, pidgin, lingua franca, etc.), véritables traces de nouvelles façons de conceptualiser et de « pensées métisses » (Gruzinski 1999). Comme toutes les langues, les langues de communication sont vouées à se diversifier au cours du temps, et au fur et à mesure de leur extension territoriale ou démographique. Elles sont aussi soumises à l'influence des capitales, des villes, et surtout des régimes centralisateurs qui favorisent la vernacularisation de l'une de ces langues (qui tend à devenir un créole), et qui font (/ou laissent) mourir les autres langues et parlers locaux, et, quand c'est le cas, la/les langue(s) du/des colonisateur(s)[324]. Dans un régime à tendance jacobine, toute cité, capitale ou métropole devient linguicide, car elle fonctionne comme « une pompe aspirant du plurilinguisme et recrachant du monolinguisme » (Calvet *in* François 2001).

Dans le même ouvrage, François résume les conditions d'apparition d'une langue véhiculaire et des faits de vernacularisation qu'elle subit par la suite pour des causes extralinguistiques :

> Ainsi le maintien d'une littérature prestigieuse, d'une classe éduquée et de la structure de l'Empire Romain d'Orient assure la persistance de la koiné grecque sur de nombreux siècles, tandis qu'inversement la chute de l'Empire Romain d'Occident et celle concomitante de l'alphabétisation favorisent la fragmentation de la Romania. Finalement, le seul processus explicitement linguistique qui se dégage de la comparaison de ces différents destins concerne la simplification (régularisation des systèmes phonologiques et des paradigmes morphologiques) des langues véhiculaires, une simplification

---

323 http://www.sdnhm.org/blog/blog_details/the-hidden-world-of-the-maritimemaya/37/.

324 Pour une étude des linguicides en Algérie après l'indépendance : Berger (2002). L'Algérie vient juste de reconnaître le berbère : http://www.jeuneafrique.com/depeches/ 300391/societe/lalgerie-consacre-langue-berbere-apres-longue-lutte/

remise en cause par la constitution de nouvelles langues vernaculaires aux structures plus complexes (*id.* : 8).

Quant à Brixhe et Hodot, ils précisent que la tendance historique est d'aligner la diversité linguistique sur la diversité politique, et ils parlent d'une idéologie « jacobine » qui prétend qu'à toute république « une et indivisible », il faut une langue « une et indivisible ». Cela devient une règle :

> Si l'attique est devenu langue commune, il le doit donc surtout non pas à ses qualités intrinsèques, mais aux trois impérialismes qui l'ont successivement porté[325]. Et, s'il s'est simplifié, c'est qu'il est devenu une langue de grande extension, la langue véhiculaire du bassin oriental de la Méditerranée et du Proche-Orient, réalité que l'on ressent jusque dans les milieux cosmopolites des ports occidentaux (Brixhe et Hodot *in* François 2001 : 44).

Pour d'autres exemples : la contribution de Baccouche (p. 87–93) intitulée *L'arabe, d'une koiné dialectale à une langue de culture*, et celle de Saillard (p. 121–134) 'Le mandarin entre véhicularisation et vernacularisation'.

La linguistique, l'ethnologie, l'histoire et l'archéologie sont unanimes pour constater, partout dans le monde, l'existence, l'utilité et l'importance des échanges, matériels et immatériels. En montrant qu'il ne saurait y avoir, en ce qui concerne la circulation des idées, aucun sens interdit par la nature des conceptualisations ou des sémiotisations que ne cessent de produire les co-énonciateurs. Il y a, bien sûr, des temps morts et des goulots d'étranglement, par exemple pour la transmission des résultats d'Archimède faible en Occident, et forte au Moyen-Orient : « Dans le monde grec, Archimède n'eut ni disciple ni successeur véritable ; seuls, quelques commentateurs, tel Eutocius au début du VIe siècle, ont contribué à maintenir le souvenir de son œuvre, sans toutefois pouvoir apprécier celle-ci dans l'intégralité de sa rigueur. En revanche, dès le IXe siècle, les mathématiciens arabes réussirent à dominer a priori la méthode antique d'exhaustion et à obtenir, par son intermédiaire et avec l'aide de quelques procédés originaux, différents résultats, connus d'Archimède, et d'autres jusqu'alors inédits [lesquels] innovent de façon

---

325 L'État peut éradiquer des langues pour en imposer une autre. En France, la disparition quasi totale des langues régionales et l'adoption du français sur tout le territoire se firent en trois/quatre générations, suite aux lois Jules Ferry rendant l'école **gratuite** (1881), l'instruction **obligatoire**, et l'enseignement public **laïc** (1882).

remarquable sur l'Antiquité [mais] ne réapparaîtront qu'à la fin du XVIIe siècle, trop tardivement pour contribuer à la genèse de la notion de dérivée » ('Calcul infinitésimal' *in Encyclopédie Universalis*)[326].

Ces disciplines réfutent le préjugé de Gougenheim qui affirme de manière contradictoire, d'une part, que la barrière linguistique entre l'araméen (famille sémitique) et le grec (isolat linguistique de la famille indoeuropéenne) était ouverte, ou au moins poreuse, et, d'autre part, qu'elle était fermée entre le grec et l'arabe (famille sémitique). Sans les continuels allers-retours qui brisent les notions/notations pour les faire passer d'une langue à l'autre, on ne comprendrait pas « que c'est grâce aux analyses d'Avicenne [le perse Ibn Sīnā] et aux commentaires d'Averroès [le musulman andalou Ibn Rochd] que le monde latin a compris une bonne partie d'Aristote » (Lejbowicz 2009 : 13).

De fait, comme toujours et partout, il y eut durant tout le Moyen Âge des bilingues capables de traduire en latin les œuvres écrites en arabe, et des bilingues pour traduire en arabe des œuvres grecques ou latines. Élargissant le regard, les faits de bilinguisme deviennent aveuglants. Il y eut aussi des traductions latines, arabes, et en d'autres langues, des œuvres qui furent écrites en grec – *Iliade* et *Odyssée* d'Homère, les *Éléments* d'Euclide, la *Physique* ou la *Métaphysique* d'Aristote, les *Évangiles* (écrits de 60 à 100 de notre ère), etc. –. De même, furent traduites, en de fort nombreuses langues, beaucoup d'œuvres créées en d'autres langues que le grec, par ex. la *Bible* (écrite entre 1450 et 400 av. J.-C.), le *Coran* (révélé à Mahomet entre 610 et 632 après J.-C.), ou l'épopée de Gilgameš, la plus vieille œuvre littéraire qui fut redécouverte par fragments d'époques et de langues différentes.

Quel que soit leur berceau, les œuvres, surtout les œuvres majeures, finissent toujours par entrer dans le patrimoine de l'humanité, car elles sont mémorisées, gardées, perdues, détruites, retrouvées, déchiffrées,

---

[326] Dans le domaine de l'astronomie, le compte rendu par Lerner de l'édition et traduction françaises (Morelon 1987) de ses œuvres montrent que Thābit ibn Qurra a dû travailler « avec et contre Ptolémée » : « Certaines des erreurs de calcul de Ptolémée sont dénoncées sans ménagement, mais s'agissant de données d'observation, Thâbit peut le reprendre surtout parce qu'il dispose de quelque 700 ans d'observations supplémentaires. Il est donc exclu qu'il répète servilement Ptolémée, mais les bases jetées par ce dernier restent inébranlées. De sorte que Thâbit doit construire à la fois « avec et contre lui » comme le dit R. Morelon ». (http://www.persee.fr/doc/rhs_01514105_1990_ num_43_4_4509_ t1_0495_0000_2).

traduites (parfois cryptées), et sans cesse re-re-re-traduites dans une foule de langues et sur toutes sortes de supports.

Malgré Babel, les hommes se comprennent même sans le miracle de la Pentecôte (Actes : 21, 4). Aujourd'hui on lit l'épopée de Gilgameš en français, on détache le zéro du *sunya* de l'Inde en le liant aux tables astronomiques grecques des Ier–Ve siècles. On découvre la vie d'une reine maya parce qu'elle fut racontée en glyphes logosyllabiques sur la stèle 3 de Piedras Negras.

Ce mouvement ne s'arrête jamais. Selon *JOL press*, le conte poétique et philosophique *Le Petit Prince* de Saint Exupéry, publié en 1943, en français, à New York, a déjà « été traduit en plus de 270 langues et dialectes, du quechua au breton en passant par le provençal. [...] "**Quyllur llaqtayuq [wawamanta]**" en quechua [...] avec quelque 1 300 éditions et 145 millions de copies vendues »[327]. Publiée à Cuzco en 2004 par l'*Asociación Pukllasunchis*, la traduction en quechua a été réalisée par Lydia Cornejo Endara et César Itier (1997 : 87–95) : **Quyllur/llaqta-yuq/wawa-manta** = étoile/territoire-pourvu de/enfant-ABLatif = au sujet de l'enfant natif d'une étoile, « histoire de l'enfant venu d'une étoile ».

Figure 97 : *Petit Prince*

Traduire serait-il impossible sans trahir ? Certes, traduire pose mille problèmes, surtout quand on doit mettre en sept langues amérindiennes la Constitution de la Colombie (Landaburu 1997). Martinat-Berthet (2005 : 110–117) en identifie et en résout un bon nombre. Mais la difficulté n'arrête pas la marche des truchements. C'est un mouvement que rien ne peut arrêter. Pas même l'absence totale de bilingues, comme ce fut le cas au tout début de la Conquête de l'Amérique. Et cela continue depuis la nuit des temps, car cohabiter sur un même espace/temps fait naître des métis[328], et surgir des passeurs, des truchements, des interprètes,

[327] http://www.jolpress.com/le-petit-prince-antoine-de-saint-exupery-70-ans-article8188 28.html#iMTQ2fDtoqJiJeep.99, et http://www.petit-prince.at/cover/cov-gr/cov_quechua -c1.jpg pour la couverture du Petit Prince en quechua.

[328] Ce n'est pas nouveau : « Le brassage génétique entre *Homo sapiens* et *Néandertal* s'est fait en deux temps : la première fois il y a 100 000 ans et la deuxième fois il y

des traducteurs, et des groupes inventeurs de langues véhiculaires. Ce que prouve la Malinche, une indienne nahua devenue esclave d'un cacique maya. Bilingue nahua-maya, elle joua un rôle non négligeable dans la conquête du Mexique pour avoir été guide, informatrice, conseillère, traductrice, et interprète de Cortés. Baptisée et mariée pendant un temps au conquistador, (dont elle eut un fils), la Malinche divise. Pour certains, elle est la Judas qui a trahi les Amérindiens ; pour d'autres, elle est la nouvelle Ève d'un Mexique moderne, catholique, métis, et multiculturel.

La Malinche et les faits de traduction inversent le mythe de Babel (Genèse : 11, 1–9) en montrant que la diversité des langues n'est pas un obstacle infranchissable. Car les langues sont, au contraire, les outils que les hommes fabriquent pour que leurs savoirs, leurs connaissances, leurs croyances et leurs rêves traversent les forêts, les montagnes, les déserts, les océans… Tout ce qu'un homme peut savoir, croire ou imaginer, un autre homme peut aussi le savoir, le croire ou l'imaginer – mais à travers d'autres mots qui coupent et découpent autrement d'autres référents imaginaires ou réels –, et ceci grâce aux chaînes de truchements qui s'efforcent, en position métasituationnelle, de traduire et de reprendre, toujours et encore, leurs infidèles traductions. Avec ou sans pierre de Rosette, tous les textes finissent par être traduits, même s'il a fallu attendre des siècles pour parvenir, à la fin du XXe siècle, à casser les codes de l'écriture maya et à redécouvrir les nombres perdus dans les égalités calendaires.

D'où, selon Tolan cité par Mazet (2010 : §16), la démonstration de la contradiction relevée plus haut dans les thèses de Gougenheim :

> À partir du moment où Gougenheim prétend qu'il est impossible de transcrire en une langue sémitique, l'arabe, le génie d'une langue indoeuropéenne, le grec, il aurait dû généraliser son pseudo-diagnostic et retrouver la même impossibilité dans le circuit linguistique de sens opposé, celui que les apôtres ont parcouru en diffusant en grec une révélation énoncée en araméen […] les premiers chrétiens ont réalisé ce que Gougenheim décrète impossible pour les penseurs arabes : l'osmose entre une culture d'expression sémite et une culture d'expression indo-européenne (146–148).

---

a 50 000 » (http://www.hominides.com/html/actualites/neandertal-sapiens-amours-multiples-1010.php). Plus récemment le *cunhadismo* (Ribeiro 1995 : 36) est une institution qui a permis aux premiers Portugais de s'incorporer aux Autochtones en engrossant nombre de femmes indiennes, constituant ainsi la base métisse d'un État confédéral en gestation.

Dès leur première réalisation, les riches et imparfaites traductions en signes métis demandent un effort supplémentaire, celui des « travailleurs de la preuve ». Historiquement, les premiers furent vraisemblablement des devins en quête de sens et de règles du vivre ensemble, rapidement suivis ou instrumentés par les dirigeants. Enfin sont venus les scientifiques, en quête des fuyantes vérités d'accord, d'adéquation et de non-contradiction, plus aptes à démêler les entrelacs de « vouloir-dire » et de « faire-dire » (Cauty 2013 : 208). Parmi eux nous faisons une place essentielle aux traducteurs/truchements qui redonnent vie aux messages figés dans les écrits ou évaporés quand la parole est dite. Ils montrent comment faire la part des surcharges que l'imagination et les croyances apportent à la diversité des « vouloir-dire » et des « faire-dire » toujours marqués au fer des identités des truchements, et forcément passés à travers les filtres de la langue de chacun des protagonistes[329]. Les traducteurs/truchements sont en recherche d'équilibre entre la fulgurante intuition de la glose épilinguistique qui provoque un eurêka ou fait long feu, et la lourde méthode des paraphrases métalinguistiques construites à coups de dictionnaires et de consultations des grammaires et des usages. Ils se reprennent jusqu'à développer cette faculté d'enchantement de la traduction heureuse, celle qui parvient à nous faire voir, à la fin, la beauté d'un théorème ou d'un poème, et à nous éviter les quiproquos ou la chute dans les pièges des faux et contre- sens.

À l'image de ce qui se passe dans un accélérateur de particules, des multitudes d'actes d'échange de toutes sortes constituent, avec les interactions qu'ils provoquent, le substrat de la saga de notre espèce (*Homo sapiens*), aussi protéiforme que l'art[330]. Le choc des mots travaillés pour traverser les frontières linguistiques et cognitives des individus et des groupes fait toujours battre le cœur de l'histoire chaotique des cités, des croyances, des savoirs et des pouvoirs. La force des chocs brise jusqu'aux constituants des mots et laisse des éclats qui vont permettre aux équipes interdisciplinaires et interethniques de refaire l'histoire des liens pensée// langage qui présidèrent à la conceptualisation et à la mise en signe des mots éclatés et refaits par les traductions intra- ou intersémiotiques.

---

[329] Comme chacun le sait : on ne peut pas ne pas interpréter, et on ne peut pas ne pas communiquer. Ni oublier les surmois que nous impose chacune de nos appartenances.

[330] « À travers l'histoire l'art apparaît protéiforme ; il offre tant de démarches diverses et même adverses qu'on désespère de trouver une définition qui puisse leur être commun dénominateur, principe d'une unité » (Huyghe 1955 : 401).

L'analyse des éclats permet d'entrevoir les forces qu'il fallut engager pour briser les mots et leurs constituants, celles-là même qui firent fusionner ensemble, une part de représentation (mot, signe ou signal), et une part d'action ou d'intelligence. L'art de la traduction introduit au cœur des capacités de penser, parler et communiquer. Il fait entrer dans les interfaces pensée/langage des notions/notations que nous utilisons et créons, en amont, pour différents motifs, et, en aval, pour différents usages et objectifs. Car tout message est à la fois porteur de différents contenus (les vouloir dire de l'un, dit énonciateur, et les faire dire de l'autre, dit co-énonciateur) et déclencheur d'interactions et de co-énonciations. Une capacité héritée de l'enracinement de notre espèce dans le règne animal, comme le prouvent les éthologues en établissant que :

> L'animal peut se fier ou non aux signaux, les amplifier, les dénier, les corriger – bref les manipuler. L'invention du langage devient possible à partir du moment où les organismes découvrent que "leurs signaux ne sont que des signaux" [...] L'apparition de signes métacommunicatifs dans l'interaction constitue le critère qui permet de déterminer si un organisme donné est capable ou non d'assumer que les signes sont des signaux (Lestel 2001 : 184).

Les sociétés humaines ont fait un pas de plus en créant les langues naturelles doublement articulées et contenant leur propre métalangue[331] dans un continuum allant des systèmes de signaux du vivant (échangés par les abeilles par ex.), aux systèmes de signes linguistiques échangés par les hommes, en passant par les langages à « signes métacommunicatifs » de Lestel. Plus sûrement que les abeilles, les hommes métacommuniquent et font que leurs signes renvoient non seulement à des référents réels et en principe présents comme ceux des abeilles, mais aussi et peut-être surtout, à des référents, non seulement absents, mais imaginaires. *Homo sapiens* est doté d'un « cerveau capable de se représenter un monde totalement absent [voire inexistant dans] un contexte culturel qui donnait forme à cette dimension de l'esprit » (Cyrulnik 2017 : 167), un cerveau assurément capable de peupler des panthéons de divinités et autres entités, de se reconnaître un Dieu unique, de convenir de systèmes d'axiomes ou de plans d'expériences, de faire advenir de nouveaux objets comme les ondes gravitationnelles. Une capacité à double tranchant car,

---

[331] Les langues naturelles mais aussi sifflées ou signées. Yau (1982) présente un cas de création, par une amérindienne sourde et isolée, d'un langage gestuel qui lui permet de « parler » avec ses mari et enfants qui ont appris/construit avec elle ce langage gestuel.

en tout domaine, y compris celui de la recherche scientifique, l'acte de penser ou dire risque de se recroqueviller sous les interdits des religions, les lois du productivisme, les appétits de l'industrie, les besoins d'efficience marchande…

Comme les accélérateurs de particules, les situations d'énonciation conflictuelle, de résolution de problèmes, de traduction ou de *disputatio* supposent des chaînes souvent longues d'acteurs, et fournissent des caléidoscopes de trésors éclatés[332]. Chacun peut alors refaire les puzzles, reconstruire au moins en partie tel ou tel de ces trésors, pour en faire – à son rythme et selon ses moyens, pour le meilleur ou pour le pire – le contenu raisonnable de sa mémoire, grosse de savoirs, de sens et d'utopies.

Des mémoires à purger des quiproquos, malentendus, et autres éléphants de Waldeck. À purger aussi, au nom de *L'entraide, l'autre loi de la jungle*[333], des violences intra- et interethniques[334] nées des préjugés, des croyances ou des erreurs d'interprétations, notamment impulsives, chauvines ou radicales. Des violences qui détruisent les biens immatériels (en 1562, Diego de Landa, évêque du Yucatán, fit brûler des codex et des « idoles » lors d'un autodafé), et deviennent ainsi linguicides ou ethnocidaires, et font se multiplier les identités meurtrières et grandir la stigmatisation des différences (de naissance, de classe, de sexe, de force, de couleur de peau, de genre, de langue, de religion, de culture, etc.).

Lâchée au sortir de la précarité des petites tribus et à l'entrée dans les civilisations puis l'histoire, la loi naturelle de l'entraide (garante de la survie du groupe), semble avoir été remplacée par la convention du

---

332 Véritables microscope et accélérateur de particules du traductologue, le travail collectif de transformer un texte T_1 – écrit en une ou des langue(s) occidentale(s) – en un texte T_2 – écrit en une ou des langue(s) amérindienne(s) – montre que le mot à mot est impuissant, (même entre langues d'une même civilisation par ex. pour traduire le simple mot *disque* en anglais), car chaque langue renvoie à des univers cognitivo-sémantiques différents qu'elles découpent chacune à sa manière, sans bijection possible (sauf à cryptomorphisme près) le découpage d'une autre langue. Comme je l'ai analysée dans 'nature et éloge de la traduction' (Cauty 2017 : 287–293), la fratrie (frère/sœur) est divisée en deux en français, mais en trois en panaré ou en guambiano, deux langues qui neutralisent différemment les traits pertinents qui caractérisent la nature de deux couples d'individus désignés par les trois mots de la fratrie.

333 Titre d'un ouvrage de Servigne et Chapelle (2017).

334 Assujettissement des personnes, mise à l'index d'un Copernic, autodafés conduisant aux bûchers Giordano Bruno ou les codex mayas et leurs lecteurs ou détenteurs, injuste partage des ressources, des énergies, des génériques, etc.

talion. Passer de l'entraide au talion suppose l'invention du pouvoir et des organisations. Qu'il soit venu du peuple, d'une de ses sections, d'un prêtre ou d'un chef, le clivage premier distingue et définit ceux qui disposent du pouvoir de juger, de punir ou récompenser. Bien qu'il naisse dans l'inconscient des processus dont « on notera le caractère collectif, ou pour mieux dire impersonnel, qui jouent dans la zone instinctive primaire de l'intelligence : identifications, aveuglement à la contradiction, affirmation en "tout ou rien", réaction de talion » (Mounier 1946 : 613, cité dans le TLF, article Talion), ce clivage s'institutionnalise dans les organisations qui font des sociétés à la fois territoriales, économiques, politiques et de croyances partagées. Des sociétés contraintes de produire, valoriser, accumuler et échanger toujours plus de biens matériels et immatériels. Comme l'écrit Martinez-Gros (2014) dans sa *Brève histoire des empires*, cela suppose une forme d'État capable de mobiliser durablement, (au détriment des règles d'entraide et d'autodéfense de la tribu), les énergies, et de canaliser à son profit les violences et les énergies. Une organisation capable de lever des impôts et de convoquer les sujets, grâce à l'usage régalien de la force et au monopole de la propagande.

Le fonds humain naturel comprend, semble-t-il, la crainte de la mort et l'interdit du meurtre, mais ni la loi du talion (Lévitique : 24, 20 ou Coran : 2, 179), attestée dès Babylone (code d'Hamourabi : §196, 197, 200, 210), ni la notion de martyr. Selon Aron (1975 : 49), « le talion [...] est une règle de jurisprudence [...] qui proportionne le châtiment à la gravité de la faute ou du crime commis ». Cette loi et cette notion dépassent la zone instinctive primaire des hommes de tribus et supposent une société organisée en sections. L'histoire semble indiquer qu'elles naissent dans des sociétés hiérarchisées ayant développé les fonctions régaliennes. Dans ces sociétés où les sujets ne sont plus armés, c'est l'autorité qui lève l'impôt, dit le droit, prononce la peine et en contrôle l'exécution. Une fois ces bases installées dans les mentalités, les services d'information et de désinformation des États et des religions ont les mains libres pour faire oublier le côté « détestable » du meurtre (Coran 18, 74) et l'absolu du « tu ne tueras pas » (Exode 20, 13), et pour justifier les croisades en développant les concepts contradictoires de « guerre-juste » ou « guerre-sainte ».

Après ce détour par le monde des chocs de civilisation, revenons aux Mayas pour souligner la singularité de leur rapport à l'arithmétique, à l'astronomie, et aux calendriers. Comme nous l'avons vu dans le chapitre 0, toute l'histoire de leur Intelligence Arithmétique semble partie, comme en Chine, du travail des devins et du besoin des rois de disposer d'un calendrier acceptable par les sujets des cités qu'ils contrôlaient dans l'espace/temps mésoaméricain dont ils se partageaient ou se disputaient les niches écologiques. Pour avoir subi le choc de l'effondrement maya, puis le tsunami de la conquête et de la colonisation, le big bang rationnel initial provoqué par les devins n'a guère eu le temps de prospérer en sciences.

Nous ne pouvons donc pas décider si les Mayas passèrent ou non le point d'inflexion à partir duquel on passe d'un régime de croyances admises dans l'entre soi, à un régime d'évidences établies par l'intelligence collective, et pouvant mener à un régime scientifique de connaissances démontrées par une raison ouverte aux arguments des gens de l'autre et aux résistances du réel.

Ces points d'inflexion signalent des changements épistémologiques qui consistent à s'écarter des fantasmes d'une imagination débridée, se défaire des croyances irrationnelles, des rituels arbitraires de la magie, ou des pratiques trompeuses de la mystification, non pas pour se démarquer des croyants, mais pour ouvrir de nouvelles voies à l'intelligence, par exemple la voie royale d'une raison délivrée de l'entrave des arguments d'autorité, et aiguillonnée par la méthode cartésienne du doute initial. Les vérités de la raison scientifique ont, elles aussi, besoin de légitimité sociopolitique, et de travailleurs de la preuve capables de se présenter sans réserves devant les tribunaux des pairs, de l'expérience et de la non-contradiction.

Les documents ne permettent pas de dire si les Mayas avaient précédé Gauss dans l'intuition d'une arithmétique modulaire. Ni s'ils avaient, ou non, compris les prolégomènes d'une théorie des équations entières. Les documents ne disent pas s'ils avaient découvert π, ou le nombre d'or, ni s'ils avaient observé le cycle de Méton ou celui du Saros. Pire, on ne dispose même pas d'un brouillon suggérant comment ils auraient pu effectuer une division euclidienne.

Pourtant, les codex et les murs de Xultún nous invitent à voir et à faire savoir que les Mayas appliquaient couramment leurs connaissances et leurs savoir-faire arithmétiques à la résolution des problèmes de comput calendaire, c'est-à-dire dans un champ mathématique relevant de la théorie des entiers et de l'ensemble de ses anneaux et de ses corps. Dans ce champ, les Mayas se sont posé le problème de la discrétisation du continu temporel, et ils ont apporté des solutions. À leur manière, en construisant des approximations de plus en plus fines des cycles qu'ils cherchaient à définir ou à mesurer, un peu dans l'esprit de la construction des nombres rationnels ou des décimaux.

Les efforts déployés pour discrétiser le continu temporel ont conduit les scribes mayas à l'invention, ou tout au moins à l'usage intensif, du Compte long, lui-même servi par deux numérations vigésimales avec zéro, – l'une de position, et l'autre de disposition –, et par un système vigésimal d'unités de temps. Utilisé quotidiennement par les scribes, c'est un système ouvert, que les scribes de Cobá ont effectivement poussé jusqu'au rang vingt, prouvant ainsi qu'ils étaient capables de construire, comme l'Archimède de l'Arénaire ou le Chuquet de la *Triparty en la science des nombres*, des extensions de leur numération vigésimale. Les périodes de ce système s'écrivaient à l'aide de glyphes utilisés seuls (par exemple les signes ordinaires et céphalomorphes de l'année **tun**), ou surmontés d'autres signes qui s'interprètent, en langue spécialisée des mesures, comme des opérateurs qui multiplient par vingt ou ses multiples la valeur du glyphe ainsi coiffé. Cette façon d'écrire les multiples d'une période sert aussi pour les constituants (monômes) d'un nombre de distance ou d'une série initiale. Elle consiste à concaténer un déterminant (numérique) et un déterminé (période). En grammaire des langues mayas, cette détermination renvoie au système des classificateurs numériques, et, en écriture du comput, aux opérateurs à valeur multiplicative. Par ex., le signe ordinaire du **katun** exprimé par la forme ×20-**tun** ou le signe du **baktun** exprimé par la forme ×20×20-**tun** (figure 49).

Les efforts déployés pour discrétiser le continu temporel ont aussi conduit les scribes mayas à exploiter une véritable forêt de cycles. Les uns racontent les temps de la mythologie. Les autres comptent les cycles de l'astronomie, ou fixent les rendez-vous de la vie agricole, sociale, religieuse… Rendue possible par l'usage du Choltun, la volonté de garder synchrones les temps et les révolutions de tous les cycles a conduit les scribes à l'art des égalités calendaires. C'est ainsi qu'ils ont développé l'écriture des dates sous forme de *n*-uples redondants, et, d'autre part, l'outil des tables de multiples associées aux tableaux de dates que les translations du pas de ces multiples font atteindre.

Coordonner le cours des jours, à la fois sur l'axe du Choltun, et sur un choix de cycles calendaires, astronomiques et autres, est le propre des scribes mayas du Classique : la capacité d'écrire les égalités calendaires qui truffent la plupart de leurs textes et de leurs inscriptions. Sauf de rares exceptions, les égalités calendaires mayas sont toujours exactes au jour près. Ce qui implique que les scribes avaient au moins découvert quelques solutions de quelques équations entières. Cela prouve leur capacité de vérifier l'exactitude de toute équation calendaire, qui, une fois résolue, pouvait dire, par exemple, que plus d'un million de jours après l'origine, on arrive à un jour dont ils précisaient la date dans n'importe lequel de leurs calendriers, ou dont ils disaient la position dans n'importe quel cycle, astronomique ou non, agricole ou non, social ou non, rituel ou non.

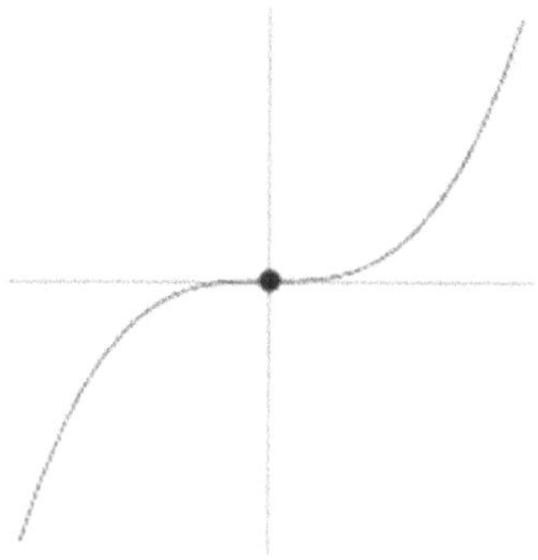

Hors-texte 10 : *Point d'inflexion, de changement de cap ou de cadre*

Postface

IGOR XOYÓN

Nuestros antepasados Mayas aprendieron a observar la naturaleza, para conocerla, para saber cómo tratarla, para agradecer por la vida que nos da y para poder vivir en armonía con ella. Al observar los ciclos de la naturaleza se dieron cuenta que muchos de los fenómenos naturales tenían una manera específica de comportarse y que anticipar su comportamiento podía significar la diferencia entre la vida o la muerte. Tal es el caso de la época para la siembra del maíz, ellos se dieron cuenta que cuando el abuelo sol caminaba precisamente arriba de nuestra cabeza (equinoccio de primavera) estaba anunciando la época de lluvia y que la lluvia llegaría 2 veintenas de días después.

Conocer el comportamiento de la lluvia con relación al camino del abuelo sol era muy importante porque en Guatemala había y aún hay ocasiones en que una lluvia puede caer en enero, si los agricultores sembraban el maíz en la lluvia de enero lo más posible es que las pequeñas plantas de maíz no recibirían más agua hasta el mes de mayo y por lo tanto morirían y con ello también se perdería el sustento para el pueblo Maya. De la misma manera ellos aprendieron que cuando se cortan árboles para la construcción de sus casas era necesario cortarlos cuando la abuela luna ha envejecido o sea durante los días de luna llena, esto garantizaba que la madera sería dura y que la polilla no podría entrar en ella. Ellos aprendieron que se podía cortar la madera cada 30 días y que muchas otras cosas importantes para la vida del pueblo Maya dependían de los ciclos de la abuela luna.

Ante este tipo de situación nuestros antepasados aprendieron el comportamiento de la lluvia y otros fenómenos naturales y crearon fórmulas matemáticas que les ayudaban a anticipar todos estos fenómenos, luego estas fórmulas se convirtieron en calendarios que fueron utilizados año tras año.

Los códices Mayas están llenos de fórmulas matemáticas que definían la temporalidad de la vida del pueblo Maya. Por ejemplo en la página

103b del códice Maya que está en Madrid, encontramos parte del capítulo de las abejas[335]. La parte central del texto (figure 98) inicia con tres días consecutivos : **1 Ajmaq** [1 Cib$_{16}$], **2 No'j** [2 Caban$_{17}$], **3 Tijax** [3 Edznab$_{18}$] luego está el número **17** que nos indica una suma de 17 días lo cual nos lleva al día **7 Tz'ikïn** [7 Men$_{15}$]. El siguiente día es el **8 Ajmaq** [8 Cib$_{16}$] el cual está representado en la parte derecha del texto. Luego, de la página 103b a la página 106b, este cálculo se repite 13 veces hasta completar un ciclo de 260 días.

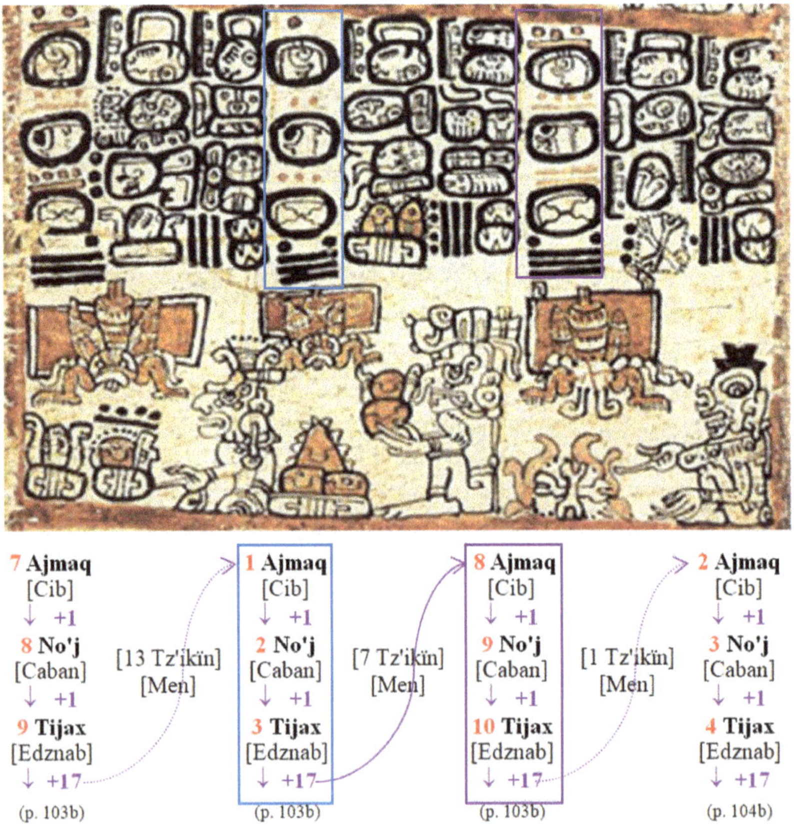

Figure 98 : *Madrid p. 103b*

[335] Pour des détails sur les pages abeilles du Madrid (80b ; 103a, b, c ; 104a, b ; 105b, c ; 106b, c) : http://www.encyclopedie-universelle.net/abeille1/abeille-histoire-hommes civilisations-apiculture-traditionnelle-amerique-precolombienne2.html. Le codex est sur le site http://www.famsi.org/research/graz/madrid/img_page103.html

El texto central nos dice que los días del **1 Ajmaq** [1 Cib_{16}] al **3 Tijax** [3 $Edznab_{18}$] son días propicios para "sembrar" la abeja. En los idiomas mayas se puede sembrar plantas pero también animales y la siembra de los animales significa que se hace crianza de los animales. Entonces cuando una colmena de abejas ya está completamente llena, los apicultores tienen la opción de llevar una reina y algunas obreras a otra caja para iniciar una nueva colmena.

Si esta "siembra" se hace en los días propicios como el **1 Ajmaq** [1 Cib_{16}], el texto nos dice que habrá abundancia de comida. En cambio si la siembra se hace en días no propicios como el día **8 Ajmaq** [8 Cib_{16}] del texto de la derecha, el augurio es de muerte, incluso podemos ver que la abejita en esta sección le ha explotado la cabeza.

Por lo tanto, en este ejemplo tenemos una relación matemática que define cuando es propicio iniciar una colmena de abejas, lo cual nos habla de la variedad de ámbitos en los que el pueblo Maya utiliza la matemática.

Lamentablemente mucho de este conocimiento se perdió con la llegada de los españoles, ya que ellos veían la escritura Maya como algo del demonio y por lo tanto quemaron la mayoría de los libros en los cuales se guardaba el conocimiento Maya de siglos y siglos. Además se prohibió la enseñanza de los conocimientos del pueblo Maya y solo en lugares remotos se continuó la enseñanza de algunos de estos conocimientos, pero ya solo de manera oral, lo cual no es tan eficiente como cuando existían libros que podían transmitir los conocimientos a través de siglos sin ninguna alteración.

Actualmente aun nos causa mucho dolor la perdida de nuestros libros y de toda la sabiduría que ellos contenían. Yo aún recuerdo cuando era niño a principios de los años ochenta, que vi una revista con fotos de estelas de Tikal y en ese momento yo me preguntaba : ¿Qué será lo que dice en esta escritura? ¿Será que son poemas, historias, canciones? ¿Que sería tan importante que lo dejaron escrito en piedra y de una manera tan bella? En ese momento me sentía muy mal porque yo sabía que lo más probable era que nunca iba a averiguar su significado.

Es aquí donde está la importancia de investigadores como André Cauty y Jean-Michel Hoppan, que han tomado interés por una parte de nuestra cultura tan importante como lo son la matemática Maya y la epigrafía que hoy permite leer y traducir los textos Mayas, así como aprender y enseñar a escribir como lo hacían nuestros antepasados, quienes inventaron una escritura logo silábica.

La sistematización que está haciendo André en su libro es de suma importancia para el pueblo Maya ya que está llenando algunos de los vacíos que dejó la pérdida del conocimiento Maya. Está ayudando a que una vez más podamos utilizar nuestros calendarios, nuestros cálculos matemáticos y nuestros antiguos conocimientos.

Un ejemplo claro de cómo se puede llenar parte del vacío que dejó la perdida de la sabiduría Maya es la celebración del cargador del año (año nuevo Maya). Actualmente hay una gran confusión en Guatemala con la fecha en que se debe celebrar el cargador del año. Unos lo celebraron el 20 de febrero, otros el 21 de febrero, otros lo van a celebrar el 1 de Abril. Unos van a celebrar el cargador **Iq'** [Ik_2] otros el cargador **Aq'ab'al** [$Akbal_3$] otros el cargador **Aj** [Ben_{13}]. Unos celebran una secuencia de 4 cargadores otros celebran una secuencia de 20 cargadores. Unos celebran el cargador a la salida del sol, otros a media noche, otros al medio día y otros al anochecer.

Recientemente asistí a una reunión de Ajq'ija' (guías espirituales) de todo el país, ahí tuve la oportunidad de preguntarles como calculaban la fecha del cargador del año y cuál era el cargador para este año. La mayoría de Ajq'ija' no tenían una idea clara de cómo funcionaba el calendario solar relacionado al cargador del año, incluso hubo un Ajq'ij que en ese momento llamó a su casa para que vieran el calendario proporcionado por la Academia de Lenguas Mayas y le dijeran cuando caía el cargador del año.

Por fin logre obtener información de un Ajq'ij de Santa Eulalia Huehuetenango que es una de las regiones del país donde más se ha mantenido vivo este tipo de conocimiento. Él tenía mucho conocimiento sobre la ceremonia del cargador y su significado. Incluso muchos detalles que él dio coincidían con la descripción de Diego de Landa e incluso con las páginas del año nuevo del códice Maya que está en Dresde.

Cuando llegamos al punto de cómo calculaban la fecha del cargador del año, él explicó que lo que hacen es contar 45 días después del 1 de enero y por ahí tiene que caer el cargador del año. Como ellos saben muy bien que el cargador del año pasado fue **No'j** [$Caban_{17}$] ellos saben que el cargador de este año es **Iq'** [Ik_2] y así determinan que el cargador cae el 20 de febrero y que el cargador es el **5 Iq'** [Ik_2][336].

Pero como vemos en el presente libro hay una fórmula matemática que nos dice exactamente cuando cae el cargador del año que no necesita la aproximación anterior, lo cual es de mucha importancia para los Aq'ija' y para todo el pueblo Maya.

Por ultimo quiero dejar muy claro que este tipo de trabajo es muy apreciado por el pueblo Maya, ya que nos devuelve el conocimiento que es parte de la herencia que nos dejaron nuestros antepasados y que ha tardado cinco siglos, pero por fin lo estamos recibiendo. Esto nos causa mucha alegría y hace florecer una vez más el conocimiento y la cultura Maya.

Igor Xoyón

Maya Kaqchikel
Guatemala, Marzo 2017

336 Cette façon de déterminer le Porteur d'année présuppose : a) que le nouvel an maya arrive environ 45 jours (1 mois et demi) après le nouvel an grégorien, et b) qu'il tombe, en 2017, un jour **Ik** du *tzolkin*. On déduit du résultat annoncé par le Ajq'ij qu'il a utilisé la constante GMT 584 283 pour trouver le jour **Ik** le plus proche du 15/02/2017 (déterminé en calculant « 1er janvier + 45 »), et constater que c'est le 20/02/2017 en calendrier grégorien que la corrélation GMT identifie au **13.0.4;4.2. 5 Ik 5 *Kayab*** G_1.

Table des figures

Crédit des figures

Sauf mention contraire, les figures sont redessinées par Myriem Cauty ou par Jean-Michel Hoppan.

Table des Hors-texte

Références

Adam, J.-P., 1975, *L'archéologie devant l'imposture*, Paris, Laffont, 268 p.

Adam, J.-P., 1988, *Le passé recomposé. Chroniques d'archéologie fantasque*, Paris, Seuil, 255 p.

Aron, R., 1975, *Lettre ouverte à l'Église de France*, Paris, Albin Michel, 206 p.

Ascher, M. & Ascher, R., 1997 [1981], *Mathematics of the Incas : Code of the Quipu*, Dover Publications, 176 p.

Austin, J. L., 1955, *Quand dire c'est faire*, Paris, Seuil, 1970, traduction et introduction par G. Lane de *How to do Things with Words*, 183 p.

Bachelard, G., 1940, *La philosophie du non. Essai d'une philosophie du nouvel esprit scientifique*, Paris, Presses Universitaires de France, collection Bibliothèque de philosophie contemporaine, 145 p.

Bachelard, G., 1985 [1938], *Psychanalyse du feu*, Paris, Gallimard, 1985, 184 p.

Bäcker, J., 2007, « Sur l'origine des signes cycliques chinois. Quelques implications cosmologiques et mythologiques » in Ch. Le Blanc et R. Mathieu (dir.), *Approches critiques de la mythologie chinoise*, Montréal, Les Presses de l'Université de Montréal, 410 p.

Bartle, P. F. W., 1978, « Forty Days : The Akan Calendar », *Africa Journal of the International African Institute*, 48 (1), pp. 80–84.

Bauer, B. & Dearborn, D., 1995, *Astronomy and Empire in the Ancient Andes*, Austin, University of Texas Press, 220 p.

Baudez, C.-F., 2002, *Une histoire de la religion des Mayas*, Paris, Albin Michel, 472 p.

Becquelin, P., 1992, « Les quatre directions du monde maya », in A. Breton., J.-P. Berthe, S. Lecoin, *Vingt études sur le Mexique et le Guatemala réunies à la mémoire de Niole Percheron*, pp. 35–46, Toulouse, Presses Universitaires du Mirail, 382 p.

Beltrán de Santa Rosa María, Fray Pedro, 1859 [1746], *Arte del idioma maya reducido a sucintas reglas, y semilexicon yucateco* [...] *Año de 1742.*,

2ª edición, Mérida, Yucatán [1ª edición en Mexico, 1746]. En ligne à l'adresse : http://books.google.fr/ books?id=mVsmAAAAMAAJ&printsec=frontcover#

Benveniste, E., 1974, *Problèmes de linguistique générale, 2*, Paris, Gallimard, 283 p.

Berger, A.-E., (édit.), 2002, *Algeria in Others' Languages*, Ithaca, États Unis d'Amérique, Cornell University Press, 264 p.

Bernal (Guillermo), R., 2014, « L'homme, le temps, les astres », dans Collectif, Dominique Michelet, *Mayas: Révélation d'un temps sans fin,* prólogo de Maria Teresa Franco, Rafael Tovar y De Teresa, et al., París, Musée du Quai Branly/Réunion des musées nationaux - Grand Palais/Les éditions Réunion des Musées Nationaux Grand Palais, pp. 39–43.

Berrou, C., & Glavieux, A., 1996, « Near optimum error correcting coding and decoding : turbo-codes », *IEEE Transactions on Communications*, 44 (10), pp. 1261–1271. En ligne à l'adresse : http://webee.technion.ac.il/people/sason/turbo_paper.pdf

Billeter, J.-F., 1990, « La civilisation chinoise », in J. Poirier (éd.), *Histoire des mœurs*, III, Encyclopédie de la Pléïade, Paris, Gallimard, pp. 865–931.

Bíró, P., 2012, « The Non-Existent *May* Cycle : Methods, Colonial Texts and Epigraphy », *Journal de la Société des Américanistes*, 98 (2), pp. 33–57. En ligne à l'adresse : https://journals. openedition.org/jsa/12310?lang=en.

Blache, P., 2010, « Un modèle de caractérisation de la complexité syntaxique », *Traitement Automatique des Langues Naturelles*, juillet 2010, pp. 1–10. En ligne à l'adresse : https://hal.archives-ouvertes.fr/hal-00576890/document.

Bois, E., 2002, *L'univers sans repos ou l'essence première du mouvement*, Peter Lang (Bern, Berlin, Bruxelles, Frankfurt/M., New York, Oxford, Wien), 237 p.

Bolio, M., (trad.), in M. de la Garza (éd.), 2001, *Libro de Chilam Balam de Chumayel*, Mexico (Mexique), Cien de México, 192 p.

Bottéro, J., 1992, *L'Épopée de Gilgameš. Le grand homme qui ne voulait pas mourir* (traduit de l'akkadien), Paris, Gallimard, collection L'aube des peuples, 295 p.

Brasseur de Bourbourg, C.-E., 1864, *Relation des choses du Yucatán de Diego de Landa*, Paris, Imprimerie impériale by Arthus Bertrand, 516 p.

Brasseur de Bourbourg, C.-E., 1869–1870 *Manuscrit Troano. Études sur le système graphique et la langue des Mayas*, Paris, Imprimerie impériale.

Bresson, A., 2005, « Naucratis : de l'*emporion* à la cité », *Topoi. Orient-Occident*, 12–13 (1), pp. 133–155.

Breton, R., 1981, *Les Ethnies*, Paris, Presses Universitaires de France, collection Que sais-je ?, 128 p.

Brousseau, G., 1981, « Problèmes de didactique des décimaux », *Recherches en Didactique des Mathématiques*, 2 (1), pp. 37–127.

Brunschvicg, L., 1981, *Les étapes de la philosophie mathématique (nouveau tirage augmenté d'une préface de M. Jean-Toussaint Desanti)*, Paris, Blanchard, 592 p.

Caprile, J.-P., 1987, « Numérations orales et enseignement des mathématiques en Afrique », *LENGAS, Revue de sociolinguistique*, 21, pp. 143–162.

Caso, A., 1967, *Los calendarios prehispánicos*, México, UNAM, Instituto de Investigaciones Históricas, 266 p.

Cauty, A., 1982, *Études de certains aspects linguistiques et didactiques de l'énonciation mathématique*, Paris, thèse de doctorat de troisième cycle (didactique des mathématiques), Université de Paris 7, 571 p.

Cauty, A. 1984a, « Tropes et figures du discours mathématique », *Recherches en didactique des mathématiques*, 5 (1), pp. 81–128.

Cauty, A., 1984b, « Taxinomie, syntaxe et économie des numérations parlées », *Amerindia*, 9, Paris, Association d'ethnolinguistique amérindienne, pp. 111–146.

Cauty, A., 1986, 'Taxinomie, syntaxe et économie des numérations parlées', *Amerindia*, 11, Paris, Association d'ethnolinguistique amérindienne, pp. 87–143.

Cauty, A., 1987, *L'énoncé mathématique et les numérations parlées. Contribution pluridisciplinaire à l'étude de la Mise en signes des conceptualisations mathématiques (au niveau du secondaire et du premier cycle universitaire), et Étude des Numérations parlées, en vue de l'Éducation contre l'ethnocide*, Thèse de doctorat d'État ès sciences, Université de Nantes, dirigée par Jean Dhombres, soutenue devant Jean-Pierre Caprile, Yves Chevallard, Jean Dhombres, André Lentin (président), et Bernard Pottier. Suivi d'un article d'André Lentin, Université de Bordeaux 1, IREM, 505 p..

Cauty, A., 1991, « L'allatif, le sociatif… et le pied. Changement de type sémiotique en numération parlée chibcha », *Amerindia*, 16, Paris, Association d'ethnolinguistique amérindienne, pp. 17–62. En ligne à l'adresse : https://www.vjf.cnrs.fr/sedyl /amerindia/articles/pdf/A_11_06.pdf

Cauty, A., 1996a, « L'ethnoéducation en Colombie. Un défi : enseigner les mathématiques en langues amérindiennes », in R. Waast et M. Barrère (éds.), *Les sciences hors d'Occident au XXe siècle,* 5, Sciences et développement, Paris, ORSTOM, p. 201–227 ; Actes du Colloque *Les sciences hors d'Occident au XXe siècle*, ORSTOM et UNESCO, Paris, 19–23 septembre 1994.

Cauty, A., 1996b, « Taxinomie, syntaxe et économie des numérations parlées », *Amerindia*, 11, Paris, Association d'ethnolinguistique amérindienne, pp. 87–153. En ligne à l'adresse : https://www.vjf.cnrs.fr/sedyl/amerindia/articles/pdf/A_11_06.pdf

Cauty, A., 1998, « Lire et faire parler un texte. Par qui et comment les pages 24 à 29 du codex de Dresde peuvent-elles être traduites ? », *Amerindia*, 23, Paris, Association d'ethnolinguistique amérindienne, pp. 139–172.

Cauty, A., 2000, « Les numérations parlées : mémoires de la quête des nombres », in *Si le nombre m'était conté…*, Commission inter-IREM, IREM de Basse-Normandie, Paris, Ellipses, pp. 41–65.

Cauty, A., 2002, « Le type protractif des numérations de l'aire maya », *Faits de Langues*, 20, pp. 85–93.

Cauty, A., 2003, Compte rendu de : Elzbieta Siarkiewicz, « The Solar Year and the Dresden Codex », *Literatures Journal of Review of American Texts and Studies*, 17 (2), pp. 136–159, *Amerindia*, 28, p. 275–286.

Cauty, A., 2006, « Écriture des nombres », *Culture Math*, Paris, ENS. NE ligne à l'adresse : http://culture math.ens.fr/node/2089

Cauty, A., 2010, « Approche critique comparée des nombres aztèques et mayas », *Culture Math*, Paris, ENS. En ligne à l'adresse : http://culturemath.ens.fr/histoire%20des%20maths/htm/cauty2010/approche-critique-comparee-des-nombres-azteques-mayas.html#6

Cauty, A., 2013, *Multiversalité du temps, du calendrier et du zéro maya*, Supplément 1 au n° 36 d'*Amerindia* (*Chantiers Amerindia*, 36–1), Paris, Association d'Ethnolinguistique Amérindienne, 221 p.

Cauty, A., 2017, *Mayas. Une forêt de chiffres pour [ra]compter*. Paris, L'Harmattan, collection Recherches Amériques Latines, 330 p.

Cauty, A., 2018, « Devolver a los Mayas los tesoros matemáticos de sus padres », *Pueblos indígenas y educación*, 65, pp. 23–51.

Cauty, A. & Hoppan, J.-M., 2002a, « Action//interactions à l'œuvre dans la cogenèse maya des nombres, des numérations et du comput », *Faits de Langues*, 20, p. 95–126.

Cauty, A. & Hoppan, J.-M., 2002b, « Des spécificités des numérations mayas précolombiennes », *La Pluralité*, Mémoires de la Société de Linguistique de Paris, Nouvelle Série, tome XII, Leuven, Peeters, p. 121–147.

Cauty, A. & Hoppan, J.-M., 2007, *Les écritures mayas du nombre*. En ligne sur Culture Math et sur le site du CELIA, pdf. 39 p. En ligne à l'adresse : http://culturemath. ens.fr/content/les-%C3%A9critures-mayas-du-nombre

Cauty, A. & Hoppan, J.-M., 2019, « De la etnomatemática a la etnoeducación con el cero ordinal maya », *Segundo Encuentro Latinoamericano de Etnomatemática*, Campus Sarapiqui, Universidad de Costa Rica, del 8 al 13 de septiembre de 2019, 6 p.

Chamoux, M.-N., 2003, « Calendrier, représentations mentales et procédures de calcul chez les Nahuas (Mexique) », *Journal de la société des américanistes*, 89 (1). En ligne à l'adresse : http://jsa.revues.org/index 3733. html

Chebel, M., 2007, *L'Esclavage en terre d'islam : un tabou bien gardé*, Paris, Fayard, 496 p.

Chirinos Rivera, A., 2010, *Quipus del Tahuantinsuyo. Curacas, Incas y su saber matemático en el siglo XVI*, Lima, Editorial Comentarios, 390 p.

Clastres, P., 1974, « De l'ethnocide », *L'Homme*, 14 (3–4), p. 101–110. En ligne à l'adresse : http://www.persee.fr/doc/hom_0439-4216_1974_num_14_3_367479

Closs, M., 1978, « The Initial Series on Stela 5 at Pixoy », *American Antiquity*, 43 (4), Cambridge University Press, pp. 690–694.

Coe, M. et Kerr, J., 1997, *L'art maya et sa calligraphie*, Paris, La Martinière, 240 p.

Coe, M., Houston, S., Miller, M. & Taube, K., 2015, « The Fourth Maya Codex », in *id.*, *Maya Archaeology*, 3, *Precolumbia*, San Francisco, Mesoweb Press, pp. 116–167. En ligne à l'adresse : http://www.mesoweb.com/articles/Coe_etal/Fourth_Codex.pdf

Coué, E., 1922, *La maîtrise de soi-même par l'autosuggestion. Autrefois de la suggestion et de ses applications*, Nancy. En ligne à l'adresse : http://www.banrep cultural.org/sites/default/files/91266/brblaa542480.pdf

Coué, E., 1926, *La maîtrise de soi-même par autosuggestion consciente*, Paris, J. Oliven, 1926. En ligne à l'adresse : http://www.synec-doc.be/misc/coue/titre.html

Crozet, P., 2002, « Aritmética », in R. Rashed (dir.), *Storia della Scienza*, vol. 3 : *La civiltà islamica*, Rome, Istituto della Enciclopedia Italiana, pp. 498–506. En ligne à l'adresse : http://www.treccani.it/enciclopedia/la-civilta-islamica-antiche-e-nuovetradizioni-in-matematica-aritmetica_(Storia-della-Scienza)/

Crozet, P., 2008, *Les sciences modernes en Égypte : transfert et appropriation, 1805–1902*, Paris, Geuthner, 533 p.

Crozet, P., & Horiuchi, A., 2004, *Traduire, transposer, naturaliser. La formation d'une langue scientifique moderne hors des frontières de l'Europe au XIXe siècle*, Paris, L'Harmattan, 262 p.

Crubézy, E., Braga, J., & Larrouy, G., 2002, *Anthropobiologie*, Paris, Masson, 306 p.

Cyrulnik, B., 2017, *Psychothérapie de Dieu*, Paris, Odile Jacob, 324 p.

Dantzig, T., 1931, *Le Nombre langage de la science*, traduit de l'anglais par Georges Cros, Paris, Payot, 248 p. Une version de la 4e édition anglaise *Number : the Language of Science* est en ligne à l'adresse http://www.engineering108.com/Data/ Engineering/Maths/Number_the_language_of_science_by_Joseph-Mazur_and_Barr y-Mazur.pdf

Davoust, M., 1997, *Un nouveau commentaire du Codex de Dresde. Codex hiéroglyphique maya du XIVe siècle*, Paris, CNRS Éditions, 336 p.

Davoust, M. & Hoppan J.-M., 2001, « Ciclos de Venus, eclipses, estaciones eclípticas y fechas sobre monumentos mayas del período clásico », in R. Gubler & P. Martel (éds.), *Yucatán a través de los siglos. Memorias del Simposio del 49º Congreso Internacional de Americanistas*, Mérida (Mexique), Universidad Autónoma de Yucatán, pp. 121–173.

Dehouve, D., 2005, *Essai sur la royauté sacrée en République mexicaine*, Paris, CNRS Éditions, 147 p.

Dehouve, D., 2011, *L'imaginaire des nombres chez les anciens Mexicains*, Presses de l'Université de Rennes, 283 p.

Delacampagne, C., 2002, *Une histoire de l'esclavage ; de l'Antiquité à nos jours*, Paris, Librairie Générale Française, collection Le Livre de Poche, 319 p.

Demarest, A., 2011, *Les Mayas. Grandeur et chute d'une civilisation*, traduit de l'anglais par S. Duran et D.-A. Canal, Paris, Tallandier, collection Texto, 414 p.

Dessaint, M., 1981, « Remarques sur le bilinguisme paraguayen. Karaiñe'ẽ. Avañe'ẽ. Jopara », in J.-R. Aymes (éd.), *Communautés nationales et marginalité dans le monde ibérique et ibéro-américain*, Tours, Presses Universitaires. En ligne à l'adresse : https://books.openedition.org/pufr/ 5303?lang=fr

Dershowitz, N. et Reingold, E. M., 1997, *Calendrical Calculations*, Cambridge, University Press, 331 p.

Devereux, G., 1986, *De l'angoisse à la méthode*, Paris, Flammarion, 474 p.

Dhombres, J., 1993, « Résistances et adaptation du monde paysan au système métrique issu de la Révolution : les indices d'évolution d'une culture de la quantification », *Annales de Bretagne et des pays de l'Ouest*, 100 (4), pp. 427–439.

Douady, R., 1992, « Des apports de la didactique des mathématiques à l'enseignement », *Repère-IREM*, 6, pp. 132–158.

Doursther, H., 1840, *Dictionnaire universel des poids et mesures anciens et modernes : contenant des tables des monnaies de tous les pays*, Bruxelles, M. Hayez, imprimeur de l'Académie royale, 603 p.

Duhamel, G., 1945, *Chronique des Pasquier. La passion de Joseph Pasquier*, Paris, Mercure de France, 264 p.

Dupiech-Cavalieri, D., 2017, *Tradition textile maya du Yucatán (Mexique XXIe siècle) Usages rituels et codes symboliques*, Paris, L'Harmattan, 380 p.

Durand-Forest, J., de, 1982, « Les Neuf Seigneurs de la nuit », https://www.iai.spk-berlin.de/fileadmin/dokumentenbibliothek/Indiana/Indiana_7/IND_07_Durand-Forest.pdf, 25 p., *in* Volume en hommage à Walter Lehmann, *Indiana*, vol. 2, pp. 103–121

Eco, U., 1988, *Il pendolo di Foucault*, Milan, Bompiani, 509 p.

Eco, U., 1992, *Les limites de l'interprétation*, Paris, Grasset, 408 p.

Edemonson, M., 1979, « Some Postclassic questions about the Classic Maya », in M. Greene Robertson & D. C. Jeffers (éds.), *Third Palenque Round Table. Vol. 4. Palenque, Chiapas, Mexico*, San Francisco, Pre-Columbian Art Research Center, pp. 9–18.

Edmonson, M., 2000, « Los calendarios de la Conquista », *Arqueología mexicana,* vol. 7, 41, *Calendarios prehispánicos* p. 40–45.

Fahsen, F., 2002, « Rescuing the Origins of Dos Pilas Dynasty : A Salvage of Hieroglyphic Stairway #2, Structure L-L5-49 », à l'adresse http://www.famsi.org/reports/01098/01098FahsenInterim.pdf, 34 p.

François, A., 1999, « L'illusion des classificateurs », *Faits de Langues*, 14, *La catégorisation dans les langues*, Paris, Ophrys, pp. 65–75. En ligne à l'adresse : www.persee.fr/doc/flang_1244-5460_1999_num_7_14_1278

François, J., (éd.), 2001, « Les langues de communication. Quelles propriétés structurales préalables ou acquises ?», *Mémoires de la Société de Linguistique de Paris*, Nouvelle série, tome XI, Louvain, Peeters, 134 p.

Förstemann, E., 1894, *Zur Entzifferung der Mayahadschriften*; IV, Dresde.

Gaillemin, B., 2011, « Images mémorables pour un texte immuable : Les catéchismes pictographiques testériens (Mexique, XVIe-XIXe siècles) », *Gradhiva, Revue d'histoire et d'archives de l'anthropologie*, 13, pp. 204–225. En ligne à l'adresse : https://hal.archives-ouvertes.fr/hal-02302192/document

Godin, C., 1998, *La Totalité, 2 Les pensées totalisantes*, Paris, Champ Vallon, 658 p.

González, C., & Hoppan, J.-M., 2018, « Terminologie de la mesure du temps en quechua et en maya », *Amerindia*, 40, Paris, Association d'ethnolinguistique amérindienne, pp. 69–104.

Goody, J., 1979, *La raison graphique. La domestication de la pensée sauvage*, traduit de l'anglais par J. Bazin et A. Bensa, Paris, Les Éditions de Minuit, 272 p.

Gratias, L., 2011, *La grande peur de 2012. Ce que disent vraiment les prophéties*, Paris, Albin Michel, 288 p.

Graham, I., 1979, *Corpus of Maya Hieroglyphic Inscriptions. Yaxchilán*, vol. 3, Part. 2, Harvard University Press (Peabody), 64 p.

Graulich, M., 2005, *Le sacrifice humain chez les Aztèques*, Paris, Fayard, 415 p.

Greenberg, J., 1978, « Generalizations about Numeral Systems », in J. Greenberg, Ch. A. Ferguson & E. A. Moravcsik (éds.), *Universals of Human Language*, vol. 3, *Word Structure*, Stanford University Press, pp. 249–296.

Gruzinski, S., 1999, *La pensée métisse*, Paris, Fayard, 345 p.

Gruzinski, S., 2017, *La machine à remonter le temps*, Paris, Fayard, 368 p.

Guitel, G., 1975, *Histoire comparée des numérations écrites*, Paris, Flammarion, 858 p.

Hagège, C., 1985, *L'homme de paroles. Contribution linguistique aux sciences humaines*, Paris, Fayard, 314 p.

Hagège, C., 1988, *La structure des Langues*, Paris, Presses Universitaires de France, collection Que sais-je ?, 127 p.

Hannemann, J.-L., 1677, *Curiosum Scrutinium nigritudinis posterorum Cham i.e. Aethiopum*, Reumann. En ligne à l'adresse : https://books. id=qnLNwHCnGHEC&printsec=frontcover&hl=fr&source=gbs_v2_summary_r#v=onepage&q=cham&f=false

Harris, J. & Stearns, S., 1997, *Understanding Maya Inscriptions : A Hieroglyphic Handbook*, 2nd edition, Philadelphie, The University of Pensylvania Museum of Archaeology and Anthropology, 225 p.

Harvey, H., & Williams, B., 1981, « L'arithmétique aztèque », *La Recherche*, 126, Paris, pp. 1068–1081.

Hayden, B., 2008, *L'homme et l'inégalité. L'invention de la hiérarchie durant la Préhistoire*, Paris, CNRS Éditions, 168 p.

Hayden, B., 2013, *Naissance de l'inégalité. L'invention de la hiérarchie*, Paris, CNRS Éditions, collection Biblis, 166 p.

Hernández Nieto, H., 1978, « Una interpretación diversa de la aritmética nahualt según un manuscrito de Juan Caramuel », *Journal de la Société des Américanistes*, 65, pp. 87–101. En ligne à l'adresse : http://www. persee.fr/docAsPDF/jsa_0037-174_1978_num_65_1_2157.pdf

Heyworth, R., 2015, *Palenque, temple XIX*, en ligne à l'adresse : https://uncoveredhistory.com/mexico/palenque/palenque-temple-xix/

Hoppan, J.-M., 1998, « Développement d'une écriture numérale en Mésoamérique et invention du zéro », *Rapport de vacations : juin-juillet 1998*, Villejuif : Centre d'Études des Langues Indigènes d'Amérique (CNRS).

Hoppan, J.-M., 2007, « Le Calendrier maya », *Les Calendriers*, numéro spécial du Bulletin de l'Association des Anciens Élèves de l'Institut National des Langues et Civilisations Orientales, Paris, Inalco, pp. 11–28. En ligne à l'adresse : https://halshs. archves-ouvertes.fr/halshs-00713673/document

Hoppan, J.-M., 2012, « À propos de deux inscriptions parallèles à Edzná (Campeche, Mexique) », *Amerindia*, 36, Paris, Association d'ethnolinguistique amérindienne, pp. 132–148.

Hoppan, J.-M., 2013, « Préface » *in* A. Cauty, 2013, *Multiversalité du temps, du calendrier et du zéro maya*, Supplément 1 au n° 36 d'*Amerindia*, Paris, Association d'ethnolinguistique amérindienne, pp. i–v.

Hoppan, J.-M., 2014, *Parlons maya classique. Déchiffrement de l'écriture glyphique (Mexique, Guatemala, Belize, Honduras)*, Paris, L'Harmattan, 332 p., et un DVD « Les Mayas, le calendrier, et le 21-12-2012 ».

Hoppan, J.-M., 2018a, *Notice sur l'inscription d'une pendeloque en jade conservée au musée Miho de Kyoto1Petén (Guatemala), maya classique, Classique ancien (435 AD)*, 20 p., Notice en ligne à l'adresse : https://www.vjf.cnrs.fr/sedyl/images/Video/Hoppan_Plaque_de_Kyoto.pdf

Hoppan. J.-M., 2018b, « Textes glyphiques de Xcalumkin (Hecelchakan, Campeche, Mexique) » [Rapport de recherche]. CNRS / SeDyL (UMR 8202),95 p. CNRS / ArchAm (UMR 8096). 2018. hal-02349658,

Hoppan, J.-M., 2019, *Notice sur les inscriptions de l'Autel 1 de Naranjo Petén (Guatemala), maya classique, début du Classique récent (dernières années du*

VIe siècle), 35 p., Notice en ligne à l'adresse : https://www.vjf.cnrs.fr/sedyl/images/Video/ Hoppan_Naranjo_Autel1.pdf

Hunke, S., 1963, *Le Soleil d'Allah brille sur l'Occident : notre héritage arabe*, Paris, Albin Michel, Traduit de l'allemand par S. et G. de Lalène, 404 p.

Huyghe, R., 1955, *Dialogue avec le visible*, Paris, Flammarion, 447 p.

Ifrah, G., 1994, *Histoire universelle des chiffres*, Tome 1, Paris, Robert Laffont, 1042 p.

Itier, C., 1997, « Estrategias de traducción de una obra literaria moderna en una lengua amerindia », *Amerindia*, 22 (Traducción y alteridad lingüística, tomo 1), Paris, Association d'ethnolinguistique amérindienne, pp. 87–95.

Iwaniszewski, S., 2016, « Another Look at the Lunar Series at Dos Pilas, Guatemala », *Mediterranean Archaeology and Archaeometry*, 16 (4), pp. 41–49. En ligne à l'adresse : http://maajournal.com/Issues/2016/Vol16-4/Full6.pdf

Izeki, M., 2007, *Conceptualization of 'Xihuitl' : History, Environment, and Cultural Dynamics in Postclassic Mexica Cognition*, Thèse (Higher Degree), Londres, University of London, 484 p. En ligne à l'adresse : http://discovery.ucl.ac.uk/1444754/1/U592063.pdf

Jankélévitch, V., 1957, *Le je-ne-sais-quoi et le presque-rien*, Paris, Presses Universitaires de France, 216 p.

Jaulin, R., 1970, *La Paix blanche, Introduction à l'ethnocide*, Paris, Seuil, collection Combats, (édition en deux tomes : T1 *Indiens et colons* ; T2 *L'Occident et l'Ailleurs*, 10–18, 1974.

Jaulin, R., & Pinton, S., 1973, *Gens du Soi, gens de l'Autre, Esquisse d'une théorie descriptive*, Paris, Union Générale d'Éditions, 439 p. (Paris, 10/18, 1974).

Jones, A., 1999, *Astronomical Papyri from Oxyrhynchus*, Philadelphia, Memoirs of the American Philosophical Society, vol. 233.

Keller, O., 2010, *Les fables d'Ishango, ou l'irrésistible tentation de la mathématique-fiction*, en ligne : http://www.bibnum.education.fr/sites/default/files/ishango-analyse -v2.pdf

Kirchhoff, P., 1943, « Mesoamérica : sus límites geográficos, composición étnica y caracteres culturales », *Acta Americana*, 1(1), pp. 92–107.

Knorozov, Y.-V., 1963, *Pismennost indeitsev maiia*, Moscou et Leningrad, Académie des sciences de l'URSS, 664 p.

La Hougue, H., de, 2017, « Jésus dans le Coran et dans la tradition musulmane », journal *La Croix*, en ligne à l'adresse : http://croire.la-croix.com/ Definitions/Lexique/Isla m/Jesus-dans-le-Coran-et-dans-la-tradition-musulmane.

Lakatos, I., 1976, *Proofs and Refutations. The Logic of Mathematical Discovery*, Cambridge, Cambridge University Press. Traduit par Balacheff et Laborde en 1984 : *Preuves et Réfutations. Essai sur la logique de la découverte mathématique*, Paris, Hermann.

Landa, Fray Diego de, 1566, *Relación de las Cosas de Yucatán*, México, Dirección general de Publicaciones del Consejo Nacional para la Cultura y las Artes, collection Cien de México (1994), 221 p.

Landaburu, J., 1997, « Historia de la traducción de la Constitución de Colombia a siete lenguas indígenas (1992–1994) », *Amerindia*, 22, Paris, Association d'ethnolinguistique amérindienne, pp. 109–118.

Laplantine, F., 1974, *Les trois voix de l'imaginaire : le messianisme, la possession et l'utopie, étude ethnopsychiatrique*, Paris, Éditions universitaires, collection « Je », 255 p.

Latour, B., 2015, Face à Gaïa : *Huit conférences sur le nouveau régime climatique*, Paris, La Découverte, 400 p.

Lebeuf, A., 2017, « Origen del Tzolkin y de la Cuenta Larga (Hans Ludendorff tenía razón) », en ligne à l'adresse : https://www.academia.edu/37791793/Origin_of_the_Tzolkin_and_the_Lo ng_Count_Hans_Ludendorff_was_right_

Le Bon, G., 1884, *La Civilisation des Arabes*, en ligne à l'adresse : http://classiques.uqac.ca/classiques/le_bon_gustave/civilisation_des_arabes/civilisation_arabes.html

Lejbowicz, M. (dir.), 2009, *L'Islam médiéval en terres chrétiennes : science et idéologie*, Villeneuve d'Ascq, Presses universitaires du Septentrion, 176 p.

Lejeune, M., 1981, « Procédures soustractives dans les numérations étrusque et latine », *Bulletin de la Société Linguistique de Paris*, 76 (1), pp. 241–248.

Lefort, J., 1998, *La saga des calendriers*, Paris, Pour la Science, Bibliothèque, 192 p.

Lequèvre, F., 2016, *Galaxies à Lascaux. Les merveilles de l'archéoastronomie*, Book-e-book, collection Une chandelle dans les ténèbres, 67 p.

Lestel, D., 2001, *Les origines animales de la culture*, Paris, Flammarion, 368 p.

Liskenne, C. & Sauvan, M., 1840, *Mémoires pour servir à l'histoire de France, sous Napoléon, écrits à Sainte-Hélène, par les généraux qui ont partagé sa captivité, et publiés sur les manuscrits entièrement corrigés de la main de Napoléon*, Paris, Administration, 1840–1850, 7 vol. petit in-4 (le dernier volume forme l'atlas de 172 planches ou cartes).

Ludendorff, H., 1930, *Ueber die Entstehung der Tzolkin-Periode im Kalendar der Maya*, Preussischen Akad. der Wissenschaft, Phys.-Math. Classe. Berlin.

Maalouf, A., 1998, *Les identités meurtrières*, Paris, Grasset, 210 p.

Macri, M. J. & Matthew, G. L., 2003, *The New Catalog of Maya Hieroglyphs, vol. 1, The Classic Period Inscriptions*, Norman, University of Oklahoma Press, 480 p.

Macri, M. J. & Vail, G., 2009, *The New Catalog of Maya Hieroglyphs*, vol. 2, *The Postclassic Period Inscriptions*, Norman, University of Oklahoma Press, 320 p.

Maiello, F., 1996, *Histoire du calendrier : de la liturgie à l'agenda*, (trad. de l'italien par Nathalie Bauer), Paris, Seuil, 293 p.

Malmström, V., 1973, « Origin of the Mesoamerican 260-day Calendar », *Science*, 181 (4103), pp. 939–941.

Marcus, J., 2000, « Los calendarios prehispánicos », *Arqueología mexicana*, vol. 7, 41, *Calendarios prehispánicos* pp. 12–19.

Martinat-Berthet, F., 2005, *La reconnaissance des peuples indigènes entre droit et politique*, Villeneuve d'Ascq, Presses universitaires du Septentrion, 278 p.

Martinez-Gros, G. & Valensi, L., 2013, *L'Islam, l'islamisme et l'Occident. Genèse d'un affrontement*, Paris, Seuil/Points, 339 p.

Martinez-Gros, G., 2014, *Brève histoire des empires. Comment ils surgissent, comment ils s'effondrent*, Paris, Seuil, 224 p.

Martzloff, J.-C., 2009, *Le calendrier chinois : structure et calculs (104 av. J.- C. – 1644). Indétermination céleste et réforme permanente. La construction chinoise officielle du temps quotidien discret à partir d'un temps mathématique caché, linéaire et continu*, Paris, Honoré Champion, 454 p.

Martzloff, J.-C., 2016, *Astronomy and Calendars – The Other Chinese Mathematics : 104 BC–AD 1644*, Berlin, Heidelberg, Springer-Verlag, 485 p.

Mathews, J. & Guderjan, T., 2017, *The Value of Things : Prehistoric to Contemporary Commodities in the Maya Region*, Tucson, University of Arizona Press, 309 p.

Mazet, E., 2010, Compte rendu de : Max Lejbowicz (éd.), *L'Islam médiéval en terres chrétiennes – Science et idéologie*. Préface de Jean Celeyrette et Max Lejbowicz, Presses universitaires du Septentrion, 2009, *Methodos*. En ligne à l'adresse : http://journals.openedition.org/methodos/2358

Mazet, S., 2017, *Manuel d'autodéfense intellectuelle*, Paris, Robert Laffont, 259 p.

Mercier, A., 1985, *Le temps des systèmes didactiques*, 19 p. En ligne à l'adresse : https://hal.archives-ouvertes.fr/hal-01397032/document

Merrifield, W. R., 1968, « Number Names in Four Languages of Mexico », in H. Brandt Corstius (éd.), *Grammar for Number Names*, Dordrecht (Hollande), Reidel Publishing Company, pp. 91–102.

Meyer, Y., 2006, « Comment mesurer les surfaces ? », *Gazette des mathématiciens*, 109, pp. 23–36.

Meyer, de, T., 2016, compte rendu de : « Bruno Latour, *Face à Gaïa* ». *Huit conférences sur le Nouveau Régime Climatique*. En ligne à l'adresse : https://lectures.revues.org/19763

Morelon, R., 1987, *Thābit ibn Qurra, Œuvres d'astronomie*, Texte établi et traduit par Régis Morelon, Paris, Les belles lettres, 321 p.

Moulin, A.-M., 2012, compte rendu de : « Crozet Pascal », *Les sciences modernes en Égypte, Transfert et appropriation (1805–1902)*, préface de Roshdi Rached, Paris, Geuthner, 2008, 533 p., *Revue des mondes musulmans et de la Méditerranée*, 130, février 2012, « La mer et le sacré en Islam médiéval ». En ligne à l'adresse : https://remmm.revues.org/7033.

Mounier, E., 1946, *Traité du caractère*, Paris, Seuil, 795 p.

N'Diaye, T., 2008, *Le génocide voilé. Enquête historique*, Paris, NRF Gallimard, 256 p.

Ouardi, H., 2016, *Les derniers jours de Muhammad*, Paris, Albin Michel, 364 p.

Patou-Mathis, M., 2004, « L'exploitation du mammouth », *Pour la Science*, dossier *La vie au temps des mammouths*, n° 43, https://www.pourlascience.fr/sd/prehistoire/ dossier-pour-la-science-43-553.php.

Patou-Mathis, M., 2013, *Préhistoire de la violence et de la guerre*, Paris, Odile Jacob, 208 p.

Périgot, B., 2007 « Antécédences : De la *disputatio* médiévale au débat humaniste », *Memini*, 11, pp. 43–61.

Peyraube, A., & Wiebusch, T., 1993, « Le rôle des classificateurs nominaux en chinois et leur évolution historique : un cas de changement cyclique », *Faits de Langues*, 2, *Le Nombre*, Paris, Presses Universitaires de France, pp. 51–61.

Pitts, M., 2011, *A Brief History of Piedras Negras. As Told by the Ancient Maya*. En ligne sur le site Famsi : http://www.famsi.org/research/pitts/pitts_piedras_negras_ history.pdf

Pottier, B., 1987, *Théorie et analyse en linguistique*, Paris, Hachette, 224 p.

Pottier, B., 2000, *Représentations mentales et catégorisations linguistiques*, Louvain et Paris, Peeters, 318 p.

Powell, C., 1997, *A New View on Maya Astronomy*, Thesis presented to the Faculty of the Graduate School, the University of Texas at Austin, USA. En ligne à l'adresse : http://www.mayaexploration.org/pdf/A%20New%20View%20on%20Maya%20Astronomy.pdf

Prigogine, I. & Stengers, I., 1978, *La nouvelle alliance. Métamorphose de la science*, Paris, Gallimard (folio essais, 1986), 439 p.

Proskouriakoff, T., 1960, « Historical implications of a pattern of dates at Piedras Negras, Guatemala », *American Antiquity*, 25 (4), pp. 454–475.

Proskouriakoff, T., 1963 « Historical data in the inscriptions of Yaxchilán », *Estudios de Cultura Maya*, 3, Mexico, pp. 149–167.

Proskouriakoff, T., 1964, « Historical data in the inscriptions of Yaxchilán » (part. II), *Estudios de Cultura Maya*, 4, Mexico, pp. 177–202.

Proust, C., 2005, *Le calcul sexagésimal en Mésopotamie*, Paris, ENS, CultureMath. En ligne à l'adresse : http://culturemath.ens.fr/content/le-calcul-sexag%C3%A9simal-en-m%C3%A9sopotamie.

Rafinesque, C. S., 1832, « Philology. Second letter to Mr. Champollion on the graphic systems of America, and the glyphs of Otulum, or Palenque, in Central America –elements of the glyphs », *Atlantic Journal, and Friend of Knowledge*, 1 (2), pp. 40–44.

Rasse, P., Midol, N. & Triki, F., 2001, *Unité-diversité. Les identités culturelles dans le jeu de la mondialisation*, Paris, L'Harmattan, 384 p.

Rey, A., 1933, « Le système sexagésimal assyrien », *Journal des savants*, mai-juin 1933, pp. 107–119. En ligne à l'adresse : www.persee.fr/doc/jds_0021-8103_1933_num_3_1_6100

Ribeiro, D., 1995, *O Povo Brasileiro : a formação e o sentido do Brasil*, São Paulo, Companhia das Letras, Segunda edição, 203 p. En ligne à l'adresse : https://drive.google.com/file/ d/0BxWNLJKrkYQwUkxrdmF6Nlg1RHc/view

Rice, P., 2007, *Maya Calendar Origins. Monuments, Mythistory, and the Materialization of Time*, University of Texas Press, 268 p.

Sabloff, J., 1990, *The New Archaeology and the Ancient Maya*, New York, Scientific American Library, 194 p.

Saidan, A., 1997, « Numération et arithmétique », in Rashed et Morelon (éds.), *Histoire des sciences arabes*, vol. 2, *Mathématiques et physique*, Paris, Seuil, 422 p.

Samir, S. K., 2007, « Violence et non-violence dans le Coran et l'Islam », *Cahiers de l'Orient chrétien*, 4, Beyrouth, Cedrac, pp. 3–63.

Saturno, W. *et al.*, 2012, « Ancient Maya Astronomical Tables from Xultún, Guatemala », *Science*, 336, pp. 714–717.

Sayegh, R., 2000, *L'évolution millénaire des droits humains. Une approche de 5000 ans*, Louvain-la-Neuve (Belgique), Académia – Bruylant, 122 p.

Scaliger, J., 1583, *Opus novum de emendatione temporum*, Paris.

Selin, H (éd.), 2000, *Mathematics across Cultures, The History of Non-Western Mathematics*, Dordrecht/Boston/London, Kluwer Academic Publishers, 479 p.

Servigne, P., & Chapelle, G., 2017, *L'entraide, l'autre loi de la jungle*, Paris, Éditions Les liens qui libèrent, 400 p.

Siarkiewicz, E., 2001, « The Solar Year and the Dresden Codex », *Latin American Indian Literatures*, 7 (2), Pen State Mc Deesport, pp. 136–159.

Smith, A., 2010, « The Chinese Sexagenary Cycle and the Ritual Foundations of the Calendar », in J. M. Steele (éd.), *Calendars and Years II : Astronomy and Time in the Ancient and Medieval World*, Oxford, Oxbow Books.

Soto, I., & Rouche, A., 1994, « Résolution de problèmes de proportionnalité par des paysans chiliens », *Repères-Irem*, 14, pp. 5–19. En ligne à l'adresse : http://numerisation.irem.univ-mrs.fr/WR/IWR97091/IWR97091.pdf.

Stuart, D., 2005, *The Inscriptions from Temple XIX at Palenque A Commentary*, San Francisco, The Pre-Columbian Art Research Institute, 210 p. En ligne : http://www.mesoweb.com/publications/Stuart/TXIX-lores.pdf

Sté de gens de lettres, de savans et d'artistes, 1783, *Encyclopédie méthodique : Marine*, tome 1, Paris, Panckoucke, 897 p.

Tedlock, B., 1982, *Time and the Highland Maya*, Albuquerque, University of New Mexico Press.

Teeple, J., 1931, *Maya Astronomy*, Publication 403, Washington, Carnegie Institution of Washington, 87 p.

Tena, R., 1992, *El Calendario mexica y la cronografia*, Mexico, INAH (1e édition 1987), 129 p.

Tena, R., 2000, « El calendario mesoamericano », *Arqueología mexicana*, vol. 7, 41, *Calendarios prehispánicos*, pp. 4–11.

Thompson, J. Eric S., 1941, « Maya Arithmetic » in *Contributions to American Anthropology and History*, vol. VII, n° 36, Washington, Carnegie Institution of Washington, Publication n° 528, pp. 37–62.

Thompson, J. Eric S., 1954, *The Rise and Fall of Maya Civilization*, Norman, University of Oklahoma Press, 287 p.

Thompson, J. Eric S., 1960, *Maya Hieroglyphic Writing, An Introduction* (*Civilization of the American Indian Series*, 56), Norman, University of Oklahoma Press, 470 p.

Thompson, J. Eric S., 1962, *A Catalog of Maya Hieroglyphs*, Norman, University of Oklahoma Press, 458 p.

Thompson, J. Eric S., 1972, *A Commentary on the Dresden Codex. A Maya Hieroglyphic Book*, Philadelphia, American Philosophical Society, 156 p.

Thouvenot, M., 1999, « Écriture et lecture du *xiuhtlalpilli* ou ligature des années », *Amerindia*, 24, Paris, Association d'ethnolinguistique amérindienne, p. 153–182.

Thouvenot, M. & Hoppan, J.-M., 2006, « Les écritures mésoaméricaines (aztèque et maya) : orientations actuelles de la recherche », in *Comptes rendus des séances de l'Académie des Inscriptions et Belles-Lettres*, 150e année, n° 1, 2006. pp. 175–208. En ligne à l'adresse : www.persee.fr/doc/crai_0065-0536_2006_num_150_1_86923

Thouvenot, M. & Hoppan, J.-M., 2012, « L'art de faire des tableaux dans les écritures aztèque et maya », *Amerindia*, 36, Paris, Association d'ethnolinguistique amérindienne, pp. 81–113.

Thureau-Dangin, F., 1932, *Esquisse d'une histoire du système sexagésimal*, Paris, Paul Geuthner, 82 p.

Tien Nguyen (Van), E., 2006, *Unité lexicale et morphologie en chinois mandarin. Vers l'élaboration d'un Dictionnaire Explicatif et Combinatoire du chinois*, Thèse de PhD, Université de Montréal, 472 p.. En ligne à l'adresse : http://olst.ling.umontreal.ca/pdf/PhDNguyen2006.pdf

Todorov, T., 2006, *La peur des barbares. Au-delà du choc des civilisations*, Paris, Éditions Laffont, 320 p.

Treleani, M., 2009, « L'objectivité dans la théorie de Umberto Eco », Rencontres Doctorales 2009 – *L'objectivité* – Paris, Université Paris Diderot – UFR LAC, juin 2009. En ligne à l'adresse : https://halshs.archives-ouvertes.fr/halshs-00555636/document

Tylor, E., 1871, *Primitive Culture : Researches into the Development of Mythology, Philosophy, Religion, Art and Custom*, vol. II, Londres, Murray, 426 p.

Vail, G. & Hernández, C., 2013, *Re-Creating Primordial Time : Foundation Rituals and Mythology in the Postclassic Maya Codices*, University Press of Colorado, 552 p.

Vandermeersch, L., 1980, *Wangdao ou la voie royale. Recherches sur l'esprit des institutions de la Chine archaïque*, tome 2 (Structures politiques, Les rites), Paris, École française d'Extrême-Orient, (Paris, Éditions You feng, 2009), 607 p.

Vandermeersch, L., 2013, *Les deux raisons de la pensée chinoise. Divination et idéographie*, Paris, Gallimard, Bibliothèque des sciences humaines, 208 p.

Vapnarsky, V., 1993, « De quelques procédés de classification en maya-itza : les classificateurs numéraux ». *Chantiers amerindia* 18 (1), Paris, Association d'ethnolinguistique amérindienne, 145 p.

Vela Mendoza, N., 2014, « Las manifestaciones naturales como indicadores del calendario bosquesino », *Mundo Amazónico*, 5 (1), Santa Fé de Bogota, Universidad Nacional, pp. 377–423. En ligne à l'adresse : http://www.revistas.unal. edu.co/index.php/imanimundo/article/view/45759/48413

Vigneaux, H., 2009, *L'Église et les Noirs dans l'audience du Nouveau Royaume de Grenade*, Montpellier, Presses Universitaires de la Méditerranée, collection Voie des Suds, 820 p. En ligne depuis 2014 à l'adresse : http://books.openedition.org/pulm/496

Wachtel, N., 1971, *La Vision des vaincus. Les Indiens du Pérou devant la Conquête espagnole 1530–1570*, Paris, Gallimard, Bibliothèque des Histoires, 395 p.

Wagner, R.-L., 1939, *« Sorcier » et « magicien » : contribution à l'histoire du vocabulaire de la magie*, Paris, Droz, 292 p.

Wilmet, M., 1997, *Grammaire critique du français*, Paris, Duculot, 670 p.

Yau, S.-C., 1982, « Création d'anthroponymes gestuels par une sourde amérindienne isolée », *Amerindia*, 7, Paris, Association d'ethnolinguistique amérindienne, pp. 3–21.

Zurcher, E., 2004, *La Mécanique d'Anticythère et ses implications dans le cadre de l'astronomie antique*, Nice, Institut de Préhistoire et d'Archéologie Alpes Méditerranée, 234 p.

Compléments

1.- Cycles mayas des 20 signes de jour et des 4 porteurs d'année

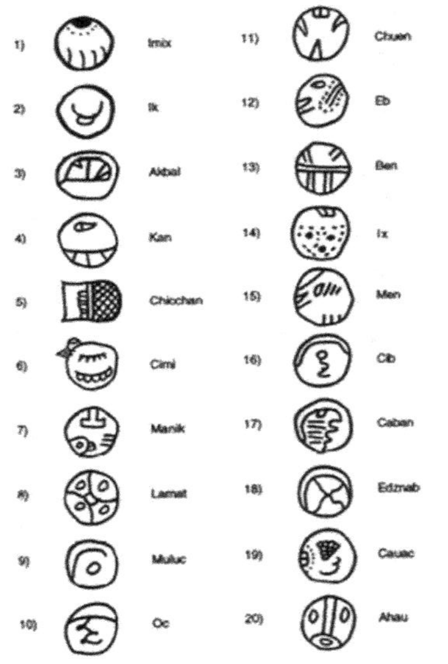

Figure 99 : *Les signes de jour (Landa)*

N°	Signe monument	Signe codex	Nom référent	N°	Signe monument	Signe codex	Nom référent
I			**Imix** *Nénuphar, Est, rouge*	XI			**Chuen** *Singe, Ouest, noir*
II			**Ik** *Vent, Nord blanc*	XII			**Eb** *? Sud, jaune*
III			**Akbal** *Obscurité, Ouest, noir*	XIII			**Ben** *maïs/plante, Est, rouge*
IV			**Kan** *maïs/tortilla Sud, jaune*	XIV			**Hix** *Jaguar, Nord blanc*
V			**Chicchan** *Serpent, Est, rouge*	XV			**Men** *Aigle, Ouest, noir*
VI			**Cimi** *Mort, Nord blanc*	XVI			**Cib** *?, Sud, jaune*
VII			**Manik** *Cerf, Ouest, noir*	XVII			**Caban** *Terre, Est, rouge*
VIII			**Lamat** *Etoile, Sud, jaune*	XVIII			**Edznab** *Silex, Nord blanc*
IX			**Muluc** *eau/jade, Est, rouge*	XIX			**Cauac** *eau/pierre, Ouest, noir*
X			**Oc** *sarigue/chien, Nord blanc*	XX			**Ahau** *seigneur/fleur, Sud, jaune*

Figure 100 : *Signes* **X** *et* **X̲** *de jour*

Mint Museum of Art Charlotte NC n°. 83.172.25. Les 20 signes **X** de jour en 4 blocs de 5. Partant par ex de **Caban** : // **Caban**17, Edznab, Cauac, Ahau, Imix // **Ik**2, Akbal, Kan, Chicchan, Cimi // **Manik**7, Lamat, Muluc, Oc, Chuen // **Eb**12, Ben, Hix, Men, Cib //. Les têtes des 4 blocs forment le quarteron P_0 = (**Ik**2, **Manik**7, **Eb**12, **Caban**17) des Porteurs d'année attestés au Classique maya.

(Vase Kerr 5379, en couleur sur FAMSI).

2a.- Cdm en tableau vertical et en engrenage

↓1	8	2	9	3	10	4	11	5	12	6	13	7	**Imix**$_1$
2	9	3	10	4	11	5	12	6	13	7	1	8	**Ik**$_2$
3	10	4	11	5	12	6	13	7	1	8	2	9	**Akbal**$_3$
4	11	5	12	6	13	7	1	8	2	9	3	10	**Kan**$_4$
5	12	6	13	7	1	8	2	9	3	10	4	11	**Chicchan**$_5$
6	13	7	1	8	2	9	3	10	4	11	5	12	**Cimi**$_6$
7	1	8	2	9	3	10	4	11	5	12	6	13	**Manik**$_7$
8	2	9	3	10	4	11	5	12	6	13	7	1	**Lamat**$_8$
9	3	10	4	11	5	12	6	13	7	1	8	2	**Muluc**$_9$
10	4	11	5	12	6	13	7	1	8	2	9	3	**Oc**$_{10}$
11	5	12	6	13	7	1	8	2	9	3	10	4	**Chuen**$_{11}$
12	6	13	7	1	8	2	9	3	10	4	11	5	**Eb**$_{12}$
13	7	1	8	2	9	3	10	4	11	5	12	6	**Ben**$_{13}$
1	8	2	9	3	10	4	11	5	12	6	13	7	**Hix**$_{14}$
2	9	3	10	4	11	5	12	6	13	7	1	8	**Men**$_{15}$
3	10	4	11	5	12	6	13	7	1	8	2	9	**Cib**$_{16}$
4	11	5	12	6	13	7	1	8	2	9	3	10	**Caban**$_{17}$
5	12	6	13	7	1	8	2	9	3	10	4	11	**Edznab**$_{18}$
6	13	7	1	8	2	9	3	10	4	11	5	12	**Cauac**$_{19}$
7	1	8	2	9	3	10	4	11	5	12	6	13	**Ahau**$_{20\ (/0)}$

Figure 101 : *Un tzolkin (20×13) sur 20 lignes*

À gauche, le tableau montre un *tzolkin* de 13 vingtaines (13 × 20), marquées par 13 colonnes de vingt dates, et 20 treizaines (20 × 13) par le changement de couleur de la trame. Les cases sont renseignées par les rangs **α** Les dates se lisent par colonne : **1 Imix**$_1$, **2 Ik**$_2$, **3 Akbal**$_3$, etc., jusqu'à **13 Ahau**$_{20\ (/0)}$.

Ci-dessous, le Cycle Divinatoire Mésoaméricain présenté par un système de deux roues d'engrenage de 13 et 20 dents (équivalents des Porteurs des ans mayas, les éponymes des années aztèques sont encadrés) :

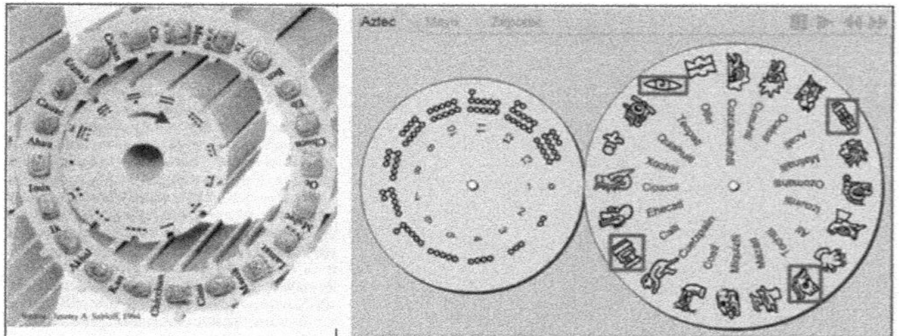

Sabloff (1994) | www.pauahtun.org/Calendar/tzolkin.html

Figure 102 : *Le CDM (tzolkin et tonalpohualli) sous forme d'engrenage*

26.- *Tzolkin* en tableau horizontal et calendrier d'un CR de 52 ans

Avec les mêmes conventions (changement de colonne et de couleur de trame), la figure à gauche ci-dessous présente encore le *tzolkin* sous la forme d'un tableau à lire par ligne de gauche à droite : **1 Ik**$_2$, **2 Akbal**$_3$, etc., **13 Imix**$_1$. Le caractère « souligné » d'un rang **α** permet de pointer la tête des cycles de 9 jours. La figure à droite ci-dessous présente le cycle des 52 dates de changement de Porteurs d'année (nouvel an du *haab*) au cours d'un CR maya (/ ou les 52 dates de changement d'éponyme d'année (*xihuitl*) du SA mexica en utilisant le code: **Ik**$_2$ (Nord) ≈ **Calli**$_3$ (Ouest), **Manik**$_7$ (Ouest) ≈ **Tochtli**$_8$ (Sud), **Eb**$_{12}$ (Sud) ≈ **Acatl**$_{13}$ (Est), **Caban**$_{17}$ (Est) ≈ **Tecpatl**$_{18}$ (Nord)).

Ik$_2$	Akbal$_3$	Kan$_4$	Chicchan$_5$	Cimi$_6$	Manik$_7$	Lamat$_8$	Muluc$_9$	Oc$_{10}$	Chuen$_{11}$	Eb$_{12}$	Ben$_{13}$	Hix$_{14}$	Men$_{15}$	Cib$_{16}$	Caban$_{17}$	Edznab$_{18}$	Cauac$_{19}$	Ahau$_{0/20}$	Imix$_1$
1	2	3	4	5	6	7	8	9	10	11	12	13	1	2	3	4	5	6	7
8	9	10	11	12	13	1	2	3	4	5	6	7	8	9	10	11	12	13	1
2	3	4	5	6	7	8	8	10	11	12	13	1	2	3	4	5	6	7	8
9	10	11	12	13	1	2	3	4	5	6	7	8	9	10	11	12	13	1	2
3	4	5	6	7	8	9	10	11	12	13	1	2	3	4	5	6	7	8	9
10	11	12	13	1	2	3	4	5	6	7	8	9	10	11	12	13	1	2	3
4	5	6	7	8	9	10	11	12	13	1	2	3	4	5	6	7	8	9	10
11	12	13	1	2	3	4	5	6	7	8	9	10	11	12	13	1	2	3	4
5	6	7	8	9	10	11	12	13	1	2	3	4	5	6	7	8	9	10	11
12	13	1	2	3	4	5	6	7	8	9	10	11	12	13	1	2	3	4	5
6	7	8	9	10	11	12	13	1	2	3	4	5	6	7	8	9	10	11	12
13	1	2	3	4	5	6	7	8	9	10	11	12	13	1	2	3	4	5	6
7	8	9	10	11	12	13	1	2	3	4	5	6	7	8	9	10	11	12	13

Figure 103 : *Un tzolkin (13 × 20) sur 13 lignes*

Nord, blanc	Ouest, noir	Sud, jaune	Est,rouge
1 Ik$_7$	2 Manik$_7$	3 Eb$_{12}$	4 Caban$_{17}$
5 Ik$_7$	6 Manik$_7$	7 Eb$_{12}$	8 Caban$_{17}$
9 Ik$_7$	10 Manik$_7$	11 Eb$_{12}$	12 Caban$_{17}$
13 Ik$_7$	1 Manik$_7$	2 Eb$_{12}$	3 Caban$_{17}$
4 Ik$_7$	5 Manik$_7$	6 Eb$_{12}$	7 Caban$_{17}$
8 Ik$_7$	9 Manik$_7$	10 Eb$_{12}$	11 Caban$_{17}$
12 Ik$_7$	13 Manik$_7$	1 Eb$_{12}$	2 Caban$_{17}$
3 Ik$_7$	4 Manik$_7$	5 Eb$_{12}$	6 Caban$_{17}$
7 Ik$_7$	8 Manik$_7$	9 Eb$_{12}$	10 Caban$_{17}$
11 Ik$_7$	12 Manik$_7$	13 Eb$_{12}$	1 Caban$_{17}$
2 Ik$_7$	3 Manik$_7$	4 Eb$_{12}$	5 Caban$_{17}$
6 Ik$_7$	7 Manik$_7$	8 Eb$_{12}$	9 Caban$_{17}$
10 Ik$_7$	11 Manik$_7$	12 Eb$_{12}$	13 Caban$_{17}$

Remarque. Dans ces deux tables, le changement de trame permet de suivre les treizaines. Les tables se lisent de gauche à droite et de haut en bas : **1 Ik**$_2$, **2 Akbal**$_3$, etc., **13 Imix**$_1$, et **1 Ik**$_2$, **2 Manik**$_7$, etc., **13 Caban**$_{17}$.

Figure 104 : *Cycle des 52 dates* **α X**$_p$ *d'un CR maya*

3.- Calendrier *tzolkin* ⊗ *haab* des 365 dates du *haab* 1 Ik *0 Pop*

Y_y → ↓ β	*Pop*$_1$	*Uo*$_2$	*Zip*$_3$	*Zodz*$_4$	*Tzec*$_5$	*Xul6*	*Yaxkin*$_7$	*Mol*$_8$	*Ch'en*$_9$	*Yax*$_{10}$	*Zac*$_{11}$	*Ceh*$_{12}$	*Mac*$_{13}$	*Kankin*$_{14}$	*Muan*$_{15}$	*Pax*$_{16}$	*Kayab*$_{17}$	*Cumku*$_{18}$	*Uayeb*$_{19(/0)}$	X ↓
0	1	8	2	9	3	10	4	11	5	12	6	13	7	1	8	2	9	3	10	Ik$_2$
1	2	9	3	10	4	11	5	12	6	13	7	1	8	2	9	3	10	4	11	Akbal$_3$
2	3	10	4	11	5	12	6	13	7	1	8	2	9	3	10	4	11	5	12	Kan$_4$
3	4	11	5	12	6	13	7	1	8	2	9	3	10	4	11	5	12	6	13	Chicchan$_5$
4	5	12	6	13	7	1	8	2	9	3	10	4	11	5	12	6	13	7	1	Cimi$_6$
5	6	13	7	1	8	2	9	3	10	4	11	5	12	6	13	7	1	8		Manik$_7$
6	7	1	8	2	9	3	10	4	11	5	12	6	13	7	1	8	2	9		Lamat$_8$
7	8	2	9	3	10	4	11	5	12	6	13	7	1	8	2	9	3	10		Muluc$_9$
8	9	3	10	4	11	5	12	6	13	7	1	8	2	9	3	10	4	11		Oc$_{10}$
9	10	4	11	5	12	6	13	7	1	8	2	9	3	10	4	11	5	12		Chuen$_{11}$
10	11	5	12	6	13	7	1	8	2	9	3	10	4	11	5	12	6	13		Eb$_{12}$
11	12	6	13	7	1	8	2	9	3	10	4	11	5	12	6	13	7	1		Ben$_{13}$
12	13	7	1	8	2	9	3	10	4	11	5	12	6	13	7	1	8	2		Hix$_{14}$
13	1	8	2	9	3	10	4	11	5	12	6	13	7	1	8	2	9	3		Men$_{15}$
14	2	9	3	10	4	11	5	12	6	13	7	1	8	2	9	3	10	4		Cib$_{16}$
15	3	10	4	11	5	12	6	13	7	1	8	2	9	3	10	4	11	5		Caban$_{17}$
16	4	11	5	12	6	13	7	1	8	2	9	3	10	4	11	5	12	6		Edznab$_{18}$
17	5	12	6	13	7	1	8	2	9	3	10	4	11	5	12	6	13	7		Cauac$_{19}$
18	6	13	7	1	8	2	9	3	10	4	11	5	12	6	13	7	1	8		Ahau$_{20(/0)}$
19	7	1	8	2	9	3	10	4	11	5	12	6	13	7	1	8	2	9		Imix$_1$

Figure 105 : *Calendrier de l'année* **1 Ik *0 Pop*** *(stèle 18 de Naranjo)*

Renseignées par les rangs **α** des dates **αX *βY***, le tableau représente le calendrier des 365 dates CR d'une année vague maya organisée en 19 périodes (18 colonnes ou 'mois' de vingt jours et une colonne de cinq jours, 18×20+1×5), ou en 28 treizaines suivies d'un complément de 1 jour (29 périodes distinguées par la couleur de la trame 28×20+1×1). Le calendrier des 365 dates **αX *βY*** se lit selon les règles données en figure 61 : **1 Ik**$_2$ ***0 Pop***$_1$, **2 Akbal**$_3$ ***1 Pop***$_1$, etc., 9 **Imix**$_1$ ***19 Cumku***$_{18}$, 10 **Ik**$_2$ ***0 Uayeb***$_{19(/0)}$, etc., 1 **Cimi**$_6$ ***4 Uayeb***$_{19(/0)}$

4.- Système des unités de temps et un entier a 13 chiffres

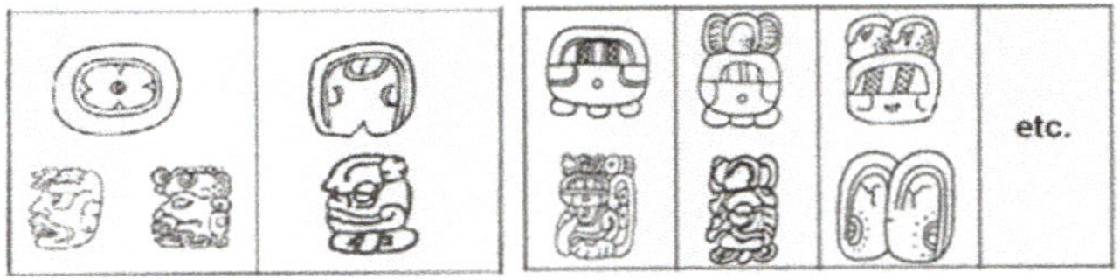

À deux étalons (jour, et année de compte), le système maya des unités de temps comprend un sous-système vigésimal, (**kin**, **uinal**), et un système vigésimal ouvert à droite (**tun**, **katun**, **baktun**, etc. Système et sous-système sont reliés par les équations :

360 kin = 18 uinal = 1 tun

Figure 106 : *Sous-système et système yucatèque des unités de temps (cf. Hors-texte 9)*

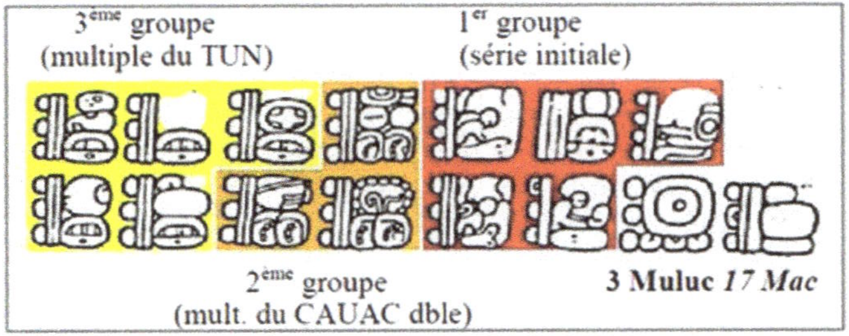

L'inscription ci-contre (marche 7, escalier 2, Yaxchilán, Chiapas,) est une sorte de SI à treize chiffres significatifs qui conduit au jour daté **3 Muluc** ***17 Mac.*** Cette SI se lit : **13.13.13.13.13.13.13.13.9.15.13.tun ; 6.9.** kin. Soit, en marquant les unités :

13-(20^4 alautun) 13-(20^3 alautun) 13-(20^2 alautun) 13-(20^1 alatutun) 13-(20^0 alautun) 13-kinchiltun 13-calabtun 13-pictun **9-baktun 15.-katun 13-tun ; 6-uinal 9-kin.** (Cauty 2013 : 51-56, Hoppan 2014 : 129-132, Gonzàlez & Hoppan 2018 : 69-104)

Figure 107 : *Une SI à 13 chiffres significatifs*

5.- Un nouvel an et le cycle des 19 périodes du *haab*

CHUM K'AN-HAL-wa
0 Pop
(d'après Jean-Michel Hoppan)

Figure 108: *Une date de Nouvel An maya*
(Aiguillon de raie, urne 26, Comalcalco)

Figure 109 : *Noms et signes des patrons* Y *et des périodes Y du haab (d'après Hoppan)*

La plus ancienne attestation du zéro mésoaméricain remonte au Classique ancien (16±1/09/320). C'est le zéro *ordinal* de la plaque de Leyde (figure 3). Il est attesté deux siècles après la plus ancienne notation de période (plaque de Dumbarton Oaks, 04/07/120), et 37 ans avant le zéro *cardinal* des durées (stèles 18 et 19 d'Uaxactún, 02/02/357). Le plus ancien zéro, CHUM 'assise'/'intronisation' est encore attesté en région centrale par la date CR **3 Ik *0 Yax*** des peintures de la Tombe 7 de Rio Azul, datées probablement de **8.19.2;11.2.** (22/10/418). Avec Hoppan, nous avons relevé sur les monuments du Classique : 38 occurrences de CHUM dont l'emploi numérique (zéro ordinal) ne fait pas de doute, dans des dates CR comprises entre 654 et 799. Elles proviennent du triangle « Río Azul, Copán, Palenque », des régions Pasión, Sud-Est, Usumacinta, Sud-Ouest, Nord-Ouest et centrale. Sept de ces 38 exemples sont des ***0 Pop***, portés par le quarteron P_0 = (**Ik**, **Manik**, **Eb**, **Caban**). Outre ***0 Pop***, les débuts de période attestés sont : ***0 Zip***, ***0 Zodz***, ***0 Tzec***, ***0 Xul***, ***0 Yaxkin***, ***0 Yax***, ***0 Zac***, ***0 Muan***, ***0 Pax***, ***0 Kayab***, ***0 Cumku***, et ***0 Uayeb***. Sur le mobilier, nous avons relevé 4 occurrences du zéro ordinal probablement du VIIIe s (entre 700 et 771). Deux exemples sont des ***0 Pop***, portés par **Manik**, et les deux autres ***0 Yaxkin*** et ***0 Kankin*** portés par **Eb**.

Au Postclassique, le codex conservé à Dresde (probablement du XIVe s) est le seul document contenant des zéros CHUM, plus exactement plusieurs treizaines de dates CHUM ***Y***, toutes dans un almanach vénusien ancré aux périodes antérieures au moyen du Compte long (on peut conjecturer qu'il s'agit de « mises à jour » postclassiques d'écrits remontant au Classique). Il s'agit des dates *haab*: ***0 Yax***, ***0 Tzec***, ***0 Xul*** et ***0 Uayeb***, associées aux dates *tzolkin* **α** **Eb** ou **α** **Ik**.

À l'époque coloniale et en littérature alphabétique maya, le Chilam Balam de Chumayel présente de nombreux emplois du verbe **cum** pour indiquer l'installation d'un **katun** (identifié par une date **α** **Ahau**). Mais on relève aussi une occurrence de **cum** dont l'emploi numérique (zéro ordinal) ne fait aucun doute. En effet, le feuillet 41v (figure 110) présente la date CR **Caanil kan Cumlahci pop ti lakin** (littéralement : « au **4 Kan**, ***Pop s'est assis/installé*** à l'Est[337]).

---

[337] XIII. *Trece Ahau*. Hubo viruela, viruela grande. Seis años faltaban de la antigua cuenta de los años, hacía el oriente. El ***Cuatro kan* se detuvo *Pop* al oriente.** He aquí que yo cuidadosamente puse cabeza contra cabeza los *Katunes* y los años. El 18 *Zip* y *Nueve Imix* es el día de la muerte de Ah-Pulá, Napot Xiú, en al año de 1508 (Bolio 2001 : 145–146). On notera que l'auteur du *Chilam Balam* maîtrise plusieurs façons d'écrire les nombres : a) en numération parlée indigène qu'il transcrit en alphabet latin « **oxlahun** », b) en numération décimale et chiffres arabes (ici, exceptionnellement, il n'a pas écrit le zéro de 1508), c) en numération parlée espagnole et alphabet latin (« **mil quinientos quarenta y uno** ». feuillet 9r), d) en numérotation décimale et chiffres romains ; par contre, il n'a laissé : e) aucun exemple de nombre en numération écrite mésoaméricaine (maya, aztèque, mixtèque, ou autre).

L'expression désigne un jour de l'an par une date dans laquelle on reconnaît la forme classique CHUM ***Pop*** ou ***0 Pop*** du calendrier *haab* ; elle ne renvoie ni au quarteron P_0 des porteurs du Classique, ni au quarteron P_1 attesté par les codex conservés à Paris et à Dresde, mais au système P_2 = (**Kan**, **Muluc**, **Hix**, **Cauac**) attesté par le codex de Madrid écrit sur un support fabriqué à l'époque coloniale. L'expression **Caanil kan Cum lahci pop ti lakin** renvoie au 11.16.5;14.4 (28/07/1545) qui correspondrait au **4 Kan *2 Pop*** si l'auteur avait suivi la règle ROCm. Mais, dans le Chilam, ce jour est daté **4 Kan**CHUM Pop*** ; c'est une date étoilée que l'on traduit **4 Kan**0 Pop***. Au Classique récent, le système étoilé devient règle d'orthodoxie dans la région du Puuc. Par rapport à la ROCm, il y a un décalage d'un jour (rarement deux), par exemple sur le Panneau 2 de Xcalumkin (Campeche, 9.15.12;6.9. = 26±1/10/743) on lit la date **7 Muluc**1 Kankin*** » et non la date CR orthodoxe **7 Muluc *2 Kankin***.

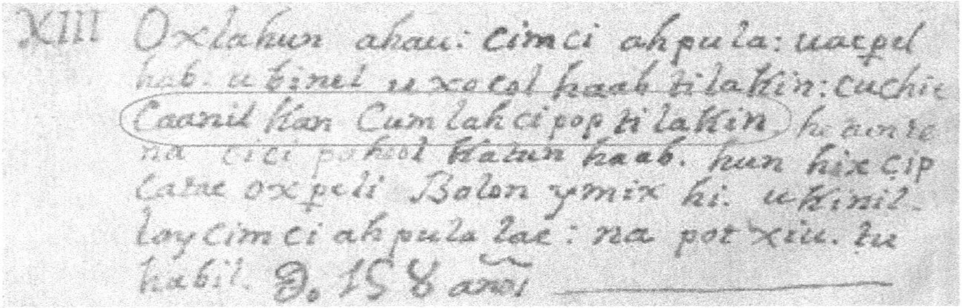

Figure 110 : *La date **4 Kan*CHUM Pop** du Chilam Balam de Chumayel*

1) *Lecture de grands nombres*

L'usage des grands nombres conduit à prolonger la terminologie numérique, et à inventer des extensions des numérations[338]. Ainsi sont apparus, aux XIVe et XVe s, les mots : **million**, (un grand mille) et ses équivalents italiens ou espagnols, puis les mots **bymillion** et **trymillion**. En 1484, le mathématicien Nicolas Chuquet, (qui dédie son travail à la sainte Trinité), invente un système de dénomination des nœuds de conception logarithmique. L'idée revient à convenir d'une numération de position de base **million**, et d'écrire/lire le million de chiffres qu'elle nécessite en conservant leur expression décimale. Les nouveaux chiffres vont de **0** à **999 999**. Pour lire un entier dans le système Chuquet, il suffit de séparer son expression en tranches de **six** chiffres. Cauty (2013 : 56) reprend l'exemple d'un nombre en centaines de milliers de trillions donné par Chuquet dans sa *Triparty en la science des nombres*…

Le système de Chuquet est dit ***échelle longue***, car, au cours du XVIIe siècle, un second système, dit ***échelle courte***, est apparu chez des réformistes qui s'étaient mis à grouper les chiffres par tranche de **trois** chiffres, et non plus par tranche de **six**. Depuis cette réforme malencontreuse, la confusion règne, car les pratiques se fixèrent différemment dans le temps, et selon les pays, les institutions, et les capacités de création linguistique.

L'échelle longue est recommandée par l'Union Européenne, le Bureau International des Poids et Mesure, et diverses institutions francophones. En officialisant l'échelle courte, les pays comme les États Unis et le Brésil ont commis un coup de force linguistique contre l'invention de Chuquet, et ajouté de la confusion à la confusion[339]. Il est d'autant plus difficile de s'y retrouver que **milliard** s'est lui aussi imposé, avec la valeur 10^9, et qu'il a généré une série de termes en *–illiard* en progression de raison million à partir de mille, parfois détournée en progression de raison mille (?) partant de million[340]. Prenons des exemples de très grands nombres mayas bien attestés.

---

338 Une étude dans Cauty (1987 : Chapitre 6). Des exemples sur le site d'Alain Lassine, http://www.alain.be/ boece/grands_nombres.html.

339 Le mot **centillion**, par exemple, vaut 10 à la puissance 600 dans l'échelle de Chuquet, et 10 à la puissance 303 aux États-Unis ou au Brésil.

340 Confrontés aux deux échelles, les Français immigrés aux USA créent parfois des « hybrides monstrueux ». Par exemple, pour signifier *mille milliards* = 10^{12} (qui se dit *trillion = 1 000 billions* aux États-Unis), ils créent ou détournent le mot ***trilliard*** (10^{21}) dans une sorte de dérivation à l'américaine conduisant à former ce néologisme échangeur de valeurs. La dérivation hybride fait passer de *million*, à *milliard*, puis à *billiard* et *trilliard*, et invite à pousser plus loin (et créer une série anormale), comme les anglophones passent de *million* à *billion*, puis à *trillion* et plus loin. Exemple de P. de Ravel d'Esclapon, https://lecourrierdesetatsunis.com /2009/03/19/le-bon-usage-trilliards-trillions-et-autres-anglicismes/.

Le premier (figure 107), **13-P**$_{12}$ **13-P**$_{11}$ **13-P**$_{10}$ **13-P**$_{9}$ **13-P**$_{8}$ **13-P**$_{7}$ **13-P**$_{6}$ **13-P**$_{5}$ **9-P**$_{4}$ (**/baktun**) **15-P**$_{3}$ (**/katun**) **13-P**$_{2}$ (**/tun**) ; **6-P**$_{1}$ (**/uinal**) **9-P**$_{0}$ (**/kin**), est gravé sur la marche 7 de l'escalier hiéroglyphique n° 2 de Yaxchilán (Chiapas, Mexique, 744). L'autre, sur les stèles 1 et 5 de Cobá (Quintana Roo, Mexique, 653), est le plus grand nombre trouvé chez les Mayas (Cauty 2013 : 55, ou Hoppan 2014 : 131) : **13-P**$_{23}$ **13-P**$_{22}$ **13-**P$_{21}$ **13-P**$_{20}$ **13-P**$_{19}$ **13-P**$_{18}$ **13-P**$_{17}$ **13-P**$_{16}$ **13-P**$_{15}$ **13-P**$_{14}$ **13-P**$_{13}$ **13-P**$_{12}$ **13-P**$_{11}$ **13-P**$_{10}$ **13-P**$_{9}$ **13-P**$_{8}$ **13-P**$_{7}$ **13-P**$_{6}$ **13-P**$_{5}$ **13-P**$_{4}$ (**/baktun**) **0-P**$_{3}$ (**/katun**) **0-P**$_{2}$ (**/tun**) ; **0-P**$_{1}$ (**/uinal**) **0-P**$_{0}$ (**/kin**). Cet entier présente vingt chiffres **13.** et quatre chiffres **0.**, son plus grand nœud est 13×20^{23}. Le tableau ci-dessous convertit en base dix ces deux entiers mayas ainsi que les nœuds 20^{15} et 20^{21} de la numération utilisée pour compter en **tun** (/ou tout autre étalon d'un système vigésimal), il permet de lire à la Chuquet (en trois échelles) ces quatre entiers.

	Etc.	10^{32} 10^{31} 10^{30}	10^{29} 10^{28} 10^{27}	10^{26} 10^{25} 10^{24}	10^{23} 10^{22} 10^{21}	10^{20} 10^{19} 10^{18}	10^{17} 10^{16} 10^{15}	10^{14} 10^{13} 10^{12}	10^{11} 10^{10} 10^{9}	10^{8} 10^{7} 10^{6}	10^{5} 10^{4} 10^{3}	10^{2} 10^{1} 10^{0}
Yaxchilán							5 0	4 4 5	4 7 3	6 8 3	6 4 6	8 0 9
Nœud 20^{15}						3 2	7 6 8	0 0 0	0 0 0	0 0 0	0 0 0	0 0 0
Nœud 20^{21}			2	0 9 7	1 5 2	0 0 0	0 0 0	0 0 0	0 0 0	0 0 0	0 0 0	0 0 0
Stèles Cobá		2 0 6	6 2 4	6 6 0	2 1 0	5 2 6	3 1 5	7 8 9	4 7 3	6 8 4	1 1 2	0 0 0
ELChuquet		Qi		Qa		T		B		M		*u*
EcUSA/Br		N	O	S_2	S_1	Qi	Qa	T	B	M	m	c d *u*
En -illiard	ψ	mκ	κ	mτ	τ	mβ	β	mμ	μ	M	m	c d *u*

Figure 111 : *Lire en décimal des nombres mayas supérieurs au billion*

ELChuquet = échelle longue de Chuquet.

EcUS/Br = échelle courte en usage officiel aux USA et au Brésil[341] : un billion vaut 10^9 (milliard en français).

N = nonillion, **O = octillion**, **S$_2$= septillion**, **S$_1$= sextillion**, **Qi = quintillion**, **Qa = quadrillion (/ou quatrillion)**, **T = trillion**, **B = billion**, **M = million**, **m = mille**, **c** = **centaine**, **d** = **dizaine**, et ***u*** **= unité**.

Pour les conventions utilisant le mot **milliard** : **ψ = quintilliard** (ou mille quintillions), m**κ** = mille **κ**, **κ = quadrilliard** (ou mille quadrillions), m**κ** = mille **κ**, **κ** = **trilliard** (ou mille trillions), m**β** = mille **β**, **β** = **billiard** (ou mille billions), m**μ** = mille **μ**, **μ** = **milliard** (ou mille millions).

D'où la lecture des quatre entiers mayas du tableau ci-dessus:

341 On peut la voir comme une numération de position à base **thousand** (mille) dont les nœuds T_n sont données par la formule $\mathbf{T_n} = \mathbf{thousand^{n+1}}$ depuis T_0 = thousand^{0+1} qui se lit *thousand*, puis T_1 = thousand^2 qui se lit *million*, T_2 = thousand^3 qui se lit *trillion*, etc.

a) **50 445 billions 473 683 millions 648 809** jours (pour l'escalier de Yaxchilán), soit, sauf erreur de calcul, plus de 138 000 milliards d'années ou plus de 10 000 fois l'âge de l'univers, actuellement estimé à 13,75 milliards d'années (± 0,1) ;

b) **32 trillions 768 000 billions** [000 000 millions 000 000 unités] jours (pour le nœud 20^{15}) ;

c) **2 097 quadrillions 152 000 trillions** [000 000 billions 000 000 millions 000 000 unités] jours (pour le nœud 20^{21}) ;

d) **206 quintillions 624 660 quadrillions 210 526 trillions 315 789 billions 473 684 millions 112 000** jours (pour les stèles de Cobá[342]).

2) Comptage symbolique sur la figure kaqchikel d'un petit autel (Chimaltenango, Guatemala, juin 2016)

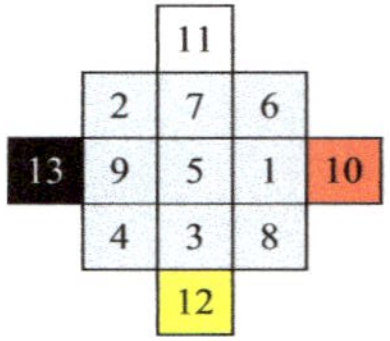

13 cellules carrées

autel

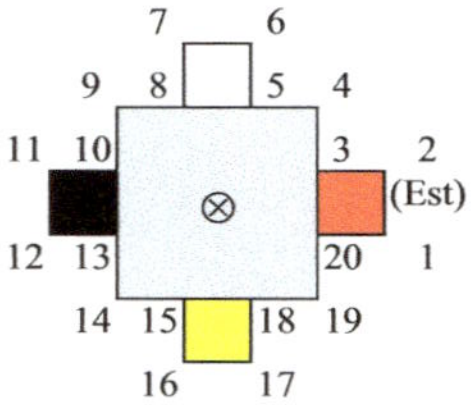

20 coins

Figure 112 : *3 fois 3 et 4 font 13, 20 et 260*

La croix ou l'autel renvoie au *tzolkin* de 260 jours pour compter 13 carrés (9 + 4), et 20 coins (12 saillants et 8 rentrants). Les bougies de couleur (rouge, blanc, noir et jaune) indiquent les 4 directions cardinales, la bougie verte symbolise la terre (ou le nadir) et la bleue le ciel (ou le zénith). Les éléments de cet autel [ra]comptent l'Univers : 1 centre, 2 verticalités, 3 foyers, 4 horizons, 9 cieux, 13 enfers, etc.

342 Photos des stèles à l'adresse https://www.peabody.harvard.edu/cmhi/detail.php?num=1&site=Coba&type=Stela# et https://www.peabody.harvard.edu/cmhi/flash/detailview.swf?num=5&site=Coba&type=Stela. Le nombre de Cobá est 4×10^{20} fois plus grand que celui de Yaxchilán.

8.- Balade en protraction

Pour ne pas se perdre[343] en forêt de calendrier maya, comprendre **ox-tul uinic** ou traduire « 3 hommes », il est utile d'avoir les idées claires sur les écritures logosyllabiques, et sur la différence entre une « langue à pluriels » et une « langue à classificateurs ». Entendons ce que montrait un panneau d'Expo-Langues en 1988[344] :

Chez nous, il y a les mots singuliers et les mots pluriels !
Chez les Mayas, les mots ont beaucoup de classes où aller.
Par exemple, la classe de tout ce qui vit, la classe de tout ce qui est rond, la classe de tout ce qui est rangé en file...
Et à chaque classe, sa marque grammaticale.
Un petit Maya ne dit pas "trois hommes", mais "trois**-de la classe des gens hommes**".
"-de la classe des gens" se dit **-tul** en yucatèque
"homme" se dit **uinic**
"trois" se dit ox-, "deux" se dit ca-

Figure 113 : ***Ox-tul uinic*** « *Trois-d'humanité homme* »

Bien qu'elles n'aient pas pour fonction de catégoriser ou de classer (François 1999), ces marques grammaticales collées aux déterminants ou aux numéraux sont ordinairement appelées *classificateurs numéraux*, CL[345], et les langues qui en ont des centaines voire des milliers, comme le mandarin ou le chol, sont dites « langues à classificateurs », et opposées aux « langues à pluriels », comme le français ou l'espagnol, qui en ont très peu grammaticalisées.

Le locuteur d'une langue à pluriels a l'habitus de penser qu'un mot, **poire** par ex., désigne une entité tellement déterminée qu'elle paraît subsister et être là comme un objet dans les mains de l'esprit. Du coup, déterminer, pluraliser et dénombrer sont des jeux d'enfants, car tout est déjà individué. Je veux **"cette**/la/ma/une/deux/des **poire**(s)", je prends « un/deux/des **kilos-de**-blé », « une/des/deux **lots-de-dizaine**(s)**-de-litres-de**-lait ». Ces faits montrent que les CL sont cumulables, et que certains mots doivent être soumis à une opération préalable avant de pouvoir être

---

343 *Parlons maya classique*, de J-M Hoppan, ferait un excellent guide.

344 http://lacito.vjf.cnrs.fr/expos/de couverte/maya_nombres.htm.

345 Craig/Grinevald (1986), Paris (un article copié *in* Cauty 1987 : 425–432), Peyraube & Wiebusch (1993), Vapnarsky (1993), Tien Nguyen (2006). Le contexte permet de ne pas confondre les sigles CL = Compte long et CL = Classificateur numérique.

déterminés, dénombrés ou mesurés. Dans les langues sans CL, en français par ex., les traces de cette opération[346] sont des expressions figées comme **soupçon-de, vingt-de, kilo-de, litre-de**, etc. qui suivent un déterminant, **ce/mon/des**, etc., et précèdent ce qui a été substantivé.

Un Maya instruit connaissait des centaines de Cl, ce qui lui donnait de quoi jouer sur les mots. De nos jours, par exemple, pour se moquer des buveurs de bière à gros ventre, il suffirait de glisser le CL des « objets ronds » ou des « ballons » pour piquer la curiosité en disant : « Regardez *ces* *3-là de la Classe des ballons*-hommes ! ». Le classificateur pourrait aussi servir pour l'éloge de la rondeur d'une fesse, ou qualifier un référent réel ou imaginaire dès qu'il présente un vague relent de « rondeur ».

Dès sa vie utérine, tout plongé qu'il est dans des mondes de sons, de relations et d'échanges de signes linguistiques, le petit Maya acquiert plus que le système phonologique de sa langue « maternelle ». Dans le multivers américain où *La guerre des langues* (Calvet 1987) continue de faire rage, au point qu'il n'existe plus qu'un seul pays, le Paraguay, où une langue amérindienne, le guarani, reste à la fois « langue nationale, langue maternelle de la moitié de la population & langue familière usuelle de près de l'autre moitié » (Dessaint 1981). Dans ce multivers, l'enfant maya puise toujours ce dont il a besoin pour construire ses identités, en se nourrissant des mots qui le feront mayanophone. Parmi ces acquis préconstruits[347], le système des classificateurs numériques a une place importante pour l'enfant. Il pourra parler *en nombre*, ce *Langage de la science* comme disait Dantzig (1931). Et s'il veut s'approprier le trésor de ses pères, il devra apprendre à compter en numérations de plusieurs types (additif, protractif, de position et de disposition), maîtriser la progression géométrique du système maya des unités de temps, se familiariser avec la vigésimalité et les changements de base ou d'unité. Il devra se repérer

---

[346] On pourrait dire opération de substantialisation, de surdétermination ou encore d'individualisation, car, pour connaître, l'esprit semble avoir besoin de « concrétiser » ce qu'il conçoit, de le localiser dans l'espace/temps (réel ou imaginaire) par un déictique, ou de le déterminer par un article, un possessif, un démonstratif, etc. : « La base de la connaissance du réel est le cadre spatial, et la localisation est la seule vraie racine de la substantialisation (Bachelard 1937 : 13).

[347] Vulgarisée par Chevallard, la notion de préconstruction s'inscrit dans une théorie du temps didactique. Pour une approche de cette théorie voir Mercier (1985 : 16–19).

dans les quatre ou cinq calendriers les plus utilisés au Classique, parce que ses ancêtres, entre le IIIe et le Xe siècle, truffaient tous leurs textes de milliers d'égalités calendaires, dont la trace court jusqu'au XVIIIe. Les fans de culture maya ont dû attendre encore un siècle pour que les premiers savants s'y intéressent et commencent, à partir du XIXe siècle, à entamer les codes de l'écriture, et à comprendre les secrets des équations calendaires en découvrant en quoi et dans quels domaines les solutions servaient les gens, leurs prêtres et leurs rois.

Parce qu'ils portent une surspécification sémantique (François 1999 : 174), deux types de classificateurs numéraux sont utiles pour « concrétiser » le continu temporel, se repérer et calculer les distances dans les forêts mayas. Je les appelle « classificateurs unites », Cl_{UNIT}, et « classificateurs mesures », Cl_{MES}. Bien que le français ne soit pas une langue à classificateurs, des équivalents pourraient être « un vingt-de » pour le Cl_{UNIT}, et « une seconde-de » pour le Cl_{MES}.

Comme leur nom ne le dit pas, les classificateurs ne classent pas, mais ils surspécifient, substantialisent ou individualisent (note 348). Ils individuent du compact, du continu ou du discrétisable, trois parties de tout lexique. Ils singularisent ce qui était déjà spécifié, par ex., une notion comme « vin » ou « fraîcheur » que l'on ne peut ni montrer du doigt, ni pluraliser, ni compter tant qu'elle n'est pas conçue comme, ou renvoyant à, une chose, un être, une entité, une substance du monde réel ou imaginaire réalisée *hic et nunc*. On inventorie le domaine des CL en pluralisant (des exemples dans Cauty 1987 : 141 *sqq*.).

Même dans une langue à pluriels, des notions comme « pain », « vin », « bonheur » ou « humain » ne sont pas illico pluralisables, il faut leur avoir appliquées une opération équivalente à la substantialisation opérée par les CL mayas ou chinois qui chargent le mot d'une surspécification. Surspécifiée par le CL, la notion rebelle à pluralisation peut être déterminée, pluralisée, et comptée. Je veux ce/ces/un/deux/des « verre(s)-de- vin » « tranche(s)-de-pain »/ « instant(s)-de- Bonheur »… Mais toujours pas de pluriel pour « la chaleur » ou « la peur ». Pas même discrétisables, ces mots n'entrent pas dans le quantitatif. Ils relèvent de l'intensif. Un intensif ne se pluralise pas. On peut affirmer qu'il est à un pic d'intensité[348].

---

[348] Grâce à des tours comme « peur bleue » ou « chaleur d'enfer », c'est-à-dire des figures qui suggèrent une limite comme lorsque l'on dit « même X est tenté de… » où X est réputé, à tort ou à raison, indépassable.

Chez les Mayas, depuis la stèle 29 de Tikal, du IIIe siècle, les unités de temps substantialisent de la « durée ». Elles le font en spécifiant combien tel continu de temps, une fois individué/spécifié, contiendra de mesures de quelque chose (**kin**, **uinal**, **tun**, etc.). Par abus de langage, je les appelle des classificateurs. Les uns sont de l'ordre des mesures de temps, et sont dits Classificateurs mesure, Cl_{MES}. D'autres surspécifient le quantitatif en disant combien d'items (un, vingt, etc.) sont pris dans leur individuation. Le CL « tige-de » spécifie la notion acier, que le Cl_{UNIT} « huit » vient surspécifier dans « j'ai besoin de fumer, file-moi une "tige-de-huit"-d'acier ». Le mot *score* en anglais est, comme le mot vingt(aine) en français, ce qui compte vingt items. Les nœuds de numération individuent « de la quantité » ou « du nombre », qu'ils surdéterminent en précisant leur numérosité.

Les individuants/surspécificateurs qui font les nœuds des numérations mayas sont les classificateurs unitaires Cl_{UNIT}, et ceux qui font les périodes sont les classificateurs mesures Cl_{MES}. Ce sont des « petits mots grammaticaux » de la langue du nombre, qui – contrairement aux grammèmes souvent oubliés, sous-entendus ou abrégés – étaient toujours exprimés (minimalement par un tactème d'ordre ou un morphème Ø) dans l'écriture glyphique des durées, et dans celle des nœuds de numération. Imaginez les pataquès de quiproquos que leur absence provoquerait. Comment s'y prendre pour déchiffrer **7.17.19.6**, présenté note 108, ou pour déchiffrer la durée **7.16.3;2.13.** inscrite sur une stèle trouvée en terre olmèque[349]. Le dialogue suivant illustre l'embarras causé par l'absence des Cl_{UNIT} ou des Cl_{MES} :

– C'est encore loin ?

– Oui, c'est à 25 !

– 25 quoi ? 25 mètres ? 25 kilomètres ? 25 heures?...

– Sur la carte ou sur le terrain?

Les Mayas ont usé et abusé des Cl_{MES} et Cl_{UNIT} indispensables pour individuer les jours ou les périodes, et identifier leur place ou leur

349 Record 2006 de la Route du rhum, et SI de la stèle 2 de Chiapas de Corzo.

taille[350]. Ils avaient inventé le **tun**, (année de 360 j[351]), et sa progression géométrique de raison vingt. Ils avaient aussi leur liste des puissances de la base vingt des numérations parlées ou écrites. En dehors de ces obligatoires classificateurs, les textes mayas du Classique ne présentent quasiment pas d'autres classificateurs, peu ou pas de classificateurs ordinaires CL. Hoppan (2012 ; communication personnelle,) donne l'exemple **ox-te hab** d'un classificateur sémantique (qui deviendra **ox-pis-tun** à Chicchén Itzá). Sur le modèle **ox-tul uinic** souvent glosé « 3-d'humanité/homme », on glose « 3-d'érigé/année » l'exemple **ox-te hab.**

Partons pour une balade en Traction Pro décapotable (figure 114). Pas de panique, c'est juste une auto. Une auto maya, sur une route maya de l'époque classique. Et une moto montée par le lapin d'Alice qui vient démentir ceux qui prétendent que les Indiens ne connaissaient pas la roue. Que le drapeau soit à moitié effacé, n'est pas très grave, vous allez très vite deviner ce qu'il fait là.

L'important n'est pas le lapin sur sa moto à contre-sens, mais les panneaux. Vous en voyez le début d'une suite « **1-kal**, **2-kal**, etc. » qui, dans ce monde vigésimal, devrait continuer jusqu'au panneau **19-kal**. Notre dessinateur ne l'a pas marqué. Il s'est contenté d'un ETC., loin sur la ligne d'horizon, et du panneau **1-bak** qui inaugure une nouvelle suite. Ces panneaux marquent les distances **20**, **40**, **60**, etc. jusqu'à **380** sous la forme 1 vingt, 2 vingts, 3 vingts, etc. jusqu'à 19 vingts. Arrivé là, et toujours parce qu'on est en mode vigésimal, il faut passer le braquet supérieur, le paquet de vingt paquets de vingt, le nœud de la quatre-centaine, noté **1-bak**. Entre lui et le suivant, **2-bak**, les ponts et chaussées mayas ont placé les intermédiaires **1-kal**, **2-kal** jusqu'à **19-kal**. Et ainsi de suite. Arrivé à **19-bak**, pas de changement de braquet, mais recours à l'artillerie lourde du nœud **1-pic** le 'huit-millier' indépassé pour les Aztèques. Rien n'oblige de s'arrêter sur ces premiers lauriers. Mais, comme les Aztèques, nous faisons une pause à **19-pic**. Histoire d'économiser nos forces pour des trucs plus intéressants que refaire toujours plus du même, des paquets de paquets.... de paquets toujours plus lourds à porter.

---

[350] Récemment (2012), une néostèle a été érigée à Iximché (Guatemala) pour le passage du 13e au 14e **baktun** (figure 42, et Hors-texte 5).

[351] Je les soupçonne d'avoir aussi utilisé l'année de 364 j, un compte bien pratique pour un Maya qui ne rangeait pas toujours ses affaires par paquet de vingt, mais souvent aussi par paquet de treize, or 364 = 13 × 28. Ce qui facilite les calculs quand on travaille sur le zodiaque (de 13 constellations), ou sur un calendrier *tzolkin* de 13 vingtaines (ou vingt treizaines)...

Figure 114 : *Une auto maya sur une route maya*

Assis derrière le volant, on découvre un compteur au milieu du tableau de bord de la voiture. Un tout petit compteur qui totalise les unités parcourues. Celles qui sont marquées par les panneaux. Personne n'a cru bon de diviser la route plus finement, en coupant et recoupant, indéfiniment, les unités en sous-unités. Imaginez que quelqu'un veuille placer entre les bornes kilométriques, celles des hectomètres, des mètres, puis qu'un autre exige les centimètres, les millimètres… On ne distinguerait plus rien, tant le bord de la route serait surchargé de bornes. Seul un maniaque de l'infiniment petit se lancerait sur les pas de Cantor et couperait les cheveux en quatre, puis encore, et encore, et encore, jusqu'à tomber sur les infinis impensés avant ce mathématicien.

Chauffons le moteur et nos méninges. Supposons que la voiture passe le premier vingt, marqué par le panneau **1-kal**. On en déduit qu'elle a roulé vingt unités depuis le départ. Élémentaire, mon cher Sonwat. Vous pensez tout bas « le petit compteur marque 20 ». Et vous avez raison. Mais ça c'est dans une auto de Français ! Pas dans une auto de Maya. Parce que la déesse de la Lune n'aime pas les compteurs à beaucoup de chiffres, celui de sa voiture ne prend que les nombres à un chiffre. Le compteur maya n'a qu'un seul chiffre, dont la liste s'arrête à 19. Il se remet à un nouveau 0 chaque fois que la voiture passe devant un panneau de changement de nœud.

Depuis la borne **1-kal**, le Maya a parcouru 5 unités ; à cet instant, il voit deux choses. Devant lui, le panneau **2-kal**, et l'indication **5** sur le compteur du tableau de bord. Facile, je sais combien l'auto a roulé. Et toi ? Oui !

Un autre essai. Je dis que notre Maya a maintenant parcouru 16 unités depuis qu'il a dépassé le panneau **1-kal** (pour les matheux : il a dépassé n'importe quel panneau p entre **2-kal** et **19-kal**). Quel panneau voit-il devant lui ? Quel entier est inscrit sur le compteur ? Quelle distance est la distance parcourue ? Que va-t-il se passer au passage de **19-kal** ? Ce n'est pas le mur du son, mais il se passe quand même de petites choses. Pour ceux qui ont la bonne réponse à plus de la moitié des questions, je dis bravo, vous avez compris, et vous savez comment marche l'opération de protraction, et vous avez compris ce qu'est une *numération ordinale en vision d'antériorité rétrograde*.

Reprenons pour Totse, toujours en retard et qui veut pourtant tout savoir. Savoir que cette histoire d'auto n'est pas une élucubration d'occidental. Elle relève de l'intelligence arithmétique maya. Le dévoilement de cette pensée se déroule en trois « apprentissages » permettant de : a) lire les textes glyphiques précolombiens, b) lire le témoignage de ceux qui apprirent des scribes sachant lire/écrire les glyphes, et c) d'interpréter les traductions de toutes ces sources.

À l'inverse des notaires, les scribes mayas n'écrivaient pas les quantités en « lettres », mais en « chiffres » et numérations de (dis-)position. Il est donc exceptionnel de trouver un nombre maya écrit en phonogrammes reproduisant sa prononciation en langue maya. En voici un, extrait de la page 9b du codex gardé à Dresde. C'est un glyphe, composé des syllabogrammes **o** et **xo** qui, selon Michel Davoust, se prononce **ox**, le nom yucatèque de l'entier 3.

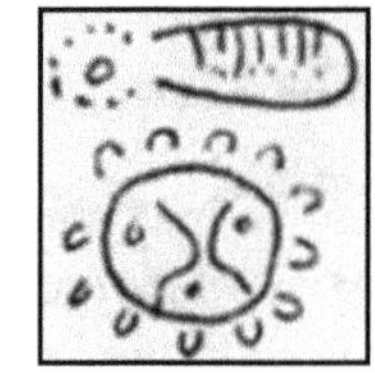

Figure 115 : *O-xo*

Beltrán est l'un des auteurs de l'époque coloniale ayant recueilli, au XVIIIe s. et de la bouche des Mayas, des informations sur le fonctionnement des numérations (figure 21). Ces travaux nous permettent de découvrir que les Mayas avaient une opération que les Français n'ont pas, la protraction ; et d'en comprendre le mode d'emploi, voire le mode de fabrication.

Beltrán reproduisait en alphabet latin ce qu'il captait à l'oreille quand un Maya (ou lui-même) disait ou lisait une expression numérale en langue maya. À lire Beltrán, on apprend que les Yucatèques formaient des sons qui ressemblent à **Bolontukal** pour dire l'entier 29, à **Holhucakal** pour dire 35, et à **Uaclahutukal** pour dire 36. Ce sont des entiers de la 2e vingtaine, celle qui commence à **Hunkal**., suivi par **Huntukal.** On reconnaît dans ces formes deux constituants numériques, **hun** = 1 et **kal** = 20. On pense alors, machinalement, que les entiers 21, 29, 35 et 36 sont, pour les Mayas, des composés additifs : 21 serait 1 + 20, 29 serait 9 + 20, et ainsi des autres. Et on se dit tout bêtement que **tu** pourrait être un signe d'addition, ou quelque chose comme ça, une ligature, une conjonction. Est-ce bien sûr ? Mon moi matheux dit « L'arithmétique ne ment jamais ». Mon moi « linguiste pointilleux » (Magdalena 1978, *in* Caprile 1987 : 159) pense « L'eau paraît si claire qu'il pourrait bien y avoir anguille sous roche », voire un bon gros éléphant de Waldeck.

Un quidam s'enferre d'autant plus profondément dans l'idée additive que l'addition est l'opération la plus connue au monde, et qu'ici, à la table de Beltrán, l'idée marche à 95 % sur les expressions de l'intervalle [21, 39]. Seuls 30 (au milieu) et 35 (au trois quarts) refusent le diktat additif.

Lahucakal., expression de 30, compose **Lahun.** = 10 et **Cakal** = 40. Une soustraction ferait l'affaire, se dit l'habitué du jeu des chiffres et des lettres. Sans être inconnue, la soustraction est rare. Lejeune (1981) cité par Cauty (2000 : 46) explique en linguiste historique que les Étrusques enseignèrent aux Romains à dire **duo de viginti** = 18 et **un de viginti** = 19, c'est-à-dire « 2 ôté de 20 » et « 1 ôté de 20 ».

Contrairement aux Romains, les Mayas peuvent sous-entendre le signe d'opération (**tu**, en l'occurrence). Il leur arrive aussi de sous-entendre le déterminant **ca** de **kal**. Négligeant le pénible travail de rétablir les constituants sous-entendus, le quidam accroché à sa vision additive déclare que **tu** marque l'addition dans l'expression de tous les entiers des intervalles [21, 29], [31, 34] et [36, 39]. Restent inexpliquées les formes **Lahucakal.** et **Holhucakal.** des entiers 30 et 35. Négligeant l'absence du morphème **tu** et la brusque apparition du déterminant **ca**, le quidam s'en sort pour l'entier 30 en criant à la soustraction « 10 ôté de 40 ». Ouf ! Malheureusement le répit est de courte durée. En refusant l'explication soustractive ou additive, l'entier 35, se fait remarquer comme une arête en travers de la gorge. Faute d'arguments, le quidam invoque la sainte patronne des causes perdues. Miséricordieuse, elle lui[352] souffle que l'expression de 35 est l'« exception qui confirme la règle ».

---

352 Ifrah (1994 : 712) traduit l'expression composée des entiers de 21 à 39 par une curieuse glose au relent d'addition « *x* – (après le) – vingtième », *x* prenant toutes les valeurs de [1, 19] sauf 10 et 15, car « les deux nombres 30 et 35 échappent [...] à cette règle » puisqu'ils se disent « dix-deux-vingt [et] quinze-deux-vingt », et sont donc des « anomalies » qui « ne sauraient s'expliquer ni par l'addition ni par la soustraction ». Dans la première édition, (Ifrah 1981 : 429), la traduction de **kal** n'est pas « vingtième » mais « vingt », et les gloses étaient à la fois temporelles (après) et additives (+) : « dix-neuf après vingt (39 = 19+20) ». Cette fois le quidam néglige la présence de **kal** et de son déterminant **ca** dans l'expression de 30 et 35, et leur absence dans tous les autres entiers de la vingtaine. Ces absences sous-entendent du connu. Dont le rétablissement révèle la forme protractive des composés de toutes

Les irrégularités sont parfois du « pain béni » de linguiste. **Holhucakal**, l'expression de 35 intrigue, car elle ne colle ni avec l'idée additive, ni avec l'idée soustractive. Ce n'est pas une exception : l'intelligence arithmétique maya respecte ses propres lois. Les constituants sont **holhu** et **cakal**, (15 et 40), et seul un Maya peut sortir, en une seule opération, la valeur 35 d'un chapeau contenant 15 et 40. Comment fait-il? Pointilleux ou non, le linguiste sait que le locuteur économise les moyens, mais sans recel d'informations pertinentes. Entre 21 et 39, deux informations sont en lice et candidates à être omises : le coefficient **ca** = 2 et le mystérieux relateur, **tu** = ?, que certains ont pris, en présence ou en absence, pour une addition, une soustraction ou une enjolivure.

Depuis Beltrán, l'épigraphie a fait de très grands progrès, et l'on sait maintenant analyser la forme **ho.lhu/ca/kal** et y reconnaitre l'un des indices qui permettent d'affirmer que l'on est en face d'une composition protractive. Outre le tactème d'ordre, les indices sont la présence de l'indice de troisième personne (qui sert à dériver un ordinal à partir d'un cardinal), et celle d'un locatif ('dans, en, vers, etc.') qui s'agglutine ou non à l'indice de troisième personne (en yucatèque, cela donne **tu-** devant consonne, et **tuy-** devant voyelle)[353]. L'ordre des arguments numériques oppose les composés protractifs aux composés additifs : les protractifs placent les arguments dans l'ordre croissant de leur valeur numérique ; les additifs les placent dans l'ordre décroissant (figure 117). L'étude des formes parlées montre que la protraction est, comme l'addition, une machine binaire qui prend deux arguments entiers et les transforment en un résultat entier. En machine additive « 1 [et] 2 font 3 », en machine protractive « 15 [vers] 40 font 35 ».

Jusqu'ici nous avons appris à lire les formes parlées protractives qu'un témoin de l'époque coloniale a transcrites dans l'alphabet latin qu'il utilise d'ordinaire pour le latin et l'espagnol. Reste à lire les textes anciens en écriture glyphique. Ce n'est pas simple. Désormais armés de l'opération de protraction, (une opération propre aux langues mayas), nous pouvons quitter les textes coloniaux et affronter les écrits précolombiens. On n'y

les vingtaines. Ignorant tout de la protraction, le quidam n'hésite pas à faire norme ce qu'il a défini comme « anomalie » ou « irrégularité » : « le plus étonnant est que l'irrégularité se retrouve à partir de 41 ».

353 Les trois paires d'opposition distinguant les composés additifs et protractifs sont présentées plus en détails dans ma thèse (Cauty 1987 : 187) ou, en collaboration avec Hoppan, dans Cauty et Hoppan (2002).

trouve rien d'analogue à un chèque écrit à la fois en chiffres et en lettres. On y trouve des durées et des dates, en écriture logosyllabique que plus personne, à l'époque coloniale, ne savait prononcer en langue maya. Mais que beaucoup pouvaient déchiffrer sous leurs habits de séries initiales et de nombres de distance. Riches en chiffres, ces écritures ne délivrent aucun signe d'opération. Sauf que le scribe du codex conservé à Dresde nous a réservé une surprise. Nous avons déjà vu qu'il a écrit en syllabogramme le son **ox** de l'entier trois. La vraie surprise : trois nombres écrits « en toutes lettres glyphiques », et qui se trouvent pages 55/26c, 57/28c et 56/27c. Des entiers qui ont l'air d'avoir été moulés à la protraction :

Figure 116 : *Dans le Dresde, trois entiers « en glyphes »*

La balade en auto maya a montré que pour produire des composés protractifs, il faute deux constituants numériques et un schème opératoire. Le premier argument est fourni par le compteur du tableau de bord chargé de totaliser les unités parcourues. Le second est écrit sur la borne ou le panneau que le chauffeur a devant lui, en ligne de mire, et qui renvoie, derrière lui, au dernier panneau qu'il a dépassé. Je file vers la sixième vingtaine, j'en ai déjà cinq dans le dos, sans compter les miettes du totalisateur.

Les trois exemples sont exceptionnels parce qu'ils présentent un signe d'opération protractive entre deux arguments numériques. C'est le glyphe en forme de panier, identifié comme un phonogramme prononcé **tu**. En 2000, Hoppan me confirmait qu'il sert à « noter (telle une simple lettre syllabique) la contraction entre la préposition locative *ti* et le pronom de 3e personne *u* ». Long à dessiner, je propose de représenter le signe de l'opération de protraction par une flèche → ou par un signe d'appartenance/repérage ∈. Le second argument numérique est la sorte de ballon ovale (figures 27 et 30) qui marque la valeur vingt de la base des numérations mayas, et qui renvoie aux panneaux *n*-**kal** que le chauffeur verrait devant lui, en l'occurrence le panneau 40 (écrit **2-kal** sur la route). L'argument « ballon de rugby » est l'une des variantes utilisées pour représenter l'entier vingt, il correspond, chez les Aztèques, au petit drapeau de leur numération écrite (de type additif, comme celle des Romains). Il est lu **kal** 'vingt', **uinik** 'homme', **uinal** 'mois', ou toute expression susceptible de renvoyer à la vingtaine.

Le premier argument numérique est un « chiffre » de style normal (point/barre), de valeur 9, 16 ou 15, que le chauffeur lirait sur le compteur de son tableau de bord. C'est un petit entier (un chiffre de la numération écrite) considéré comme un atome, bien que l'on puisse l'analyser en numération écrite (figures 19 et 25) et parlée (figure 22). Les deux arguments numériques sont reliés par le locatif **ti** amalgamé à l'indice **u-** de 3e personne qui dérive un ordinal. Avec ces analyses et notre convention, l'entier du milieu de la figure 116 peut se transcrire « **16** [unités] **→ 2°-kal** » (/ou « **16** [unités] **∈ 2°-kal** »). On reconnaît un calque de **Uaclahuntukal.**, l'écriture par Beltrán de l'entier 36 qui, contrairement à **Holhu/cakal**, a enregistré le signe **tu** de l'opération de protraction. La même analyse s'applique aux deux autres exemples, de valeurs 29 et 35. Exceptionnels par **leur phonogramme tu**, les trois exemples sont aussi remarquables pour n'avoir aucun élément sous-entendu. Rien n'est sous-entendu : on voit clairement les deux arguments numériques et le signe de l'opération de protraction. Ce qui nous conduit à jeter un regard critique ou d'après coup sur les gains d'économie du sous-entendre, ou non, quelque chose.

Sauf exception, un locuteur veut toujours être compris. Pour cela, il s'interdit de cacher une information pertinente, et il ne se permet pas, en transmettant du nombre, de sous-entendre un composant numérique ou un signe d'opération. Un Maya ne sous-entend pas le déterminant (/coefficient) d'un Cl_{UNIT}. Pourtant, parfois, il le fait. Par exemple, en français, quand il dit **cent** ou **mille**, mais pas ***un cen**t ou ***un mille**. Et parfois, il ne le fait pas, comme lorsqu'il dit **un million**, mais pas ***million**. En français on peut, mais ce n'est un impératif catégorique, sous-entendre le déterminant **un** d'une détermination à valeur multiplicative, c'est-à-dire le coefficient multiplicateur 1, élément neutre de la multiplication. Mais on ne peut jamais refaire le coup une deuxième fois, et effacer un déterminant autre que **un** : sous-entendre **deux** et dire [**deux**] **mille** serait entendu [**un**] **mille**. Autrement dit, les locuteurs ne s'interdisent pas d'utiliser abréviations et sous-entendus, mais sans aller jusqu'à perdre le contrôle des comptes. En syntaxe de la langue du nombre (Cauty 1996 : 87–143), on peut sous-entendre le déterminant un en composition additive ou le déterminant deux en composition protractive.

Dans la liste yucatèque de Beltrán, les formes parlées **Holhucakal** et **Uaclahutukal** montrent plusieurs cas où la langue maya du nombre autorise de sous-entendre un élément pertinent. Les expressions françaises **deux-mille**, **trois-mille**, etc. n'ont pas de signe explicite (autre que le morphème zéro ou le tactème d'ordre). Il en va de même en yucatèque : **hun-kal**, **ca-kal**, **ox-kal**, etc. Le français oblige à marquer l'addition dans **vingt-et-un**, et l'interdit à partir de ***vingt-et-deux.** Le yucatèque oblige à marquer les multiplicateurs de **hun-kal** jusqu'à **bolonlahun-kal**, et autorise à sous-entendre le coefficient **ca** de **ca-kal**. Le français joue sur l'ordre des constituants pour opposer les juxtapositions à valeur multiplicative **quatre-vingts** et à valeur additive **vingt-quatre**, (80 ≠ 24). Le maya oppose la forme protractive de l'âge de la Lune (ci-dessous à gauche) à la forme additive de la durée de la lunaison (ci-dessous à droite). Sans marque explicite d'opération, ces formes françaises et mayas se distinguent par leur tactème d'ordre. L'ordre croissant caractérise la multiplication en français, et la protraction en maya. L'ordre décroissant caractérise l'addition, dans les deux langues. D'où ce constat : on peut sous-entendre tout ce qui peut être aisément rétabli (cela dépend du degré de compétence des locuteurs). Complétons ces faits de langue par le cas extrême (Cauty 1986 : 88) des six noms de nombre formés, sans aucun autre signe d'opération que le tactème d'ordre, à l'aide des trois atomes numériques **quatre**, **vingt** et **mille**.

9 → [2°-] 20	[1 ×] 20 + 9

Quatre-vingt-mille	80 000	[4 × 20 × 1000]
Quatre-mille-vingt	4 020	[(4 × 1000) + 20]
Vingt-quatre-mille	24 000	[(20 + 4) × 1000]
Vingt-mille-quatre	20 004	[(20 ×1000) + 4]
Mille-quatre-vingts	1 080	[1000 + (4 × 20)] +
Mille-vingt-quatre	1 024	[1000 + 20 + 4]

Figure 117 : *Tactème d'ordre en maya et Parenthésage en français*

Tout francophone est capable *a priori* de coder et décoder les six expressions ci-dessus. Pourtant, peu de francophones sont capables d'expliquer comment ça marche, de dire pourquoi ils font une addition plutôt qu'une multiplication, et pourquoi ils regroupent de telle ou telle façon les résultats intermédiaires. La langue a donné aux Français un algorithme de reconnaissance efficient (Cauty 1986 : §13.4.). Tout bon algorithme fonctionne à l'insu du sujet. Du coup, les sujets gardent leurs capacités cognitives pour plus important que le déchiffrage des entiers, par ex. résoudre une équation calendaire ou contrôler l'exactitude d'une égalité calendaire.

Réfléchir sur les faits de morphologie et de syntaxe des nombres ou sur les principes d'économie que les locuteurs mettent en œuvre conduit à rétablir le coefficient sous-entendu [**ca**] dans les trois entiers de la figure 116, et dans les expressions que Beltrán a recueillies pour les entiers de 21 à 39, sauf 30 et 35 qui l'ont déjà, mais qui demandent à l'inverse de rétablir le signe sous-entendu [**tu-**] de la protraction (noté partout ailleurs dans [21, 39]). De même, il conviendrait de rétablir systématiquement la forme complète **ti-u-** du signe de l'opération de protraction.

Quand on dit 35 et 36, c'est que l'on a devant soi le panneau 40. Or 40 se dit **ca-kal** c'est-à-dire **deux-vingts** comme on le voit dans **Holhucakal** (et pas dans **Uaclahutukal**). En se reportant à la liste de

Beltrán, on découvre que c'est seulement l'argument **ca** 'deux' qu'un scribe pouvait sous-entendre dans un composé protractif sans créer d'ambiguïté (voir par ex. les séries 41–59, 61–79, etc.). C'est dû au fait que personne n'utilise la machine à protraction avant d'avoir dépassé le premier panneau, avant d'avoir complété sa première vingtaine. Tant que le panneau **hun-kal** n'est pas atteint, les distances franchies sont affichées en clair sur le compteur, sous la forme d'un nombre à un chiffre. Il n'est pas utile d'utiliser la (lourde) opération de protraction avant d'arriver à 21, **Huntukal**. Donc, le fait d'utiliser la protraction indique que l'on a dépassé le premier panneau, et que l'on aperçoit déjà le deuxième. Du coup, tant que le troisième ne sera pas en vue, on peut s'offrir le luxe de ne pas préciser que le panneau en ligne de mire est le deuxième (ou un suivant jusqu'au dernier) : le locuteur yucatèque peut dire **kal** sans coefficient **ca**, son interlocuteur entendra **ca-kal**. Évidemment le coup du coefficient sous-entendu ne pourra pas être répété pour le coefficient trois, ce qui veut dire que si le panneau **ca-kal** est dépassé, le locuteur est contraint de marquer le coefficient : aucun coefficient supérieur ou égal à **ox** 'trois' ne peut être sous-entendu. Quand il n'y a aucun coefficient devant **kal**, on sait, et on en est sûr, que la première vingtaine a été franchie, et que l'on est dans la deuxième.

En résumé, le second argument est un déterminé, (vingt), dont le déterminant numérique, parfois sous-entendu, doit être rétabli, aussi bien dans les trois exemples glyphiques que dans les expressions de 30 et 35 de la liste de Beltrán, soit cinq exemples où le second argument numérique est à lire [**ca**]-**kal** « [deux(ième)] vingt ». Pour les entiers de [21, 39], le palier à atteindre est **ca-kal**, le 2ᵉ vingt, qui marque l'arrivée au kilomètre 40 (vision ordinale), ou le kilométrage séparant ce panneau de la ligne de départ (40 km, vision cardinale). La liste de Beltrán confirme que c'est bien la valeur deux qu'il convient de rétablir. En effet, dès la deuxième vingtaine, l'argument **kal** est immanquablement déterminé, d'abord par le coefficient deux (parfois sous-entendu), puis par le coefficient **ox**, 3, pour la troisième vingtaine, puis le coefficient **can**, 4, pour la quatrième, et ainsi de suite, sans aucune exception ni dans la liste de Beltrán ni dans les documents coloniaux. Comme nous le verrons plus loin, la règle s'applique aux nœuds supérieurs à la vingtaine, à commencer par le nœud **bak** de 400.

La figure suivante résume l'étude de trois entiers prononcés du codex conservé à Dresde qui a conduit à dégager la formule :

F_{I}) $\boldsymbol{a} \rightarrow \boldsymbol{b}^{e}\ \underline{20} = [(\boldsymbol{b}\text{-}1) \times \underline{20}] + \boldsymbol{a}$, ($\boldsymbol{a}$ et $\boldsymbol{b} \in [1, 19]$

Bolon tu [ca] kal	**Uaclahun tu [ca] kal**	**Holahun tu [ca] kal**
//9/'en-son'/∅/20//	//16/'en-son'/∅/20//	//15/'en-son'/∅/20//
9 → [2]^e 20	16 → [2]^e 20	15 → [2]^e 20
(9 → 40)	(16 → 40)	(15 → 40
([1] × 20) + 9	([1] × 20) + 16	([1] × 20) + 15)
29	36	35

Figure 118 : *Lecture de trois formes protractives*

La règle F_I dit que la protraction est une machine qui reçoit deux arguments à traiter, et les triture jusqu'à produire une valeur, l'entier qu'elle sort à la fin : « (15, 40), abracadabra 35 ». Je transcris « **uaclahun** [unités] **→** [**ca**] **kal** » en espérant que vous allez penser tout bas « le compteur marque **16** trucs, mon auto roule **vers** le [**2**]^e panneau de **vingt** machins ; j'ai donc parcouru 36 km, et je me trouve au kilomètre n° 36 ».

F_I se généralise en F_G : $(\boldsymbol{a} \times \underline{\mathbf{N}}_{i-1}) \rightarrow (\boldsymbol{b}^e \times \underline{\mathbf{N}}_i) = [(\boldsymbol{b}-1) \times \underline{\mathbf{N}}_i] + \boldsymbol{a} \times \underline{\mathbf{N}}_{i-1}$, formule dans laquelle $\underline{\mathbf{N}}_{i-1}$ et $\underline{\mathbf{N}}_i$ sont des nœuds successifs, à partir de $\underline{\mathbf{N}}_1 = \underline{20}^1$. D'après Beltrán, en numération parlée, les opérations (→ et +) sont marquées par un « relateur » comme **tu-** et **catac**. Ce n'est pas le cas à l'écrit. Pourtant les scribes ne confondaient pas la composition à valeur additive de la durée 29 de la lunaison et la forme protractive de l'âge 29 de la Lune (figures 17, 19, et 117). En d'autres termes, juxtaposer deux entiers, A et B, donne AB ou BA, deux syntagmes inégaux : AB ≠ BA ou AB ≈ BA.

En langue ordinaire, AB et BA c'est **chou vert** et **vert chou**. Mais ce n'est pas forcément pareil, car changer l'ordre signale une possible intention de troquer ou nuancer la signification : « Une FORTE odeur (p.

ex. de camomille) dit la quantité du produit répandu, indépendamment de sa senteur intrinsèque ; une odeur FORTE (p. ex. de vétiver) dit la senteur intrinsèque du produit, indépendamment de la quantité répandue » (Wilmet 1997 : 209).

En langue du nombre, et surtout à l'écrit, on manque en général de signe d'opération[354] à placer entre A et B, et c'est une opportunité pour faire des économies de signes. On a vu, en figure 117, que changer l'ordre est le signal d'un changement radical, un changement suffisant pour qu'une oreille francophone distingue les opérations + et ×[355], et qu'un œil maya distingue les opérations + et →. L'œil et l'oreille savent donc qu'un syntagme AB contient trois éléments : A, B et l'*ordre* dans lequel A et B sont placés : AB ou BA

Les langues évoluent et innovent, et cela peut laisser des traces des vouloir-dire anciens. Une façon de composer devient obsolète ? Une autre la remplace totalement ou en partie. En français, par ex., pour former les entiers de **onze** à **seize**, on a gardé l'addition dans l'ordre croissant du latin (de **un-decim** '1+10' à **septen-decim** '7+10'). Mais, pour **dix-sept**, **dix-huit** et **dix-neuf**, on a adopté l'ordre décroissant. Les formes figées du passé (de onze à seize) s'opposent aux nouvelles par le changement de l'ordre et le fait d'être opaques pour le francophone ignorant le latin. Visible ou non, le tactème d'ordre est un signe d'opération à part entière, et, comme on vient de le voir, son inversion est parfois la trace d'un changement historique de stratégie. Qui, en dehors des spécialistes, reconnaît dans les noms de **huit**, **octo**, **eight**, etc. le suffixe indoeuropéen du duel et la racine « paume » qui renvoie à « quatre (doigts) ». La formation par « doublement » est rare. Dans Cauty (1991), j'en donne un exemple par alternance vocalique, et j'y présente l'étude d'un changement de type sémiotique en numération chibcha des Koguis.

On ne connaît pas la nature de ce que dénombraient les entiers 29, 36 et 35 du codex conservé à Dresde (25/54 à 28/57) parce qu'aucun classificateur CL ne le précise. Regardons le contexte. Quatre pages

---

354 L'histoire des mathématiques prouve que les signes d'opération (+, –, etc.) ou de relation (=, >, etc.) sont des inventions tardives ; elles commencent avec les exposants de Chuquet, bien après l'invention du tactème d'ordre.

355 Gare au professeur qui affirme que l'addition et la multiplication sont commutatives : la langue française le contredit chaque fois qu'il prononce **quatre-vingts** ou **vingt-quatre**. Avec ses signes d'opération, l'écriture arithmétique peut sauver la classe : $4 \times 20 = 20 \times 4$, $4 + 20 = 20 + 4$, mais $20 + 4 \neq 4 \times 20$.

égrenant les dates *tzolkin* du ***0 Pop*** (Nouvel An) pendant deux tours de Calendrier rituel : 52 dates **α Eb(/Caban/Ik/Manik**) et 52 dates **α Ben** (**/Edznab/Akbal/Lamat**). Les scènes de ces quatre pages montrent des entités en train de réaliser un rituel en l'honneur des Porteurs d'année. Des détails de ces rituels sont connus par les fresques de San Bartolo, (Petén, Guatemala), les monuments du Classique, et les sources coloniales comme la *Relación de las cosas de Yucatán* de Diego de Landa. Landa rapporte notamment le nombre de différentes offrandes, celui des animaux sacrifiés, etc. Les scènes du codex de Dresde correspondent assez largement aux descriptions de Landa. Ci-dessous, la scène de la page 26c qui contient l'expression glyphique de l'entier 29.

D'où la conjecture que les composés protractifs du codex conservé à Dresde prennent sens dans ce que Dehouve (2011 : 179) appelle la « comptabilité rituelle ». Une comptabilité vraisemblablement tenue à jour par des scribes ou des prêtres. Continuons l'analyse des sous-entendus numériquement pertinents.

Figure 119 : *Dresde page 26c*

La formule F_G permet de décrypter l'expression **Holhutubak.** donnée par Beltrán comme nom de l'entier 700, dans une liste de centaines : « 500, 600, 700, 900, (1 000) » de même formule (figure 21)**.** Celle de 700 est confirmée par le millésime « **1743** » écrit « hunpic[356]

[356] Beltrán a expliqué que **hunpic** était utilisé comme équivalent de l'entier espagnol *mil* '1000', et qu'il ne désignait plus le nœud 8 000). L'expression de 700 est suivie de **catac** 'et, avec', puis du protractif **oxtuyoxkal** '43'.

“holhutubak”, catac oxtuyoxkal » par Beltrán. Le millésime comprend l’expression de 700, que je transcris en décomposant **holhu** et en barrant les informations sous-entendues (le nœud ~~20~~ et l’ordinal ~~2e~~) : [**(5+10)** × ~~20~~] → (~~2e~~ **400**). Cette analyse repose sur le fait que l’expression de 700 contient : a) le signe **tu** de la protraction reliant b) le numéral **holhu** (sans classificateur disant ce qu’il compte) et c) le nœud **bak** des quatre-cents (sans déterminant, donc à coefficient **ca**). L’auto roule vers la borne plantée au kilomètre 800, la 2e des quatre-cents. De même qu’il y a des bornes hectométriques entre les kilométriques, il y a dix-neuf bornes 20 entre deux bornes 400. Dix-neuf bornes 20 que le compteur se met à totaliser dès que l’auto passe devant la première borne 400. Le compteur en est arrivé à 15. On retrouve la formule F_G et la valeur 700 :

holhutubak = **15** [**20**] → [2]e **400** = [(2–1) × 400] + (15 × 20) = 400 + 300.

La formule générale est confirmée en chol contemporain par les paires de variantes recueillies par Merrifield (1968 : 91–102). La figure 20 présente huit paires de variantes d’entier. Analysons, à la lumière de ce que nous savons sur la protraction, la dernière paire, celle de l’entier 142 510 :

wík luhúm báhk’ iwásik luhúm pík yik’ót luhúm– iwík k’ál
wúk luhúm pík yik’ót hó? k’ál iwúk luhúm báhk’ yik’ót luhúm–

Cet entier a deux variantes parlées en chol. En numération écrite de position, il a une forme unique **17.16.5.10.**[357] qui ne donne pas sa clé de lecture. Comment **17.16.5.10.** aurait-il été lu à l’époque classique ? Compte tenu des savoirs acquis par le déchiffrement des séries initiales (souvent à 5 chiffres) et des nombres de distance, l’étude des variantes enregistrées par Merrifield au XXe s. permet d’émettre des conjectures de lecture, et une hypothèse relative à l’extension en chol du modèle additif au détriment du modèle ordinal (Cauty 1987 : 245–281).

Depuis le Classique, tout mot maya écrit dans les règles de l’art monumental est constitué de logogrammes et de syllabogrammes que les scribes entassent dans un bloc ou mot quasi carré (/ou rectangulaire) contenant au moins un signe dit principal parce qu’il avance entouré de ses satellites en position infixe, préfixe, suffixe, superfixe. Délimitée à gauche et à droite par

---

357 Ou **19.15;15.10.** en choltun. Dans les deux cas, c’est un entier à quatre chiffres : 142 510 = 19 × 7200 + 15 × 360 + 15 × 20 + 10. Soit **19.15;15.10.**

une donnée calendaire (figure 42), toute phrase maya enfile un à un ses blocs de mots, en les inscrivant dans les cases ajustées d'un ensemble de paires de colonnes à parcourir en zig zag (figures 68 et 42). Parfois, les blocs épousent la courbe d'un disque (Hors-texte 2). Parfois, par ex. sur le côté Est de la stèle J (monument CPN20) de Copán, les blocs sont placés dans les portions visibles des bandes entrecroisées d'une vannerie (Hors-texte 12).

L'habitus de lire et écrire en double colonne conduit à penser que les séries initiales (ou tout nombre de distance à plus de deux chiffres significatifs) se lisaient en séparant mentalement des tranches de deux chiffres. Placés dans l'ordre décroissant, les deux chiffres d'une tranche s'additionnent. Placés dans l'ordre croissant, ils sont liés par l'opération de protraction. Un nombre ABCD de quatre chiffres est susceptible d'être divisé de cinq façons: A+B+C+D[358], A+B+(C→D), A+(B→C)+D, (A→B)+C+D, ou (A→B)+(C→D). Chacun des cinq découpages est attesté dans la liste de Merrifield. Le tableau ci-dessous[359] compare les variantes de **17.16.5.10.** recueillies par Merrifield : la première est sous la trame claire, et la seconde sous la trame foncée. La première découpe l'entier en trois tranches **17.(16.5.)10.** lues « **[17×8000] et [(5×20) → (17e 400)] et 10.** ». La seconde le découpe en deux tranches **(17.16.) (5.10.)** lues « **[(16×400) → (18×8000)] et [(10 → 6e 20)]** :

wúk	luhúm	pík	yik'ót	hó?	k'ál	iwúk	luhúm	báhk'	yik'ót	luhúm–
7	10	8000	+	5	20	son 7	10	400	+	10-
	17 ×	8000	+	(5 ×	20	→	17×	400)	+	10-
		136 000	+		(100	→	6 800)		+	10
142 510	=	136 000	+			6 500			+	10

wík	luhúm	báhk'	iwásik	luhúm	pík	yik'ót	luhúm–	iwík	k'ál	
6	10	400	son 8	10	8000	+	10-	son 6	20	
	(16×	400	→	18×	8000)	+	(10–→	6×	20)	
		(6 400	→		144 000)	+	(10	→	120)	
142 510	=		142 400			+		110		

Figure 120 : *Lectures d'un entier à quatre chiffres significatifs*

358 Un seul exemple, 19.19.19.19., qui semble indiquer l'oubli du nœud 20^4, 160000.

359 Les nœuds, Cl_{UNIT}, sont en chiffres arabes et soulignés. Les signe d'addition et de protraction sont **yik'ót** 'et, avec', et **i-** (possessif de 3e pers.). Le tiret après un numéral (par ex. de **luhúm-**) marque l'endroit où insérer le CL, par ex. le classificateur général, *pel* (*p'eel*), ou celui des humains, *tul* (*tuul*). Par ex. : **ox-tul winik** « (ce sont) trois personnes », **ox-p'eel waaj** « (ce sont) trois *tortillas* ».

Pour terminer notre bal(l)ade sur l'air du tactème d'ordre, voici deux figures et un extrait littéraire qui en dévoilent pour le scribe, le scienti*fique* ou le profane, et en exaltent – plus subtilement que les permutations de quatre, vingt et mille – les profondes et mystérieuses saveurs. Comme le dit Goody (1979), la raison graphique domestique la pensée sauvage. Les plus anciens écrits sont, en effet, des listes et des tableaux qui classent et catégorisent. La raison graphique crée ses outils de mémoire, de critique et de communication. Elle tend à disposer les termes en lignes et colonnes, donnant ainsi à chaque item une place unique, à la fois dans le temps de lecture/écriture, et dans sa relation aux autres éléments du tableau, des listes ou des formules. Les Mayas en furent les champions mésoaméricains. Après avoir domestiqué les nombres et les calendriers, ils ont développé une intelligence arithmétique maya en s'attaquant à la discrétisation du continu du temps qui court sur l'axe du Choltun et tourne sur les cycles d'une forêt de chiffres qui [ra]comptent la vie des gens, des rois et des cités. Après eux, ce sont les matheux qui ont repris, en le complexifiant (Cauty 1982 : § 6.2.), le flambeau :

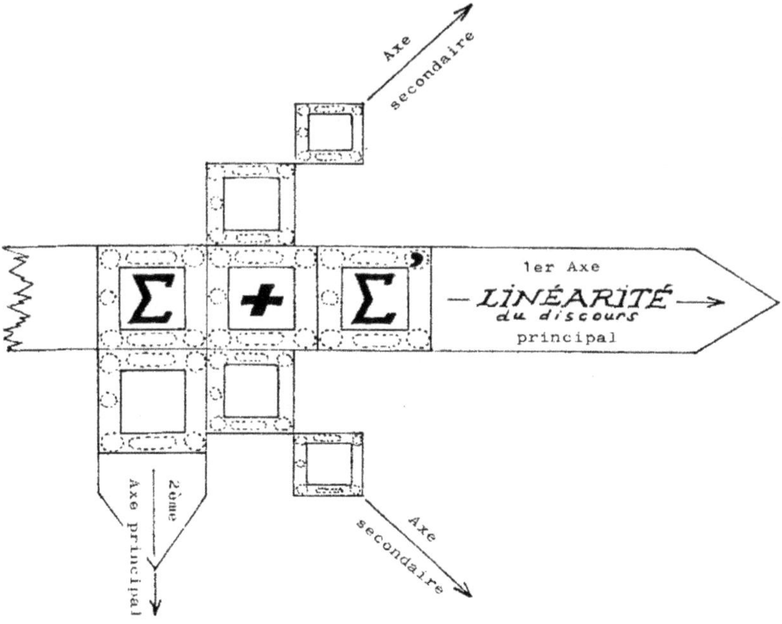

Hors-texte 11 : *En maths, ce n'est pas toujours de gauche à droite*

Traduction

« **Sous le signe du "mois" Cumku, les katun sont comptés : 9 baktun, 13 katun, 10 tun, (aucun uinal, aucun jour)** [et le] 7 Ahau (= 26.1.702 gr.), (sous le signe du) 9e seigneur de la nuit », [alors que] 18 [jours] de la lunaison de 30 [j] n° 1 noblement nommée "Ch'ab Abaknal" ont été achevés [et que] 4 jours et 4 uinal [se sont écoulés depuis que le] (?-) Kauil du sud a été « dressé », ? ; (aucun jour, [aucun uinal],) 10 tun [et] 13 katun [auparavant], le souverain Yax K'uk' Mo' (= 1er roi de Copán), maître des 3 montagnes […] avait reçu (le sceptre) Kauil] ; [et] le 1 Mol 7 Lamat […] Waxaklajun Ubaah K'awiil […] a été intronisé (cela) était arrivé à Ox Witik […] ; 6 tun, 10 uinal [et] 12 jours auparavant, sous le signe de Kauil, le 18 Kayab [6 Chicchan] […] Fumée – Imix – Dieu K […] a été intronisé […] ».

Rapport de mission de J.-M. Hoppan et E. Jacquemot à Copán, en novembre 2004.

« [Ra]compter les **katun** pour **Cumku**, **9-baktun 13-katun 10-tun** ; **0-uinal 0-kin**… »

Hors-texte 12 : *SI 9.13.10;0.0* **7 Ahau** ***3 Cumku*** *G*$_{0/9}$ *(25/01/702 ± 1)*

Dans *Altesse royale*[360], Klaus Heinrich, épris d'Imma Spoelmann une jeune mathématicienne, est le protagoniste de Thomas Mann. Dans un style laissant paraître une incompréhension admirative des mathématiques, l'auteur décrit l'écriture algébrique qui couvre les pages du cahier d'Imma:

– Non, dit-il, aujourd'hui vous ne ferez pas d'algèbre, mademoiselle Imma, vous ne jouerez pas dans les espaces au-dessus de l'atmosphère, comme vous dites ! Regardez donc le soleil !... Vous permettez...?

Il s'avança vers la petite table et prit en main le cahier de cours. Ce qu'il vit était ahurissant. En une écriture embrouillée, d'une épaisseur enfantine, qui laissait reconnaître la tenue de porte-plume propre à Imma Spoelmann, une fantaisie abracadabrante, un sabbat de runes entrecroisées couvrait les pages. Des signes d'écriture grecque se mariaient avec des caractères latins et des chiffres placés à différentes hauteurs, entremêlés de croix et de traits, alignés au-dessous ou au-dessus de lignes horizontales, à la manière des fractions, surmontés d'autres lignes qui formaient comme une tente, égalisés par de petits traits doubles, encadrés de rondes parenthèses, et réunis par des crochets carrés en grandes formules massives.

Des lettres isolées, placées en avant comme des sentinelles, se détachaient à droite, en haut des groupes enclavés. Des signes cabalistiques, complétement incompréhensibles au profane, entouraient de leurs bras les lettres et les nombres, tandis que des fractions les précédaient et qu'au-dessus d'eux, à la tête et aux pieds, planaient des nombres et des lettres. Des syllabes bizarres, abréviations de paroles mystérieuses étaient semées partout, et entre les colonnes nécromantiques, étaient écrites des phrases et des remarques en langage ordinaire, dont le sens dépassait tellement les choses humaines qu'on pouvait les lire sans en comprendre un mot, comme une incantation.

Klaus Heinrich leva les yeux sur la petite silhouette qui se tenait auprès de lui en robe chatoyante, drapée dans le voile noir de ses cheveux et regarda la petite tête exotique dans laquelle tout cela avait un sens et prenait une vie sublime et facile.

– Et voilà donc les arts impies qui vous feraient négliger cette belle matinée ?

Hors-texte 13 : *Des phrases dont le sens dépassait les choses humaines*

[360] Traduction de *Königliche Hoheit* [1909].

www.ingramcontent.com/pod-product-compliance
Ingram Content Group UK Ltd.
Pitfield, Milton Keynes, MK11 3LW, UK
UKHW021921290926
8980IPUK00016B/1394

9 782807 615595